新编21世纪高等职业教育精品教材

公共基础课系列

高等数学

（下册）

■ 主 审 纪谦茂

■ 主 编 孙建波 张 平 王 辉

■ 副主编 王建辉 雷 亮 柳清兰 周庆祥 高兴花

中国人民大学出版社

·北京·

图书在版编目（CIP）数据

高等数学. 下册 / 孙建波，张平，王辉主编. --北京：中国人民大学出版社，2022.2
新编21世纪高等职业教育精品教材. 公共基础课系列
ISBN 978-7-300-30174-7

Ⅰ.①高… Ⅱ.①孙… ②张… ③王… Ⅲ.①高等数学－高等职业教育－教材 Ⅳ.①O13

中国版本图书馆CIP数据核字（2022）第002459号

新编21世纪高等职业教育精品教材·公共基础课系列
高等数学（下册）
主　审　纪谦茂
主　编　孙建波　张　平　王　辉
副主编　王建辉　雷　亮　柳清兰　周庆祥　高兴花
Gaodeng Shuxue (Xiace)

出版发行	中国人民大学出版社		
社　　址	北京中关村大街31号	**邮政编码**	100080
电　　话	010－62511242（总编室）		010－62511770（质管部）
	010－82501766（邮购部）		010－62514148（门市部）
	010－62515195（发行公司）		010－62515275（盗版举报）
网　　址	http://www.crup.com.cn		
经　　销	新华书店		
印　　刷	天津鑫丰华印务有限公司		
开　　本	787 mm×1092 mm　1/16	**版　　次**	2022年2月第1版
印　　张	21	**印　　次**	2025年1月第5次印刷
字　　数	368 000	**定　　价**	48.00元

前言

为满足我国高等职业教育大力发展的需要，为了更好地为专业课提供必要的数学知识，遵循教育部最新制定的《高职高专教育基础课程教学基本要求》，并参考《山东省2021年普通高等教育专科升本科招生考试高等数学Ⅰ考试要求》，在研究、剖析、对比多种同类教材和广泛吸收同行意见的基础上，组织山东信息职业技术学院、山东电力高等专科学校、青岛远洋船员职业学院的具有高职高专教学经验的教师编写了本书。

由于高等职业教育中“高等数学”课程的课时基本上是确定的，为了充分做到与专业相融合，分专业模块化教学比较妥当，故全书分上、下两册，上册为基础模块，下册为专业模块，本书为下册，主要内容包括向量代数与空间解析几何、多元函数微积分、无穷级数、行列式与矩阵、线性方程组、概率论、数理统计、积分变换等。教师在教学时，可根据专业需求选择相应内容。

本教材的特点总结如下：

1. 考虑到高职高专学生的学习特点，本教材对高等数学中所需要的一部分初等数学知识进行了较多介绍。例如，对区间及基本初等函数的图像与性质等，都进行了详细的回顾，便于学生更顺利地学习高等数学的内容。

2. 对于数学概念和定理的解释，在保证准确性与基本理论的完整性、系统性的原则下，不采用“$\varepsilon-\delta$”等纯数学语言，尽量借助于直观的几何图形和实际意义来解释。例如，极限的定义，用直观的几何图形予以说明并引入，用学生易于理解的语言进行定义。

3. 根据高职高专学生的特点，我们将教材与教辅材料融为一体，每章末都设有复习题，便于学生回顾和掌握全章的内容。

本书深入贯彻落实党的二十大精神，有机融合了课程思政，本书配有“微课”，选取与高职高专专业相结合的、在数学领域做出贡献的名人事迹进行介绍，激发学生民族自豪感。

4. 为了适应部分学生的专升本需求，我们在内容的选取上紧扣《山东省2021年普通高等教育专科升本科招生考试高等数学Ⅰ考试要求》，例题的难度与历年真题难度一致，能充分满足学生专升本的需求。

本书主要适用于工科类高职高专各专业，也可供经管类各专业使用，还可作为专升本考试的教材使用。

参加本书编写的有：山东信息职业技术学院的孙建波、张平、王辉、王建辉、柳清兰、周庆祥、高兴花老师，山东电力高等专科学校的雷亮老师。由山东信息职业技术学院的纪谦茂主任负责主审工作。

由于编者水平有限，加上任务本身的难度大、时间紧，书中不足和考虑不周之处肯定不少，也在所难免，我们期望得到专家、同行和读者的批评指正，使本书在教学实践中不断完善。

编　者

目　录

07 第 7 章　向量代数与空间解析几何

本章首先给出空间直角坐标系，然后介绍向量的基础知识，以向量为工具讨论空间的平面和直线，最后介绍常见的空间曲面和空间曲线.

7.1　向量及其线性运算

7.1.1　空间直角坐标系

在空间取定一点 O，过点 O 作三条互相垂直的数轴 x 轴，y 轴，z 轴，它们都以 O 为原点且具有相同的长度单位. 通常把 x 轴和 y 轴配置在水平面上，而 z 轴则是铅垂线；它们的正方向要符合右手规则，即右手握住 z 轴，当右手的四指从 x 轴的正向转过 $\frac{\pi}{2}$ 角度指向 y 轴正向时，大拇指的指向就是 z 轴的正向，这样就建立了一个**空间直角坐标系**，称为 **$Oxyz$ 直角坐标系**，点 O 叫作**坐标原点**，x 轴，y 轴，z 轴统称为**坐标轴**，又分别叫作**横轴**、**纵轴**和**数轴**. 如图 7－1 所示.

在 $Oxyz$ 直角坐标系下，由任意两条坐标轴确定的平面称为**坐标面**，分别称为 xOy 面，yOz 面，zOx 面. 三个坐标平面将空间分为八个部分，每一部分叫作一个**卦限**，分别用Ⅰ，Ⅱ，Ⅲ，Ⅳ，Ⅴ，Ⅵ，Ⅶ，Ⅷ表示，如图 7－2 所示.

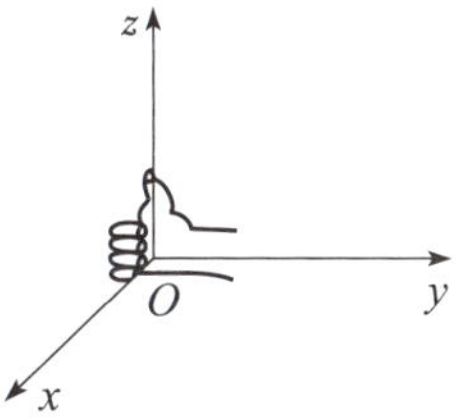

图 7－1

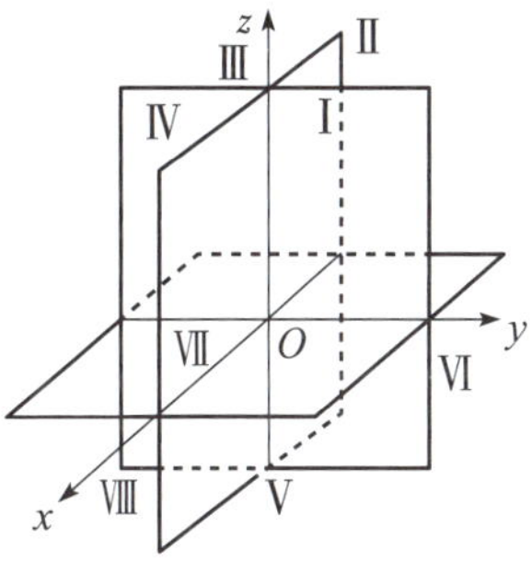

图 7－2

下面讨论在空间直角坐标系中，空间内的点与三个有序数组成的数组之间的对应关系.

设M为空间中的一点，过点M分别作垂直于三个坐标轴的平面，与x轴，y轴，z轴依次交于A，B，C三点. 点A，B，C叫作**点 M 在坐标轴上的投影**. 若这三点在x轴，y轴，z轴上的坐标分别为x，y，z，于是点M就唯一确定了一个有序数组(x, y, z)，则称该数组(x, y, z)为点M在空间直角坐标系$Oxyz$中的坐标，如图7－3所示. 其中x，y，z分别称为点M的**横坐标**、**纵坐标**和**竖坐标**. 这时点M记作$M(x, y, z)$.

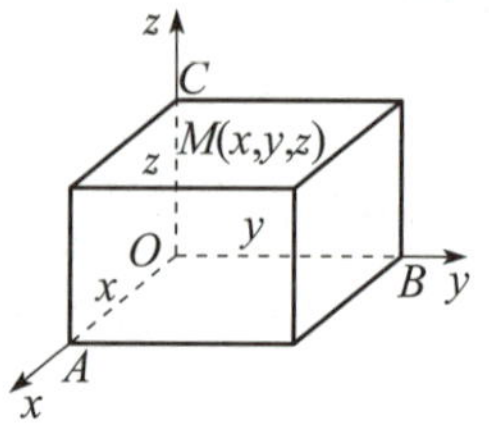

图 7－3

反之，若任意给定一个有序数组(x, y, z)，在x轴，y轴，z轴上分别取坐标为x，y，z的三个点A，B，C，过这三个点分别作垂直于三个坐标轴的平面，这三个平面只有一个交点M，该点就是以有序数组(x, y, z)为坐标的点，因此空间中的点M就与有序数组(x, y, z)之间建立了一一对应的关系.

注 A，B，C这三点正好是过M点向三个坐标轴所作垂线的垂足.

7.1.2 向量与向量的线性运算

1. 向量的概念

在数学中，**向量**(也称为**欧几里得向量**、**几何向量**、**矢量**)，指具有大小和方向的量，如力、位移、速度、电场强度等. 这些量之间的运算并不遵循一般的代数法则，而遵循特殊的运算法则. 与向量对应的量叫作**数量**(物理学中称**标量**)，如质量、密度、温度、功、势能等. 这些量之间的运算遵循一般的代数法则.

几何上，常用一条规定了起点和终点的**有向线段**来表示向量. 有向线段的长度表示向量的大小，有向线段的方向表示向量的方向，有向线段的起点称为向量的起点，有向线段的终点称为向量的终点. 以点A为起点，点B为终点的向量记作$\overrightarrow{AB}$. 向量也常用一个字母表示，通常在印刷时用黑体小写字母$\boldsymbol{a}$，$\boldsymbol{b}$，$\boldsymbol{c}$等，手写时用带箭头的小写字母$\vec{a}$，$\vec{b}$，$\vec{c}$等. 起点在原点O、终点在点M的向量$\overrightarrow{OM}$称为点M的向径，记作$\boldsymbol{r}$.

由于向量是由大小和方向所决定的，因此，只要两个向量$\boldsymbol{a}$和$\boldsymbol{b}$的大小相同、方向一致，就称向量$\boldsymbol{a}$和$\boldsymbol{b}$相等，记作$\boldsymbol{a}=\boldsymbol{b}$.

注 向量相等是在不考虑向量起点在何处的前提下给出的，即一个向量可以在空间任意的平行移动，这种向量称为自由向量．本书除了另有说明外，讨论的都是自由向量．

向量 $\boldsymbol{a}$ 的大小称为向量的模，记作 $|\boldsymbol{a}|$．

模为 1 的向量叫作单位向量；与非零向量 $\boldsymbol{a}$ 同方向的单位向量记作 $\boldsymbol{e}_a$．

模为 0 的向量叫作零向量，记作 $\mathbf{0}$．

规定：

(1) 零向量的方向可以是任意的．

(2) 所有的零向量都相等．

若向量 $\boldsymbol{a}$ 和 $\boldsymbol{b}$ 的方向相同或相反，则称向量 $\boldsymbol{a}$ 和 $\boldsymbol{b}$ 平行，记作 $\boldsymbol{a}/\!/\boldsymbol{b}$．由于零向量的方向是任意的，因此可以认为零向量与任何向量都平行．由于平行的向量经平移后，能放置在同一条直线上，因此平行向量又称为共线向量．

平行于同一平面的一组向量，叫作共面向量，零向量与任何共面的向量共面．

与向量 $\boldsymbol{a}$ 大小相等，方向相反的向量叫作 $\boldsymbol{a}$ 的负向量（或反向量），记作 $-\boldsymbol{a}$．

设两个非零向量 $\boldsymbol{a}$ 和 $\boldsymbol{b}$，将它们平移，使它们起点重合，它们所在射线之间的夹角 $\theta(0\leqslant\theta\leqslant\pi)$ 称为向量 $\boldsymbol{a}$ 与 $\boldsymbol{b}$ 的夹角，记作 $(\widehat{\boldsymbol{a},\boldsymbol{b}})$．当 $\boldsymbol{a}$ 与 $\boldsymbol{b}$ 中有一个是零向量时，规定它们的夹角可以在 $[0,\pi]$ 中任意取值．当 $(\widehat{\boldsymbol{a},\boldsymbol{b}})=\frac{\pi}{2}$ 时，称 $\boldsymbol{a}$ 与 $\boldsymbol{b}$ 垂直，记作 $\boldsymbol{a}\perp\boldsymbol{b}$，可以认为零向量与任何向量都垂直．

2. 向量的线性运算

向量的加法、数与向量的乘法统称为向量的线性运算．

(1) 向量的加法．

向量的加法运算规定如下：

物理学中求两个力的合力用的是平行四边形法则，由此，我们也有向量加法的平行四边形法则．即当向量 $\boldsymbol{a}$ 与 $\boldsymbol{b}$ 不平行时，作 $\overrightarrow{AB}=\boldsymbol{a}$，$\overrightarrow{AD}=\boldsymbol{b}$，以 $\overrightarrow{AB}$，$\overrightarrow{AD}$ 为邻边作平行四边形 $ABCD$，连接对角线 AC，则我们把向量 $\overrightarrow{AC}$ 称为向量 $\boldsymbol{a}$ 与 $\boldsymbol{b}$ 的和，记作 $\boldsymbol{a}+\boldsymbol{b}$．如图 7－4 所示．

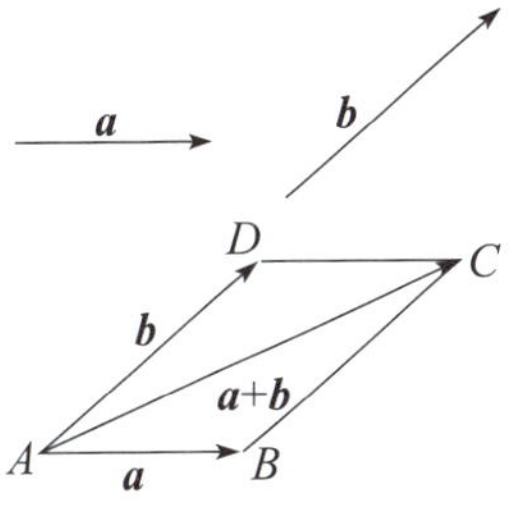

图 7－4

由图 7－5 可见，$\overrightarrow{BC}=\boldsymbol{b}$，所以向量的加法也可规定如下：设有两个向量 $\boldsymbol{a}$ 与 $\boldsymbol{b}$，将向量 $\boldsymbol{b}$ 平移，使 $\boldsymbol{b}$ 的起点与 $\boldsymbol{a}$

的终点重合，则以 $\boldsymbol{a}$ 的起点为起点，$\boldsymbol{b}$ 的终点为终点的向量即为 $\boldsymbol{a}$ 与 $\boldsymbol{b}$ 的和，如图 7－5 所示．这种方法叫作**向量加法的三角形法则**．当向量平行时，三角形法则也适用．

对于任意向量 $\boldsymbol{a}$，$\boldsymbol{b}$，$\boldsymbol{c}$，满足以下运算法则：

1）$\boldsymbol{a}+\boldsymbol{b}=\boldsymbol{b}+\boldsymbol{a}$（交换律）．

2）$(\boldsymbol{a}+\boldsymbol{b})+\boldsymbol{c}=\boldsymbol{a}+(\boldsymbol{b}+\boldsymbol{c})$（结合律）．

3）$\boldsymbol{a}+\boldsymbol{0}=\boldsymbol{a}$．

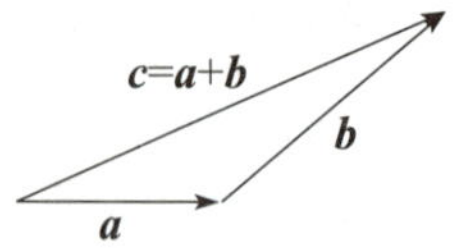

图 7－5

由于向量的加法符合交换律与结合律，因此 n 个向量 $\boldsymbol{a}_1$，$\boldsymbol{a}_2$，…，$\boldsymbol{a}_n(n\geqslant 3)$ 相加可写成

$$\boldsymbol{a}_1+\boldsymbol{a}_2+\cdots+\boldsymbol{a}_n$$

按照向量加法的三角形法则，可得 **n 个向量相加的法则：**

以前一个向量的终点作为下一个向量的起点，相继作向量 $\boldsymbol{a}_1$，$\boldsymbol{a}_2$，…，$\boldsymbol{a}_n$，再以第一个向量的起点为起点，最后一个向量的终点作一向量，这个向量即为所求的和，如图 7－6 所示，即

$$\boldsymbol{s}=\boldsymbol{a}_1+\boldsymbol{a}_2+\boldsymbol{a}_3+\boldsymbol{a}_4+\boldsymbol{a}_5$$

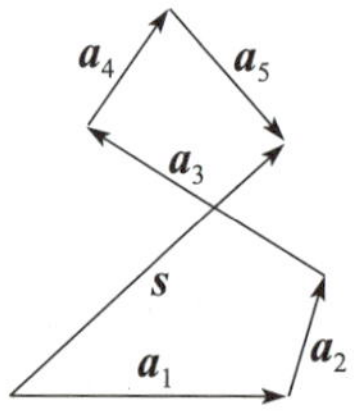

图 7－6

（2）向量的减法．

我们规定两个向量 $\boldsymbol{a}$ 与 $\boldsymbol{b}$ 的差向量

$$\boldsymbol{a}-\boldsymbol{b}=\boldsymbol{a}+(-\boldsymbol{b})$$

即把向量 $\boldsymbol{b}$ 的负向量 $-\boldsymbol{b}$ 加到向量 $\boldsymbol{a}$ 上，便得 $\boldsymbol{a}$ 与 $\boldsymbol{b}$ 的差 $\boldsymbol{a}-\boldsymbol{b}$．如图 7－7 所示．

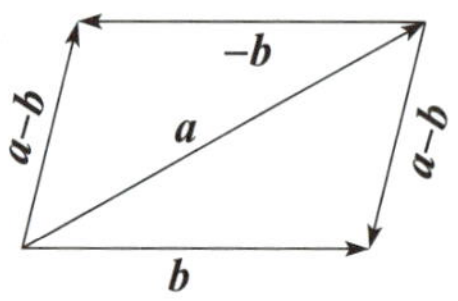

图 7－7

特别地，当 $\boldsymbol{b}=\boldsymbol{a}$ 时，有 $\boldsymbol{a}+(-\boldsymbol{a})=\boldsymbol{0}$．

由向量减法的定义，我们从同一起点 O 作有向线段 $\overrightarrow{AB}$，$\overrightarrow{AC}$ 分别表示 $\boldsymbol{a}$，$\boldsymbol{b}$，则

$$\boldsymbol{a}-\boldsymbol{b}=\overrightarrow{AB}-\overrightarrow{AC}=\overrightarrow{AB}+(-\overrightarrow{AC})=\overrightarrow{AB}+\overrightarrow{CA}=\overrightarrow{CB}$$

也就是说，若向量 $\boldsymbol{a}$ 与 $\boldsymbol{b}$ 的起点放在一起，则 $\boldsymbol{a}$ 与 $\boldsymbol{b}$ 的差向量就是以 $\boldsymbol{b}$ 的终点为起点、以 $\boldsymbol{a}$ 的终点为终点的向量，如图 7－8 所示．

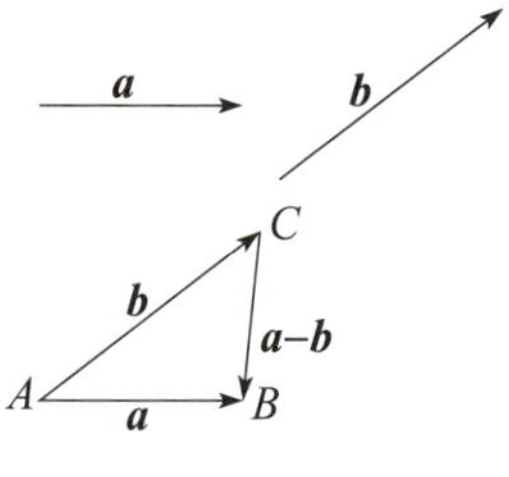

图 7－8

(3) 向量与数的乘法.

实数 λ 与向量 $\boldsymbol{a}$ 的乘积是一个向量，记作 $\lambda\boldsymbol{a}$，$\lambda\boldsymbol{a}$ 的模是

$$|\lambda\boldsymbol{a}|=|\lambda||\boldsymbol{a}|$$

方向如下：

1）当 $\lambda>0$ 时，$\lambda\boldsymbol{a}$ 与 $\boldsymbol{a}$ 同向；

2）当 $\lambda<0$ 时，$\lambda\boldsymbol{a}$ 与 $\boldsymbol{a}$ 反向；

3）当 $\lambda=0$ 时，$\lambda\boldsymbol{a}=\boldsymbol{0}$.

对于任意向量 $\boldsymbol{a}$，$\boldsymbol{b}$ 以及任意实数 λ，μ，有下列运算律：

1）结合律 $(\lambda\mu)\boldsymbol{a}=\lambda(\mu\boldsymbol{a})$.

2）分配律 $(\lambda+\mu)\boldsymbol{a}=\lambda\boldsymbol{a}+\mu\boldsymbol{a}$.

$\lambda(\boldsymbol{a}+\boldsymbol{b})=\lambda\boldsymbol{a}+\lambda\boldsymbol{b}$.

注 $\lambda\boldsymbol{a}+\mu\boldsymbol{b}$ 称为 $\boldsymbol{a}$，$\boldsymbol{b}$ 的一个线性组合(λ，$\mu\in R$).

由此可见，由于 $|\boldsymbol{a}|>0$，因此 $|\boldsymbol{a}|\boldsymbol{e}_a$ 与 $\boldsymbol{e}_a$ 的方向相同，即 $|\boldsymbol{a}|\boldsymbol{e}_a$ 与 $\boldsymbol{a}$ 的方向相同. 又因 $|\boldsymbol{a}|\boldsymbol{e}_a$ 的模是

$$\left||\boldsymbol{a}|\boldsymbol{e}_a\right|=|\boldsymbol{a}||\boldsymbol{e}_a|=|\boldsymbol{a}|\cdot 1=|\boldsymbol{a}|$$

即 $|\boldsymbol{a}|\boldsymbol{e}_a$ 与 $\boldsymbol{a}$ 的模也相同，故

$$|\boldsymbol{a}|\boldsymbol{e}_a=\boldsymbol{a}$$

即

$$\boldsymbol{e}_a=\frac{\boldsymbol{a}}{|\boldsymbol{a}|}$$

上式表明：一个非零向量除以它的模，结果是一个**与原向量同方向的单位向量**.

由于向量 $\lambda\boldsymbol{a}$ 与 $\boldsymbol{a}$ 平行，因此我们常用数与向量的乘积来说明两个向量的平行关系. 即有

定理 1 向量 $\boldsymbol{a}$ 与非零向量 $\boldsymbol{b}$ 平行的充分必要条件是存在唯一的实数 λ，使得 $\boldsymbol{a}=\lambda\boldsymbol{b}$.

例 1 试用向量的线性运算证明：三角形两边中点的连线平行于第三边，且其长度等于第三边的一半.

证 如图 7－9 所示，D，E 分别是 CA 与 BC 的中点.

由 $\overrightarrow{AB}=\overrightarrow{AC}+\overrightarrow{CB}=2(\overrightarrow{DC}+\overrightarrow{CE})=2\overrightarrow{DE}$ 知

$$\overrightarrow{AB}/\!/\overrightarrow{DE} \text{ 且 } \overrightarrow{DE}=\frac{1}{2}\overrightarrow{AB}$$

即三角形两边中点的连线平行于第三边，且其长度等于第三边的一半.

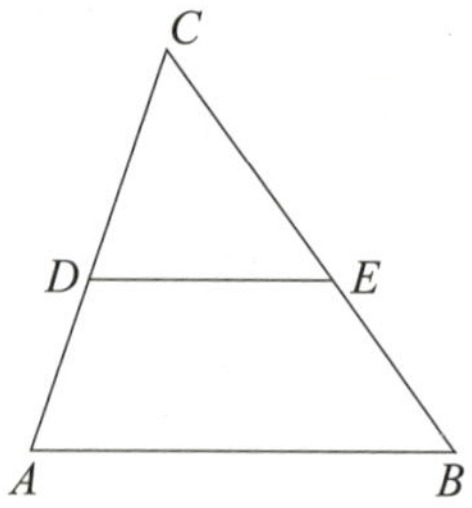

图 7－9

7.1.3 向量的坐标表示式

空间直角坐标系 $Oxyz$ 中，在 x 轴，y 轴，z 轴上各取一个与坐标轴同向的单位向量，依次记作 $\boldsymbol{i}$，$\boldsymbol{j}$，$\boldsymbol{k}$，它们称为空间直角坐标系 $Oxyz$ 的**基本单位向量**.

空间中任意向量 $\boldsymbol{r}$，有对应点 $M(x，y，z)$，使 $\overrightarrow{OM}=\boldsymbol{r}$. 过点 M 分别作三个与坐标轴垂直的平面，交 x 轴，y 轴，z 轴于点 P，Q，R，则它们在三条坐标轴上的坐标依次为 x，y，z，如图 7－10 所示.

根据数与向量的乘法，易证

$$\overrightarrow{OP}=x\boldsymbol{i},\overrightarrow{PA}=\overrightarrow{OQ}=y\boldsymbol{j},\overrightarrow{AM}=\overrightarrow{OR}=z\boldsymbol{k}$$

于是有

$$\overrightarrow{OM}=\overrightarrow{OP}+\overrightarrow{PA}+\overrightarrow{AM}=x\boldsymbol{i}+y\boldsymbol{j}+z\boldsymbol{k}$$

即

$$\boldsymbol{r}=x\boldsymbol{i}+y\boldsymbol{j}+z\boldsymbol{k}$$

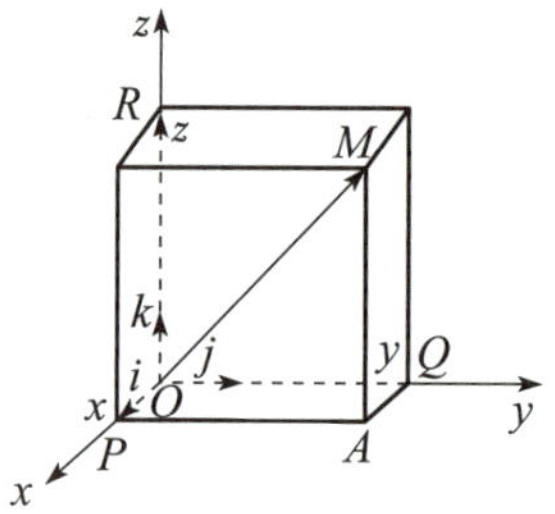

图 7－10

上式称为向量 $\boldsymbol{r}$ 的**坐标分解式**，$x\boldsymbol{i}$，$y\boldsymbol{j}$，$z\boldsymbol{k}$ 称为向量 $\boldsymbol{a}$ 沿三个坐标轴方向的**分向量**，式中的 x，y，z 是向量 $\boldsymbol{r}$ 分别在 x 轴，y 轴，z 轴上的**投影**.

显然，给定向量 $\boldsymbol{r}$，就确定了点 M 及 $\overrightarrow{OP}$，$\overrightarrow{OQ}$，$\overrightarrow{OR}$ 三个分向量，进而确定了 x，y，z 三个有序数；反之，给定三个有序数 x，y，z，也就确定了向量 $\boldsymbol{r}$ 与点 M. 于是点 M，向量 $\boldsymbol{r}$ 与三个有序数 x，y，z 之间一一对应的关系

$$\boldsymbol{M}\leftrightarrow\boldsymbol{r}=\overrightarrow{OM}=x\boldsymbol{i}+y\boldsymbol{j}+z\boldsymbol{k}\leftrightarrow(x,y,z)$$

我们把上式中 $\boldsymbol{i}$，$\boldsymbol{j}$，$\boldsymbol{k}$ 系数组成的有序数组 $(x，y，z)$ 叫作**向量 $\boldsymbol{r}$ 的坐标**，记为 $\boldsymbol{r}=(x，y，z)$，有序数组 $(x，y，z)$ 也称为**点 M 的坐标**，记为 $M(x，y，z)$. 由此，记号 $(x，y，z)$ 既表示点 M，又表示向量 $\overrightarrow{OM}$.

引入向量的坐标表示式以后，便能用坐标来进行向量的线性运算.

设 $\boldsymbol{a}=(a_x, a_y, a_z)$，$\boldsymbol{b}=(b_x, b_y, b_z)$，则有

$$\boldsymbol{a}\pm\boldsymbol{b}=(a_x\pm b_x)\boldsymbol{i}+(a_y\pm b_y)\boldsymbol{j}+(a_z\pm b_z)\boldsymbol{k}$$

即

$$\boldsymbol{a}\pm\boldsymbol{b}=(a_x\pm b_x, a_y\pm b_y, a_z\pm b_z)$$

$$\lambda\boldsymbol{a}=\lambda a_x\boldsymbol{i}+\lambda a_y\boldsymbol{j}+\lambda a_z\boldsymbol{k}$$

即

$$\lambda\boldsymbol{a}=(\lambda a_x, \lambda a_y, \lambda a_z)(\lambda\text{ 是数})$$

由此可见，对向量进行线性运算只需对向量的各个坐标分别进行相应的运算就可以了.

由定理 1 可知，向量 $\boldsymbol{a}$ 与非零向量 $\boldsymbol{b}$ 平行的充分必要条件是存在唯一的实数 λ，使得 $\boldsymbol{a}=\lambda\boldsymbol{b}$，坐标表示式为

$$(a_x, a_y, a_z)=\lambda(b_x, b_y, b_z)$$

即

$$a_x=\lambda b_x, a_y=\lambda b_y, a_z=\lambda b_z$$

或写成

$$\frac{a_x}{b_x}=\frac{a_y}{b_y}=\frac{a_z}{b_z}=\lambda$$

即对应坐标成比例.

注　若 b_x，b_y，b_z 中某一个或某两个为零时，应理解为相应的分子也为零. 如 $b_x=0$ 时，应理解为 $a_x=0$，$\dfrac{a_y}{b_y}=\dfrac{a_z}{b_z}$.

例 2　在空间直角坐标系中有两点 $M_1(x_1, y_1, z_1)$，$M_2(x_2, y_2, z_2)$，求向量 $\overrightarrow{M_1M_2}$ 的坐标.

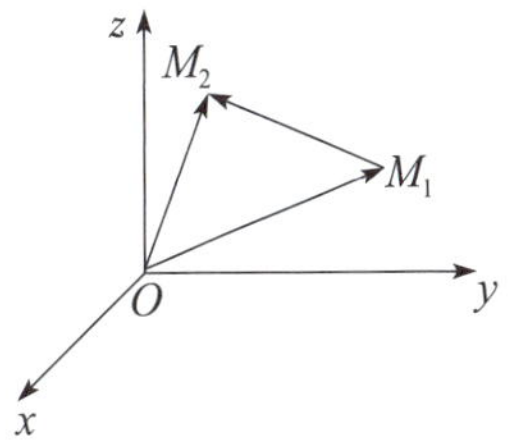

图 7－11

解　如图 7－11 所示，由于

$$\overrightarrow{M_1M_2}=\overrightarrow{OM_2}-\overrightarrow{OM_1}$$

而 $\overrightarrow{OM_1}=x_1\boldsymbol{i}+y_1\boldsymbol{j}+z_1\boldsymbol{k}$，$\overrightarrow{OM_2}=x_2\boldsymbol{i}+y_2\boldsymbol{j}+z_2\boldsymbol{k}$，根据向量的线性运算有

$$\begin{aligned}\overrightarrow{M_1M_2}&=(x_2\boldsymbol{i}+y_2\boldsymbol{j}+z_2\boldsymbol{k})-(x_1\boldsymbol{i}+y_1\boldsymbol{j}+z_1\boldsymbol{k})\\&=(x_2-x_1)\boldsymbol{i}+(y_2-y_1)\boldsymbol{j}+(z_2-z_1)\boldsymbol{k}\\&=(x_2-x_1,y_2-y_1,z_2-z_1)\end{aligned}$$

例 3(定比分点公式) 设 $A(x_1, y_1, z_1)$和 $B(x_2, y_2, z_2)$为已知点，有向线段 $\overrightarrow{AB}$ 上的点 M 将它分为两条有向线段 $\overrightarrow{AM}$ 和 $\overrightarrow{MB}$，使它们的值的比等于数 $\lambda(\lambda\neq-1)$，即$\dfrac{AM}{MB}=\lambda$，求分点 $M(x, y, z)$的坐标.

解 如图 7－12 所示，因为 $\overrightarrow{AM}$ 与 $\overrightarrow{MB}$ 在同一直线上，且同方向，故 $\overrightarrow{AM}=\lambda\cdot\overrightarrow{MB}$，而

$$\overrightarrow{AM}=\{x-x_1,y-y_2,z-z_2\}$$

$$\overrightarrow{MB}=\{x_2-x,y_2-y,z_2-z\}$$

$$\lambda\overrightarrow{MB}=\{\lambda(x_2-x),\lambda(y_2-y),\lambda(z_2-z)\}$$

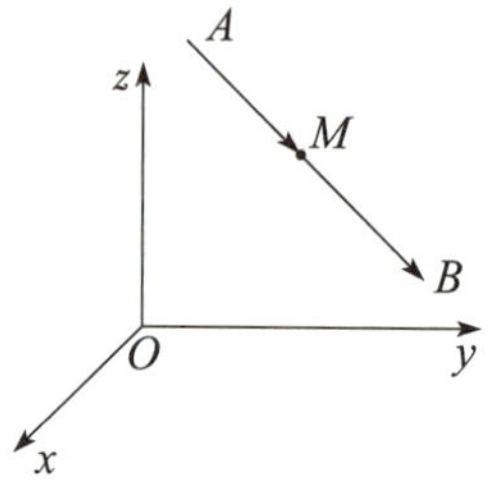

图 7－12

所以

$$x-x_1=\lambda(x_2-x),\quad y-y_1=\lambda(y_2-y),\quad z-z_1=\lambda(z_2-z)$$

解得

$$x=\frac{x_1+\lambda\cdot x_2}{1+\lambda},\quad y=\frac{y_1+\lambda\cdot y_2}{1+\lambda},\quad z=\frac{z_1+\lambda\cdot z_2}{1+\lambda}$$

当 $\lambda=1$，点 M 是有向线段 $\overrightarrow{AB}$ 的中点，其坐标为

$$x=\frac{x_1+x_2}{2},\quad y=\frac{y_1+y_2}{2},\quad z=\frac{z_1+z_2}{2}$$

7.1.4 用坐标表示向量的模和方向余弦

向量的模和方向也可以用向量的坐标表示.

1. 向量的模

设向量 $\boldsymbol{r}=(x, y, z)$，作 $\overrightarrow{OM}=\boldsymbol{r}$，如图 7－13 所示，有

$$\boldsymbol{r}=\overrightarrow{OM}=\overrightarrow{OP}+\overrightarrow{OQ}+\overrightarrow{OR}$$

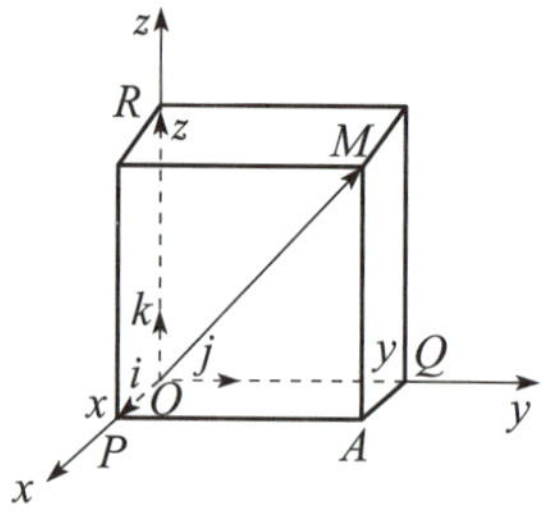

图 7－13

由勾股定理可知

$$|\boldsymbol{r}|=|\overrightarrow{OM}|=\sqrt{|\overrightarrow{OP}|^2+|\overrightarrow{OQ}|^2+|\overrightarrow{OR}|^2}$$

而 $\overrightarrow{OP}=x\boldsymbol{i}$，$\overrightarrow{OQ}=y\boldsymbol{j}$，$\overrightarrow{OR}=z\boldsymbol{k}$，故

$$|\overrightarrow{OP}|=|x|, |\overrightarrow{OQ}|=|y|, |\overrightarrow{OR}|=|z|$$

于是得向量 $\boldsymbol{r}=(x, y, z)$的模坐标表示式

$$|\boldsymbol{r}|=\sqrt{x^2+y^2+z^2}$$

由向量模的定义可知，向量 $\overrightarrow{M_1M_2}$ 的模就是点 $M_1(x_1, y_1, z_1)$与 $M_2(x_2, y_2, z_2)$之间的距离，而 $\overrightarrow{M_1M_2}=(x_2-x_1, y_2-y_1, z_2-z_1)$，故 M_1 与 M_2 两点之间的距离为

$$|M_1M_2|=|\overrightarrow{M_1M_2}|=\sqrt{(x_2-x_1)^2+(y_2-y_1)^2+(z_2-z_1)^2}$$

上式即为空间两点间距离公式.

例 4 设 $M_1(2, 2, \sqrt{2})$和 $M_2(1, 3, 0)$为空间两点，求 M_1 与 M_2 两点间的距离.

解 由两点之间距离公式可得，M_1 与 M_2 两点间的距离为

$$d=\sqrt{(2-1)^2+(2-3)^2+(\sqrt{2}-0)^2}=2$$

例 5 在 z 轴上求与点 $A(3, 5, -2)$和 $B(-4, 1, 5)$等距离的点 M.

解 由于所求的点 M 在 z 轴上，因而 M 点的坐标可设为$(0, 0, z)$，又由于

$$|MA|=|MB|$$

由公式，得

$$\sqrt{3^2+5^2+(-2-z)^2}=\sqrt{(-4)^2+1^2+(5-z)^2}$$

从而解得 $z=\frac{2}{7}$，即所求的点为 $M\left(0, 0, \frac{2}{7}\right)$.

2. 方向角与方向余弦

向量 $\boldsymbol{a}$ 的方向可用 $\boldsymbol{a}$ 分别与坐标轴的正方向的夹角来确定.

非零向量 $\boldsymbol{a}$ 分别与 x 轴，y 轴，z 轴正方向的夹角 α，β，γ 称为向量 $\boldsymbol{a}$ 的方向角$(0\leqslant\alpha\leqslant\pi, 0\leqslant\beta\leqslant\pi, 0\leqslant\gamma\leqslant\pi)$. 如图 7 - 14 所示. 三个方向角的余弦 $\cos\alpha$，$\cos\beta$，$\cos\gamma$ 称为向量 $\boldsymbol{a}$ 的方向余弦.

设向量 $\boldsymbol{a}=(a_x, a_y, a_z)$，如图 7－15 所示，当 α 是锐角时，直角三角形 M_1M_2P 中，$\angle PM_1M_2=\alpha$，$\angle M_1PM_2=\frac{\pi}{2}$，则

$$\cos\alpha=\frac{|M_1P|}{|M_1M_2|}$$

而

$$|M_1P|=a_x,\quad |M_1M_2|=|\boldsymbol{a}|$$

故有

$$\cos\alpha=\frac{a_x}{|\boldsymbol{a}|}$$

当 α 是钝角时，上式也成立(证明从略).

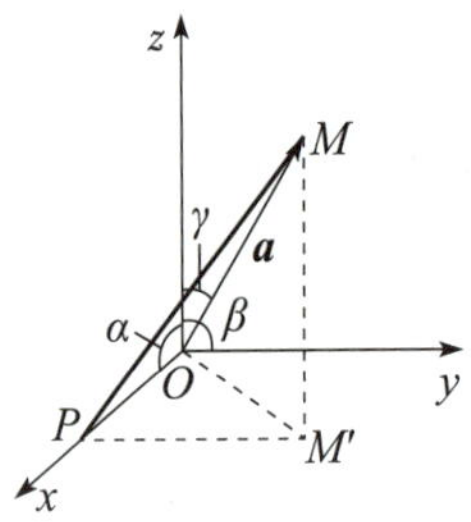

图 7－14

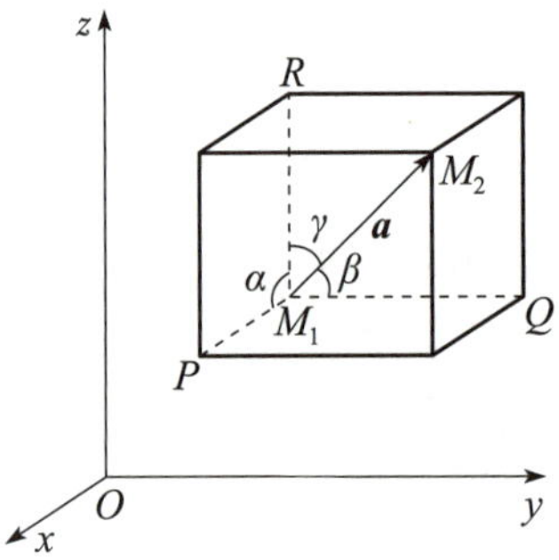

图 7－15

同理可证

$$\cos\beta=\frac{a_y}{|\boldsymbol{a}|},\quad \cos\gamma=\frac{a_z}{|\boldsymbol{a}|}$$

即

$$\cos\alpha=\frac{a_x}{\sqrt{a_x^2+a_y^2+a_z^2}}$$

$$\cos\beta=\frac{a_y}{\sqrt{a_x^2+a_y^2+a_z^2}}$$

$$\cos\gamma=\frac{a_z}{\sqrt{a_x^2+a_y^2+a_z^2}}$$

上式称为**向量的方向余弦的坐标表示式**.

由方向余弦的坐标表示式可知方向余弦满足关系式

$$\cos^2\alpha+\cos^2\beta+\cos^2\gamma=1$$

即任何一个非零向量的三个方向余弦的平方和等于 1.

我们也可用向量的模和方向余弦表示向量的坐标，即

$$\boldsymbol{a}=(a_x,a_y,a_z)=|\boldsymbol{a}|(\cos\alpha,\cos\beta,\cos\gamma)$$

由此可得

$$\boldsymbol{e}_a=\frac{\boldsymbol{a}}{|\boldsymbol{a}|}=\left(\frac{a_x}{|\boldsymbol{a}|},\frac{a_y}{|\boldsymbol{a}|},\frac{a_z}{|\boldsymbol{a}|}\right)=(\cos\alpha,\cos\beta,\cos\gamma)$$

这说明与向量 $\boldsymbol{a}$ 同方向的单位向量坐标就是 $\boldsymbol{a}$ 的方向余弦. 因此求向量 $\boldsymbol{a}$ 的方向余弦，只需将 $\boldsymbol{a}$ 单位化，其单位向量的坐标就是 $\boldsymbol{a}$ 的方向余弦.

例 6　已知点 $M_1(2,\ 2,\ \sqrt{2})$和 $M_2(1,\ 3,\ 0)$，计算向量 $\overrightarrow{M_1M_2}$ 的模，方向余弦和方向角，并求方向和 $\overrightarrow{M_1M_2}$ 一致的单位向量.

解　$\overrightarrow{M_1M_2}=(1-2,\ 3-2,\ 0-\sqrt{2})=(-1,\ 1,\ -\sqrt{2})$

$$|\overrightarrow{M_1M_2}|=\sqrt{(-1)^2+1^2+(-\sqrt{2})^2}=2$$

$$\cos\alpha=-\frac{1}{2},\ \cos\beta=\frac{1}{2},\ \cos\gamma=-\frac{\sqrt{2}}{2}$$

$$\alpha=\frac{2\pi}{3},\ \beta=\frac{\pi}{3},\ \gamma=\frac{3\pi}{4}$$

$$\boldsymbol{e}_{\overrightarrow{AB}}=\frac{\overrightarrow{AB}}{|\overrightarrow{AB}|}=\left(-\frac{1}{2},\ \frac{1}{2},\ -\frac{\sqrt{2}}{2}\right)$$

例 7　若向量 $\boldsymbol{a}$ 与三个坐标轴的夹角相等，即 $\alpha=\beta=\gamma$，且都为锐角，又 $|\boldsymbol{a}|=3$，求向量 $\boldsymbol{a}$ 的坐标表示式.

解　因为$\cos^2\alpha+\cos^2\beta+\cos^2\gamma=1$ 且 $\alpha=\beta=\gamma$，于是有

$$3\cos^2\alpha=1,(\alpha \text{ 是锐角,负的舍去})$$

故

$$a_x=|\boldsymbol{a}|\cos\alpha=3\cdot\frac{\sqrt{3}}{3}=\sqrt{3}$$

$$a_y=|\boldsymbol{a}|\cos\beta=3\cdot\frac{\sqrt{3}}{3}=\sqrt{3}$$

$$a_z=|\boldsymbol{a}|\cos\gamma=3\cdot\frac{\sqrt{3}}{3}=\sqrt{3}$$

所以，向量 $\boldsymbol{a}$ 的坐标表示式为

$$a=(\sqrt{3},\sqrt{3},\sqrt{3})$$

例 8 设向量 $\boldsymbol{a}=\lambda\boldsymbol{i}+2\boldsymbol{j}-\boldsymbol{k}$，$\boldsymbol{a}=-\boldsymbol{j}+\mu\boldsymbol{k}$，问 λ，μ 为何值时，$\boldsymbol{a}/\!/\boldsymbol{b}$？

解 因为 $\boldsymbol{a}/\!/\boldsymbol{b}$，由两向量平行的充要条件可知

$$\frac{\lambda}{0}=\frac{2}{-1}=\frac{-1}{\mu}$$

即

$$\lambda=0,\frac{2}{-1}=\frac{-1}{\mu}$$

所以

$$\lambda=0,\mu=\frac{1}{2}$$

习题 7－1

1. 已知两点 $M_1(0,1,2)$和 $M_2(1,-1,0)$，试用坐标表示式表示向量 $\overrightarrow{M_1M_2}$ 及 $2\overrightarrow{M_1M_2}$.

2. 已知向量 $\boldsymbol{a}=(3,5,1)$，$\boldsymbol{b}=(2,2,3)$，$\boldsymbol{c}=(4,-1,-3)$，求下列各向量的坐标：

(1) $2\boldsymbol{a}$　　(2) $\boldsymbol{a}+\boldsymbol{b}+\boldsymbol{c}$　　(3) $2\boldsymbol{a}-3\boldsymbol{b}$

3. 已知向量 $\boldsymbol{a}=(2,3,1)$，$\boldsymbol{b}=(1,-1,4)$，求以 $\boldsymbol{a}$，$\boldsymbol{b}$ 为边的平行四边形对角线的长.

4. 设 $\boldsymbol{\alpha}=3\boldsymbol{i}-4\boldsymbol{j}+\boldsymbol{k}$，$\boldsymbol{\beta}=\boldsymbol{i}+2\boldsymbol{j}-5\boldsymbol{k}$，求 $\boldsymbol{\alpha}+\boldsymbol{\beta}$，$\boldsymbol{\alpha}-\boldsymbol{\beta}$，$3\boldsymbol{\alpha}-\boldsymbol{\beta}$ 坐标表示.

5. 一向量 $\overrightarrow{AB}=(4,-4,7)$，其终点在点 $B(2,-1,7)$，求这个向量的起点 A 的坐标.

6. 设点 M 的坐标为$(-1, -\sqrt{2}, 1)$，求 $\overrightarrow{OM}$ 的方向余弦和方向角.

7. 求向量 $\boldsymbol{a}=\boldsymbol{i}+\sqrt{2}\boldsymbol{j}+\boldsymbol{k}$ 与坐标轴之间的夹角.

8. 已知两点 $A(4, 0, 5)$和 $B(7, 1, 3)$，求与 $\overrightarrow{AB}$ 同方向的单位向量 $\boldsymbol{e}$.

9. 在 y 轴上求与点 $A(1, -4, 7)$和 $B(5, 6, 5)$等距的点 M.

10. 在空间直角坐标系中，设三点 $A(5, -4, 1)$，$B(3, 2, 1)$，$C(2, -5, 0)$，证明：ΔABC 是直角三角形.

7.2 向量的乘法运算

7.2.1 向量的数量积

1. 数量积的概念

数量积是从物理的力学问题中抽象出来的一个数学概念.

设一质点在恒力 $\boldsymbol{F}$ 的作用下，由 A 点沿直线移到 B 点，若力 $\boldsymbol{F}$ 与位移向量 $\overrightarrow{AB}$ 的夹角为 θ，如图 7－16 所示. 则力 $\boldsymbol{F}$ 所作的功为

$$W=|\boldsymbol{F}|\cdot|\overrightarrow{AB}|\cdot\cos\theta$$

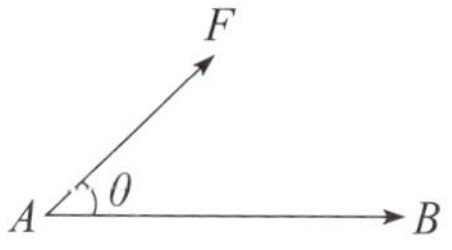

图 7－16

类似的情况在其他问题中也经常遇到. 由此，我们引入两向量的数量积的概念.

定义 1 设 $\boldsymbol{a}$，$\boldsymbol{b}$ 为空间中的两个向量，它们的模及夹角的余弦的乘积称为向量 $\boldsymbol{a}$ 与 $\boldsymbol{b}$ 的**数量积**(也称**内积**或**点积**)，记作 $\boldsymbol{a}\cdot\boldsymbol{b}$，即

$$\boldsymbol{a}\cdot\boldsymbol{b}=|\boldsymbol{a}||\boldsymbol{b}|\cos(\widehat{\boldsymbol{a},\boldsymbol{b}})$$

其中，$(\widehat{\boldsymbol{a},\boldsymbol{b}})$表示向量 $\boldsymbol{a}$ 与 $\boldsymbol{b}$ 的夹角，并且规定 $0\leqslant(\widehat{\boldsymbol{a},\boldsymbol{b}})\leqslant\pi$.

由图 7－17 与图 7－18 可知，数$|\boldsymbol{a}|\cos(\widehat{\boldsymbol{a},\boldsymbol{b}})$等于有向线段$OA$ 的值，这个数称为向量 $\boldsymbol{a}$ 在向量 $\boldsymbol{b}$ 上的投影，记作$\mathrm{Prj}_{\boldsymbol{b}}\boldsymbol{a}$，即

$$\mathrm{Prj}_{\boldsymbol{b}}\boldsymbol{a}=|\boldsymbol{a}|\cos(\widehat{\boldsymbol{a},\boldsymbol{b}})$$

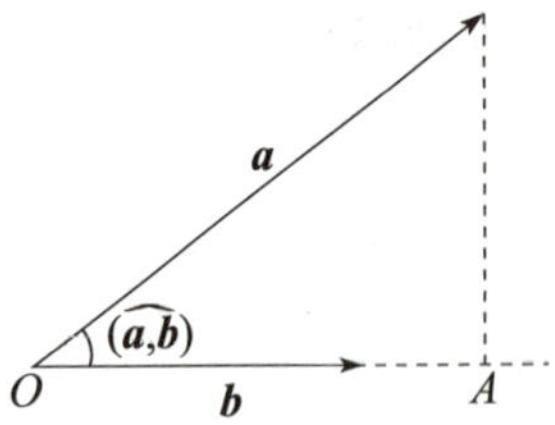

图 7-17

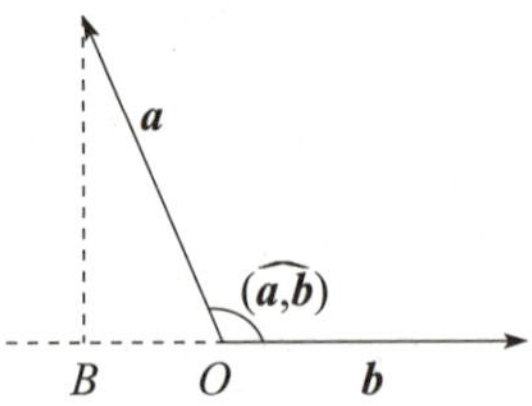

图 7-18

同样，数$|\boldsymbol{b}|\cos(\widehat{\boldsymbol{a},\boldsymbol{b}})$称为向量 $\boldsymbol{b}$ 在向量 $\boldsymbol{a}$ 上的投影，记作$\mathrm{Prj}_{a}\boldsymbol{b}$，即

$$\mathrm{Prj}_{a}\boldsymbol{b}=|\boldsymbol{b}|\cos(\widehat{\boldsymbol{a},\boldsymbol{b}})$$

于是向量的数量积 $\boldsymbol{a}\cdot\boldsymbol{b}$，又能写成

$$\boldsymbol{a}\cdot\boldsymbol{b}=|\vec{a}|\cdot\mathrm{Prj}_{a}b=|\vec{b}|\cdot\mathrm{Prj}_{b}a$$

两向量的数量积是一个数量而不是向量.

2. 数量积的性质

数量积的运算满足如下运算性质：

(1) $\boldsymbol{a}\cdot\boldsymbol{a}=|\boldsymbol{a}|^2$，因此$|\boldsymbol{a}|=\sqrt{\boldsymbol{a}\cdot\boldsymbol{a}}$

因为$(\widehat{\boldsymbol{a},\boldsymbol{a}})=0$，所以 $\boldsymbol{a}\cdot\boldsymbol{a}=|\boldsymbol{a}|\cdot|\boldsymbol{a}|\cdot\cos 0=|\boldsymbol{a}|^2$

(2) $\boldsymbol{a}\cdot\boldsymbol{0}=0$

因为$|\boldsymbol{0}|=0$，所以 $\boldsymbol{a}\cdot\boldsymbol{0}=|\boldsymbol{a}|\cdot|\boldsymbol{0}|=|\boldsymbol{a}|\cdot 0=0$

(3) 交换律：$\boldsymbol{a}\cdot\boldsymbol{b}=\boldsymbol{b}\cdot\boldsymbol{a}$

因为$(\widehat{\boldsymbol{a},\boldsymbol{b}})=(\widehat{\boldsymbol{b},\boldsymbol{a}})$，所以

$$\boldsymbol{a}\cdot\boldsymbol{b}=|\boldsymbol{a}|\cdot|\boldsymbol{b}|\cdot\cos(\widehat{\boldsymbol{a},\boldsymbol{b}})=|\boldsymbol{a}|\cdot|\boldsymbol{b}|\cos(\widehat{\boldsymbol{b},\boldsymbol{a}})=\boldsymbol{b}\cdot\boldsymbol{a}$$

(4) 结合律：$(\lambda\boldsymbol{a})\cdot\boldsymbol{b}=\lambda(\boldsymbol{a}\cdot\boldsymbol{b})=\boldsymbol{a}\cdot(\lambda\boldsymbol{b})$

证明从略.

(5) 分配律：$\boldsymbol{a}\cdot(\boldsymbol{b}+\boldsymbol{c})=\boldsymbol{a}\cdot\boldsymbol{b}+\boldsymbol{a}\cdot\boldsymbol{c}$

证明从略.

由数量积的定义可知，$\boldsymbol{a}\cdot\boldsymbol{b}=0$ 的充要条件是$|\boldsymbol{a}|=0$ 或$|\boldsymbol{b}|=0$ 或$(\widehat{\boldsymbol{a},\boldsymbol{b}})=\dfrac{\pi}{2}$.

故有下述定理：

定理 1 对于两个非零向量 $\boldsymbol{a}$，$\boldsymbol{b}$，如果 $\boldsymbol{a}\cdot\boldsymbol{b}=0$，那么 $\boldsymbol{a}\perp\boldsymbol{b}$；反之，如果 $\boldsymbol{a}\perp$

$\boldsymbol{b}$，那么 $\boldsymbol{a}\cdot\boldsymbol{b}=0$.

3. 数量积的坐标表示

利用定理 1 和数量积的运算性质可讨论如何用向量的坐标来表示数量积.

在空间直角坐标系下，设向量 $\boldsymbol{a}=(x_1, y_1, z_1)$，向量 $\boldsymbol{b}=(x_2, y_2, z_2)$，即

$$\boldsymbol{a}=x_1\boldsymbol{i}+y_1\boldsymbol{j}+z_1\boldsymbol{k}$$

$$\boldsymbol{b}=x_2\boldsymbol{i}+y_2\boldsymbol{j}+z_2\boldsymbol{k}$$

则

$$\begin{aligned}\boldsymbol{a}\cdot\boldsymbol{b}&=(x_1\boldsymbol{i}+y_1\boldsymbol{j}+z_1\boldsymbol{k})\cdot(x_2\boldsymbol{i}+y_2\boldsymbol{j}+z_2\boldsymbol{k})\\&=x_1x_2(\boldsymbol{i}\cdot\boldsymbol{i})+x_1y_2(\boldsymbol{i}\cdot\boldsymbol{j})+x_1z_2(\boldsymbol{i}\cdot\boldsymbol{k})+y_1x_2(\boldsymbol{j}\cdot\boldsymbol{i})+y_1y_2(\boldsymbol{j}\cdot\boldsymbol{j})+\\&\quad y_1z_2(\boldsymbol{j}\cdot\boldsymbol{k})+z_1x_2(\boldsymbol{k}\cdot\boldsymbol{i})+z_1y_2(\boldsymbol{k}\cdot\boldsymbol{j})+z_1z_2(\boldsymbol{k}\cdot\boldsymbol{k})\end{aligned}$$

因为 $\boldsymbol{i}$，$\boldsymbol{j}$，$\boldsymbol{k}$ 是两两相互垂直的单位向量，故有

$$\boldsymbol{i}\cdot\boldsymbol{i}=|\boldsymbol{i}|^2=1, \boldsymbol{j}\cdot\boldsymbol{j}=|\boldsymbol{j}|^2=1, \boldsymbol{k}\cdot\boldsymbol{k}=|\boldsymbol{k}|^2=1$$

$$\boldsymbol{i}\cdot\boldsymbol{j}=\boldsymbol{j}\cdot\boldsymbol{i}=0, \boldsymbol{i}\cdot\boldsymbol{k}=\boldsymbol{k}\cdot\boldsymbol{i}=0, \boldsymbol{j}\cdot\boldsymbol{k}=\boldsymbol{k}\cdot\boldsymbol{j}=0$$

所以

$$\boldsymbol{a}\cdot\boldsymbol{b}=x_1x_2+y_1y_2+z_1z_2$$

上式称为**数量积的坐标表示式**.

也就是说，在直角坐标系下，两向量的数量积等于它们对应坐标分量的乘积之和.

同样，利用向量的坐标也可以求出向量的模、两向量的夹角公式以及两向量垂直的充要条件. 设非零向量 $\boldsymbol{a}=\{x_1, y_1, z_1\}$，向量 $\boldsymbol{b}=\{x_2, y_2, z_2\}$，则

$$|\boldsymbol{a}|=\sqrt{\boldsymbol{a}\cdot\boldsymbol{a}}=\sqrt{x_1^2+y_1^2+z_1^2}$$

$$\cos(\widehat{\boldsymbol{a},\boldsymbol{b}})=\frac{\boldsymbol{a}\cdot\boldsymbol{b}}{|\boldsymbol{a}||\boldsymbol{b}|}=\frac{x_1x_2+y_1y_2+z_1z_2}{\sqrt{x_1^2+y_1^2+z_1^2}\sqrt{x_1^2+y_2{}^2+z_2{}^2}}$$

$$\boldsymbol{a}\perp\boldsymbol{b}\Leftrightarrow x_1x_2+y_1y_2+z_1z_2=0$$

例 1　已知向量 $\boldsymbol{a}=3\boldsymbol{i}-\boldsymbol{j}-2\boldsymbol{k}$，$\boldsymbol{b}=\boldsymbol{i}+2\boldsymbol{j}-\boldsymbol{k}$，求 $\boldsymbol{a}\cdot\boldsymbol{b}$，$\cos(\widehat{\boldsymbol{a},\boldsymbol{b}})$，$\mathrm{Prj}_{\boldsymbol{b}}\boldsymbol{a}$.

解　由题意可知

$$\boldsymbol{a}\cdot\boldsymbol{b}=3\times1-1\times2+(-2)\times(-1)=3$$

$$|\boldsymbol{a}|=\sqrt{3^2+(-1)^2+(-2)^2}=\sqrt{14},\ |\boldsymbol{b}|=\sqrt{1^2+2^2+(-1)^2}=\sqrt{6}$$

则

$$\cos(\widehat{\boldsymbol{a},\boldsymbol{b}})=\frac{\boldsymbol{a}\cdot\boldsymbol{b}}{|\boldsymbol{a}||\boldsymbol{b}|}=\frac{3}{\sqrt{14}\times\sqrt{6}}=\frac{3}{2\sqrt{21}}$$

$$\mathrm{Prj}_{\boldsymbol{b}}\boldsymbol{a}=|\boldsymbol{a}|\cos(\widehat{\boldsymbol{a},\boldsymbol{b}})=\sqrt{14}\cdot\frac{3}{2\sqrt{21}}=\frac{\sqrt{6}}{2}$$

7.2.2 向量的向量积

1. 向量积的概念

在很多实际问题中还要用到两个向量的另一种乘法运算，如物体受力作用而产生的力矩，磁场中通电导线受到的力等. 设 O 为杠杆的支点，力 $\boldsymbol{F}$ 作用于杠杆的 P 点处，$\boldsymbol{F}$ 与 $\overrightarrow{OP}$ 的夹角为 θ，如图 7－19 所示.

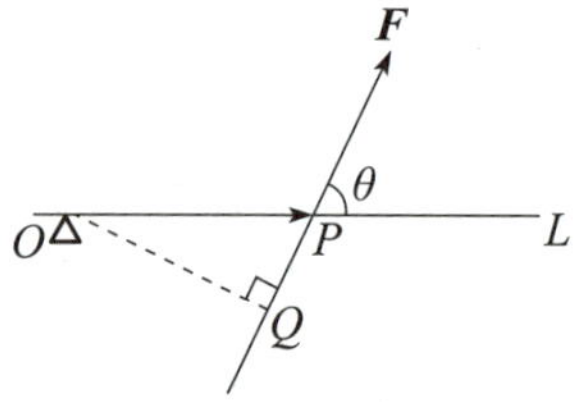

图 7－19

由力学知，力 $\boldsymbol{F}$ 对支点 O 的力矩是一个向量 $\boldsymbol{m}$，它的模为

$$|\boldsymbol{m}|=|\boldsymbol{F}||\overrightarrow{OQ}|=|\boldsymbol{F}||\overrightarrow{OP}|\sin\theta$$

这里 $|\overrightarrow{OQ}|=|\overrightarrow{OP}|\sin\theta$ 称为力臂.

力矩 $\boldsymbol{m}$ 的方向这样确定：$\boldsymbol{m}\perp\boldsymbol{F}$，$\boldsymbol{m}\perp\overrightarrow{OP}$. 也就是 $\boldsymbol{m}$ 垂直于 $\boldsymbol{F}$ 和 $\overrightarrow{OP}$ 所确定的平面，且当右手的四个手指从 OP 抱拳握向 $\boldsymbol{F}$ 时，大拇指所指的方向即为力矩 $\boldsymbol{m}$ 的方向，如图 7－20 所示. 这时称向量 $\overrightarrow{OP}$，$\boldsymbol{F}$，$\boldsymbol{m}$ 构成右手系.

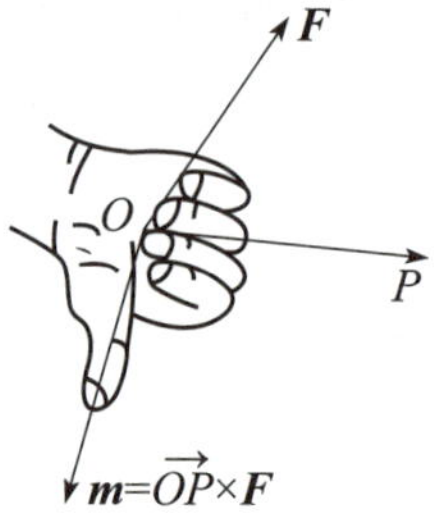

图 7－20

两个向量按上述方法确定出另一个向量，数学上将这些问题抽象为两个向量的向量积.

定义 2 设 $\boldsymbol{a}$，$\boldsymbol{b}$ 为空间中的两个向量，若向量 $\boldsymbol{c}$ 满足：

(1) 模：　$|\boldsymbol{c}|=|\boldsymbol{a}||\boldsymbol{b}|\sin(\widehat{\boldsymbol{a},\boldsymbol{b}})$

(2) 方向：　$\boldsymbol{c}\perp\boldsymbol{a}$，$\boldsymbol{c}\perp\boldsymbol{b}$

即 $\boldsymbol{c}$ 垂直于 $\boldsymbol{a}$ 与 $\boldsymbol{b}$ 所决定的平面，且 $\boldsymbol{a}$，$\boldsymbol{b}$，$\boldsymbol{c}$ 构成右手系，如图 7－21 所示，那么称向量 $\boldsymbol{c}$ 是向量 $\boldsymbol{a}$ 与向量 $\boldsymbol{b}$ 的

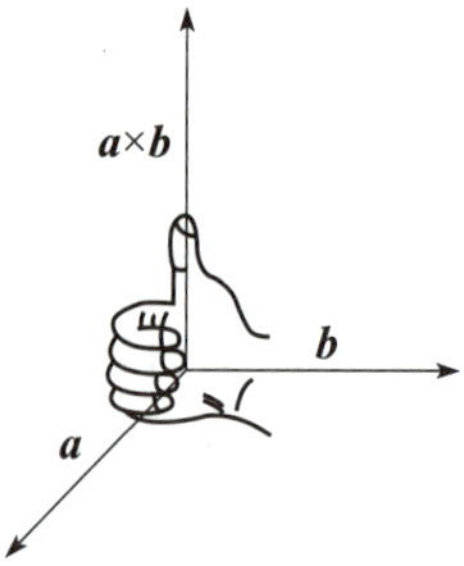

图 7－21

向量积(也称外积或叉积)，记作 $\boldsymbol{a}\times\boldsymbol{b}$ (读作“$\boldsymbol{a}$ 叉乘 $\boldsymbol{b}$”).

依照这个定义，前面提到的力矩 $\boldsymbol{m}$，可简洁地表示为

$$\boldsymbol{m}=\overrightarrow{OP}\times\boldsymbol{F}$$

由定义可看出，两向量 $\boldsymbol{a}$ 与 $\boldsymbol{b}$ 的向量积 $\boldsymbol{a}\times\boldsymbol{b}$ 是一个向量，其模 $|\boldsymbol{a}\times\boldsymbol{b}|$ 的几何意义是以 $\boldsymbol{a}$，$\boldsymbol{b}$ 为邻边的平行四边形的面积.

2. 向量积的性质

向量积有以下运算性质：

(1) $\boldsymbol{a}\times\boldsymbol{a}=\boldsymbol{0}$

因为

$$|\boldsymbol{a}\times\boldsymbol{a}|=|\boldsymbol{a}|\,|\boldsymbol{a}|\sin 0=0$$

(2) $\boldsymbol{a}\times\boldsymbol{0}=\boldsymbol{0}$

因为

$$|\boldsymbol{a}\times\boldsymbol{0}|=|\boldsymbol{a}|\,|\boldsymbol{0}|\sin(\widehat{\boldsymbol{a},\boldsymbol{0}})=0$$

(3) 反交换律：

$$\boldsymbol{a}\times\boldsymbol{b}=-\boldsymbol{b}\times\boldsymbol{a}$$

因为

$$|\boldsymbol{a}\times\boldsymbol{b}|=|\boldsymbol{a}|\,|\boldsymbol{b}|\sin(\widehat{\boldsymbol{a},\boldsymbol{b}})=|\boldsymbol{b}|\,|\boldsymbol{a}|\sin(\widehat{\boldsymbol{a},\boldsymbol{b}})=|\boldsymbol{b}\times\boldsymbol{a}|$$

而按右手系 $\boldsymbol{a}\times\boldsymbol{b}$ 与 $\boldsymbol{b}\times\boldsymbol{a}$ 的方向相反，所以 $\boldsymbol{b}\times\boldsymbol{a}$ 是 $\boldsymbol{a}\times\boldsymbol{b}$ 的负向量，即

$$\boldsymbol{a}\times\boldsymbol{b}=-\boldsymbol{b}\times\boldsymbol{a}$$

(4) 分配律：

$$\boldsymbol{a}\times(\boldsymbol{b}+\boldsymbol{c})=\boldsymbol{a}\times\boldsymbol{b}+\boldsymbol{a}\times\boldsymbol{c}$$

$$(\boldsymbol{a}+\boldsymbol{b})\times\boldsymbol{c}=\boldsymbol{a}\times\boldsymbol{c}+\boldsymbol{b}\times\boldsymbol{c}$$

(5) 结合律：

$$(\lambda\boldsymbol{a})\times\boldsymbol{b}=\lambda(\boldsymbol{a}\times\boldsymbol{b})=\boldsymbol{a}\times(\lambda\boldsymbol{b})$$

性质(4) 和性质(5) 证明从略.

由向量积的定义可以看出，当向量 $\boldsymbol{a}\neq\boldsymbol{0}$，$\boldsymbol{b}\neq\boldsymbol{0}$ 时，$\boldsymbol{a}\times\boldsymbol{b}=\boldsymbol{0}$ 成立的充要条件是 $\sin(\widehat{\boldsymbol{a},\boldsymbol{b}})=0$，即 $(\widehat{\boldsymbol{a},\boldsymbol{b}})=0$ 或 $(\widehat{\boldsymbol{a},\boldsymbol{b}})=\pi$，此时 $\boldsymbol{a}/\!/\boldsymbol{b}$. 由此可得两向量平行的另一充要条件.

定理 2 对两个非零向量 $\boldsymbol{a}$ 与 $\boldsymbol{b}$，如果 $\boldsymbol{a}\times\boldsymbol{b}=\boldsymbol{0}$，那么 $\boldsymbol{a}/\!/\boldsymbol{b}$；反之，如果 $\boldsymbol{a}/\!/\boldsymbol{b}$，那么 $\boldsymbol{a}\times\boldsymbol{b}=\boldsymbol{0}$.

由于可以认为零向量与任何向量都平行，因此上述定理可叙述为：向量 $\boldsymbol{a}/\!/\boldsymbol{b}$ 的充分必要条件是 $\boldsymbol{a}\times\boldsymbol{b}=\boldsymbol{0}$.

3. 向量积的坐标表示

利用定理 2 和向量积的运算性质可讨论如何用向量的坐标来表示向量积.

在空间直角坐标系下，设向量 $\boldsymbol{a}=(x_1, y_1, z_1)$，向量 $\boldsymbol{b}=(x_2, y_2, z_2)$，即

$$\boldsymbol{a}=x_1\boldsymbol{i}+y_1\boldsymbol{j}+z_1\boldsymbol{k}$$
$$\boldsymbol{b}=x_2\boldsymbol{i}+y_2\boldsymbol{j}+z_2\boldsymbol{k}$$

则

$$\begin{aligned}\boldsymbol{a}\times\boldsymbol{b}&=(x_1\boldsymbol{i}+y_1\boldsymbol{j}+z_1\boldsymbol{k})\times(x_2\boldsymbol{i}+y_2\boldsymbol{j}+z_2\boldsymbol{k})\\&=x_1x_2(\boldsymbol{i}\times\boldsymbol{i})+x_1y_2(\boldsymbol{i}\times\boldsymbol{j})+x_1z_2(\boldsymbol{i}\times\boldsymbol{k})+y_1x_2(\boldsymbol{j}\times\boldsymbol{i})+y_1y_2(\boldsymbol{j}\times\boldsymbol{j})+\\&\quad y_1z_2(\boldsymbol{j}\times\boldsymbol{k})+z_1x_2(\boldsymbol{k}\times\boldsymbol{i})+z_1y_2(\boldsymbol{k}\times\boldsymbol{j})+z_1z_2(\boldsymbol{k}\times\boldsymbol{k})\end{aligned}$$

因为

$$\boldsymbol{i}\times\boldsymbol{i}=\boldsymbol{j}\times\boldsymbol{j}=\boldsymbol{k}\times\boldsymbol{k}=0$$
$$\boldsymbol{i}\times\boldsymbol{j}=\boldsymbol{k},\quad \boldsymbol{j}\times\boldsymbol{k}=\boldsymbol{i},\quad \boldsymbol{k}\times\boldsymbol{i}=\boldsymbol{j}$$
$$\boldsymbol{j}\times\boldsymbol{i}=-\boldsymbol{k},\quad \boldsymbol{k}\times\boldsymbol{j}=-\boldsymbol{i},\quad \boldsymbol{i}\times\boldsymbol{k}=-\boldsymbol{j}$$

所以

$$\begin{aligned}\boldsymbol{a}\times\boldsymbol{b}&=(x_1y_2-y_1x_2)(\boldsymbol{i}\times\boldsymbol{j})+(y_1z_2-z_1y_2)(\boldsymbol{j}\times\boldsymbol{k})-(x_1z_2-z_1x_2)(\boldsymbol{k}\times\boldsymbol{i})\\&=(y_1z_2-z_1y_2)\boldsymbol{i}-(x_1z_2-z_1x_2)\boldsymbol{j}+(x_1y_2-y_1x_2)\boldsymbol{k}\end{aligned}$$

为了便于记忆，借助于线性代数中的二阶行列式及三阶行列式有

$$\boldsymbol{a}\times\boldsymbol{b}=\begin{vmatrix}\boldsymbol{i}&\boldsymbol{j}&\boldsymbol{k}\\x_1&y_1&z_1\\x_2&y_2&z_2\end{vmatrix}=\begin{vmatrix}y_1&z_1\\y_2&z_2\end{vmatrix}\boldsymbol{i}-\begin{vmatrix}x_1&z_1\\x_2&z_2\end{vmatrix}\boldsymbol{j}+\begin{vmatrix}x_1&y_1\\x_2&y_2\end{vmatrix}\boldsymbol{k}$$

此式即为向量的向量积的坐标表示式.

注　设两个非零向量 $\boldsymbol{a}=\{x_1, y_1, z_1\}$，$\boldsymbol{b}=\{x_2, y_2, z_2\}$，则

$$\boldsymbol{a}/\!/\boldsymbol{b}\Leftrightarrow \boldsymbol{a}\times\boldsymbol{b}=\boldsymbol{0}\Leftrightarrow\frac{x_1}{x_2}=\frac{y_1}{y_2}=\frac{z_1}{z_2}$$

若某个分母为零，则规定相应的分子为零.

例 2　已知向量 $\boldsymbol{a}=(1, -1, -2)$，$\boldsymbol{b}=(2, 2, -1)$，求 $2\boldsymbol{a}\times\boldsymbol{b}$.

解　$$2\boldsymbol{a}\times\boldsymbol{b}=\begin{vmatrix}\boldsymbol{i} & \boldsymbol{j} & \boldsymbol{k}\\ 2 & -2 & -4\\ 2 & 2 & -1\end{vmatrix}=\begin{vmatrix}-2 & -4\\ 2 & -1\end{vmatrix}\boldsymbol{i}-\begin{vmatrix}2 & -4\\ 2 & -1\end{vmatrix}\boldsymbol{j}+\begin{vmatrix}2 & -2\\ 2 & 2\end{vmatrix}\boldsymbol{k}$$

$$=10\boldsymbol{i}-6\boldsymbol{j}+8\boldsymbol{k}=(10, -6, 8)$$

例 3　已知三角形 ABC 的顶点分别是 $A(1, 1, 1)$，$B(1, 2, 3)$，$C(2, 3, 4)$，求三角形 ABC 的面积.

解　根据向量积的定义，可知三角形的面积为

$$S_{\triangle ABC}=\frac{1}{2}|\overrightarrow{AB}||\overrightarrow{AC}|\sin A=\frac{1}{2}|\overrightarrow{AB}\times\overrightarrow{AC}|$$

由于 $\overrightarrow{AB}=(0, 1, 2)$，$\overrightarrow{AC}=(1, 1, 1)$，因此

$$\overrightarrow{AB}\times\overrightarrow{AC}=\begin{vmatrix}\boldsymbol{i} & \boldsymbol{j} & \boldsymbol{k}\\ 0 & 1 & 2\\ 1 & 1 & 1\end{vmatrix}=(-1,2,-1)$$

$$|\overrightarrow{AB}\times\overrightarrow{AC}|=\sqrt{(-1)^2+2^2+(-1)^2}=\sqrt{6}$$

所以

$$S_{\triangle ABC}=\frac{1}{2}|\overrightarrow{AB}\times\overrightarrow{AC}|=\frac{\sqrt{6}}{2}$$

例 4　求一单位向量，使它同时垂直于向量 $\boldsymbol{a}$，$\boldsymbol{b}$，其中 $\boldsymbol{a}=\boldsymbol{i}+\boldsymbol{j}$，$\boldsymbol{b}=\boldsymbol{k}$.

解　因为 $\boldsymbol{a}\times\boldsymbol{b}$ 同时垂直于 $\boldsymbol{a}$ 与 $\boldsymbol{b}$，设 $\boldsymbol{a}\times\boldsymbol{b}=\boldsymbol{c}$，则所求的单位向量为

$$\boldsymbol{e}_c=\pm\frac{\boldsymbol{a}\times\boldsymbol{b}}{|\boldsymbol{a}\times\boldsymbol{b}|}$$

而

$$a\times b=\begin{vmatrix} i & j & k \\ 1 & 1 & 0 \\ 0 & 0 & 1 \end{vmatrix}=i-j$$

$$|a\times b|=\sqrt{1^2+(-1)^2}=\sqrt{2}$$

所以

$$e_c=\pm\frac{1}{\sqrt{2}}(i-j)$$

习题 7-2

1. 已知向量 $a=3i+2j-k$ 与 $b=i-j+2k$，求 a 与 b 的数量积与向量积.
2. 已知向量 $a=(1, 1, -4)$，$b=(2, -2, 1)$，求 $a\cdot b$，$|a|$，$|b|$ 和 $(\widehat{a,b})$.
3. 证明向量 $a=2i-j+k$ 和向量 $b=4i+9j+k$ 互相垂直.
4. 求同时垂直于向量 $a=2i+2j+k$ 和 $b=4i+5j+3k$ 的单位向量.
5. 求与向量 $a=(2, -1, 2)$ 平行且满足 $a\cdot b=-18$ 的向量 b.
6. 已知三角形三顶点的坐标是 $A(-1, 2, 3)$，$B(1, 1, 1)$ 和 $C(0, 0, 5)$，试求角 B.
7. 已知向量 $a=(3, 5, -4)$，$b=(2, 1, 8)$，求 λ 值，使 $\lambda a+b$ 与 z 轴垂直.

7.3 平面及其方程

由于平面与空间直线分别是曲面与空间曲线的特例，因此在讨论平面与空间直线之前，先引入曲面方程与空间曲线方程的概念.

7.3.1 曲面方程与空间曲线方程的概念

1. 曲面方程的概念

在空间解析几何中，把曲面 S 看作是空间中点的几何轨迹，即曲面是具有某种性质的点的集合，由此可以建立空间曲面的方程.

定义 1　如果曲面 S 与三元方程

$$F(x,y,z)=0$$

满足如下关系：

(1) 曲面 S 上每一点的坐标都满足方程 $F(x, y, z)=0$,

(2) 不在曲面 S 上的点的坐标都不满足方程 $F(x, y, z)=0$,

那么，称方程 $F(x, y, z)=0$ 为**曲面 S 的方程**，而称曲面 S 为此**方程的图形**，如图 7－22 所示.

2. 空间曲线方程的概念

空间曲线可看作两个曲面的交线. 设曲面 S_1：$F(x, y, z)=0$ 和曲面 S_2：$G(x, y, z)=0$ 的交线为曲线 C，如图 7－23 所示. 因为曲线上的任何点的坐标 x，y，z 应同时满足这两个曲面方程，所以应满足方程组

$$\begin{cases} F(x,y,z)=0 \\ G(x,y,z)=0 \end{cases} \tag{7-1}$$

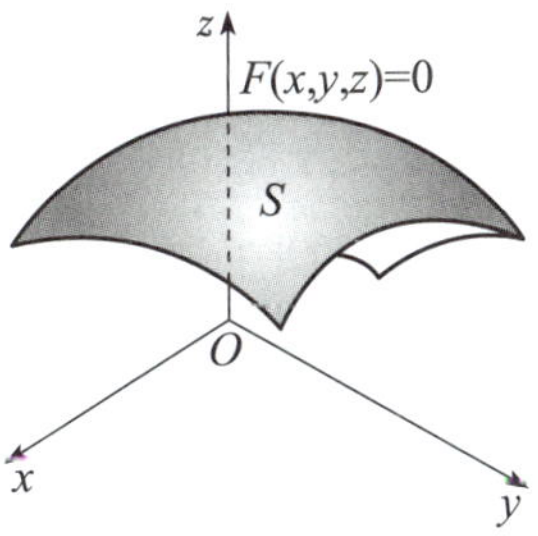

图 7－22

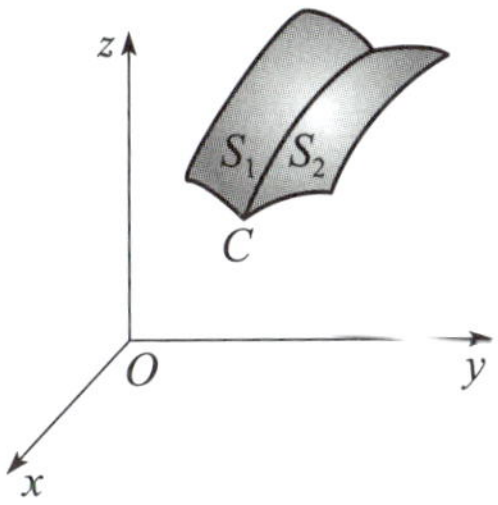

图 7－23

反过来，如果点 M 不在曲线 C 上，那么它不可能同时在两曲面上. 所以，它的坐标不满足方程组(7－1). 由上述两点可知：曲线 C 可由方程组(7－1)表示. 方程组(7－1)就叫作**空间曲线 C 的方程**，曲线 C 叫作**方程组(7－1)的图形**.

7.3.2　平面

1. 平面的点法式方程

若一个非零向量 $\boldsymbol{n}$ 垂直于平面 Π，则称向量 $\boldsymbol{n}$ 为平面 Π 的一个**法线向量**.

显然，若 $\boldsymbol{n}$ 是平面 Π 的一个法线向量，则 $\lambda\boldsymbol{n}$(λ 为任意非零实数)都是 Π 的法线向量，即一个平面的法线向量有无穷多个，它们之间相互平行，并且法线向量垂直于

平面内的任一向量.

由立体几何知识可知，过一个定点且垂直于一个非零向量平面有且只有一个，故当平面 Π 上的一点 $M_0(x_0, y_0, z_0)$ 和它的一个法线向量 $\boldsymbol{n}=(A, B, C)$ 已知时，平面 Π 的位置就确定了. 下面我们来建立该平面方程.

设 $M(x, y, z)$ 为平面 Π 上的任一点，如图 7-24 所示. 由于 $\boldsymbol{n}\perp\Pi$，因此 $\boldsymbol{n}\perp\overrightarrow{M_0M}$. 由两向量垂直的充要条件，得

$$\boldsymbol{n}\cdot\overrightarrow{M_0M}=0$$

而

$$\boldsymbol{n}=(A,B,C),\overrightarrow{M_0M}=(x-x_0,y-y_0,z-z_0)$$

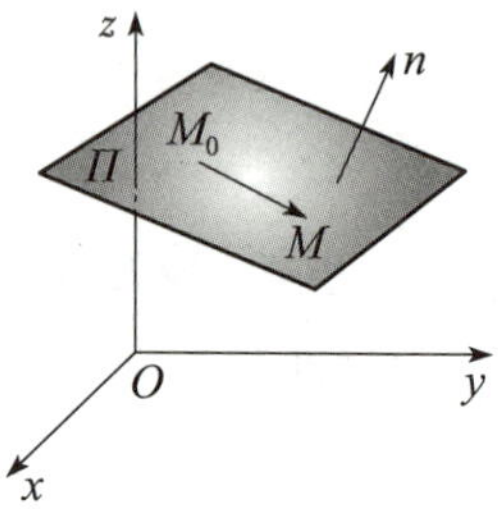

图 7-24

所以有

$$A(x-x_0)+B(y-y_0)+C(z-z_0)=0 \tag{7-2}$$

由于平面 Π 上任意一点 $M(x, y, z)$ 都满足上述方程，而不在平面 Π 上的点都不满足该方程，因此上述方程就是平面 Π 的方程.

由于方程(7-2)是由平面 Π 上一定点 $M_0(x_0, y_0, z_0)$ 和它的一个法线向量 $\boldsymbol{n}=(A, B, C)$ 所确定的，故方程(7-2) 叫作**平面 Π 的点法式方程**.

例 1 求过点(1, 1, 0)且垂直于向量 $\boldsymbol{n}=(2, -1, 2)$ 的平面方程.

解 由平面法线向量的定义可知，向量 $\boldsymbol{n}=(2, -1, 2)$ 为所求平面的一个法线向量，所以，由平面的点法式方程(7-2)得所求平面的方程为

$$2(x-1)-1\cdot(y-1)+2\cdot(z-0)=0$$

即

$$2x-y+2z-1=0$$

例 2 求过三点 $M_1(1, 0, -1)$，$M_2(1, -2, 3)$，$M_3(2, 2, 1)$ 的平面 Π 的方程.

解 由于点 M_1，M_2，M_3 均在平面上，故向量 $\overrightarrow{M_1M_2}$，$\overrightarrow{M_1M_3}$ 均在平面上，从而平面 Π 的法向量必定同时垂直于 $\overrightarrow{M_1M_2}$ 与 $\overrightarrow{M_1M_3}$. 因此 $\overrightarrow{M_1M_2}$ 与 $\overrightarrow{M_1M_3}$ 的向量积 $\overrightarrow{M_1M_2}\times\overrightarrow{M_1M_3}$ 为该平面的一个法线向量 $\boldsymbol{n}$，即

$$\boldsymbol{n}=\overrightarrow{M_1M_2}\times\overrightarrow{M_1M_3}$$

而

$$\overrightarrow{M_1M_2}=(0,-2,4),\overrightarrow{M_1M_3}=(1,2,2)$$

因此

$$\boldsymbol{n}=\overrightarrow{M_1M_2}\times\overrightarrow{M_1M_3}=\begin{vmatrix}\boldsymbol{i} & \boldsymbol{j} & \boldsymbol{k}\\ 0 & -2 & 4\\ 1 & 2 & 2\end{vmatrix}=-12\boldsymbol{i}+4\boldsymbol{j}+2\boldsymbol{k}$$

因此所求平面 Π 的方程为

$$-12(x-1)+4(y-0)+2(z+1)-0$$

即

$$6x-2y-z-7=0$$

2. 平面的一般式方程

将平面的点法式方程展开，得

$$Ax+By+Cz-(Ax_0+By_0+Cz_0)=0$$

令 $D=-(Ax_0+By_0+Cz_0)$，则有

$$Ax+By+Cz+D=0(A,B,C\text{ 不全为零})$$

即任意一个平面都可以用三元一次方程来表示.

反过来，任意三元一次方程的图形都是一个平面.

因为，设有一个三元一次方程

$$Ax+By+Cz+D-0 \tag{7-3}$$

$M_0(x_0,\ y_0,\ z_0)$是满足方程的一组解，则有

$$Ax_0+By_0+Cz_0+D=0 \tag{7-4}$$

由方程(7－3)和方程(7－4)，得

$$A(x-x_0)+B(y-y_0)+C(z-z_0)=0 \tag{7-5}$$

将方程(7－5)与平面的点法式方程(7－2)比较可知，方程(7－5)的图形为一平面. 由于方程(7－5)与方程(7－3)同解，故方程(7－3)的图形是一平面，且其法线向量为

$\boldsymbol{n}=(A, B, C)$.

我们称方程 $Ax+By+Cz+D=0$ 为平面的**一般式方程**，其中 $\boldsymbol{n}=(A, B, C)$ 为该平面的一个法线向量.

例如，方程

$$3y-z-2=0$$

表示的就是一个平面，且向量$(0, 3, -1)$为它的一个法线向量.

现在来讨论一些特殊的三元一次方程所表示的平面的位置有什么特点.

(1) 当 $D=0$ 时，方程(7-3)变为 $Ax+By+Cz=0$，此时$(0, 0, 0)$为方程的解，因此平面通过原点；反过来，如果平面通过原点，那么显然有 $D=0$.

(2) 当 $A=0$ 时，方程(7-3)变为 $By+Cz+D=0$，对应平面的法线向量为 $\boldsymbol{n}=(0, B, C)$，因 $\boldsymbol{n}\cdot\boldsymbol{i}=0$，故 $\boldsymbol{n}$ 与 x 轴垂直，所以 $By+Cz+D=0$ 表示一个与 x 轴平行的平面.

同理，方程 $Ax+Cz+D=0$ 表示一个与 y 轴平行的平面；方程 $Ax+By+D=0$ 表示一个与 z 轴平行的平面.

(3) 当 $A=B=0$ 时，方程(7-3)变为 $Cz+D=0$，即 $z=-\frac{D}{C}$，所表示的平面既平行于 x 轴，又平行于 y 轴，故方程表示一个平行于(或重合于)xOy 面的平面，法线向量为 $\boldsymbol{n}=(0, 0, C)$.

同理，方程 $Ax+D=0$ 和 $By+D=0$ 分别表示一个平行于(或重合于)yOz 面和 xOz 面的平面.

特别地，方程 $x=0$，$y=0$，$z=0$ 分别表示三个坐标面：yOz 面，xOz 面，xOy 面.

例 3 求过 x 轴和点 $M(3, 1, -2)$的平面方程.

解 因为所求平面过 x 轴，即平面过原点且平行于 x 轴，故可设为

$$By+Cz=0$$

又因平面过点 $M(3, 1, -2)$，所以有

$$B-2C=0$$

即

$$B=2C$$

将 $B=2C$ 代入所设方程，可解得

$$C(2y+z)=0$$

而 $C\neq 0$，因此所求平面方程为

$$2y+z=0$$

例 4　设一平面与坐标轴的交点为 $P(a,0,0)$，$Q(0,b,0)$，$R(0,0,c)$ $(abc\neq 0)$，如图 7-25 所示. 求平面的方程.

解　设所求平面的方程为

$$Ax+By+Cz+D=0$$

因为 P，Q，R 三点都在平面上，所以有

$$\begin{cases}aA+D=0\\ bB+D=0\\ cC+D=0\end{cases}$$

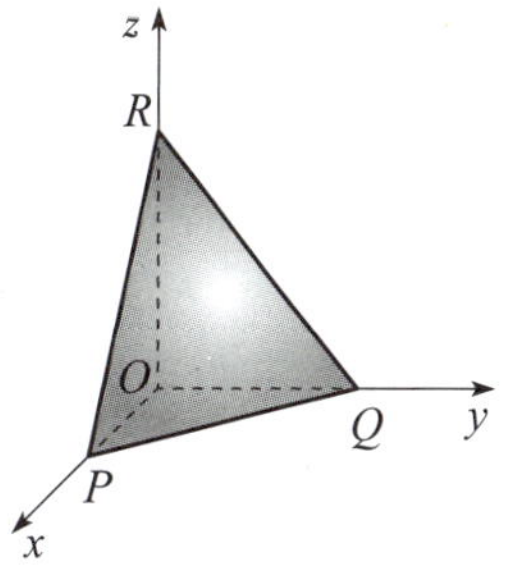

图 7-25

即

$$A=-\frac{D}{a},\quad B=-\frac{D}{b},\quad C=-\frac{D}{c}$$

代入所设方程，得

$$\frac{x}{a}+\frac{y}{b}+\frac{z}{c}=1 \qquad (7-6)$$

方程(7-6)称为平面的**截距式方程**，a，b，c 依次叫作平面在 x 轴，y 轴和 z 轴上的**截距**.

7.3.3　两平面的夹角

两平面的法线向量的夹角(通常指锐角或直角)称为**两平面的夹角**.

设有两个平面 Π_1 与 Π_2，它们的方程为

$$\Pi_1: A_1x+B_1y+C_1z+D_1=0 \qquad (A_1,B_1,C_1\text{ 不同时为零})$$

$$\Pi_2: A_2x+B_2y+C_2z+D_2=0 \qquad (A_2,B_2,C_2\text{ 不同时为零})$$

则它们的法线向量分别为 $\boldsymbol{n}_1=(A_1,B_1,C_1)$ 和 $\boldsymbol{n}_2=(A_2,B_2,C_2)$. 于是，平面 Π_1 与 Π_2 的夹角 $\theta=(\widehat{\boldsymbol{n}_1,\boldsymbol{n}_2})$［当 $(\widehat{\boldsymbol{n}_1,\boldsymbol{n}_2})$ 为锐角时］，或 $\theta=\pi-(\widehat{\boldsymbol{n}_1,\boldsymbol{n}_2})$［当 $(\widehat{\boldsymbol{n}_1,\boldsymbol{n}_2})$ 为钝角时］，如图 7-26 所示.

从而有

$$\cos\theta=|\cos(\widehat{\boldsymbol{n}_1,\boldsymbol{n}_2})|=\frac{|\boldsymbol{n}_1\cdot\boldsymbol{n}_2|}{|\boldsymbol{n}_1||\boldsymbol{n}_2|}$$

$$=\frac{|A_1A_2+B_1B_2+C_1C_2|}{\sqrt{A_1^2+B_1^2+C_1^2}\sqrt{A_2{}^2+B_2{}^2+C_2{}^2}}$$

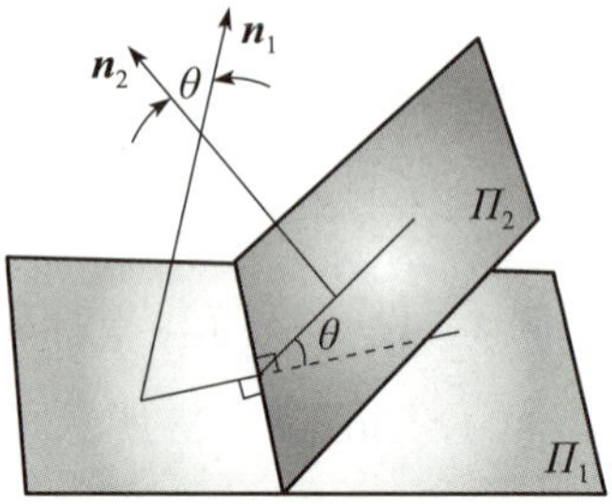

图 7-26

特别地，由两向量平行、垂直的充要条件可推得：

(1) $\Pi_1 /\!/ \Pi_2 \Leftrightarrow \boldsymbol{n}_1 /\!/ \boldsymbol{n}_2 \Leftrightarrow \dfrac{A_1}{A_2}=\dfrac{B_1}{B_2}=\dfrac{C_1}{C_2}$

(2) $\Pi_1\perp\Pi_2\Leftrightarrow\boldsymbol{n}_1\cdot\boldsymbol{n}_2=0\Leftrightarrow A_1A_2+B_1B_2+C_1C_2=0$

例 5 求两平面 $x-y+2z-6=0$ 和 $2x+y+z-5=0$ 的夹角.

解 由两平面的夹角公式得

$$\cos\theta=\frac{|1\times2+(-1)\times1+2\times1|}{\sqrt{1^2+(-1)^2+2^2}\sqrt{2^2+1^2+1^2}}=\frac{1}{2}$$

所以两平面夹角 $\theta=\dfrac{\pi}{3}$.

7.3.4 点到平面的距离

在空间直角坐标系中，设点 $P_0(x_0,y_0,z_0)$ 是平面 Π：$Ax+By+Cz+D=0$（A，B，C 不全为零）外一点，如图 7-27 所示，则**点 P_0 到平面 Π 的距离为**

$$d=\frac{|Ax_0+By_0+Cz_0+D|}{\sqrt{A^2+B^2+C^2}}$$

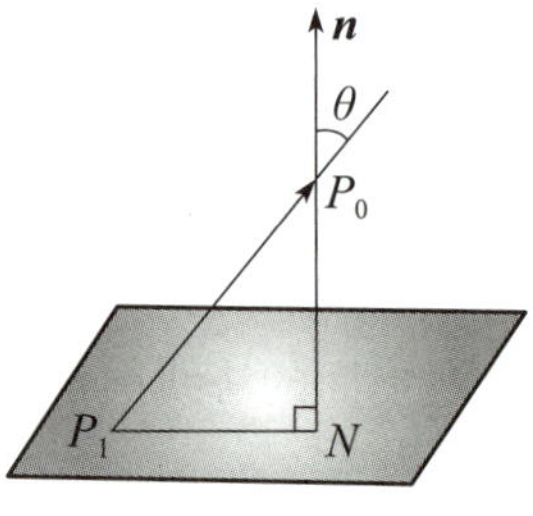

图 7-27

因为在平面 Π 上任取一点 $P_1(x_1,y_1,z_1)$，并作一法线向量 $\boldsymbol{n}$，由图 7-27 可以看出，点 P_0 到平面 Π 距离为

$$d=|P_0N|$$

考虑到向量 $\overrightarrow{P_1P_0}$ 与 $\boldsymbol{n}$ 的夹角 θ 也可能是钝角，故所求距离为

$$d=|\overrightarrow{P_1P_0}||\cos\theta|=\frac{|\overrightarrow{P_1P_0}\cdot\boldsymbol{n}|}{|\boldsymbol{n}|}$$

而

$$\boldsymbol{n}=(A,B,C),\quad \overrightarrow{P_1P_0}=(x_0-x_1,y_0-y_1,z_0-z_1)$$

于是

$$\frac{\overrightarrow{P_1P_0}\cdot\boldsymbol{n}}{|\boldsymbol{n}|}=\frac{A(x_0-x_1)+B(y_0-y_1)+C(z_0-z_1)}{\sqrt{A^2+B^2+C^2}}$$

$$=\frac{Ax_0+By_0+Cz_0+D}{\sqrt{A^2+B^2+C^2}}$$

因为 $Ax_1+By_1+Cz_1+D=0$，所以

$$\frac{\overrightarrow{P_1P_0}\cdot\boldsymbol{n}}{|\boldsymbol{n}|}=\frac{(Ax_0+By_0+Cz_0)-(Ax_1+By_1+Cz_1)}{\sqrt{A^2+B^2+C^2}}$$

故点 $P_0(x_0,\ y_0,\ z_0)$到平面 Π：$Ax+By+Cz+D=0$ 的距离公式为

$$d=\frac{|Ax_0+By_0+Cz_0+D|}{\sqrt{A^2+B^2+C^2}} \tag{7-7}$$

例 6　求点(3，4，5)到平面 $2x-5y+6z-1=0$ 的距离.

解　由点到平面的距离公式得

$$d=\frac{|2\times3-5\times4+6\times5-1|}{\sqrt{2^2+(-5)^2+6^2}}=\frac{15}{\sqrt{65}}$$

习题 7-3

1. 下列各平面中，与平面 $x+2y-3z=6$ 垂直的是(　　).

A. $2x+4y-6z=1$　　　　B. $2x+4y-6z=12$

C. $\frac{x}{-1}+\frac{y}{2}+\frac{z}{3}=1$　　　　D. $-x+2y+z=1$

2. 通过三点(0，0，0)，(1，0，1)，(2，1，0)的平面方程是____________.

3. 求下列平面方程：

(1) 过 $M_1(1,\ 2,\ 1)$，$M_2(2,\ -1,\ 2)$两点，且平行于向量 $\boldsymbol{a}=(3,\ 2,\ 1)$；

(2) 过点 $M_1(3,\ -5,\ 1)$，$M_2(4,\ 1,\ 2)$，且垂直于平面 $x-8y+3z-1=0$；

(3) 平行于 y 轴且过点 $P(1,\ 5,\ 1)$，$Q(3,\ 2,\ -1)$；

(4) 通过 z 轴和点$(-3,\ 1,\ -2)$；

(5) 过点$(5,\ -7,\ 4)$，且在三个坐标轴上的截距相等；

(6) 平行于平面 $5x-14y+2z+36=0$，且与此平面的距离为 3 单位；

(7) 过点$(1,\ -2,\ 2)$且与两平面 $x+2y-z=1$ 和 $2x+y+3z=2$ 都垂直.

4. 求点 $M_0(1,\ 2,\ 1)$到平面 $x+2y+2z-10=0$ 的距离.

5. 求两个平行平面 $x-y+3z+1=0$ 与 $x-y+3z-5=0$ 间的距离.

7.4 空间直线及其方程

7.4.1 空间直线的一般式方程

空间曲线可以看成是两个曲面的交线. 空间直线是空间曲线的特殊情况，可以看成空间两个平面的交线，因此由空间曲线的一般式方程可得空间直线的一般式方程.

设空间直线 L 是平面 Π_1 与平面 Π_2 的交线，若 Π_1：$A_1x+B_1y+C_1z+D_1=0$，Π_2：$A_2x+B_2y+C_2z+D_2=0$，则方程组

$$\begin{cases}A_1x+B_1y+C_1z+D_1=0\\A_2x+B_2y+C_2z+D_2=0\end{cases}\tag{7-8}$$

是空间直线 L 的方程. 我们称方程组(7-8)为**空间直线的一般式方程**，其中 A_1，B_1，C_1 与 A_2，B_2，C_2 不成比例.

特别地，在空间直角坐标系中，两个坐标面的交线为坐标轴，因此坐标轴的方程分别为

$$x\ 轴：\begin{cases}y=0\\z=0\end{cases},\quad y\ 轴：\begin{cases}x=0\\z=0\end{cases},\quad z\ 轴：\begin{cases}x=0\\y=0\end{cases}$$

实际上，通过空间一直线的平面有无穷多个，只要从中任选两个平面，联立它们

的方程所得的方程组就表示该直线. 我们将通过直线 L 的所有平面的全体称为平面束，方程

$$A_1x+B_1y+C_1z+D_1+\lambda(A_2x+B_2y+C_2z+D_2)=0 \tag{7-9}$$

就是通过直线

$$L:\begin{cases}A_1x+B_1y+C_1z+D_1=0\\A_2x+B_2y+C_2z+D_2=0\end{cases}$$

的平面束方程[实际上，方程(7-9)表示的是缺少平面 $A_2x+B_2y+C_2z+D_2=0$ 的平面束].

7.4.2 空间直线的点向式方程

如果一个非零向量 $\boldsymbol{s}$ 与空间直线 L 平行，那么称向量 $\boldsymbol{s}$ 是直线 L 的方向向量。显然，一条直线的方向向量有无穷多个，它们之间相互平行.

由立体几何可知，过空间一点只能作出一条直线平行于一已知直线. 因此，已知直线上一点 $M_0(x_0, y_0, z_0)$ 和它的一个方向向量 $\boldsymbol{s}=(m, n, p)$，就可以确定直线 L 的位置. 下面我们来讨论该直线 L 的方程.

设 $M(x, y, z)$ 为直线 L 上的任一点，则向量 $\overrightarrow{M_0M}=(x-x_0, y-y_0, z-z_0)$ 在直线 L 上，它是直线 L 的方向向量，故 $\overrightarrow{M_0M}/\!/\boldsymbol{s}$，如图 7-28 所示. 由两向量平行的充要条件可知

$$\frac{x-x_0}{m}=\frac{y-y_0}{n}=\frac{z-z_0}{p} \tag{7-10}$$

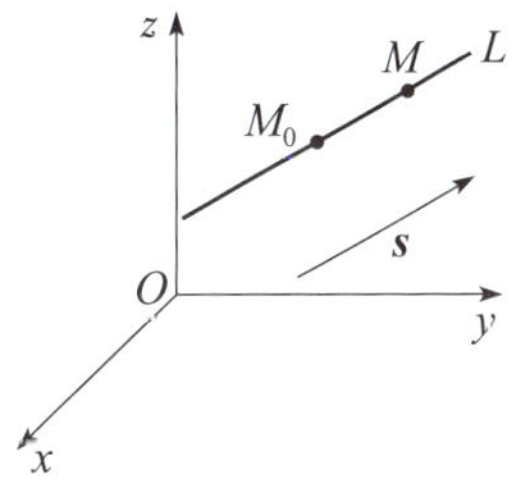

图 7-28

我们称方程(7-10)为直线 L 的点向式方程(或对称式方程).

注 在方程(7-10)中，m，n，p 不全为零，若有个别字母为零，方程应理解为相应的分子也为零. 例如，$m=0(n\neq0, p\neq0)$，则空间直线方程为

$$\begin{cases}x-x_0=0\\\dfrac{y-y_0}{n}=\dfrac{z-z_0}{p}\end{cases}$$

由直线的点向式方程可以推导出直线的参数方程. 设

$$\frac{x-x_0}{m}=\frac{y-y_0}{n}=\frac{z-z_0}{p}=t$$

则

$$\begin{cases}x=x_0+mt\\ y=y_0+nt\\ z=z_0+pt\end{cases} \tag{7-11}$$

我们称方程组(7－11)为**直线的参数方程**，t 叫作参数.

例 1 求过点(4，－1，3)且平行于直线$\frac{x-3}{2}=\frac{y}{1}=\frac{z-1}{5}$的直线方程.

解 所求直线的方向向量为(2，1，5)，因为过点(4，－1，3)，根据点向式方程得所求直线方程为

$$\frac{x-4}{2}=\frac{y+1}{1}=\frac{z-3}{5}$$

例 2 求过点 $M_1(1,1,1)$和 $M_2(3,2,3)$的直线方程.

解 向量 $\overrightarrow{M_1M_2}$ 是所求直线的一方向向量，即

$$\boldsymbol{s}=\overrightarrow{M_1M_2}=(2,1,2)$$

于是所求直线的方程为

$$\frac{x-1}{2}=\frac{y-1}{1}=\frac{z-1}{2}$$

例 3 将直线的一般式方程：

$$\begin{cases}2x-y+3z-1=0\\ 3x+2y-z-12=0\end{cases}$$

化为点向式方程和参数方程.

解 先求直线上一点 M_0，不妨设 $z=0$，代入方程中得

$$\begin{cases}2x-y-1=0\\ 3x+2y-12=0\end{cases}$$

解之得

$$x=2,\quad y=3$$

所以 $M_0(2,3,0)$ 为直线上的一点.

再求直线的一个方向向量 $\boldsymbol{s}$. 由于直线与两个平面的法向量 $\boldsymbol{n}_1$，$\boldsymbol{n}_2$ 都垂直，其中 $\boldsymbol{n}_1=(2,-1,3)$，$\boldsymbol{n}_2=(3,2,-1)$，因此可用 $\boldsymbol{n}_1\times\boldsymbol{n}_2$ 作为直线的一个方向向量 $\boldsymbol{s}$

$$\boldsymbol{s}=\boldsymbol{n}_1\times\boldsymbol{n}_2=\begin{vmatrix}\boldsymbol{i}&\boldsymbol{j}&\boldsymbol{k}\\2&-1&3\\3&2&-1\end{vmatrix}=-5\boldsymbol{i}+11\boldsymbol{j}+7\boldsymbol{k}$$

即

$$\boldsymbol{s}=(-5,11,7)$$

于是，该直线的点向式方程为

$$\frac{x-2}{-5}=\frac{y-3}{11}=\frac{z}{7}$$

令

$$\frac{x-2}{-5}=\frac{y-3}{11}=\frac{z}{7}=t$$

得所给直线的参数方程为

$$\begin{cases}x=2-5t\\y=3+11t\\z=7t\end{cases}$$

7.4.3　两直线的夹角

两直线的方向向量的夹角(通常指锐角或直角)叫作两直线的夹角.

设两条直线 L_1 与 L_2 的方向向量分别为 $\boldsymbol{s}_1=(m_1,n_1,p_1)$ 和 $\boldsymbol{s}_2=(m_2,n_2,p_2)$，则直线 L_1 与 L_2 的夹角 φ 应是 $(\widehat{\boldsymbol{s}_1,\boldsymbol{s}_2})$ 和 $\pi-(\widehat{\boldsymbol{s}_1,\boldsymbol{s}_2})$ 两者中的锐角或直角，因此 $\cos\varphi=|\cos(\widehat{\boldsymbol{s}_1,\boldsymbol{s}_2})|$，即

$$\cos\varphi=\frac{|\boldsymbol{s}_1\cdot\boldsymbol{s}_2|}{|\boldsymbol{s}_1||\boldsymbol{s}_2|}=\frac{|m_1m_2+n_1n_2+p_1p_2|}{\sqrt{m_1^2+n_1^2+p_1^2}\sqrt{m_2{}^2+n_2{}^2+p_2{}^2}}$$

由两向量平行、垂直的充要条件可推出：

(1) $L_1 /\!/ L_2 \Leftrightarrow \boldsymbol{s}_1 /\!/ \boldsymbol{s}_2 \Leftrightarrow \dfrac{m_1}{m_2}=\dfrac{n_1}{n_2}=\dfrac{p_1}{p_2}$

(2) $L_1 \perp L_2 \Leftrightarrow \boldsymbol{s}_1 \cdot \boldsymbol{s}_2=0 \Leftrightarrow m_1m_2+n_1n_2+p_1p_2=0$

例 4 求直线 L_1：$\dfrac{x-1}{1}=\dfrac{y}{-4}=\dfrac{z+3}{1}$和 L_2：$\begin{cases}x+y+2=0\\x+2z=0\end{cases}$的夹角.

解 直线 L_1 的方向向量为

$$\boldsymbol{s}_1=(1,-4,1)$$

直线 L_2 的方向向量为

$$\boldsymbol{s}_2=\begin{vmatrix}\boldsymbol{i} & \boldsymbol{j} & \boldsymbol{k}\\1 & 1 & 0\\1 & 0 & 2\end{vmatrix}=(2,-2,-1)$$

则两直线的夹角余弦为

$$\cos\theta=\frac{|1\times2+(-4)\times(-2)+1+1\times(-1)|}{\sqrt{1^2+(-4)^2+1^2}\cdot\sqrt{2^2+(-2)^2+(-1)^2}}=\frac{1}{\sqrt{2}}$$

所以，直线 L_1 与直线 L_2 的夹角为

$$\theta=\frac{\pi}{4}$$

7.4.4 直线与平面的夹角

设有直线 L 和平面 Π，过直线 L 作平面 Π 的垂面 Π_1，平面 Π_1 称为直线 L 在平面 Π 上的**投影平面**，两平面的交线 L_1 称为直线 L 在平面 Π 上的**投影直线**. 直线 L 和它的投影直线 L_1 夹角 φ 称为**直线 L 和平面 Π 的夹角**，如图 7－29 所示.

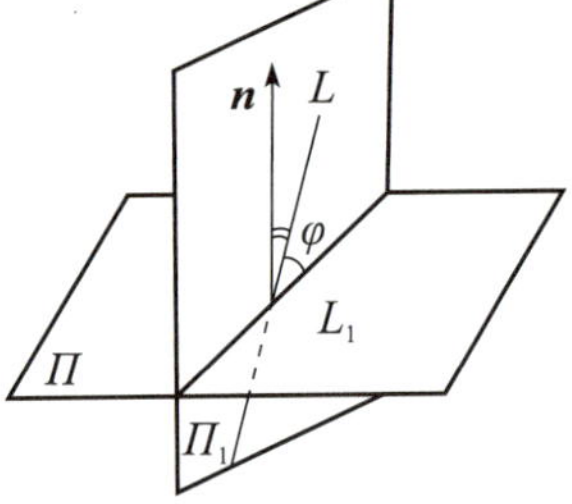

图 7－29

设直线 L 的方向向量 $\boldsymbol{s}=(m,\ n,\ p)$和平面 Π 的法线向量 $\boldsymbol{n}=(A,\ B,\ C)$，则

$$\varphi=\left|\frac{\pi}{2}-(\widehat{\boldsymbol{s},\boldsymbol{n}})\right|$$

于是

$$\sin\varphi=|\cos(\widehat{\boldsymbol{s},\boldsymbol{n}})|=\frac{|\boldsymbol{s}\cdot\boldsymbol{n}|}{|\boldsymbol{s}||\boldsymbol{n}|}=\frac{|Am+Bn+Cp|}{\sqrt{A^2+B^2+C^2}\sqrt{m^2+n^2+p^2}}$$

特别地，当直线与平面垂直时，直线的方向向量 $\boldsymbol{s}$ 与平面的法向量 $\boldsymbol{n}$ 平行，从而有

$$L\perp\Pi\Leftrightarrow\boldsymbol{s}/\!/\boldsymbol{n}\Leftrightarrow\boldsymbol{s}\times\boldsymbol{n}=\boldsymbol{0}\Leftrightarrow\frac{m}{A}=\frac{n}{B}=\frac{p}{C}$$

当直线与平面平行或直线在平面上时，直线的方向向量 $\boldsymbol{s}$ 与平面的法向量 $\boldsymbol{n}$ 垂直，从而有

$$L\text{ 在 }\Pi\text{ 内或 }L/\!/\Pi\Leftrightarrow\boldsymbol{s}\cdot\boldsymbol{n}=0\Leftrightarrow Am+Bn+Cp=0$$

例5 求直线 $\begin{cases}x+y+3z=0\\x-y-z=0\end{cases}$ 与平面 $x-y-z+1=0$ 的夹角.

解 直线的方向向量为

$$\boldsymbol{s}=(2,4,-2)$$

平面的法线向量为

$$\boldsymbol{n}=(1,-1,-1)$$

所以

$$\boldsymbol{s}\cdot\boldsymbol{n}=2\times1+4\times(-1)+(-2)\times(-1)=0$$

由此可知，直线与平面平行，夹角为 0.

例6 求过点 $M(1, 0, -2)$ 且与两平面 Π_1：$x+z=5$ 和 Π_2：$2x-3y+z=18$ 都平行的直线方程.

解 所求的直线与 Π_1 与 Π_2 都平行，即与 Π_1，Π_2 的法向量 $\boldsymbol{n}_1$，$\boldsymbol{n}_2$ 都垂直，其中

$$\boldsymbol{n}_1=(1,0,1),\quad \boldsymbol{n}_2=(2,-3,1)$$

因此 $\boldsymbol{n}_1\times\boldsymbol{n}_2$ 是所求直线的一个方向向量 $\boldsymbol{s}$，即

$$\boldsymbol{s}=\boldsymbol{n}_1\times\boldsymbol{n}_2=\begin{vmatrix}\boldsymbol{i}&\boldsymbol{j}&\boldsymbol{k}\\1&0&1\\2&-3&1\end{vmatrix}=3\boldsymbol{i}+\boldsymbol{j}-3\boldsymbol{k}$$

即

$$\boldsymbol{s}=(3,1,-3)$$

于是所求直线的方程为

$$\frac{x-1}{3}=\frac{y-0}{1}=\frac{z+2}{-3}$$

习题 7-4

1. 平面 $2x-3y+4z=8$ 和直线$\frac{x-1}{2}=\frac{y+2}{-3}=\frac{z}{4}$的位置关系是(　　).

A. 平行　　B. 垂直　　C. 相交但不垂直　　D. 直线在平面上

2. 直线 L：$\frac{x+3}{-2}=\frac{y+4}{-7}=\frac{z}{3}$与平面 Π：$4x-2y-2z-3=0$ 的位置关系是(　　).

A. 平行　　B. 垂直相交　　C. l 在 Π 上　　D. 相交但不垂直

3. 直线 L_1：$x-1=\frac{y-5}{-2}=z+8$ 与直线 L_2：$\begin{cases}x-y=6\\2y+z=3\end{cases}$ 的夹角为(　　).

A. $\frac{\pi}{2}$　　B. $\frac{\pi}{4}$　　C. $\frac{\pi}{3}$　　D. $\frac{\pi}{6}$

4. 过点 $M(4,-1,0)$，且与向量 $\boldsymbol{a}=(1,2,1)$平行的直线方程是________.

5. 直线 L_1：$\frac{x-2}{5}=\frac{y+1}{1}=\frac{z-1}{-3}$与直线 L_2：$\begin{cases}x=2+5t\\y=1+t\\z=-3t\end{cases}$ 的位置关系为________.

6. 直线$\begin{cases}x-2y-z-1=0\\x-y-2z=0\end{cases}$与直线$\begin{cases}x+y+z-4=0\\x-y-z+2=0\end{cases}$的位置关系是________.

7. 直线$\frac{x-2}{1}=\frac{y-3}{1}=\frac{z-4}{2}$与平面 $2x+y+z-6=0$ 的交点为________.

8. 直线$\frac{x}{2}=\frac{y+1}{-1}=\frac{z-1}{1}$与平面 $x+y+kz+1=0$ 平行，则 $k=$________.

9. 过点$(2,2,3)$且与平面 $3x+2y=z+2$ 垂直的直线方程是________.

10. 设直线 l 过两点 $A(-1,2,3)$和 $B(2,0,-1)$，求直线 l 的方程.

11. 求与两平面 $x-4z=3$ 和 $2x-y-5z=12$ 的交线平行，且过点$(-3, 2, 5)$的直线方程.

12. 求过点$(-1, -4, 3)$并与两直线 L_1：$\begin{cases}2x-4y+z=1\\x+3y=-5\end{cases}$ 和 L_2：$\begin{cases}x=2+4t\\y=-1-t\\z=-3+2t\end{cases}$ 都垂直的直线方程.

13. 已知$\triangle ABC$ 的三个顶点的坐标分别为 $A(1, 2, 3)$，$B(3, 4, 5)$，$C(2, 4, 7)$，求 AB 边上的中线 CD 所在的直线方程.

14. (1) 验证直线 L_1：$\begin{cases}x+2y-2z=5\\5x-2y-z=0\end{cases}$ 与直线 L_2：$\dfrac{x+3}{2}=\dfrac{y}{3}=\dfrac{z-1}{4}$ 平行；

(2) 求经过 L_1 与 L_2 的平面方程.

微课

数学与导航定位

15. 求点 $P(3, -1, 2)$到直线$\begin{cases}x+y-z+1=0\\2x-y+z-4=0\end{cases}$的距离.

*7.5　曲面与曲线

7.5.1　曲面与方程

关于曲面与方程，讨论两类问题：一是已知曲面，建立该曲面的方程；二是已知方程，作出该方程的图形. 下面我们针对这两个问题来研究曲面与方程.

1. 已知曲面，建立该曲面的方程

建立曲面方程一般有以下几个步骤：

(1) 建立适当的空间直角坐标系；

(2) 设曲面上的动点为 $M(x, y, z)$，根据已知条件建立含有 x，y，z 的等式；

(3) 把所建立的等式化简，即得所求的曲面方程.

例 1　设有点 $A(2, 3, -1)$，$B(0, 1, 4)$，求线段 AB 的垂直平分面的方程.

解　如图 7-30 所示，设点 $M(x, y, z)$是该平面上的任意一点，依题意有

$$|AM|=|BM|$$

则由两点间的距离公式得

$$\sqrt{(x-2)^2+(y-3)^2+(z+1)^2}=\sqrt{(x-0)^2+(y-1)^2+(z-4)^2}$$

即

$$4x+4y-10z+3=0$$

此方程即为所求平面的方程.

2. 已知方程，作出该方程的图形

例 2 作出 $y=5$ 的图形.

解 此方程是一次方程，符合平面一般式方程的特点，故该方程表示的图形是平面.

又 $y=5$ 中 $A=C=0$，因此该平面是一个平行于 zOx 平面且与 zOx 平面的距离为 5 个单位的平面，如图 7-31 所示.

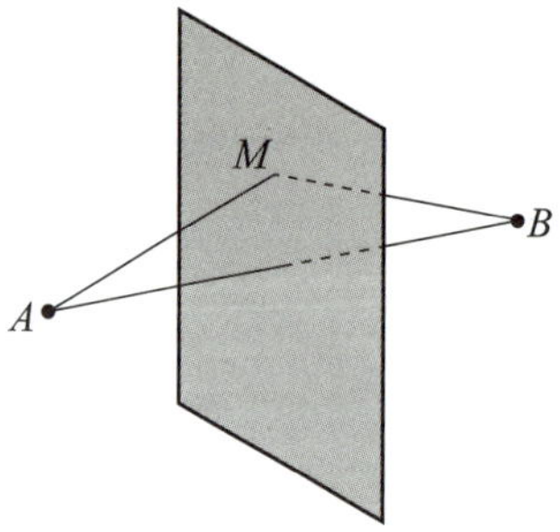

图 7-30

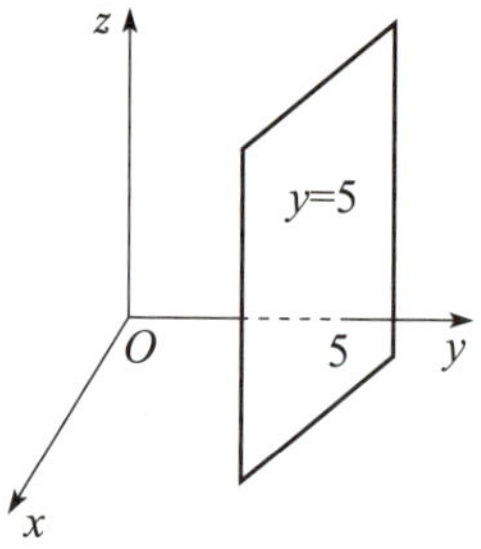

图 7-31

针对曲面及其方程所研究的两类问题，下面我们来讨论几种常见的曲面及其方程.

7.5.2 几种常见的曲面及其方程

1. 球面

空间一动点到一定点的距离为定值，该动点的轨迹称为**球面**，定点叫作**球心**，定值叫作**半径**.

设动点为 $M(x, y, z)$，定点为 $M_0(x_0, y_0, z_0)$，定值为 R，于是有

$$|M_0M|=R$$

即

$$\sqrt{(x-x_0)^2+(y-y_0)^2+(z-z_0)^2}=R$$

整理得

$$(x-x_0)^2+(y-y_0)^2+(z-z_0)^2=R^2 \qquad (7-12)$$

方程(7－12)称为球心在点 $M_0(x_0, y_0, z_0)$、半径为 R 的**球面方程**. 如图 7－32 所示.

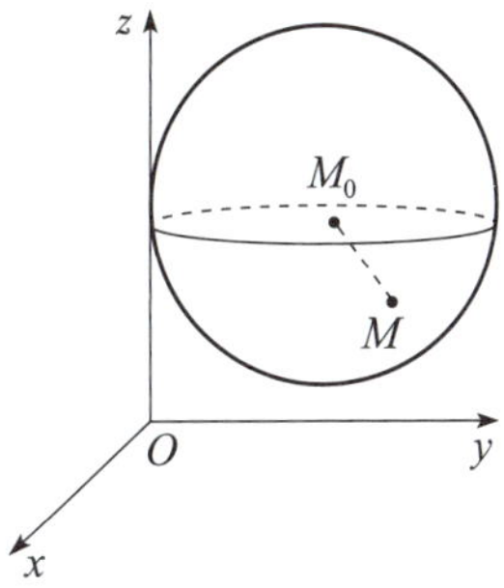

图 7－32

特别地，球心在原点 $O(0, 0, 0)$，半径为 R 的球面方程为

$$x^2+y^2+z^2=R^2$$

将方程(7－12)展开得

$$x^2+y^2+z^2-2x_0x-2y_0y-2z_0z+x_0{}^2+y_0{}^2+z_0{}^2-R^2=0$$

令 $A=-2x_0$，$B=-2y_0$，$C=-2z_0$，$D=x_0{}^2+y_0{}^2+z_0{}^2-R^2$，则有

$$x^2+y^2+z^2+Ax+By+Cz+D=0 \qquad (7-13)$$

方程(7－13)称为球面的**一般方程**.

由方程(7－13)球面方程具有下列两个特点：

(1) 它是 x，y，z 之间的二次方程，且方程中缺 xy，yz，zx 项；

(2) x^2，y^2，z^2 的系数相同且不为零.

例 3　方程 $x^2+y^2+z^2-4x+2y=0$ 表示怎样的曲面？

解　通过配方，原方程可以改写为

$$(x-2)^2+(y+1)^2+z^2=5$$

所以方程表示球心在$(2, -1, 0)$，半径为$\sqrt{5}$的球面.

2. 柱面

一般地，直线 L 沿定曲线 C 平行移动所形成的轨迹叫作**柱面**，定曲线 C 称为柱面的**准线**，动直线 L 称为柱面的**母线**. 如图 7－33 所示.

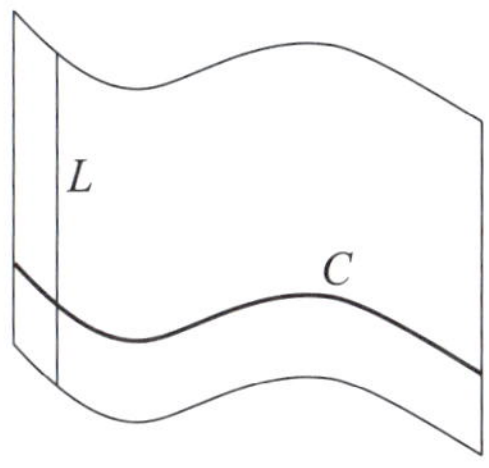

图 7－33

我们在此主要讨论母线平行于坐标轴准线在坐标面上的柱面.

例 4 方程 $x^2+y^2=R^2$ 表示怎样的曲面？

解 在 xOy 坐标面上，方程 $x^2+y^2=R^2$ 表示圆心在坐标原点 $O(0, 0, 0)$，半径为 R 的圆.

在空间直角坐标系中，由于方程不含 z，这意味着不论空间中的点 $M(x, y, z)$ 的竖坐标 z 怎么取，只要点 M 的横坐标 x 和纵坐标 y 能满足方程 $x^2+y^2=R^2$，那么点 M 就在这个曲面上. 从而过 xOy 坐标面上圆 $x^2+y^2=R^2$ 上一点 $(x, y, 0)$，且平行于 z 轴的直线 L 都在这个曲面上. 因此，这个曲面可看作是由平行于 z 轴的直线 L 沿 xOy 坐标面上圆 $x^2+y^2=R^2$ 移动而形成的，符合柱面的定义，即方程 $x^2+y^2=R^2$ 表示柱面，此柱面称为**圆柱面**，如图 7-34 所示.

一般地，方程中缺少 z，即 $f(x, y)=0$，表示准线在 xOy 坐标面上，母线平行于 z 轴的柱面；

方程 $g(y, z)=0$，表示准线在 yOz 坐标面上，母线平行于 x 轴的柱面；

方程 $h(z, x)=0$，表示准线在 zOx 坐标面上，母线平行于 y 轴的柱面.

常见的柱面除了圆柱面：$x^2+y^2=R^2$ 外，还有双曲柱面：$\frac{y^2}{b^2}-\frac{x^2}{a^2}=1$（见图 7-35），抛物柱面：$x^2=2py$（见图 7-36）.

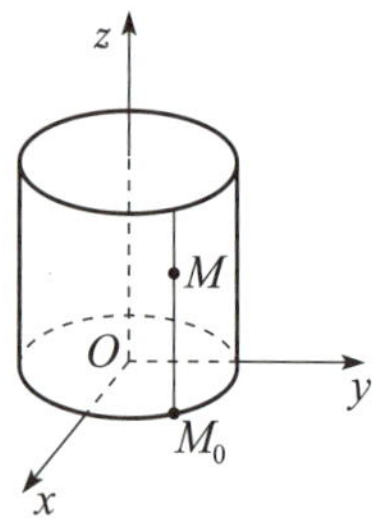

图 7-34

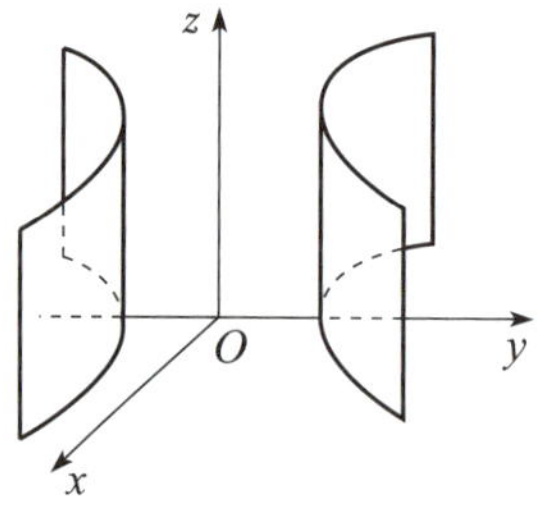

图 7-35

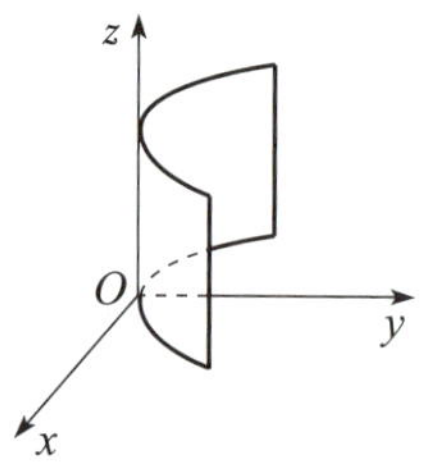

图 7-36

3. 旋转曲面

以一条平面曲线 C 绕其平面上的一条定直线 L 旋转一周所成的曲面称为**旋转曲面**，曲线 C 称为旋转曲面的**母线**，定直线 L 称为旋转曲面的**旋转轴**，如图 7-37 所示. 球面、圆柱面都是旋转曲面.

设在 yOz 面上有一条曲线 C，其方程为

$$f(y,z)=0$$

将曲线 C 绕 z 轴旋转一周，就得到一个以 z 轴为轴的旋转曲面，如图 7－38 所示.

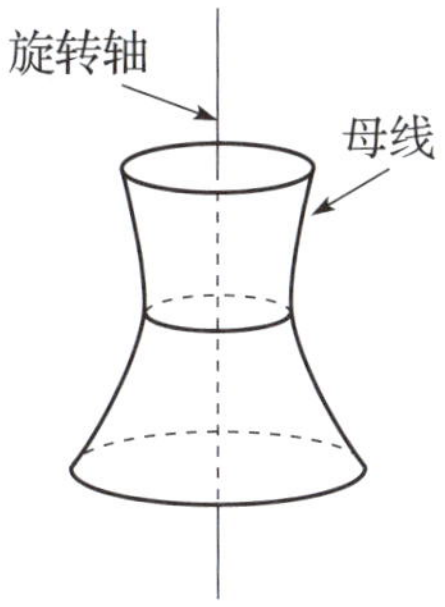

图 7－37

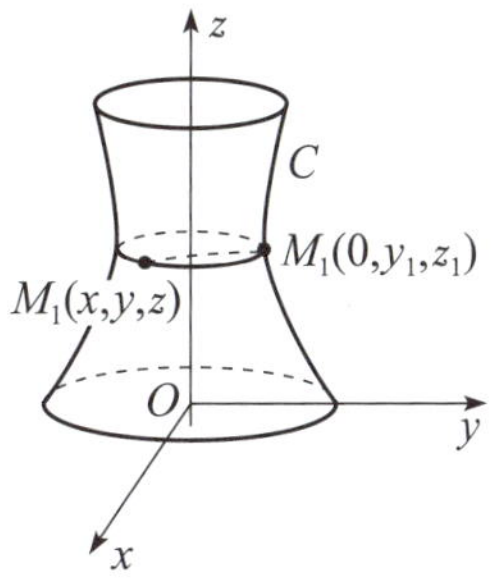

图 7－38

设 $M(x, y, z)$为旋转曲面上的任一点，并假定 M 点是由曲线 C 上的点 $M_1(0, y_1, z_1)$ 绕 z 轴旋转到一定角度而得到的. 因而 $z=z_1$，且点 M 到 z 轴的距离与 M_1 到 z 轴的距离相等. 而 M 到 z 轴的距离为$\sqrt{x^2+y^2}$，M_1 到 z 轴的距离为$\sqrt{y_1^2}=|y_1|$，即

$$y_1=\pm\sqrt{x^2+y^2}$$

又因为 M_1 在 C 上，因而 $f(y_1, z_1)=0$，将上式代入得 $f(\pm\sqrt{x^2+y^2}, z)=0$，即旋转曲面上任一点 $M(x, y, z)$的坐标满足方程

$$f(\pm\sqrt{x^2+y^2},z)=0$$

这就是所求旋转曲面的方程.

显然，在曲线 C 的方程 $f(y, z)=0$ 中将 y 换成$\pm\sqrt{x^2+y^2}$，便得到曲线 C 绕 z 轴旋转所生成的旋转曲面方程.

同理，曲线 C 绕 y 轴旋转的旋转曲面的方程为

$$f(y,\pm\sqrt{x^2+z^2})=0$$

即将 $f(y, z)=0$ 中的 z 换成$\pm\sqrt{x^2+z^2}$.

对于 zOx 平面内的曲线 $h(z, x)=0$ 绕 x 轴旋转的旋转曲面的方程为

$$h(\pm\sqrt{y^2+z^2},x)=0$$

即将 $f(y, z)=0$ 中的 z 换成$\pm\sqrt{y^2+z^2}$.

因此这种旋转曲面方程的一般求法是：已知某坐标面上的曲线 C 绕某坐标轴旋转，为了求此旋转曲面的方程，只要使曲线方程中，与旋转轴同名的坐标变量保持不

变，而以其他两个坐标变量平方和的平方根来代替方程中的另一个坐标变量.

反之，一个方程是否表示旋转曲面，只需看方程中是否含有两个变量的平方和.

如在 yOz 平面内的椭圆$\frac{y^2}{b^2}+\frac{z^2}{c^2}=1$ 绕 z 轴旋转所得到的旋转曲面的方程为

$$\frac{x^2+y^2}{b^2}+\frac{z^2}{c^2}=1$$

该曲面称为**旋转椭球面**.

例 5 求抛物线 $z=8-y^2$ 绕 z 轴旋转所成的旋转曲面方程，并画出它的图形.

解 在方程 $z=8-y^2$ 中，使 z 保持不变，将 y 换成 $\pm\sqrt{x^2+y^2}$，即得该旋转曲面的方程 $z=8-(x^2+y^2)$，其图形如图 7-39 所示，这是一个开口向下的**旋转抛物面**.

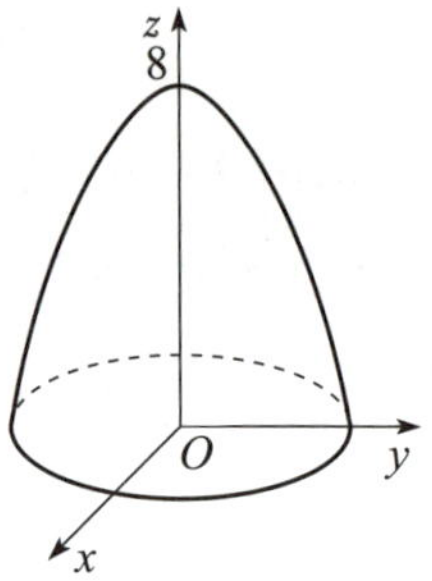

图 7-39

例 6 求直线 $z=ky(k>0)$绕 z 轴旋转所得的圆锥面方程.

解 将 y 换成$\pm\sqrt{x^2+y^2}$，即得此圆锥面方程

$$z=\pm k\sqrt{x^2+y^2}$$

两边平方得

$$z^2=k^2(x^2+y^2)$$

设直线 $z=ky$ 与 z 轴间的夹角为 $\alpha\left(0<\alpha<\frac{\pi}{2}\right)$，如图 7-40 所示，则 $k=\frac{z}{y}=\cot\alpha$，角 $\alpha=\text{arccot}k$ 称为**圆锥面的半顶角**.

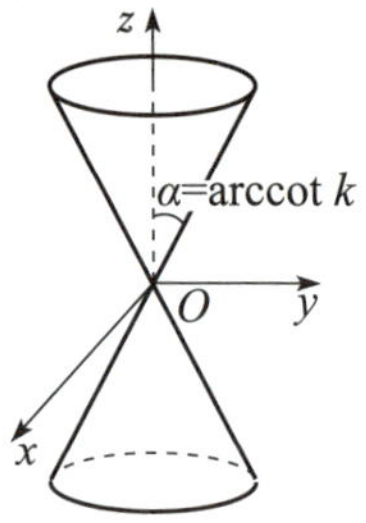

图 7-40

例 7 求由椭圆$\frac{y^2}{a^2}+\frac{z^2}{b^2}=1$ 分别绕 z 轴和 y 轴旋转形成的旋转椭球面的方程.

解 给定的椭圆绕 z 轴旋转所形成的旋转椭球面的方程为

$$\frac{x^2+y^2}{a^2}+\frac{z^2}{b^2}=1$$

绕 y 轴旋转所形成的旋转椭球面的方程为

$$\frac{y^2}{a^2}+\frac{x^2+z^2}{b^2}=1$$

方程$\frac{x^2}{a^2}+\frac{y^2}{b^2}+\frac{z^2}{c^2}=1(a, b, c>0)$所表示的曲面称为**椭球面**，如图 7－41 所示.

如果 $a=b=c$，那么椭球面就变成**球面**

$$x^2+y^2+z^2=a^2$$

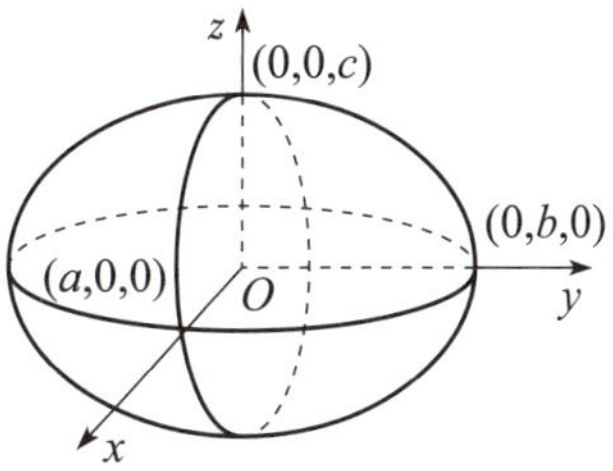

图 7－41

7.5.3 二次曲面

我们把三元二次方程 $F(x, y, z)=0$ 所表示的曲面称为**二次曲面**. 适当选取坐标系，可得到它们的标准方程. 下面就它们的标准方程来讨论几种常见的二次曲面的形状. 二次曲面有九种，选取适当的坐标系，可以得到它们的标准方程. 前面我们已经介绍了三种二次曲面：椭圆柱面、双曲柱面、抛物柱面.

下面我们讨论另外六种二次曲面的形状.

1. 椭圆锥面

由方程

$$\frac{x^2}{a^2}+\frac{y^2}{b^2}=z^2$$

所确定的曲面称为**椭圆锥面**，如图 7－42 所示.

2. 椭球面

由方程

$$\frac{x^2}{a^2}+\frac{y^2}{b^2}+\frac{z^2}{c^2}=1(a>0,b>0,c>0)$$

所确定的曲面称为**椭球面**，a，b，c 称为椭球面的半轴，此方程称为椭球面的标准方程. 椭球面的形状如图 7－43 所示.

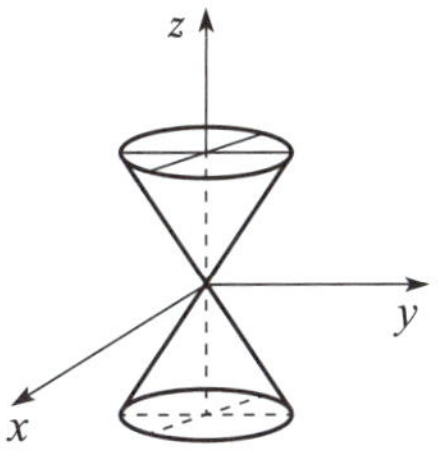

图 7－42

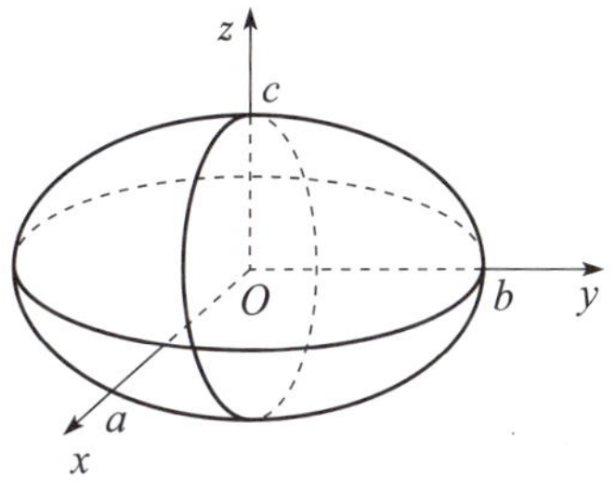

图 7－43

3. 单叶双曲面

由方程

$$\frac{x^2}{a^2}+\frac{y^2}{b^2}-\frac{z^2}{c^2}=1(a>0,b>0,c>0)$$

所确定的曲面称为**单叶双曲面**，如图 7－44 所示.

4. 双叶双曲面

由方程

$$\frac{x^2}{a^2}+\frac{y^2}{b^2}-\frac{z^2}{c^2}=-1(a>0,b>0,c>0)$$

所确定的曲面称为**双叶双曲面**，如图 7－45 所示.

5. 椭圆抛物面

由方程

$$z=\frac{x^2}{a^2}+\frac{y^2}{b^2}(a>0,b>0,c>0)$$

所确定的曲面称为**椭圆抛物面**，如图 7－46 所示.

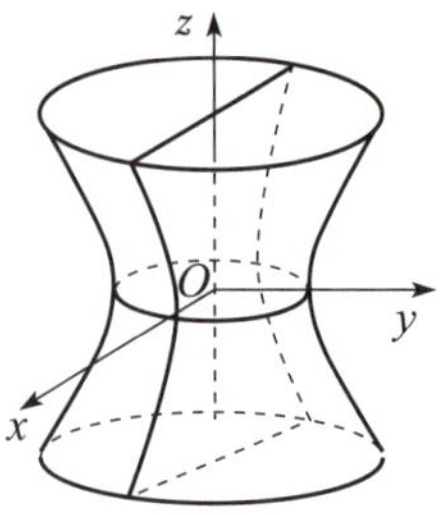

图 7－44

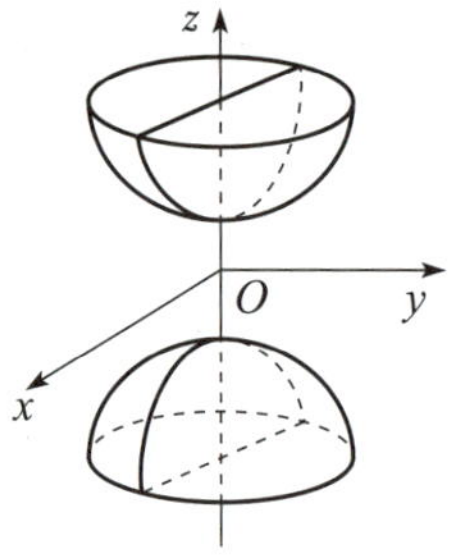

图 7－45

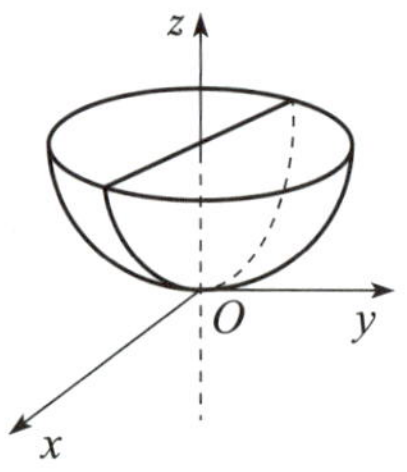

图 7－46

6. 双曲抛物面

由方程

$$z=\frac{x^2}{a^2}-\frac{y^2}{b^2}(a>0,b>0,c>0)$$

所确定的曲面称为**双曲抛物面**，如图 7－47 所示. 双曲抛物面的图形形状很像马鞍，因此也称**马鞍面**.

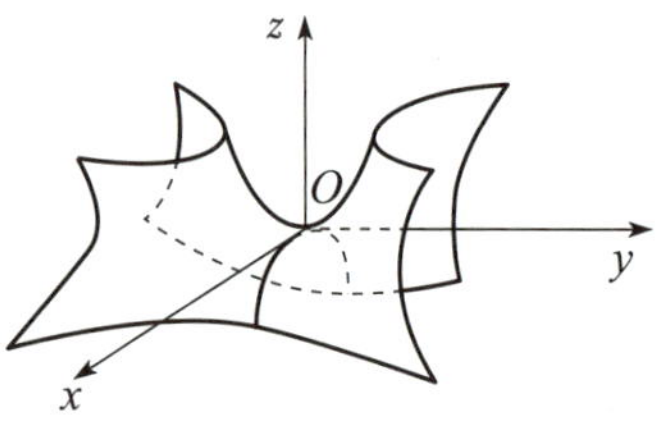

图 7－47

7.5.4 曲线

1. 曲线的方程

由本章第三节可知，空间曲线可以看成是两个曲面的交线. 设空间两个曲面 S_1，S_2 的方程分别为 $F(x, y, z)=0$ 和 $G(x, y, z)=0$. 则 S_1 和 S_2 的交线 C 的方程就是方程组

$$\begin{cases}F(x,y,z)=0\\G(x,y,z)=0\end{cases}$$

这个方程组称为**空间曲线的一般方程**.

例 8 下列方程组各表示什么曲线?

(1) $\begin{cases}x^2+y^2+z^2=R^2\\z=0\end{cases}$　(2) $\begin{cases}x^2+y^2=R^2\\z=0\end{cases}$　(3) $\begin{cases}x^2+y^2=R^2\\x^2+y^2+z^2=R^2\end{cases}$

解 (1) 第一个方程表示以原点为球心，半径为 R 的球面，第二个方程表示 xOy 坐标平面，它们的交线是在 xOy 平面上以原点为圆心，以 R 为半径的圆 C.

(2) 第一个方程表示以 xOy 平面上的圆 C 为准线，母线平行于 z 轴的圆柱面，而 $z=0$ 则代表 xOy 平面，故它们的交线仍是圆 C.

(3) 这是(1) 中的球面与(2) 中的柱面的交线，显然仍是圆 C.

由此例可以看出，用两个曲面方程表示曲线的方式不是唯一的.

例 9 方程组:

$$\begin{cases}x^2+y^2+z^2=36\\y=5\end{cases}$$

表示怎样的曲线?

解 方程 $x^2+y^2+z^2=36$ 表示以原点为球心，以 6 为半径的球面；$y=5$ 表示平行于 zOx 面的平面，方程组 $\begin{cases}x^2+y^2+z^2=36\\y=5\end{cases}$ 表示球面 $x^2+y^2+z^2=36$ 与平面 $y=5$ 的交线，这是平面 $y=5$ 上的一个圆. 将这个方程组等价变形，得

$$\begin{cases}x^2+z^2=11\\y=5\end{cases}$$

由此可见，此圆是平面 $y=5$ 上圆心为(0，5，0)，半径为$\sqrt{11}$的一个圆.

空间直线是空间曲线的特殊情况，它可以看成空间两个平面的交线.

2. 空间曲线在坐标面上的投影

设有空间曲线 C 和平面 Π，以 C 上各点向平面 Π 作垂线，垂足所构成的曲线 C'称为曲线 C 在平面 Π 上的**投影曲线**，或简称**投影**. 以 C 为准线，母线垂直于平面 Π 的柱面称为曲线 C 关于平面 Π 的**投影柱面**. 曲线 C'实际上就是投影柱面与平面 Π 的交线.

如图 7－48 所示，曲线 C'就是空间曲线 C 在 xOy 面上的投影曲线.

下面我们来研究投影曲线 C'的方程.

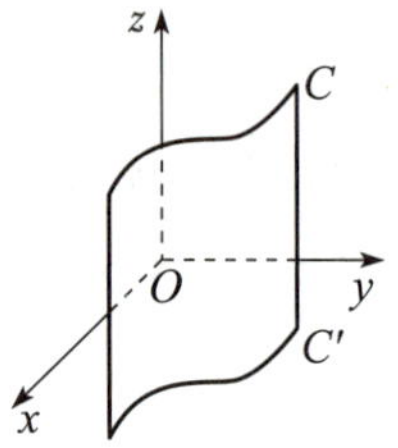

图 7－48

设空间曲线 C 的一般方程为

$$\begin{cases}F(x,y,z)=0\\G(x,y,z)=0\end{cases} \tag{7-14}$$

消去 z 后(如果可能的话)所得的方程为

$$H(x,y)=0 \tag{7-15}$$

由于方程(7－15)表示一个母线平行于 z 轴的柱面，且这个柱面必定包含曲线 C，因此方程(7－15)表示的柱面必定包含投影柱面，方程(7－15)称为空间曲线 C 关于 xOy 面的**投影柱面方程**.

而方程

$$\begin{cases}H(x,y)=0\\z=0\end{cases}$$

所表示的曲线必定包含**空间曲线 C 在 xOy 面上的投影**.

类似地，从曲线 C 的方程中分别消去 x 和 y，可分别求得曲线 C 关于面 yOz 和 zOx 面的投影柱面方程 $R(y，z)=0$ 和 $T(z，x)=0$. 曲线 C 在 yOz 面和 zOx 面上的投影曲线方程分别为

$$\begin{cases}R(y,z)=0\\x=0\end{cases} \qquad \begin{cases}T(z,x)=0\\y=0\end{cases}$$

例 10 求空间曲线：

$$\begin{cases}z=x^2+y^2\\18-z=x^2+y^2\end{cases}$$

在 xOy 面上的投影曲线.

解　由方程组

$$\begin{cases} z=x^2+y^2 \\ 18-z=x^2+y^2 \end{cases}$$

消去 z 得曲线关于 xOy 面的投影柱面方程为 $x^2+y^2=9$. 因此已知曲线在 xOy 面上的投影曲线为

$$\begin{cases} x^2+y^2=9 \\ z=0 \end{cases}$$

它是 xOy 面上的一个圆.

例 11　求由旋转抛物面 $z=2-x^2-y^2$ 和锥面 $z=\sqrt{x^2+y^2}$ 所围成的空间立体 Ω 在 xOy 面上的投影区域.

解　上半球面与锥面的交线 C 为

$$\begin{cases} z=2-x^2-y^2 \\ z=\sqrt{x^2+y^2} \end{cases}$$

由方程组消去变量 z，有

$$x^2+y^2=1$$

这是一个母线平行于 z 轴的投影柱面，因此交线 C 在 xOy 面上的投影曲线为

$$\begin{cases} x^2+y^2=1 \\ z=0 \end{cases}$$

这是 xOy 面上的一个圆，它所围成的区域 D_{xy}：$x^2+y^2\leqslant 1$（见图 7－49）就是空间立体 Ω 在 xOy 面上的投影区域.

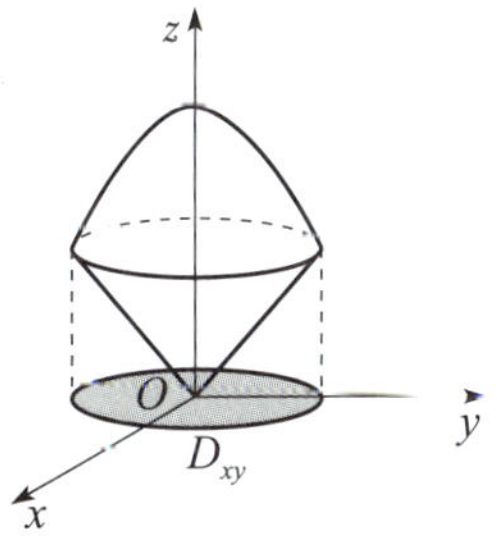

图 7－49

习题 7－5

1. 球面 $x^2+y^2+z^2-2x=0$ 的球心为________，半径为________.

2. 母线平行于 y 轴，准线为 $\begin{cases} x^2+y^2+z^2=9 \\ y=1 \end{cases}$ 的柱面方程为________.

3. xOy 面上的抛物线 $y^2=4x$ 绕 x 轴旋转一周所形成的曲面方程为________.

4. 曲线 $\begin{cases} z=x^2+y^2 \\ z=2-(x^2+y^2) \end{cases}$ 在 xOy 平面上的投影曲线方程是________.

5. 已知球面的一条直径的两个端点是(2，−3，5)和(4，1，−3)，写出球面的方程.

6. 指出下列方程所表示的曲面，并作图：

(1) $x-y+1=0$　　(2) $x^2+z^2=R^2$

(3) $y^2=5x$　　(4) $x^2=y^2+z^2$

(5) $y^2+z^2=2Ry\ (R>0)$　　(6) $z=\sqrt{4-x^2-y^2}$

7. 说明下列旋转曲面是怎样生成的：

(1) $\dfrac{x^2}{4}+\dfrac{y^2}{9}+\dfrac{z^2}{9}=1$　　(2) $x^2-2y^2+z^2=1$

(3) $z=6-x^2-y^2$

8. 指出下列方程组在空间解析几何中分别表示什么图形：

(1) $\begin{cases} \dfrac{x^2}{4}+\dfrac{y^2}{9}=1 \\ y=1 \end{cases}$　　(2) $\begin{cases} y=5x+1 \\ y=2x-3 \end{cases}$

9. 求曲线 $\begin{cases} 2x^2+y^2+z^2=16 \\ x^2+z^2-y^2=0 \end{cases}$ 在 xOy 面上的投影方程.

10. 将 xOy 坐标面上的双曲线 $x^2-4y^2=4$ 分别绕 x 轴，y 轴旋转一周，求所生成的旋转曲面方程.

11. 求空间区域 $x^2+y^2+z^2\leqslant R^2$ 与 $x^2+y^2+(z-R)^2\leqslant R^2$ 的公共部分在 xOy 坐标面上的投影区域.

复习题七

一、判断题

1. 点(0，0，2)在球面 $x^2+y^2+z^2-2z=0$ 上.（　　）

2. 向量 $\boldsymbol{a}=2\boldsymbol{i}+\boldsymbol{j}-2\boldsymbol{k}$ 与向量 $\boldsymbol{b}=-2\boldsymbol{i}+\boldsymbol{j}+2\boldsymbol{k}$ 平行.（　　）

3. 直线$\frac{x-1}{3}=\frac{y+1}{-1}=\frac{z-2}{1}$与平面 $x+2y-z+3=0$ 平行.（　　）

4. 点(3，0，5)在空间直角坐标系的第一卦限内.（　　）

5. 向量 $\boldsymbol{a}=\boldsymbol{i}-\boldsymbol{j}$ 的负向量是$-\boldsymbol{a}=-\boldsymbol{i}+\boldsymbol{j}$.（　　）

6. 平面 $x+2y+3=0$ 与 z 轴垂直.（　　）

二、单选题

1. 设有单位向量 $\boldsymbol{a}$，它同时与 $\boldsymbol{b}=3\boldsymbol{i}+\boldsymbol{j}+4\boldsymbol{k}$ 及 $\boldsymbol{c}=\boldsymbol{i}+\boldsymbol{k}$ 垂直，则 $\boldsymbol{a}$ 为（　　）

A. $\frac{1}{\sqrt{3}}\boldsymbol{i}+\frac{1}{\sqrt{3}}\boldsymbol{j}-\frac{1}{\sqrt{3}}\boldsymbol{k}$　　B. $\boldsymbol{i}+\boldsymbol{j}-\boldsymbol{k}$

C. $\frac{1}{\sqrt{3}}\boldsymbol{i}+\frac{1}{\sqrt{3}}\boldsymbol{j}+\frac{1}{\sqrt{3}}\boldsymbol{k}$　　D. $\boldsymbol{i}-\boldsymbol{j}+\boldsymbol{k}$

2. 球面方程 $x^2+y^2+z^2+2x-2y=0$ 的球心 M_0 及半径 R 分别为（　　）

A. $M_0(1，-1，0)$，$R=\sqrt{2}$　　B. $M_0(1，-1，0)$，$R=2$

C. $M_0(-1，1，0)$，$R=\sqrt{2}$　　D. $M_0(-1，1，0)$，$R=2$

3. 已知平面 Π_1：$3x-5y+kz-3=0$ 垂直于平面 Π_2：$x+3y+2z+5=0$，则 $k=$（　　）

A. -6　　B. 4

C. -6　　D. 6

4. 设 $\boldsymbol{a}=\{-1，1，2\}$，$\boldsymbol{b}=\{2，0，1\}$，则向量 $\boldsymbol{a}$ 与 $\boldsymbol{b}$ 夹角是（　　）.

A. 0　　B. $\frac{\pi}{6}$

C. $\frac{\pi}{4}$　　D. $\frac{\pi}{2}$

5. 平面 Π：$x+2y-z+3=0$ 与空间直线 L：$\frac{x-1}{3}=\frac{y+1}{-1}=\frac{z-2}{1}$的位置关系是（　　）.

A. 相交　　B. 垂直

C. 平行　　D. 重合

6. 设 $\boldsymbol{\alpha}=3\boldsymbol{i}-\boldsymbol{k}$，$\boldsymbol{\beta}=2\boldsymbol{i}-3\boldsymbol{j}+2\boldsymbol{k}$，则 $\boldsymbol{\alpha}\times\boldsymbol{\beta}$ 等于（　　）.

A. $-3\boldsymbol{i}-8\boldsymbol{j}-9\boldsymbol{k}$　　B. $-\boldsymbol{i}-8\boldsymbol{j}+9\boldsymbol{k}$

C. $-3\boldsymbol{i}-9\boldsymbol{k}$　　D. $-3\boldsymbol{i}+\boldsymbol{j}-\boldsymbol{k}$

7. 设 $\boldsymbol{a}=(2,1,m)$，$\boldsymbol{b}=(n,-2,3)$，且设 $\boldsymbol{a}/\!/\boldsymbol{b}$，则 m，n 的值分别为(　　).

A. $m=-1$，$n=-3$　　B. $m=1$，$n=4$

C. $m=-\dfrac{3}{2}$，$n=-4$　　D. $m=\dfrac{3}{7}$，$n=2$

8. 已知点 $A(2,2,\sqrt{2})$，$B(1,3,0)$，则向量 $\overrightarrow{AB}$ 的模和方向角为(　　).

A. 2，$\left(\dfrac{2\pi}{3},\dfrac{\pi}{3},\dfrac{\pi}{4}\right)$　　B. 1，$\left(\dfrac{2\pi}{3},\dfrac{\pi}{3},\dfrac{3\pi}{4}\right)$

C. 2，$\left(\dfrac{2\pi}{3},\dfrac{\pi}{3},\dfrac{3\pi}{4}\right)$　　D. 1，$\left(\dfrac{2\pi}{3},\dfrac{\pi}{3},\dfrac{\pi}{4}\right)$

9. 下列各平面中，与平面 $2x+y-z=6$ 垂直的是(　　).

A. $x+4y-z=1$　　B. $x+y-z=12$

C. $\dfrac{x}{2}-\dfrac{y}{2}-\dfrac{z}{3}=1$　　D. $-x+y-z=1$

10. 直线 L_1：$x-5=\dfrac{y-1}{-2}=z-3$ 与直线 L_2：$\begin{cases}x-y=1\\2y+z=1\end{cases}$ 的夹角为(　　).

A. $\dfrac{\pi}{2}$　　B. $\dfrac{\pi}{3}$

C. $\dfrac{\pi}{4}$　　D. $\dfrac{\pi}{6}$

三、填空题

1. 向量 $\boldsymbol{a}=2\boldsymbol{i}+\boldsymbol{j}-2\boldsymbol{k}$ 与 $\boldsymbol{b}=-2\boldsymbol{i}-\boldsymbol{j}+m\boldsymbol{k}$ 平行的条件是 $m=$________.

2. 已知点 $M_1(1,0,2)$，$M_2(0,2,0)$，则线段 M_1M_2 的垂直平分面方程为________.

3. 过点 $P(-1,-2,3)$且与直线 L_1：$\dfrac{x-2}{3}=\dfrac{y}{-4}=\dfrac{z-5}{6}$和 L_2：$\dfrac{x}{1}=\dfrac{y+2}{2}=\dfrac{z-3}{-8}$平行的平面方程为________.

4. 直线$\begin{cases}x+y+z-4=0\\x-y-z+2=0\end{cases}$与直线$\begin{cases}x-2y-z-1=0\\x-y-2z=0\end{cases}$的位置关系为________.

5. 已知向量 $\boldsymbol{a}=-2\boldsymbol{i}+3\boldsymbol{j}-\boldsymbol{k}$ 与向量 $\boldsymbol{b}=m\boldsymbol{i}-2\boldsymbol{k}$ 垂直，则 $m=$________.

6. 已知直线$\dfrac{x-1}{m}=\dfrac{y+3}{2}=\dfrac{z-5}{-1}$与平面 $x-2y+3z=0$ 平行，则 $m=$________.

7. 以 $\alpha=\dfrac{\pi}{3}$，$\beta=\dfrac{\pi}{3}$，$\gamma=\dfrac{\pi}{4}$为方向角的单位向量为________.

8. 设平面 Π 过点(1，0，−1)，且与平面 $4x-y+2z-8=0$ 平行，则平面的方程为________________.

9. 设已知两点 $A(4, 0, 5)$ 和 $B(7, 1, 3)$，方向和 $\overrightarrow{AB}$ 一致的单位向量为________________.

10. 已知 $\boldsymbol{a}=(2, 1, 2)$，$\boldsymbol{b}=(4, -1, 10)$，$\boldsymbol{c}=\boldsymbol{b}-\lambda\boldsymbol{a}$ 且 $\boldsymbol{a}\perp\boldsymbol{c}$，则 $\lambda=$_______.

四、解答题

1. 求过 $A(1, 1, -1)$，$B(-2, -2, 2)$，$C(1, -1, 2)$三点的平面方程.

2. 求过 $M(3, -2, 1)$和 $N(-1, 0, 2)$两点的直线方程.

3. 已知向量 $\boldsymbol{a}$ 与 x 轴夹角是$\frac{\pi}{4}$，与 z 轴夹角是 $\frac{\pi}{3}$，且$|\boldsymbol{a}|=8$，求 $\boldsymbol{a}$ 的坐标.

4. 一平面过点(1，0，−1)且平行于 $\boldsymbol{a}=(2, 1, 1)$和 $\boldsymbol{b}=(1, -1, 0)$，求此平面的方程.

5. 求过两点 $M(1, -1, 0)$和 $N(2, 2, 4)$，且与平面 Π：$x+y-z=0$ 垂直的平面方程.

6. 设 $\boldsymbol{m}=2\boldsymbol{a}+\boldsymbol{b}$，$\boldsymbol{n}=k\boldsymbol{a}+\boldsymbol{b}$，$|\boldsymbol{a}|=1$，$|\boldsymbol{b}|=2$，且 $\boldsymbol{a}\perp\boldsymbol{b}$，问：

(1) k 为何值时，$\boldsymbol{m}\perp\boldsymbol{n}$?

(2) k 为何值时，以 $\boldsymbol{m}$，$\boldsymbol{n}$ 为邻边的平行四边形的面积为 6?

7. 求通过两平面 $2x+y-4=0$ 与 $y+2z=0$ 的交线及点 $M_0(2, -1, -1)$的平面方程.

8. 已知△ABC 的三个顶点的坐标分别为 $A(1, 2, 3)$，$B(3, 4, 5)$，$C(2, 4, 7)$，求：△ABC 所在的平面方程.

08 第 8 章　多元函数微积分

本章将在一元函数微分学的基础上，讨论多元函数的微分学及其应用，为了便于学习，在本章主要学习二元函数的微积分学，有关概念可以推广到更多元的函数.

多元函数微分法可看作是一元函数微分法的延续和推广，但在某些地方二者有本质的区别，在学习时应注意二者的区别与联系. 二重积分是定积分的推广，从定义形式上看，二重积分与定积分是相似的，它的计算也要转化为定积分，所以定积分是学习二重积分的基础.

8.1　多元函数的基本概念

8.1.1　多元函数的概念

引例 1　矩形的面积公式

$$S=xy$$

描述了面积 S 与其长 x 和宽 y 这两个变量之间确定的关系. 当长 x 和宽 y（$x>0$，$y>0$）取定一对值时，S 的对应值就随之确定.

引例 2　圆柱体的体积 V 和它的底半径 r，高 h 之间的关系是

$$V=\pi r^2 h$$

这里，V 随着 r 和 h 的变化而变化，当 r，h 在一定范围内（$r>0$，$h>0$）取定一组值时，V 的对应值就随之确定.

以上各例的共同点是：两个变量每取定一组值时，按照确定的对应关系可以决定另外一个变量的取值. 对照一元函数概念，这就是二元函数.

定义 1　设 x，y，z 是三个变量，D 是一个给定的非空数对集，如果对于每一数对 $(x, y)\in D$，按照某一确定的对应法则 f，变量 z 总有唯一确定的数值与之对

应，那么称 z 是 x，y 的**二元函数**，记作

$$z=f(x,y) \quad (x,y)\in D$$

其中，x，y 称为**自变量**，z 称为**因变量**. 自变量 x，y 所允许的取值范围即数对集 D 称为函数的**定义域**. 当(x, y)取遍数对集 D 中的所有数对时，对应的函数值全体构成的数集

$$Z=\{z \mid z=f(x,y),(x,y)\in D\}$$

称为函数的**值域**.

与一元函数一样，定义域 D，对应法则 f，值域 Z 是确定二元函数的三个因素，而前二者是两个要素，当且仅当定义域与对应法则分别相同的两个二元函数才称为**相等的**(或**同一个**)函数.

有时也可用平面上的点 $P(x, y)$来表示数组(x, y)，这样二元函数 $z=f(x, y)$可看成是平面上点 $P(x, y)$的函数而记作 $z=f(P)$.

二元函数在点 $P_0(x_0, y_0)$所取得的函数值记作 $z\Big|_{\substack{x=x_0\\y=y_0}}$ 或 $f(x_0, y_0)$或 $f(P_0)$.

类似地可以定义三元函数 $\mu=f(x, y, z)$以及三元以上的函数.

例如，长方体的体积 V 就是其长 x，宽 y，高 h 三个变量的函数，即有

$$V=xyh$$

二元及二元以上的函数统称为**多元函数**.

在讨论二元函数 $z=f(x, y)$的定义域时，如果函数是由实际问题得到的，其定义域根据它的实际意义来确定；对于用解析式表示的二元函数，其定义域是使解析式有意义的自变量的取值范围. 二元函数 $z=f(x, y)$的定义域一般是 xOy 面上的平面区域. 如果区域延伸到无限远处，就称这样的区域是**无界的**；否则，它总可以被包围在一个以原点 O 为中心而半径适当大的圆内，这样的区域称为**有界的**. 围成平面区域的曲线称为该区域的**边界**. 包含边界的区域为闭区域，不包括边界的区域为**开区域**.

例 1 求下列函数的定义域：

(1) $z=\sqrt{R^2-x^2-y^2}$

(2) $z=\ln(x^2+y^2-1)+\dfrac{1}{\sqrt{4-x^2-y^2}}$

(3) $z=\arccos(x+y)$

解 (1) 要使函数有意义，须

$$R^2-x^2-y^2\geqslant 0$$

即

$$x^2+y^2\leqslant R^2$$

所以函数的定义域为$\{(x, y)\mid x^2+y^2\leqslant R^2\}$(见图 8-1).

(2) 要使函数有意义，须

$$\begin{cases}x^2+y^2-1>0\\4-x^2-y^2>0\end{cases}$$

即

$$1<x^2+y^2<4$$

所以函数的定义域为$\{(x, y)\mid 1<x^2+y^2<4\}$(见图 8-2).

(3) 由反三角函数的定义知，要使函数有意义，须

$$-1\leqslant x+y\leqslant 1$$

所以函数的定义域为$\{(x, y)\mid -1\leqslant x+y\leqslant 1\}$.

这是 xOy 面上介于两条直线 $x+y=-1$，$x+y=1$ 之间(包含这两条直线)的一个无界闭区域$\{(x, y)\mid -1\leqslant x+y\leqslant 1\}$(见图 8-3).

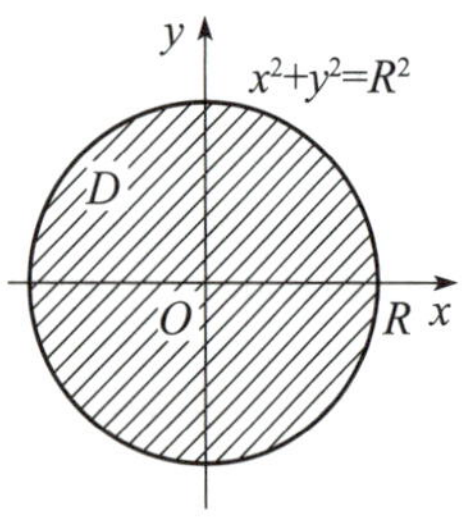

图 8-1

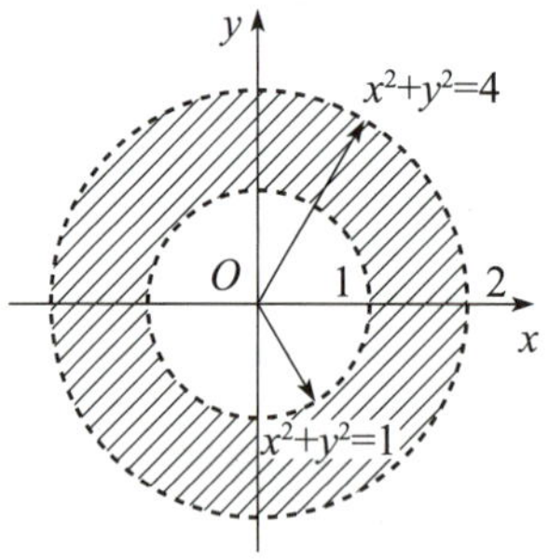

图 8-2

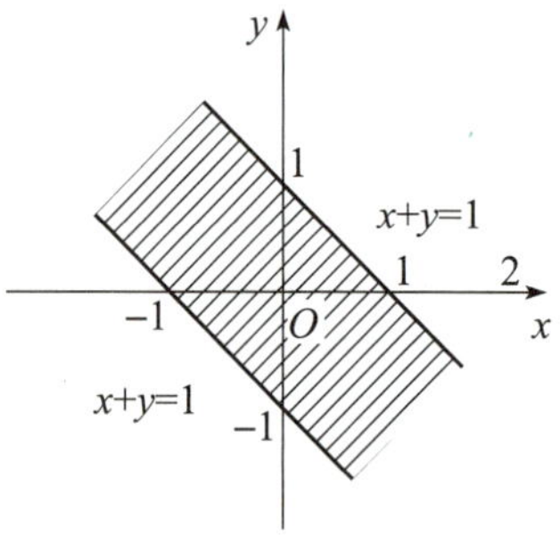

图 8-3

8.1.2 二元函数的几何表示

设函数 $z=f(x, y)$，$(x, y)\in D$，D 是 xOy 平面上的区域. 对于 D 内的每一

点 $P(x, y)$，把它所对应的函数值 $z=f(x, y)$ 作为竖坐标，就有空间中的一点 $M(x, y, z)$ 相对应. 当 $P(x, y)$ 在 D 内变动时，点 $M(x, y, z)$ 就在空间变动，点 M 的轨迹就是二元函数 $z=f(x, y)$ 的图形. 一般说来，它是一个曲面，该曲面在 xOy 在面上的投影即为函数的定义域 D，如图 8-4 所示.

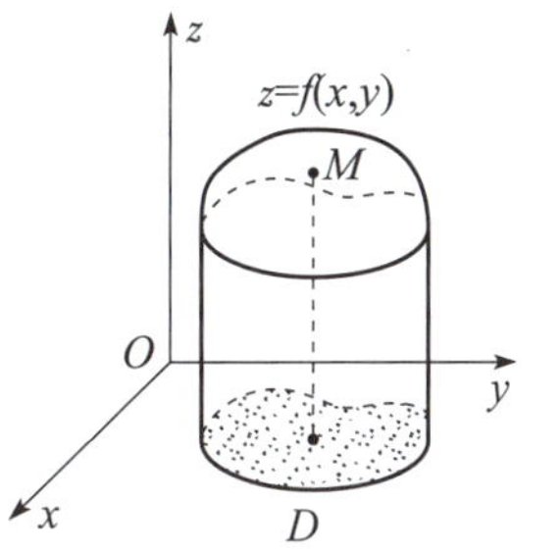

图 8-4

例如，函数 $z=\sqrt{1-x^2-y^2}$ 的图形是以原点(0, 0, 0)为中心，单位球面的上半球面；函数 $z=c\sqrt{1-\frac{x^2}{a^2}-\frac{y^2}{b^2}}$ 表示一个上半椭球面.

8.1.3 二元函数的极限

在讲极限之前，先讲邻域这一概念. 所谓一点的邻域，是指以该点为中心的一个圆形开区域. 显然，一点的邻域不是唯一的.

定义 2 设函数 $z=f(x, y)$ 在点 $P_0(x_0, y_0)$ 的某个邻域内有定义(在点 P_0 可以没有定义)，点 $P(x, y)$ 是该邻域内异于点 $P_0(x_0, y_0)$ 的任意一点. 如果当 $P(x, y)$ 以任意方式无限趋近于点 $P_0(x_0, y_0)$ 时，函数 $f(x, y)$ 总是趋近于一个定常数 A，那么称 A 为函数 $z=f(x, y)$ 当 $P(x, y)$ 趋近于 $P_0(x_0, y_0)$ 时的极限，记作

$$\lim_{\substack{x\to x_0\\y\to y_0}} f(x,y)=A \quad 或 \quad \lim_{P\to P_0} f(P)=A \tag{8-1}$$

说明：(1) 由该定义知，函数 $z=f(x, y)$ 在点 $P_0(x_0, y_0)$ 是否存在极限与函数在点 $P_0(x_0, y_0)$ 是否有定义无关.

(2) $\lim\limits_{\substack{x\to x_0\\y\to y_0}} f(x, y)=A$ 要求点 P 以任意方式趋近于点 P_0 时，函数 $f(x, y)$ 都趋近于同一个常数 A，即常数 A 与点 P 趋近于点 P_0 的方式无关. 当 $P(x, y)$ 以不同方式趋近于 $P_0(x_0, y_0)$ 时，若函数 $f(x, y)$ 趋近于不同的值，则可断定函数 $f(x, y)$ 在点 $P_0(x_0, y_0)$ 的极限不存在.

此外，由于二元函数极限的定义与一元函数极限的定义形式是相同的，因此关于一元函数的极限运算法则等可推广到二元函数，这里不详述而直接使用.

例 2 函数 $f(x, y)=(x^2+y^2)\sin\frac{1}{x^2+y^2}$ 在点(0, 0)虽然没有定义，但当 $(x, y)\to$

$(0, 0)$时，由于$(x^2+y^2)\to 0$且$\left|\sin\dfrac{1}{x^2+y^2}\right|\leqslant 1$，所以$f(x, y)$的极限存在，且

$$\lim_{\substack{x\to x_0\\y\to y_0}}(x^2+y^2)\sin\frac{1}{x^2+y^2}=0$$

例 3 证明函数

$$f(x,y)=\begin{cases}\dfrac{xy}{x^2+y^2}, & x^2+y^2\neq 0\\ 0, & x=y=0\end{cases}$$

当$(x, y)\to(0, 0)$时极限不存在.

证 当点$P(x, y)$沿直线$y=kx$趋近于点$O(0, 0)$，有

$$\lim_{\substack{x\to 0\\y=kx\to 0}}f(x,y)=\lim_{x\to 0}\frac{kx^2}{x^2(1+k^2)}=\frac{k}{1+k^2}$$

显然，它随着k取值的不同而不同. 这说明当点$P(x, y)$沿着不同的直线趋近于点$O(0, 0)$时，函数$f(x, y)$的对应值趋近于不同的数，因此$\lim\limits_{\substack{x\to x_0\\y\to y_0}}\dfrac{xy}{x^2+y^2}$不存在.

8.1.4 二元函数的连续性

有了二元函数极限的概念，就可以定义二元函数在一点的连续性.

定义 3 设函数$z=f(x, y)$在点$P_0(x_0, y_0)$的某个邻域内有定义，如果

$$\lim_{\substack{x\to x_0\\y\to y_0}}f(x,y)=f(x_0,y_0)\text{或}\lim_{p\to p_0}f(P)=f(P_0)$$

那么称函数$z=f(x, y)$在点$P_0(x_0, y_0)$处**连续**，点$P_0(x_0, y_0)$称为函数$z=f(x, y)$的**连续点**.

按该定义，函数$f(x, y)$在点(x_0, y_0)连续，就是在该点处的极限值恰等于函数值.

于是，函数$z=f(x, y)$在区域D的**边界点的连续**：设函数$z=f(x, y)$在区域D内及其边界上有定义，当点$P(x, y)$从D内趋近于边界点$P_0(x_0, y_0)$时，如果$f(x, y)$的极限存在且等于$f(x_0, y_0)$，那么称**函数$z=f(x, y)$在边界点$P_0(x_0, y_0)$处连续**. 如果在区域D的边界上每一点都具有上述意义的连续，那么称

函数 $z=f(x, y)$ 在区域 D 的边界上连续.

如果函数 $z=f(x, y)$ 在区域 D 内每一点都连续，且在区域 D 的边界上每一点都连续，那么称函数 $z=f(x, y)$ 在闭区域 D 上连续.

二元连续函数的图形是一个**没有任何空隙和裂缝的曲面**.

如果函数 $f(x, y)$ 在点 (x_0, y_0) 不满足连续的定义，那么称这一点是函数的**不连续点或间断点**. 例如：

(1) 函数 $z=\begin{cases}\dfrac{xy}{x^2+y^2}, & x^2+y^2\neq 0\\ 0, & x=y=0\end{cases}$ 的间断点是 $O(0, 0)$.

(2) 函数 $f(x, y)=\sin\dfrac{1}{x^2+y^2-1}$ 在圆 $x^2+y^2=1$ 上没有定义，所以该圆上的点都是间断点，即函数的间断点是一条曲线.

一元连续函数的运算性质、初等函数的连续性和闭区间上连续的性质可以完全平行地推广到二元连续函数，但是这里的二元连续函数是指二元初等函数，其定义域是指有界闭区域.

性质 1(最大值和最小值定理)　如果二元函数 $f(x, y)$ 在有界闭区域 D 上连续，那么 $f(x, y)$ 在 D 上至少取得最大值和最小值各一次.

性质 2(介值定理)　如果二元函数 $f(x, y)$ 在有界闭区域 D 上连续，那么函数 $f(x, y)$ 在 D 上必能取到介于它的最小值与最大值之间的任何数值.

上述性质对于 $n(n\geq 2)$ 元函数也正确.

习题 8-1

1. 设函数 $f(x, y)=x^2-2xy+3y^2$，试求：

(1) $f(0, 1)$　　(2) $f(tx, ty)$

2. 若 $f\left(\dfrac{y}{x}\right)=\dfrac{\sqrt{x^2+y^2}}{x}(x>0)$，求 $f(x)$.

3. 由下列已知条件确定 $f(x, y)$：

(1) $f(x+y, x-y)=2(x^2+y^2)e^{x^2-y^2}$

(2) $f(x+y, xy)=2x^2+xy+2y^2$

4. 已知函数 $f(u, v)=u^v$，试求 $f(xy, x+y)$.

5. 确定并画出下列函数的定义域 D：

(1) $f(x, y)=\ln[(16-x^2-y^2)(x^2+y^2-4)]$

(2) $z=\sqrt{1-\frac{x^2}{a^2}-\frac{y^2}{b^2}}$

(3) $z=\frac{\arcsin y}{\sqrt{x}}$

(4) $z=\sqrt{x-\sqrt{y}}$

6. 求下列极限：

(1) $\lim\limits_{\substack{x\to 1\\ y\to 2}}\frac{3xy+x^2y^2}{x+y}$

(2) $\lim\limits_{\substack{x\to 0\\ y\to \frac{1}{2}}}\arcsin\sqrt{x^2+y^2}$

(3) $\lim\limits_{\substack{x\to x_0\\ y\to y_0}}\frac{\sin 3(x^2+y^2)}{x^2+y^2}$

(4) $\lim\limits_{\substack{x\to x_0\\ y\to y_0}}\frac{2-\sqrt{x^2+y^2+4}}{x^2+y^2}$

7. 设 $f(x, y)=\frac{x^2y^2}{x^2y^2+(x-y)^2}$，证明 $\lim\limits_{\substack{x\to x_0\\ y\to y_0}} f(x, y)$不存在.

8. 指出下列函数的间断点或间断曲线(即曲线上的每个点都是间断点)：

(1) $z=\frac{x+y}{\sqrt{x^2+y^2}}$

(2) $y=\frac{x+y}{y-2x^2}$

(3) $z=\frac{1}{\sin x\sin y}$

(4) $f(x, y)=\begin{cases}\frac{xy^2}{x^2+y^4}, & x^2+y^2\neq 0\\ 0, & x^2+y^2=0\end{cases}$

8.2 偏导数和全微分

8.2.1 二元函数的偏导数

设函数 $z=f(x, y)$在点(x_0, y_0)的某一邻域内有定义，当自变量 x 在 x_0 处取得该变量 $\Delta x(\Delta x\neq 0)$，而自变量 $y=y_0$ 保持不变时，函数相应的改变量

$$\Delta_x z=f(x_0+\Delta x, y_0)-f(x_0, y_0)$$

称为函数 $z=f(x, y)$关于 x 的偏增量. 类似地函数 $f(x, y)$关于 y 的偏增量为

$$\Delta_y z=f(x_0, y_0+\Delta y)-f(x_0, y_0)$$

当自变量 x，y 分别在 x_0，y_0 取得改变量 Δx，Δy 时，函数 $f(x, y)$相应的改变量

$$\Delta z=f(x_0+\Delta x, y_0+\Delta y)-f(x_0, y_0)$$

称为函数 $f(x, y)$的全增量.

定义 1　设函数 $z=f(x, y)$在点 $P_0(x_0, y_0)$的某邻域内有定义，如果极限

$$\lim_{\Delta x\to 0}\frac{\Delta_x z}{\Delta x}=\lim_{\Delta x\to 0}\frac{f(x_0+\Delta x, y_0)-f(x_0, y_0)}{\Delta x} \tag{8-2}$$

存在，那么称这个极限值为函数 $f(x, y)$在点(x_0, y_0)处对 x 的偏导数，记作

$$\left.\frac{\partial z}{\partial x}\right|_{\substack{x=x_0\\ y=y_0}} \text{或} \left.\frac{\partial f}{\partial x}\right|_{\substack{x=x_0\\ y=y_0}}, \quad \text{或 } f_x'(x_0, y_0), \quad \text{或 } z_x'(x_0, y_0)$$

类似地，如果极限

$$\lim_{\Delta y\to 0}\frac{\Delta_y z}{\Delta y}=\lim_{\Delta y\to 0}\frac{f(x_0, y_0+\Delta y)-f(x_0, y_0)}{\Delta y} \tag{8-3}$$

存在，那么称这个极限值为函数 $f(x, y)$在点(x_0, y_0)处对 y 的偏导数，记作

$$\left.\frac{\partial z}{\partial y}\right|_{\substack{x=x_0\\ y=y_0}} \text{或} \left.\frac{\partial f}{\partial y}\right|_{\substack{x=x_0\\ y=y_0}}, \quad \text{或 } f_y'(x_0, y_0), \quad \text{或 } z_y'(x_0, y_0)$$

如果函数 $z=f(x, y)$在区域 D 内每一点(x, y)处对 x(或 y)的偏导数都存在，那么这个偏导数就是 x，y 的函数，称为函数 $z=f(x, y)$对自变量 x(或 y)的偏导函数，记作

$$\frac{\partial z}{\partial x}, \quad \frac{\partial f}{\partial x}, \quad f_x'(x, y) \text{或 } z_x'$$

$$\frac{\partial z}{\partial y}, \quad \frac{\partial f}{\partial y}, \quad f_y'(x, y) \text{或 } z_y'$$

注　偏导函数通常简称为偏导数.

类似地，可以定义二元以上的多元函数的偏导数. 如三元函数 $u=f(x, y, z)$在点 $M_0(x_0, y_0, z_0)$处对 x 的偏导数为

$$\left.\frac{\partial u}{\partial x}\right|_{\substack{x=x_0\\y=y_0\\z=z_0}}=f_x'(x_0,y_0,z_0)=\lim_{\Delta x\to 0}\frac{f(x_0+\Delta x,y_0,z_0)-f(x_0,y_0,z_0)}{\Delta x} \quad (8-4)$$

由定义可知，函数 $z=f(x，y)$在点$(x_0，y_0)$处的偏导数就是函数 $f(x，y)$在点$(x_0，y_0)$处沿 x 轴或沿 y 轴方向的变化率. 求 $z=f(x，y)$对自变量 x(或 y)的偏导数时，只要把另一自变量 y(或 x)暂时看成常数，直接利用一元函数求导公式和四则运算法则计算.

函数 $z=f(x，y)$在点$(x_0，y_0)$处对 x 的偏导数 $f_x'(x_0，y_0)$就是偏导数 $f_x'(x，y)$在点$(x_0，y_0)$处的函数值.

例 1 求函数 $f(x，y)=x^3+2x^2y-y^3$ 在点(1，3)处的两个偏导数.

解 先求两个偏导数. 对 x 求偏导数时，视 y 为常量，有

$$f_x'(x,y)=3x^2+4xy$$

对 y 求偏导数时，视 x 为常量，有

$$f_y{}'(x,y)=2x^2-3y^2$$

所以函数在点(1，3)处的两个偏导数为

$$f_x'(1,3)=(3x^2+4xy)\Big|_{\substack{x=1\\y=3}}=15$$

$$f_y'(1,3)=(2x^2-3y^2)\Big|_{\substack{x=1\\y=3}}=-25$$

例 2 求函数 $z=x^y(x>0)$的偏导函数.

解 对 x 求偏导数时，视 y 为常量，这时 x^y 是幂函数，有

$$\frac{\partial z}{\partial x}=yx^{y-1}$$

对 y 求偏导数时，视 x 为常量，这时 x^y 是指数函数，有

$$\frac{\partial z}{\partial y}=x^y\ln x$$

例 3 求函数 $u=\sqrt{x^2+y^2+z^2}$ 的偏导数.

解 对 x 求偏导数得

$$\frac{\partial u}{\partial x}=\frac{2x}{2\sqrt{x^2+y^2+z^2}}=\frac{x}{\sqrt{x^2+y^2+z^2}}$$

类似地有

$$\frac{\partial u}{\partial y}=\frac{y}{\sqrt{x^2+y^2+z^2}},\frac{\partial u}{\partial z}=\frac{z}{\sqrt{x^2+y^2+z^2}}$$

例 4　设 $z=x\ln(x^2+y^2)$，求$\frac{\partial z}{\partial x}$，$\frac{\partial z}{\partial y}$.

解　$\frac{\partial z}{\partial x}=(x)_x'\ln(x^2+y^2)+x[\ln(x^2+y^2)]_x'$

$$=1\cdot\ln(x^2+y^2)+x\cdot\frac{2x}{x^2+y^2}$$

$$=\ln(x^2+y^2)+\frac{2x^2}{x^2+y^2}$$

$$\frac{\partial z}{\partial y}=x\cdot\frac{2y}{x^2+y^2}=\frac{2xy}{x^2+y^2}$$

由上面的例子可以看出：函数 $z=f(x,y)$的偏导数仍是 x，y 的二元函数，如果$\frac{\partial z}{\partial x}$，$\frac{\partial z}{\partial y}$对自变量 x 和 y 的偏导数存在，那么称它们是函数 $z=f(x,y)$的二阶偏导数．依照对变量求偏导数的次序不同而有下列四个二阶偏导数

$$\frac{\partial}{\partial x}\left(\frac{\partial z}{\partial x}\right)=\frac{\partial^2 z}{\partial x^2}=f''_{xx}(x,y),\quad \frac{\partial}{\partial y}\left(\frac{\partial z}{\partial x}\right)=\frac{\partial^2 z}{\partial x\partial y}=f''_{xy}(x,y)$$

$$\frac{\partial}{\partial x}\left(\frac{\partial z}{\partial y}\right)=\frac{\partial^2 z}{\partial y\partial x}=f''_{yx}(x,y),\quad \frac{\partial}{\partial y}\left(\frac{\partial z}{\partial y}\right)=\frac{\partial^2 z}{\partial y^2}=f''_{yy}(x,y)$$

其中，$f''_{xy}(x,y)$，$f''_{yx}(x,y)$称为函数 $f_{(x,y)}$ 的二阶混合偏导数，一般来说，它们未必相等；但如果二元函数的二阶混合偏导数在区域 D 内连续，那么在该区域内这两个二阶混合偏导数必相等.

类似地，可以定义 $z=f(x,y)$的三阶，四阶，…，n 阶偏导数．二阶及二阶以上的偏导数统称为高阶偏导数.

例 5　求函数 $z=e^{xy^2}+3xy$ 的二阶偏导数.

解　先求一阶偏导数

$$\frac{\partial z}{\partial x}=y^2e^{xy^2}+3y,\quad \frac{\partial z}{\partial y}=2xye^{xy^2}+3x$$

再求二阶偏导数

$$\frac{\partial^2 z}{\partial x^2}=\frac{\partial}{\partial x}\left(\frac{\partial z}{\partial x}\right)=y^4 e^{xy^2},\quad \frac{\partial^2 z}{\partial y^2}=\frac{\partial}{\partial y}\left(\frac{\partial z}{\partial y}\right)=2x e^{xy^2}+4x^2 y^2 e^{xy^2}$$

$$\frac{\partial^2 z}{\partial x \partial y}=\frac{\partial}{\partial y}\left(\frac{\partial z}{\partial x}\right)=2y e^{xy^2}+2xy^3 e^{xy^2}+3$$

$$\frac{\partial^2 z}{\partial y \partial x}=\frac{\partial}{\partial x}\left(\frac{\partial z}{\partial y}\right)=2y e^{xy^2}+2xy^3 e^{xy^2}+3$$

8.2.2　全微分

在一元函数微分学中，函数 $y=f(x)$的微分 $dy=f'(x)dx$，并且当自变量 x 的改变量 $\Delta x \to 0$ 时，函数相应的改变量 Δy 与 dy 的差是比 Δx 高阶的无穷小量. 这一结论可以推广到二元函数的情形.

定义 2　设函数 $z=f(x, y)$，如果在点(x, y)处，函数的全增量

$$\Delta z=f(x+\Delta x, y+\Delta y)-f(x, y)$$

可以表示为关于 Δx，Δy 的线性函数与一个比 $\rho=\sqrt{\Delta x^2+\Delta y^2}$ 高阶的无穷小之和，即

$$\Delta z=f(x+\Delta x, y+\Delta y)-f(x, y)=A\Delta x+B\Delta y+o(\rho)$$

其中，A，B 是 x，y 的函数，与 Δx，Δy 无关，$o(\rho)$是比 ρ 高阶的无穷小量. 那么称函数 $z=f(x, y)$在点(x, y)处**可微**，并称 $A\Delta x+B\Delta y$ 为函数 $z=f(x, y)$在点(x, y)处的**全微分**，记作 dz 或 $df(x, y)$，即

$$dz=A\Delta x+B\Delta y$$

与一元函数类似，二元函数 $z=f(x, y)$在点(x, y)处可微，则 $z=f(x, y)$在点(x, y)处一定连续.

定理 1　若二元函数 $z=f(x, y)$在点(x, y)处可微，则它在该点处一定连续.

证　因为 $z=f(x, y)$在点(x, y)处可微，即

$$\Delta z=f(x+\Delta x, y+\Delta y)-f(x, y)=A\Delta x+B\Delta y+o(\rho)$$

所以，当 $\Delta x \to 0$，$\Delta y \to 0$ 时，有 $\Delta z \to 0$，即 $z=f(x, y)$在该点连续.

对于一元函数，$y=f(x)$在点 x 处可微与在点 x 处可导是等价的，且 $dy=f'(x)\Delta x$，即 $A=f'(x)$，对于二元函数有

定理 2　若二元函数 $z=f(x, y)$ 在点 (x, y) 处可微，则 $z=f(x, y)$ 在点 (x, y) 处的两个偏导数存在，且 $A=\frac{\partial z}{\partial x}$，$B=\frac{\partial z}{\partial y}$.

证　因为 $z=f(x, y)$ 在点 (x, y) 处可微，即

$$\Delta z=f(x+\Delta x, y+\Delta y)-f(x, y)=A\Delta x+B\Delta y+o(\rho)$$

令上式中的 $\Delta y=0$，则

$$\Delta z=f(x+\Delta x, y)-f(x, y)=A\Delta x+o(|\Delta x|)$$

所以

$$\frac{\partial z}{\partial x}=\lim_{\Delta x\to 0}\frac{f(x+\Delta x, y)-f(x, y)}{\Delta x}=\lim_{\Delta x\to 0}\frac{A\Delta x+o(|\Delta x|)}{\Delta x}=A$$

同理可证 $\frac{\partial z}{\partial y}=B$.

一般地，记 $\Delta x=\mathrm{d}x$，$\Delta y=\mathrm{d}y$ 则 $z=f(x, y)$ 的全微分可写成

$$\mathrm{d}z=\frac{\partial z}{\partial x}\mathrm{d}x+\frac{\partial z}{\partial y}\mathrm{d}y$$

定理 3(可微的充分条件)　若二元函数 $z=f(x, y)$ 在点 (x, y) 处的两个偏导数连续，则 $z=f(x, y)$ 在该点一定可微.

由于全微分 $\mathrm{d}z$ 可以近似地表示全增量 Δz，于是

$$\Delta z=f(x+\Delta x, y+\Delta y)-f(x, y)\approx \mathrm{d}z=f_x'(x, y)\mathrm{d}x+f_y'(x, y)\mathrm{d}y$$

所以

$$f(x+\Delta x, y+\Delta y)\approx f(x, y)+f_x'(x, y)\mathrm{d}x+f_y'(x, y)\mathrm{d}y$$

这一结论在近似计算中有一定的应用.

例 6　设函数 $z=x^2y^2$，求：

(1) $\mathrm{d}z$；

(2) 在点 $(2, -1)$ 处，当 $\Delta x=0.02$，$\Delta y=-0.01$ 时的全增量与全微分.

解　(1) 函数 $z=x^2y^2$ 的两个偏导数

$$\frac{\partial z}{\partial x}=2xy^2, \quad \frac{\partial z}{\partial y}=2x^2y$$

所以

$$dz=\frac{\partial z}{\partial x}dx+\frac{\partial z}{\partial y}dy=2xy^2dx+2x^2ydy$$

（2）由定义知，全增量与全微分分别为

$$\Delta z=(2+0.02)^2(-1-0.01)^2-2^2\times(-1)^2=0.1624$$

$$dz=4\times0.02+(-8)\times(-0.01)=0.16$$

例 7 计算 $2.02^{0.96}$.

解 设 $f(x,y)=x^y$，只需计算 $f(2.02,0.96)$. 由

$$\frac{\partial f}{\partial x}=yx^{y-1},\quad \frac{\partial f}{\partial y}=x^y\ln x$$

有

$$df=yx^{y-1}dx+x^y\ln x\,dy$$

当 $x=2$，$y=1$，$\Delta x=0.02$，$\Delta y=-0.04$ 时，$df=0.02-0.08\ln2$，于是

$$2.02^{0.96}=f(2.02,0.96)\approx f(2,1)+df=2+0.02-0.08\ln2\approx1.964$$

习题 8-2

1. 函数 $f(x,y)=x^2+2xy-y^2$ 在点(1，3)处对 x，y 的偏导数.
2. 求函数 $z=e^{x^2+y^2}$ 对 x，y 的偏导数.
3. 求函数 $z=x^2y-xy^2$ 在点(2，3)处的偏导数.
4. 设 $z=\ln\left(x+\frac{y}{2x}\right)$，求 $\left.\frac{\partial z}{\partial y}\right|_{\substack{x=1\\y=0}}$.
5. 设 $f(x,y)=e^{-x}\sin(x+2y)$，求 $f_x\left(0,\frac{\pi}{4}\right)$ 与 $f_y\left(0,\frac{\pi}{4}\right)$.
6. 求下列函数的偏导数：

（1）$z=x^3y-xy^2$　　（2）$u=z\cdot\arctan\frac{x}{y}$

（3）$z=\frac{x}{\sqrt{x^2+y^2}}$　　（4）$z=\left(\frac{1}{3}\right)^{\frac{y}{x}}$

7. 设 $u=e^{x^2+y^2+z^2}$，求偏导数.

8. 求下列函数的二阶偏导数：

(1) $z=x^3y^2-3xy^3-xy+1$

(2) $z=\ln(x^2+y^2)$

(3) $z=x^{2y}$

9. 设 $z=\ln(\sqrt{x}+\sqrt{y})$，求证：

$$x\frac{\partial z}{\partial x}+y\frac{\partial z}{\partial y}=\frac{1}{2}$$

10. 设 $z=\ln(\mathrm{e}^x+\mathrm{e}^y)$，求证：

$$\frac{\partial^2 z}{\partial x^2}\cdot\frac{\partial^2 z}{\partial y^2}-\left(\frac{\partial^2 z}{\partial x\partial y}\right)^2=0$$

11. 求下列函数的全微分：

(1) $z=\mathrm{e}^{xy}$　　(2) $z=\frac{1}{2}\ln(1+x^2+y^2)$

(3) $z=\arctan\frac{y}{x}$　　(4) $z=\sin(x-y)$

12. 求下列函数在已给条件下全微分的值：

(1) $z=\sqrt{\frac{x}{y}}$，$x=1$，$y=1$，$\Delta x=0.2$，$\Delta y=0.1$

(2) $z=\ln\left(1+\frac{x}{y}\right)$，$x=1$，$y=1$，$\Delta x=0.15$，$\Delta y=-0.25$

8.3　复合函数与隐函数的微分法

在一元函数微分学中，我们介绍了复合函数与隐函数的求导问题，本节我们讨论二元函数的类似问题.

8.3.1　复合函数的微分法

设函数 $z=f(u,v)$，而 $u=\varphi(x,y)$，$v=\psi(x,y)$，于是 z 通过中间变量 u，v 成为 x，y 的复合函数

$$z=f[\varphi(x,y),\psi(x,y)]$$

定理　如果函数 $u=\varphi(x,y)$ 和 $v=\psi(x,y)$ 在点 (x,y) 的偏导数 $\frac{\partial u}{\partial x}$，$\frac{\partial u}{\partial y}$ 和

$\frac{\partial v}{\partial x}$，$\frac{\partial v}{\partial y}$都存在，且在对应于$(x, y)$的点$(u, v)$处，函数$z=f(u, v)$可微，则复合函数$z=f[\varphi(x, y), \psi(x, y)]$对$x$和$y$的偏导数存在，且

$$\frac{\partial z}{\partial x}=\frac{\partial z}{\partial u}\cdot\frac{\partial u}{\partial x}+\frac{\partial z}{\partial v}\cdot\frac{\partial v}{\partial x} \tag{8-5}$$

$$\frac{\partial z}{\partial y}=\frac{\partial z}{\partial u}\cdot\frac{\partial u}{\partial y}+\frac{\partial z}{\partial v}\cdot\frac{\partial v}{\partial y} \tag{8-6}$$

为了记忆和正确使用上述公式，可以画出变量关系图，如图 8-5 所示. 从图中可以看出z经过中间变量到达自变量x(或y)的所有路径. 由z到达x的路径共有两条：$z\to u\to x$和$z\to v\to x$. 沿第一条路径有$\frac{\partial z}{\partial u}\cdot\frac{\partial u}{\partial x}$，沿第二条路径有$\frac{\partial z}{\partial v}\cdot\frac{\partial v}{\partial x}$，两项相加即得式(8-5). 类似地，可得式(8-6).

利用上述方法，可以对各种复杂的情形正确运用定理. 例如

(1) 中间变量有 3 个：设$z=f(u, v, t)$，而$u=\varphi(x, y)$，$v=\psi(x, y)$，$t=\omega(x, y)$，利用变量关系图 8-6，有

$$\frac{\partial z}{\partial x}=\frac{\partial z}{\partial u}\cdot\frac{\partial u}{\partial x}+\frac{\partial z}{\partial v}\cdot\frac{\partial v}{\partial x}+\frac{\partial z}{\partial t}\cdot\frac{\partial t}{\partial x}$$

$$\frac{\partial z}{\partial y}=\frac{\partial z}{\partial u}\cdot\frac{\partial u}{\partial y}+\frac{\partial z}{\partial v}\cdot\frac{\partial v}{\partial y}+\frac{\partial z}{\partial t}\cdot\frac{\partial t}{\partial y}$$

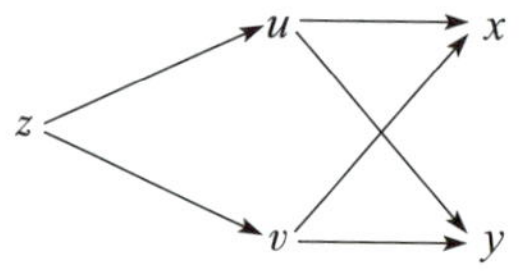

图 8-5

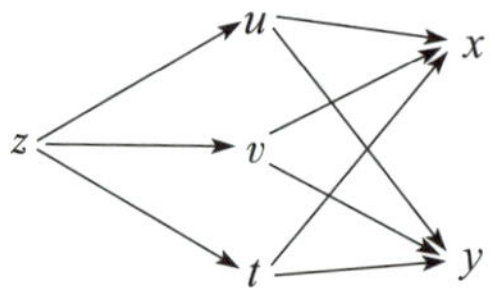

图 8-6

(2) z通过中间变量成为x的一元函数：设$z=f(u, v)$，而$u=\varphi(x)$，$v=\psi(x)$，于是$z=f[\varphi(x), \psi(x)]$，利用变量关系图 8-7，有

$$\frac{\mathrm{d}z}{\mathrm{d}x}=\frac{\partial z}{\partial u}\cdot\frac{\mathrm{d}u}{\mathrm{d}x}+\frac{\partial z}{\partial v}\cdot\frac{\mathrm{d}v}{\mathrm{d}x} \tag{8-7}$$

式(8-7)也称为全导数公式.

(3) x既是中间变量，又是自变量：设$z=f(u, x)$，而$u=\varphi(x, y)$，即$u=\varphi(x, y)$，$x=x$，利用变量关系图 8-8，有

$$\frac{\partial z}{\partial x}=\frac{\partial f}{\partial x}+\frac{\partial f}{\partial u}\cdot\frac{\partial u}{\partial x}$$

$$\frac{\partial z}{\partial y}=\frac{\partial f}{\partial u}\cdot\frac{\partial u}{\partial y}$$

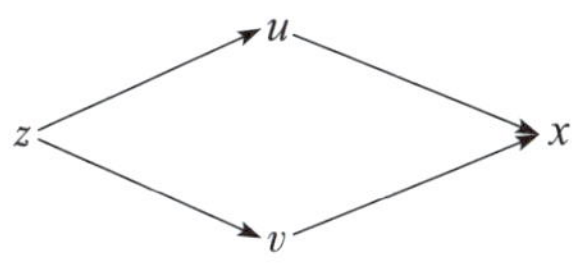

图 8-7

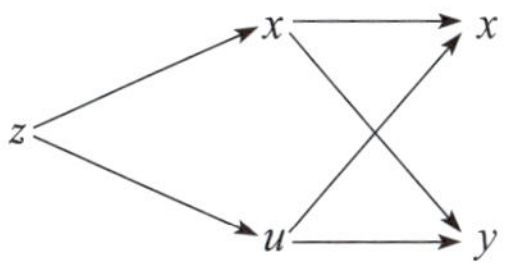

图 8-8

例 1　设 $z=u^2\ln v$，而 $u=\frac{x}{y}$，$v=3x-2y$，求$\frac{\partial z}{\partial x}$，$\frac{\partial z}{\partial y}$.

解　$\frac{\partial z}{\partial x}=\frac{\partial z}{\partial u}\cdot\frac{\partial u}{\partial x}+\frac{\partial z}{\partial v}\cdot\frac{\partial v}{\partial x}=2u\ln v\cdot\frac{1}{y}+\frac{u^2}{v}\cdot 3$

$$=\frac{2x}{y^2}\ln(3x-2y)+\frac{3x^2}{y^2(3x-2y)}$$

$$\frac{\partial z}{\partial y}=\frac{\partial z}{\partial u}\cdot\frac{\partial u}{\partial y}+\frac{\partial z}{\partial v}\cdot\frac{\partial v}{\partial y}=2u\ln v\left(-\frac{x}{y^2}\right)+\frac{u^2}{v}(-2)$$

$$=-\frac{2x^2}{y^3}\ln(3x-2y)-\frac{2x^2}{y^2(3x-2y)}$$

例 2　设 $u=(x-y)^z$，$z=x^2+y^2(x-y)>0$，求$\frac{\partial u}{\partial x}$，$\frac{\partial u}{\partial y}$.

解　方法一：令 $u=f(w, z)=w^z=(x-y)^z$，$w=x-y$，$z=x^2+y^2$(见图 8-9)，则

$$\frac{\partial u}{\partial x}=\frac{\partial u}{\partial w}\cdot\frac{\partial w}{\partial x}+\frac{\partial u}{\partial z}\cdot\frac{\partial z}{\partial x}=zw^{z-1}+w^z\ln w\cdot(2x)$$

$$\frac{\partial u}{\partial y}=\frac{\partial u}{\partial w}\cdot\frac{\partial w}{\partial y}+\frac{\partial u}{\partial z}\cdot\frac{\partial z}{\partial y}=-z(x-y)^{z-1}+2y(x-y)^z\ln(x-y)$$

方法二：令 $u=f(x, y, z)=(x-y)^z$，$z=x^2+y^2$(见图 8-10)，则

$$\frac{\partial u}{\partial x}=\frac{\partial f}{\partial x}+\frac{\partial f}{\partial z}\cdot\frac{\partial z}{\partial x}=z(x-y)^{z-1}+(x-y)^z[\ln(x-y)]2x$$

$$\frac{\partial u}{\partial y}=-z(x-y)^{z-1}+(x-y)^z[\ln(x-y)]2y$$

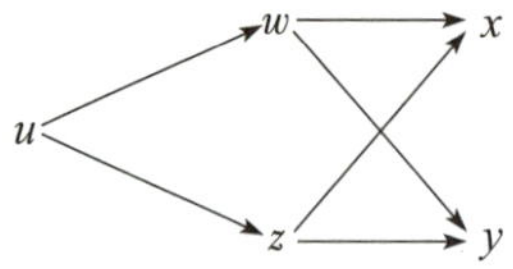

图 8-9

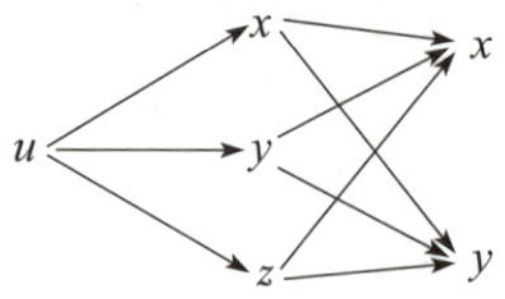

图 8-10

例 3 设 $z=u^2v$，$u=\cos x$，$v=\sin x$，求$\frac{dz}{dx}$.

解 由式(8-7)知

$$\frac{dz}{dx}=\frac{\partial z}{\partial u}\cdot\frac{du}{dx}+\frac{\partial z}{\partial v}\cdot\frac{dv}{dx}=2uv(-\sin x)+u^2\cos x=\cos^3 x-2\sin^2 x\cos x$$

8.3.2 隐函数的微分法

如果方程 $F(x, y, z)=0$ 能确定 z 是 x，y 的函数 $z=f(x, y)$，且 $f(x, y)$ 具有连续偏导数，则利用复合函数微分法，有

$$\frac{\partial F}{\partial x}+\frac{\partial F}{\partial z}\cdot\frac{\partial z}{\partial x}=0,\quad \frac{\partial F}{\partial y}+\frac{\partial F}{\partial z}\cdot\frac{\partial z}{\partial y}=0$$

如果$\frac{\partial F}{\partial z}\neq 0$，则

$$\frac{\partial z}{\partial x}=-\frac{\frac{\partial F}{\partial x}}{\frac{\partial F}{\partial z}},\quad \frac{\partial z}{\partial y}=-\frac{\frac{\partial F}{\partial y}}{\frac{\partial F}{\partial z}}$$

特别地，对于由方程 $F(x, y)=0$ 确定的一元函数 $y=f(x)$，当$\frac{\partial F}{\partial y}\neq 0$ 时，有

$$\frac{dy}{dx}=-\frac{\frac{\partial F}{\partial x}}{\frac{\partial F}{\partial y}}$$

例 4 设方程 $e^z=xyz$，确定隐函数 $z=f(x, y)$，求$\frac{\partial z}{\partial x}$，$\frac{\partial z}{\partial y}$.

解 设 $F(x, y, z)=e^z-xyz$，则

$$\frac{\partial F}{\partial x}=-yz,\quad \frac{\partial F}{\partial y}=-xz,\quad \frac{\partial F}{\partial z}=e^z-xy$$

于是

$$\frac{\partial z}{\partial x}=-\frac{\frac{\partial F}{\partial x}}{\frac{\partial F}{\partial z}}=\frac{yz}{e^z-xy},\quad \frac{\partial z}{\partial y}=-\frac{\frac{\partial F}{\partial y}}{\frac{\partial F}{\partial z}}=\frac{xz}{e^z-xy}$$

例 5　设方程 $xy+x+y=1$ 确定 y 是 x 的函数，求 $\frac{dy}{dx}$.

解　设 $F(x,y)=xy+x+y-1$，则

$$F_x'=y+1,\quad F_y'=x+1$$

当 $F_y'=x+1\neq 0$ 时

$$\frac{dy}{dx}=-\frac{F_x'}{F_y'}=-\frac{y+1}{x+1}$$

例 6　证明方程 $ax+by+cz=F(x^2+y^2+z^2)$（F 是任意可微分函数）所确定的函数 $z=f(x,y)$ 满足关系式

$$(cy-bz)\frac{\partial z}{\partial x}+(az-cx)\frac{\partial z}{\partial y}=bx-ay$$

证　设 $u=x^2+y^2+z^2$，将方程分别对 x，y 求偏导数得

$$a+cz_x'=F'(u)(2x+2zz_x'),\quad b+cz_y'=F'(u)(2y+2zz_y')$$

从而

$$z_x'=\frac{2xF'(u)-a}{c-2zF'(u)},\quad z_y'=\frac{2yF'(u)-b}{c-2zF'(u)}$$

所以

$$(cy-bz)\frac{\partial z}{\partial x}+(az-cx)\frac{\partial z}{\partial y}=(cy-bz)\frac{2xF'(u)-a}{c-2zF'(u)}+(az-cy)\frac{2yF'(u)-b}{c-2zF'(u)}$$

$$=\frac{[c-2zF'(u)](bx-ay)}{c-2zF'(u)}=bx-ay$$

习题 8-3

1. 求下列复合函数的导数：

（1）$z=u^2v-uv^2$，$u=x\cos y$，$v=x\sin y$，求$\frac{\partial z}{\partial x}$，$\frac{\partial z}{\partial y}$.

（2）$z=\frac{u^2}{v}$，$u=x-2y$，$v=2x+y$，求$\frac{\partial z}{\partial x}$，$\frac{\partial z}{\partial y}$.

（3）$z=\arcsin(u-v)$，$u=3t$，$v=4t^3$，求$\frac{\mathrm{d}z}{\mathrm{d}t}$.

（4）$z=\tan(3t+2x^2-y)$，$x=\frac{1}{t}$，$y=\sqrt{t}$，求$\frac{\mathrm{d}z}{\mathrm{d}t}$.

（5）$z=(x^2+y^2)^{xy}$，求$\frac{\partial z}{\partial x}$，$\frac{\partial z}{\partial y}$.

（6）$z=(2x+y)^{2x+y}$，求$\frac{\partial z}{\partial x}$，$\frac{\partial z}{\partial y}$.

（7）$z=f\left(x,\frac{x}{y}\right)$，求$\frac{\partial z}{\partial x}$，$\frac{\partial z}{\partial y}$，$\frac{\partial^2 z}{\partial x^2}$，$\frac{\partial^2 z}{\partial y^2}$，$\frac{\partial^2 z}{\partial x\partial y}$.

（8）$z=f(x^2-y^2,\mathrm{e}^{xy})$，求$\frac{\partial^2 z}{\partial x^2}$，$\frac{\partial^2 z}{\partial y^2}$，$\frac{\partial^2 z}{\partial x\partial y}$，$\frac{\partial^2 z}{\partial y\partial x}$.

2. 证明函数$z=x^2f\left(\frac{y}{x^2}\right)$（$f$是任意可微分函数）满足方程：

$$y^2\frac{\partial z}{\partial x}+xy\frac{\partial z}{\partial y}=xz$$

3. 求下列隐函数的导数：

（1）$\sin y+\mathrm{e}^x-xy^2=0$，求$\frac{\mathrm{d}y}{\mathrm{d}x}$.

（2）$xy+\ln y+\ln x=0$，求$\frac{\mathrm{d}y}{\mathrm{d}x}$.

（3）$x+2y+2z-2\sqrt{xyz}=0$，求$\frac{\partial z}{\partial x}$，$\frac{\partial z}{\partial y}$.

（4）$x+y+z=\mathrm{e}^{-(x+y+z)}$，求$\frac{\partial z}{\partial x}$，$\frac{\partial z}{\partial y}$.

（5）$\mathrm{e}^{xy}-\arctan z+xyz=0$，求$\frac{\partial z}{\partial x}$，$\frac{\partial z}{\partial y}$.

4. 设$2\sin(x+2y-3z)=x+2y-3z$，证明$\frac{\partial z}{\partial x}+\frac{\partial z}{\partial y}=1$.

5. 设$x+z=yf(x^2-z^2)$（f是任意可微分函数），证明$z\frac{\partial z}{\partial x}+y\frac{\partial z}{\partial y}=x$.

8.4 多元函数的极值

8.4.1 二元函数的极值

1. 极值定义

定义 设函数 $z=f(x, y)$在点 $P_0(x_0, y_0)$的某一邻域内有定义，如果对于该邻域内所有异于点 P_0 的点 $P(x, y)$都有

$$f(x,y)<f(x_0,y_0)(\text{或 } f(x,y)>f(x_0,y_0))$$

那么称函数 $f(x, y)$在点 $P_0(x_0, y_0)$处有**极大值**(或**极小值**)$f(x_0, y_0)$.

极大值和极小值统称函数的**极值**.

相应地，称 P_0 为**极大值**点(或**极小值**点). 极大值点和极小值点统称为**极值点**.

例如，函数 $f(x, y)=x^2+y^2+2$ 在点(0, 0)处有极小值 2；

函数 $f(x, y)=\sqrt{1-x^2-y^2}$ 在点(0, 0)处有极大值 1；

函数 $z=xy$ 在点(0, 0)处没有极值，因为在点(0, 0)的任何邻域内函数值不可能都是正值或都是负值.

2. 极值存在的条件

定理 1(必要条件) 设函数 $z=f(x, y)$在点 $P_0(x_0, y_0)$处有极值，且在点 $P_0(x_0, y_0)$处的偏导数存在，则函数 $z=f(x, y)$在点 $P_0(x_0, y_0)$处的两个偏导数必为零，即

$$f_x'(x_0,y_0)=0, f_y'(x_0,y_0)=0$$

类似于一元函数，凡是满足方程组

$$\begin{cases} f_x'(x,y)=0 \\ f_y'(x,y)=0 \end{cases}$$

的点(x_0, y_0)称为函数 $z=f(x, y)$的**驻点**. 定理 1 说明，只要函数 $z=f(x, y)$的偏导数存在，那么它的极值点一定是驻点. 但是，函数的驻点不一定是极值点. 例如，函数 $z=xy$ 在点(0, 0)处的两个偏导数为 $f_x(0, 0)=0$，$f_y(0, 0)=0$，所以点

$(0,0)$是函数 $z=xy$ 的驻点，但$(0,0)$不是极值点.

定理 2(极值判别定理) 设函数 $z=f(x,y)$在点 $P_0(x_0,y_0)$的某一邻域内具有连续的一阶、二阶偏导数，又 $f'_x(x_0,y_0)=0$，$f'_y(x_0,y_0)=0$. 记 $f''_{xx}(x_0,y_0)=A$，$f''_{xy}(x_0,y_0)=B$，$f''_{yy}(x_0,y_0)=C$，$\Delta=B^2-AC$. 则

(1) 当 $\Delta<0$ 时，函数 $z=f(x,y)$在 $P_0(x_0,y_0)$处有极值，并且若 $A>0$，则 $f(x_0,y_0)$为极小值；若 $A<0$，则 $f(x_0,y_0)$为极大值.

(2) 当 $\Delta>0$ 时，函数 $z=f(x,y)$在 $P_0(x_0,y_0)$处没有极值.

(3) 当 $\Delta=0$ 时，函数 $z=f(x,y)$在 $P_0(x_0,y_0)$处可能有极值，也可能没有极值.

利用定理 1 和定理 2，可以把求函数 $z=f(x,y)$极值的主要步骤归纳如下：

第一步 解方程组$\begin{cases} f'_x(x,y)=0 \\ f'_y(x,y)=0 \end{cases}$，求出所有驻点.

第二步 对于每一个驻点(x_0,y_0)，求出二阶偏导数的值 A，B，C.

第三步 确定 $\Delta=B^2-AC$ 的符号，按定理 2 的结论判定 $f(x_0,y_0)$是否是极值，极大值还是极小值.

例 1 求函数 $f(x,y)=x^3+y^3-9xy+27$ 的极值.

解 求偏导数，得

$$f'_x(x,y)=3x^2-9y,\quad f'_y(x,y)=3y^2-9x$$

解方程组

$$\begin{cases} 3x^2-9y=0 \\ 3y^2-9x=0 \end{cases}$$

得驻点 $P_1(0,0)$和 $P_2(3,3)$.

求二阶偏导数，得

$$f''_{xx}(x,y)=6x,\quad f''_{xy}(x,y)=-9,\quad f_{yy}(x,y)=6y$$

在点 $P_1(0,0)$处有

$$A=f''_{xx}(0,0)=0,\quad B=f''_{xy}(0,0)=-9,\quad C=f''_{yy}(0,0)=0$$

$$\Delta=B^2-AC=(-9)^2-0=81>0$$

因此函数在点 $P_1(0,0)$处没有极值.

在点 $P_2(3, 3)$处有

$$A=f''_{xx}(3,3)=18, \quad B=f''_{xy}(3,3)=-9, \quad C=f''_{yy}(3,3)=18$$

$$\Delta=B^2-AC=(-9)^2-18\times18<0$$

因此函数在点 $P_2(3, 3)$处有极值，且由 $A=18>0$ 知，函数在$(3, 3)$处有极小值，极小值为 $f(3, 3)=3^3+3^3-9\times3\times3+27=0$.

我们已经知道，如果函数 $f(x, y)$在闭区域 D 上连续，那么 $f(x, y)$在 D 上必定能取得它的最大值和最小值. 为了求出最值，必须计算出函数 $f(x, y)$在所有驻点、偏导数不存在的点以及区域 D 的边界上的最大值和最小值，将它们比较，其中最大和最小者，即为函数 $f(x, y)$的最大值和最小值. 在实际问题中，如果函数 $f(x, y)$在区域 D 内一定能取得最大值(或最小值)，而 $f(x, y)$在 D 内只有唯一驻点，那么可以肯定该驻点处的函数值就是函数 $f(x, y)$在区域 D 上的最大值(或最小值).

例 2 欲做一个容量为 V 的长方体箱子，问应怎样选择尺寸，才能使做此箱子的材料最省?

解 设箱子的长宽高分别为 x, y, z，则

$$V=xyz$$

箱子的表面积为

$$S=2(xy+yz+zx)$$

要使所用的材料最少，则应求 S 的最小值. 由于

$$Z=\frac{V}{xy}$$

所以

$$S=2\left(xy+\frac{V}{x}+\frac{V}{y}\right) \quad (x>0, y>0)$$

它是 x, y 的二元函数. 令

$$\begin{cases} S'_x(x,y)=2\left(y-\dfrac{V}{x^2}\right)=0 \\ S'_y(x,y)=2\left(x-\dfrac{V}{y^2}\right)=0 \end{cases}$$

求得唯一的驻点 $P(\sqrt[3]{V}, \sqrt[3]{V})$.

根据问题的实际意义可知 S 一定存在最小值，所以可以断定 P 是使 S 取得最小值的点，即当 $x=y=z=\sqrt[3]{V}$ 时，函数 S 取得最小值. 这表明：在容量一定的情况下，长方体中立方体的表面积最小.

8.4.2 条件极值 拉格朗日乘数法

前面所讨论的极值问题，自变量的变化是在函数的定义域范围内，除此之外没有其他附加条件的限制，因此这种极值有时又称为无条件极值. 但在许多实际问题中，函数的自变量还要满足某些附加条件，这种对自变量有附加条件的极值称为条件极值. 条件极值有以下两种求法.

1. 转化为无条件极值

对一些简单的条件极值问题，利用附加条件，消去函数中的某些自变量，将条件极值转化为无条件极值. 例如，例 2 中的问题实际上是求表面积函数 $S=2(xy+yz+zx)$在条件 $xyz=V$ 限制之下的极值，这是一个条件极值问题. 求解时，从条件中解出 $z=\dfrac{V}{xy}$代入 $S=2(xy+yz+zx)$中，就转化为求函数 $S=2\left(xy+\dfrac{V}{x}+\dfrac{V}{y}\right)$的极值问题，这时对于自变量 x，y 不再有附加条件的限制，因此是一个无条件极值问题.

2. 拉格朗日乘数法

对于一般的条件极值问题，要直接转化为无条件极值问题，往往比较困难. 下面介绍一种直接求条件极值的方法. 求函数 $z=f(x,y)$(通常称为目标函数)在约束条件 $g(x,y)=0$(也称约束方程)之下的可能极值点的方法——拉格朗日乘数法，步骤如下：

(1) 作格朗日函数

$$F(x,y)=f(x,y)+\lambda g(x,y)$$

其中，λ 是某个常数.

(2) 将函数 $F(x,y)$分别对 x，y，λ 求偏导数，并令它们都为 0，组成方程组

$$\begin{cases} F_x'(x,y)=f_x'(x,y)+\lambda g_x'(x,y)=0 \\ F_y'(x,y)=f_y'(x,y)+\lambda g_y'(x,y)=0 \\ F_\lambda'(x,y)=g(x,y)=0 \end{cases}$$

(3) 求出方程组的解

$$\begin{cases} x=x_0 \\ y=y_0 \\ \lambda=\lambda_0 \end{cases}$$

则点(x_0, y_0)就是使函数 $z=f(x, y)$可能取得极值且满足条件 $g(x_0, y_0)=0$ 的可能极值点.

至于如何确定所求得的点是否为极值点，在实际问题中往往根据问题本身的性质加以确定. 上述方法可以推广到自变量多于两个，或附加条件多于一个的情形.

例 3　利用拉格朗日乘数法求解本节例 2.

解　设箱子的长、宽、高分别为 x，y，z，表面积为 S，则所要解决的问题就是求函数

$$S=2(xy+yz+zx)$$

在条件 $xyz=V$ 限制之下的最小值.

构造拉格朗日函数

$$F(x,y,z)=2(xy+yz+zx)+\lambda(xyz-V)$$

求出函数 $F(x, y, z)$的四个偏导数，并令它们都为 0，组成方程组

$$\begin{cases} F_x'(x,y,z)=2(x+z)+\lambda yz=0 \\ F_y'(x,y,z)=2(x+z)+\lambda xz=0 \\ F_z'(x,y,z)=2(x+z)+\lambda xy=0 \\ xyz=V \end{cases}$$

解此方程组，得

$$x=y=z=\sqrt[3]{V}, \quad \lambda=-\frac{4}{\sqrt[3]{V}}$$

因为点$(\sqrt[3]{V}, \sqrt[3]{V}, \sqrt[3]{V})$是唯一驻点，而由问题本身可知表面积 S 一定存在最小值，所以 $x=y=z=\sqrt[3]{V}$ 就是所求的最小值点，即当箱子的长宽高都相等时，所用的材料最少.

习题 8-4

1. 求下列函数的极值：

(1) $z=-x^2+xy-y^2+2x-y$　　(2) $f(x, y)=2x^3+xy^2+5x^2+y^2$

2. 求函数 $f(x, y)=4(x-y)-x^2-y^2$ 的极值.

3. 求函数 $z=xy$ 在条件 $x+y=1$ 限制下的极值.

4. 把正数 a 分成三个正数之和，使它们的乘积为最大，求这三个正数.

5. 求内接于半径为 a 的球且有最大体积的长方体.

6. 求表面积为 S，而体积为最大的长方体.

7. 试在周长等于 $2l$ 的一切矩形中，求面积为最大的一个.

8. 已知容积 v 等于定数 k 的开顶长方水池，在怎样的尺寸大小下有最小的表面积?

9. 求抛物线 $y=x^2$ 和直线 $x+y+2=0$ 之间的最短距离.

10. 求函数 $z=(x^2+y^2-2x)^2$ 在圆域 $x^2+y^2\leqslant 2x$ 上的最大值和最小值.

8.5 二重积分

8.5.1 二重积分的概念

一、两个引例

引例 1 曲顶柱体的体积

设函数 $z=f(x, y)$在有界闭区域 D 上非负且连续，现有一立体，它以 xOy 面上的有界闭区域 D 为底，以曲面 $z=f(x, y)$为顶，侧面是以 D 的边界曲线为准线而母线平行于 z 轴的柱面，这种立体叫作**曲顶柱体**，如图 8-11 所示.

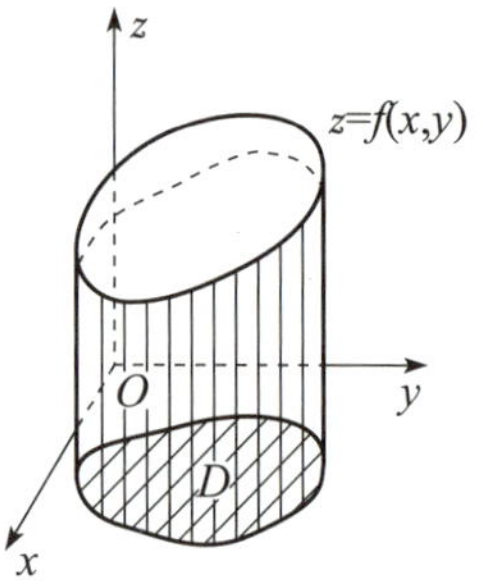

图 8-11

求曲顶柱体的体积可以像求曲边梯形的面积那样采用“分割取近似，求和取极限”的方法来解决. 步骤如下：

(1) 分割：用有限条曲线将区域 D 分割为 n 个小区域 $\Delta\sigma_1$，$\Delta\sigma_2$，…，$\Delta\sigma_n$，同时用上述记号表示各个小区域的面

积，相应的把曲顶柱体分为 n 个以 $\Delta\sigma_i$ 为底面，母线平行于 z 轴的小曲顶柱体，其体积记为 $\Delta V_i(i=1, 2, \cdots, n)$.

(2) 近似代替：在每个小区域 $\Delta\sigma_i$ 上任取一点 $M(x_i, y_i)$，可得高为 $f(x_i, y_i)$，底为 $\Delta\sigma_i$ 的小平顶柱体，并用这个小平顶柱体的体积作为第 i 个小曲顶柱体体积的近似值，即

$$\Delta V_i \approx f(x_i, y_i)\Delta\sigma_i (i=1,2,\cdots,n)$$

(3) 求和：将各个小曲顶柱体的体积相加，得曲顶柱体体积的近似值，即

$$v=\sum_{i=1}^{n}\Delta V_i \approx \sum_{i=1}^{n} f(x_i, y_i)\Delta\sigma_i$$

(4) 取极限：为了得出 V 的精确值，令 n 个小区域的直径(区域的直径是指有界闭区域上任意两点间的距离最大者)中最大值 $\lambda\to 0$，和式 $\sum\limits_{i=1}^{n} f(x_i, y_i)\Delta\sigma_i$ 的极限就是曲顶柱体的体积 V，即

$$V=\lim_{\lambda\to 0}\sum_{i=1}^{n} f(x_i, y_i)\Delta\sigma_i$$

引例 2　平面薄片的质量

设一平面薄片，在 xOy 平面上占有界闭区域 D，如图 8－12 所示，其质量分布的面密度 $\mu=\mu(x, y)>0$ 为 D 上的连续函数，求该薄片的质量 M. 与引例 1 类似，用分割取近似，求和取极限的方法得

$$M=\lim_{\lambda\to 0}\sum_{i=1}^{n}\mu(x_i, y_i)\Delta\sigma_i$$

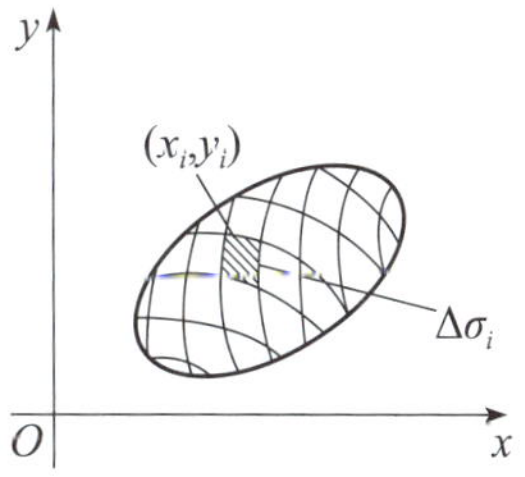

图 8－12

以上两个问题的实际意义虽然不同，但所求量都归结为求同一结构的和式的极限. 数学上，舍其实际意义，只从数量关系上的共性加以概括和抽象，得到二重积分的定义.

二、二重积分的定义

定义　设 $f(x, y)$ 是定义在有界闭区域 D 上的二元函数，将区域 $\varphi_1(y)$，$\varphi_2(y)$ 任意分割成 n 个小区域 $\Delta\sigma_1$，$\Delta\sigma_2$，$\cdots$，$\Delta\sigma_n$(同时也用这些记号表示它们的面积)，在每个小区域上任取一点 (x_i, y_i)，作乘积 $f(x_i, y_i)\Delta\sigma_i(i=1, 2, \cdots, n)$ 并把它们相加，得和式 $\sum\limits_{i=1}^{n} f(x_i, y_i)\Delta\sigma_i$，记 $\lambda=\max\{d_i\}$ (d_i 表示 $\Delta\sigma_i$ 的直径)，当

$\lambda \to 0$ 时，如果和式的极限

$$\lim_{\lambda \to 0} \sum_{i=1}^{n} f(x_i, y_i) \Delta\sigma_i$$

存在，那么称函数 $f(x, y)$ 在区域 D 上**可积**，并称此极限值为函数 $f(x, y)$ 在区域 D 上的**二重积分**，记作 $\iint\limits_D f(x, y) \mathrm{d}\sigma$，即

$$\iint\limits_D f(x, y) \mathrm{d}\sigma = \lim_{\lambda \to 0} \sum_{i=1}^{n} f(x_i, y_i) \Delta\sigma_i \tag{8-8}$$

其中，D 称为**积分区域**，x，y 称为**积分变量**，$f(x, y)$ 称为**被积函数**，$\mathrm{d}\sigma$ 称为**面积元素**，$f(x, y)\mathrm{d}\sigma$ 称为**被积表达式**.

可以证明：

(1) 函数 $f(x, y)$ 在有界闭区域 D 上可积，则 $f(x, y)$ 在 D 上有界.

(2) 若函数 $f(x, y)$ 在有界闭区域 D 上连续，则 $f(x, y)$ 在 D 上可积.

由二重积分的定义可知，曲顶柱体的体积 y 是曲面方程 $z = f(x, y)$ $[f(x, y) \geqslant 0]$ 在底面区域 D 上的二重积分

$$V = \iint\limits_D f(x, y) \mathrm{d}\sigma$$

平面薄片的质量 M 是密度函数 $\mu = \mu(x, y)$ 在平面薄片所占区域 D 上的二重积分

$$M = \iint\limits_D \mu(x, y) \mathrm{d}\sigma$$

三、二重积分的几何意义

(1) 如果在区域 D 上 $f(x, y) \geqslant 0$，那么 $\iint\limits_D f(x, y) \mathrm{d}\sigma$ 表示曲顶柱体的体积.

(2) 如果在区域 D 上 $f(x, y) < 0$，二重积分的值是负的，曲顶柱体在 xOy 面的下方，那么 $-\iint\limits_D f(x, y) \mathrm{d}\sigma$ 表示曲顶柱体的体积.

(3) 如果 $f(x, y)$ 在 D 的某些部分区域上是正的，而在其他部分区域上是负的，那么二重积分 $\iint\limits_D f(x, y) \mathrm{d}\sigma$ 值就等于在 xOy 面上方的柱体体积值与在 xOy 面下方的柱体体积值的相反数的代数和.

四、二重积分的性质

二重积分具有和定积分完全类似的性质，现列举如下. 这里假设所讨论的二重积分都是存在的.

性质 1　被积函数的常数因子可以从二重积分号里提出来，即

$$\iint_D kf(x,y)\mathrm{d}\sigma = k\iint_D f(x,y)\mathrm{d}\sigma \ (k \text{ 为常数})$$

性质 2　有限个函数的代数和的二重积分，等于各个函数的二重积分的代数和. 即

$$\iint_D [f(x,y)\pm g(x,y)]\mathrm{d}\sigma = \iint_D f(x,y)\mathrm{d}\sigma \pm \iint_D g(x,y)\mathrm{d}\sigma$$

性质 3　如果闭区域 D 被有限条曲线分为有限个互不重叠的部分闭区域，那么函数 $f(x, y)$在 D 上的二重积分等于它在各部分闭区域上的二重积分的和. 例如，如果闭区域 D 分成两个闭区域 D_1，D_2，如图 8－13 所示，那么

$$\iint_D f(x,y)\mathrm{d}\sigma = \iint_{D_1} f(x,y)\mathrm{d}\sigma + \iint_{D_2} f(x,y)\mathrm{d}\sigma$$

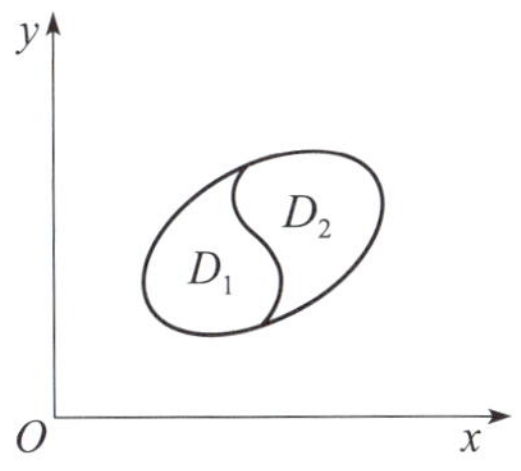

图 8－13

性质 4　如果在 D 上 $f(x, y)\equiv 1$，σ 是 D 的面积，那么

$$\sigma = \iint_D 1\mathrm{d}\sigma = \iint_D \mathrm{d}\sigma$$

这个性质的几何意义为：高为 1 的平顶柱体的体积，在数值上就等于柱体的底面积.

性质 5　若在区域 D 上，恒有 $f(x, y)\leqslant g(x, y)$，则

$$\iint_D f(x,y)\mathrm{d}\sigma \leqslant \iint_D g(x,y)\mathrm{d}\sigma$$

8.5.2　利用直角坐标系计算二重积分

按照二重积分的定义计算二重积分通常比较困难. 下面介绍在直角坐标系中把二重积分化为两次定积分的计算方法.

在直角坐标系中，用平行于 x 轴和 y 轴的两族直线分割 D 时，面积元素 $\mathrm{d}\sigma=$

$dxdy$，这时二重积分可表示为

$$\iint_D f(x,y)d\sigma=\iint_D f(x,y)dxdy$$

现在先假定 $f(x,y)\geqslant 0$，从二重积分的几何意义来讨论它的计算问题，所得到的结论对于一般的二重积分也适用.

设积分区域 D 是 **X 型区域**，如图 8－14 所示.

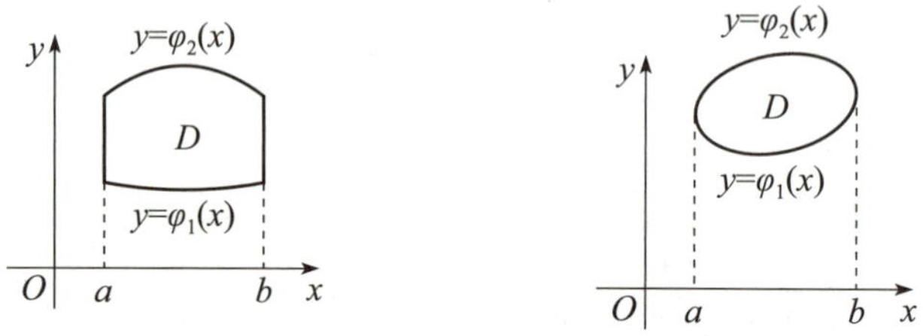

图 8－14

该区域由直线 $x=a$，$x=b$ 和曲线 $y=\varphi_1(x)$，$y=\varphi_2(x)$所围成(平行于 y 轴的直线穿过 D 区域的内部时至多与边界有两个交点)，D 可表示为

$$D=\{(x,y)\mid\varphi_1(x)\leqslant y\leqslant\varphi_2(x),a\leqslant x\leqslant b\}$$

其中函数 $\varphi_1(x)$，$\varphi_2(x)$在区间$[a,b]$上连续.

按照二重积分的几何意义，$\iint\limits_D f(x,y)d\sigma$ 的值等于以 D 为底，以曲面 $z=f(x,y)$为顶的曲顶柱体的体积，如图 8－15 所示.

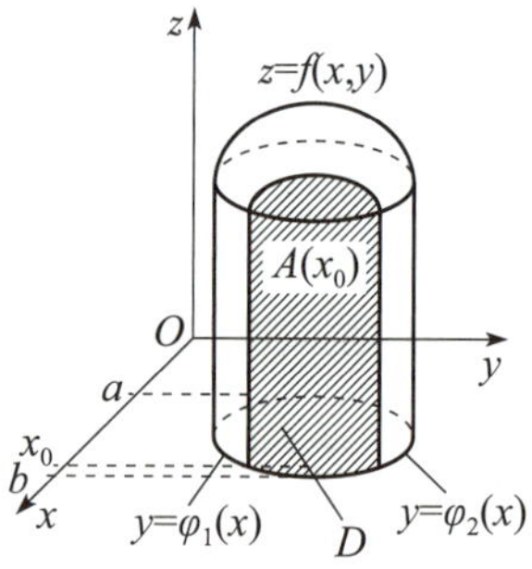

图 8－15

在图 8－15 中，用垂直于 x 轴的任一平面 $x=x_0$ $(a\leqslant x_0\leqslant b)$去切割曲顶柱体，所得的截面是以 $z=f(x_0,y)(\varphi_1(x_0)\leqslant y\leqslant\varphi_2(x_0))$为曲边的曲边梯形(图 8－15 中的阴影部分)，它的面积为

$$A(x_0)=\int_{\varphi_1(x_0)}^{\varphi_2(x_0)}f(x_0,y)dy$$

因为 x_0 是在 a 与 b 之间任取的一个值，所以可把 x_0 仍记为 x，于是过区间$[a,b]$上任一点 x 且平行于 yOz 面的平面截曲顶柱体所得截面的面积为

$$A(x)=\int_{\varphi_1(x)}^{\varphi_2(x)}f(x,y)dy$$

由于 x 的变化区间为 $[a, b]$，且 $A(x)\mathrm{d}x$ 为曲顶柱体中一个薄片的体积，因此整个曲顶柱体的体积 V 可由这样的薄片体积 $A(x)\mathrm{d}x$ 从 $x=a$ 到 $x=b$ 无限累加而得，故

$$V=\int_a^b A(x)\mathrm{d}x=\int_a^b\left[\int_{\varphi_1(x)}^{\varphi_2(x)} f(x,y)\mathrm{d}y\right]\mathrm{d}x$$

这个体积就是所求的二重积分的值，简记为

$$\int_a^b \mathrm{d}x\int_{\varphi_1(x)}^{\varphi_2(x)} f(x,y)\mathrm{d}y$$

从而有

$$\iint_D f(x,y)\mathrm{d}x\mathrm{d}y=\int_a^b \mathrm{d}x\int_{\varphi_1(x)}^{\varphi_2(x)} f(x,y)\mathrm{d}y \tag{8-9}$$

式(8-9)右端的积分称为先对 y 后对 x 的**二次积分**. 也就是说，先把 x 看作常数，把 $f(x, y)$ 只看作 y 的函数，并对 y 计算从 $\varphi_1(x)$ 到 $\varphi_2(x)$ 的定积分，然后把算得的结果(为 x 的函数)再对 x 计算在区间 $[a, b]$ 上的定积分，这样可使计算变得容易.

类似地，如果积分区域 D 是 **Y 型区域**，如图 8-16 所示.

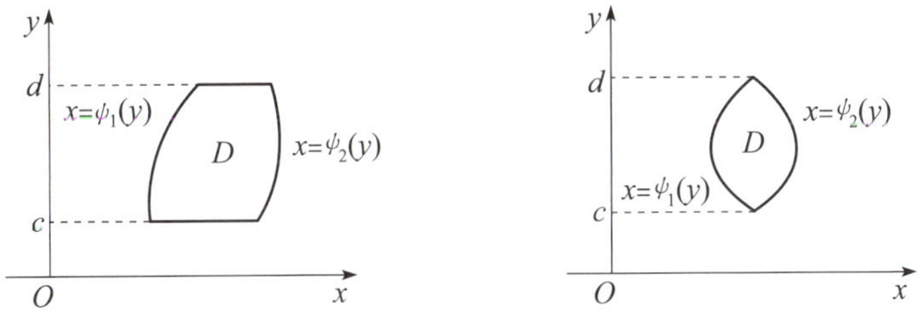

图 8-16

即由直线 $y=c$，$y=d$ 和曲线 $x=\psi_1(y)$，$x=\psi_2(y)$ 所围成的区域(平行于 x 轴的直线穿过区域 D 内部时至多与边界有两个交点)，D 可表示为

$$D=\{(x,y)\mid \psi_1(y)\leqslant x\leqslant \psi_2(y), c\leqslant y\leqslant d\}$$

其中函数 $\psi_1(y)$，$\psi_2(y)$ 在区间 $[c, d]$ 上连续，则二重积分的计算公式为

$$\iint_D f(x,y)\mathrm{d}x\mathrm{d}y=\int_c^d \mathrm{d}y\int_{\psi_1(y)}^{\psi_2(y)} f(x,y)\mathrm{d}x \tag{8-10}$$

公式(8－10)的右端的积分称为先对 x 后对 y 的二次积分，先对 x 积分时，应把 y 暂时看成常数.

如果积分区域 D 的边界线(平行于 x 轴或 y 轴的直线段除外)与平行于 x 轴或 y 轴的直线的交点多于两个，则应将积分区域分为若干小区域，再利用性质 3 进行计算. 例如，如图 8－17 所示，把区域 D 分成三个闭区域 D_1，D_2，D_3，利用性质 3 即得

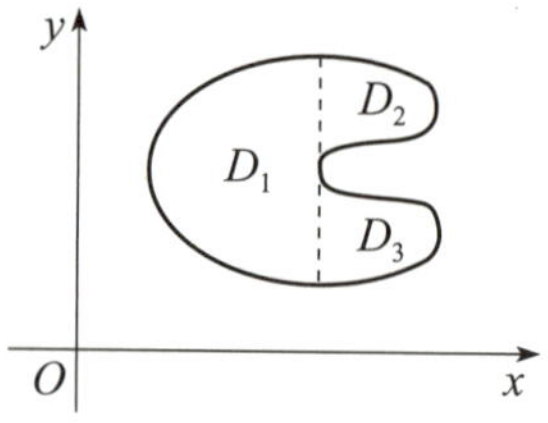

图 8－17

$$\iint_D f(x,y)\mathrm{d}\sigma=\iint_{D_1} f(x,y)\mathrm{d}\sigma+\iint_{D_2} f(x,y)\mathrm{d}\sigma+\iint_{D_3} f(x,y)\mathrm{d}\sigma$$

从而归结为上述 X 型(Y 型)区域的情况.

二重积分化为二次积分的关键在于确定积分限. 为此可先画出积分区域 D 的图形，根据被积函数和积分区域的特点，选择适当的积分次序.

计算二重积分的步骤归纳如下：

(1) 画出积分区域 D 的图形，考查区域 D 是否需要分块；

(2) 选择积分次序，将区域 D 用集合表示，以确定二次积分的上下限；

(3) 利用式(8－9)或式(8－10)计算二次积分，得出积分结果.

下面举例说明如何计算二重积分.

例 1 计算二重积分 $I=\iint\limits_D xy\,\mathrm{d}x\,\mathrm{d}y$，其中 D 由曲线 $y=x^2$ 与 $y^2=x$ 围成.

解 画出积分区域 D 的图形如图 8－18 所示，则 D 可表示为

$$D=\{(x,y)\mid x^2\leqslant y\leqslant\sqrt{x},0\leqslant x\leqslant 1\}$$

或

$$D=\{(x,y)\mid y^2\leqslant x\leqslant\sqrt{y},0\leqslant y\leqslant 1\}$$

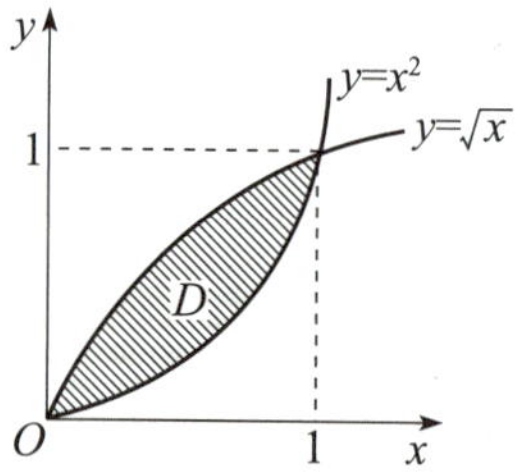

图 8－18

若先对 y 积分，则有

$$I=\int_0^1\mathrm{d}x\int_{x^2}^{\sqrt{x}}xy\,\mathrm{d}y=\int_0^1 x\left[\frac{1}{2}y^2\right]\Big|_{x^2}^{\sqrt{x}}\mathrm{d}x$$

$$=\frac{1}{2}\int_0^1(x^2-x^5)\mathrm{d}x=\frac{1}{2}\left[\frac{1}{3}x^3-\frac{1}{6}x^6\right]_0^1=\frac{1}{12}$$

若先对 x 积分，则有

$$I=\int_0^1 dy\int_{y^2}^{\sqrt{y}} xy\,dx=\frac{1}{12}$$

例 2　计算二重积分 $I=\iint\limits_D x\,dx\,dy$，其中 D 是由双曲线 $y=\dfrac{1}{x}$，直线 $y=x$ 与 $x=2$ 围成.

解　积分区域 D 如图 8－19 所示，求出三条曲线 $y=\dfrac{1}{x}$，$y=x$，$y=x$ 与 $x=2$ 两两相交的交点(1，1)，(2，2)，$\left(2,\dfrac{1}{2}\right)$，则 D 可表示为

$$D=\left\{(x,y)\,\middle|\,\frac{1}{x}\leqslant y\leqslant x,1\leqslant x\leqslant 2\right\}$$

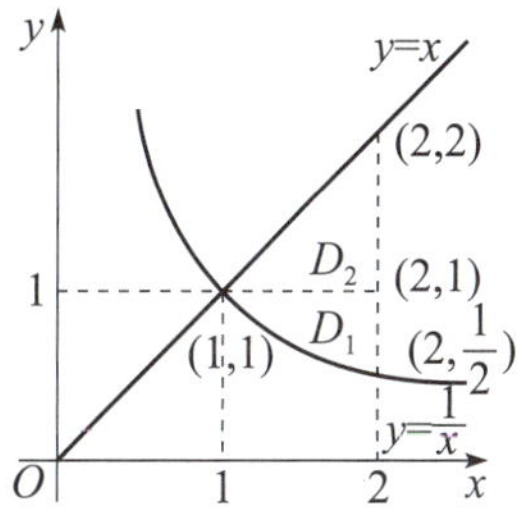

图 8－19

因此有

$$I=\int_1^2 dx\int_{\frac{1}{x}}^{x} x\,dy=\int_1^2 dx\left[xy\right]_{\frac{1}{x}}^{x}=\int_1^2 (x^2-1)dx=\left[\frac{1}{3}x^3-x\right]_1^2=\frac{4}{3}$$

此题若先对 x 积分，则 $D=D_1\cup D_2$，计算起来较麻烦.

例 3　计算 $I=\iint\limits_D xy^2 d\sigma$，其中 D 是由 $y=x^2$ 和 $y=2+x$ 所围成.

解　画出积分区域 D，如图 8－20 所示，其中区域

$$D=\{(x,y)\,|\,x^2\leqslant y\leqslant 2+x,-1\leqslant x\leqslant 2\}$$

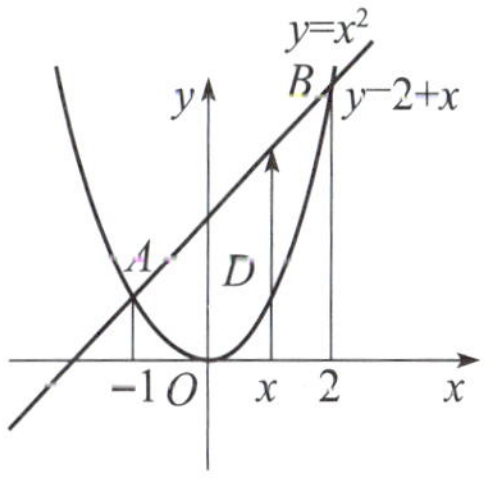

图 8－20

于是

$$I=\iint\limits_D xy^2 d\sigma=\int_{-1}^2 dx\int_{x^2}^{2+x} xy^2 dy=\int_{-1}^2\left[\frac{1}{3}xy^3\right]_{x^2}^{2+x}dx$$

$$=\frac{1}{3}\int_{-1}^2\left[x(2+x)^3-x^7\right]dx$$

$$\underline{\underline{\text{前一作 }2+x=t\text{ 变换}}}\frac{1}{3}\int_1^4 (t-2)t^3 dt-\frac{1}{3}\int_{-1}^2 x^7 dx=\frac{603}{40}$$

例 4　计算 $I=\iint\limits_D 3x^2y^2 dx\,dy$，其中 D 是由直线 $x=0$，$y=0$ 及曲线 $y=1-x^2$ 围成的第一象限部分.

解　画出区域 D，如图 8－21 所示，其中区域

$$D=\{(x,y)\mid 0\leqslant y\leqslant 1-x^2,0\leqslant x\leqslant 1\}$$

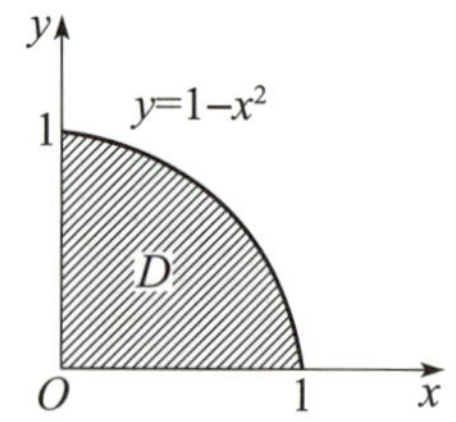

图 8－21

于是

$$I=\int_0^1 dx\int_0^{1-x^2}3x^2y^2dy$$
$$=\int_0^1[x^2y^3]_0^{1-x^2}dx$$
$$=\int_0^1(x^2-3x^4+3x^6-x^8)dx$$
$$=\left[\frac{x^3}{3}-\frac{3}{5}x^5+\frac{3}{7}x^7-\frac{1}{9}x^9\right]_0^1=\frac{16}{315}$$

例 5 求两个底面半径都等于 R 的直交圆柱面所围成的立体的体积.

解 建立如图 8－22 所示的坐标系. 其圆柱面方程分别为

$$x^2+y^2=R^2,x^2+z^2=R^2$$

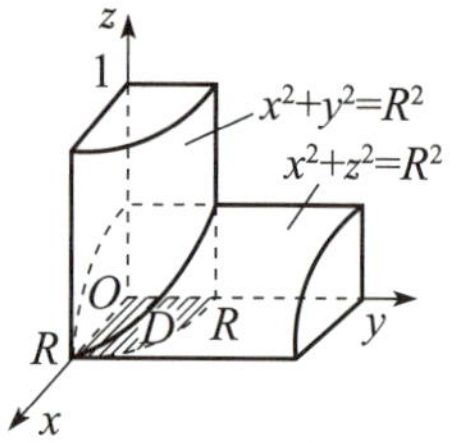

图 8－22

利用对称性，只要求出两直交圆柱体公共部分在第一卦限(即 $x\geqslant 0$，$y\geqslant 0$，$z\geqslant 0$)部分的体积，然后乘以 8 即可. $x^2+y^2=R^2$ 与 $x^2+z^2=R^2$ 的交线在 xOy 面上的投影线为

$$\begin{cases}x^2+y^2=R^2\\ z=0\end{cases}$$

所以，以 $z=\sqrt{R^2-x^2}$ 为曲顶，以 D：$\begin{cases}0\leqslant y\leqslant\sqrt{R^2-x^2}\\ 0\leqslant x\leqslant R\end{cases}$ 为底的曲顶柱体的体积为

$\iint\limits_D\sqrt{R^2-x^2}\,dxdy$，故所求立体的体积为

$$V=8\iint\limits_D\sqrt{R^2-x^2}\,dxdy=8\int_0^R dx\int_0^{\sqrt{R^2-x^2}}\sqrt{R^2-x^2}\,dy$$
$$=8\int_0^R\sqrt{R^2-x^2}\sqrt{R^2-x^2}\,dx$$
$$=8\left[R^2x-\frac{1}{3}x^3\right]_0^R=\frac{16}{3}R^3$$

8.5.3 利用极坐标系计算二重积分

前面我们讨论了二重积分在直角坐标系中的计算方法，对于某些被积函数和某些

积分区域，用极坐标计算会比较简单.

我们知道，当二重积分存在时，积分区域可采取特殊的分割. 在极坐标系中，求曲顶柱体的体积 $V=\iint\limits_D f(x, y)\mathrm{d}\sigma$ 时，我们用以极点为中心的一族同心圆：$r=$常数. 自极点出发的一族射线：$\theta=$常数，把区域 D 分割成 n 个小区域，如图 8－23 所示.

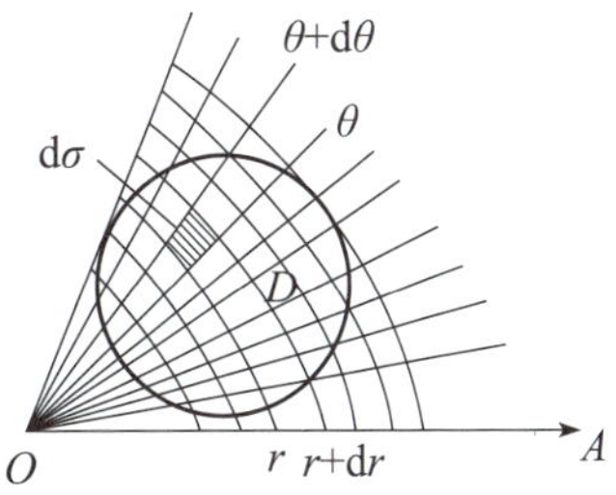

图 8－23

在 D 中取出一个典型的小区域 $\Delta\sigma$，它由半径为 r 和 $r+\mathrm{d}r$ 的圆弧段，与极角为 θ 和 $\theta+\mathrm{d}\theta$ 的射线段围成. 当 $\mathrm{d}r$ 和 $\mathrm{d}\theta$ 充分小时，小区域 $\Delta\sigma$ 的面积

$$\Delta\sigma\approx r\,\mathrm{d}\theta\mathrm{d}r$$

由直角坐标与极坐标的关系，体积元素

$$\mathrm{d}V=f(x,y)\mathrm{d}\sigma=f(r\cos\theta,r\sin\theta)r\,\mathrm{d}\theta\mathrm{d}r$$

所以，曲顶柱体的体积

$$V=\iint\limits_D f(x,y)\mathrm{d}\sigma=\iint\limits_D f(r\cos\theta,r\sin\theta)r\,\mathrm{d}\theta\mathrm{d}r$$

上式表明，要把二重积分中的变量从直角坐标变换为极坐标，只要把被积函数中的 x，y 分别换成 $r\cos\theta$，$r\sin\theta$，并把直角坐标系中的面积元素 $\mathrm{d}x\mathrm{d}y$ 换成极坐标系中的面积元素 $r\,\mathrm{d}\theta\mathrm{d}r$ 即可.

极坐标中的二重积分，同样可化为二次积分来计算.

若积分区域 D 可用不等式 $\varphi_1(\theta)\leqslant r\leqslant\varphi_2(\theta)$，$\alpha\leqslant\theta\leqslant\beta$ 来表示，其中 $\varphi_1(\theta)$，$\varphi_2(\theta)$在$[\alpha, \beta]$上连续(见图 8－24)，则对于区间$[\alpha, \beta]$上的任一 θ，相应地有极径从 $r=\varphi_1(\theta)$到 $r=\varphi_2(\theta)$的一条线段与之对应，当 θ 从 α 到 β 时，这条变动线段就扫过区域 D(见图 8－25).

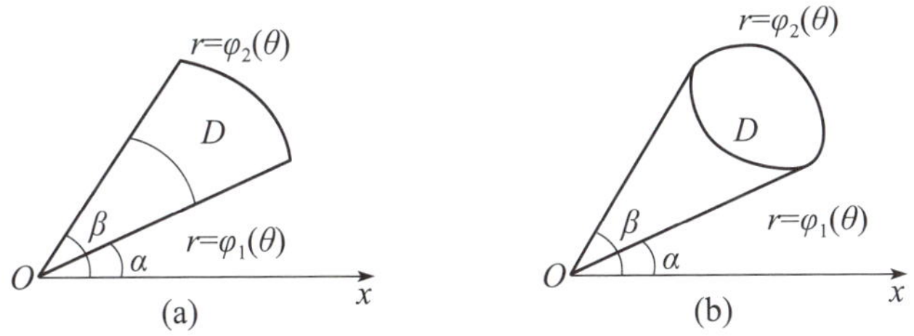

图 8－24

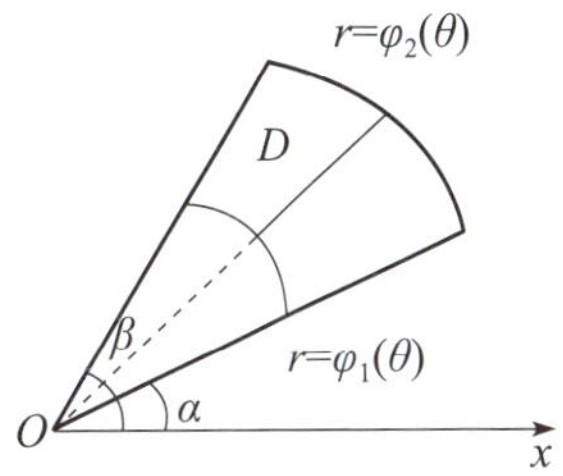

图 8－25

因此二重积分

$$\iint\limits_D f(x,y)\mathrm{d}\sigma=\int_\alpha^\beta\left[\int_{\varphi_1(\theta)}^{\varphi_2(\theta)}f(r\cos\theta,r\sin\theta)r\mathrm{d}r\right]\mathrm{d}\theta \tag{8-11}$$

或

$$\iint\limits_D f(x,y)\mathrm{d}\sigma=\int_\alpha^\beta\mathrm{d}\theta\int_{\varphi_1(\theta)}^{\varphi_2(\theta)}f(r\cos\theta,r\sin\theta)r\mathrm{d}r \tag{8-12}$$

若积分区域 D 为曲边扇形，即 $0\leqslant r\leqslant\varphi(\theta)$，$\alpha\leqslant\theta\leqslant\beta$(见图 8-26)，则公式(8-12)变为

$$\iint\limits_D f(x,y)\mathrm{d}\sigma=\int_\alpha^\beta\mathrm{d}\theta\int_0^{\varphi(\theta)}f(r\cos\theta,r\sin\theta)r\mathrm{d}r \tag{8-13}$$

若积分区域 D 可表示为：$0\leqslant r\leqslant\varphi(\theta)$，$0\leqslant\theta\leqslant2\pi$(见图 8-27)，则公式(8-12)变为

$$\iint\limits_D f(x,y)\mathrm{d}\sigma=\int_0^{2\pi}\mathrm{d}\theta\int_0^{\varphi(\theta)}f(r\cos\theta,r\sin\theta)r\mathrm{d}r \tag{8-14}$$

例 6 计算二重积分 $\iint\limits_D \mathrm{e}^{-(x^2+y^2)}\mathrm{d}\sigma$，其中 D 由中心在原点、半径为 a 的圆周围成.

解 $\iint\limits_D \mathrm{e}^{-(x^2+y^2)}\mathrm{d}\sigma=\int_0^{2\pi}\mathrm{d}\theta\int_0^a\mathrm{e}^{-r^2}r\mathrm{d}r=2\pi\left(-\frac{1}{2}\right)\int_0^a\mathrm{e}^{-r^2}\mathrm{d}(-r^2)$

$$=-\pi\mathrm{e}^{-r^2}\Big|_0^a=\pi(1-\mathrm{e}^{-a^2}).$$

本题若用直角坐标，被积函数是积不出来的.

例 7 计算二重积分 $\iint\limits_D\sqrt{x^2+y^2}\,\mathrm{d}\sigma$，其中 D 为 $(x-a)^2+y^2\leqslant a^2$.

解 先画出积分区域 D(见图 8-28). 在极坐标系下，圆周 $(x-a)^2+y^2=a^2$ 的

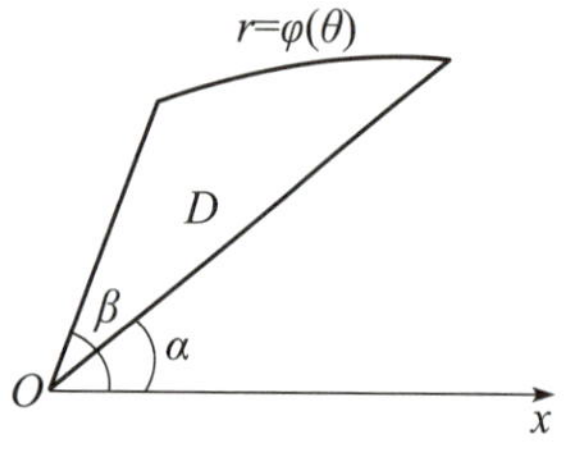

图 8-26

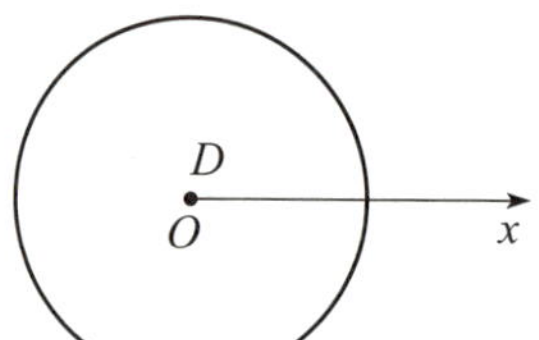

图 8-27

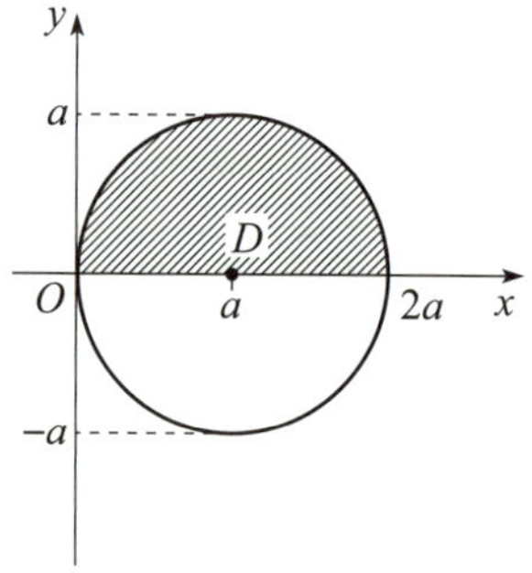

图 8-28

方程为

$$(r\cos\theta-a)^2+(r\sin\theta)^2=a^2$$

即

$$r=2a\cos\theta$$

由积分区域与被积函数的对称性可得

$$\iint_D \sqrt{x^2+y^2}\,d\sigma=2\iint_{D_1}\sqrt{x^2+y^2}\,d\sigma=2\int_0^{\frac{\pi}{2}}d\theta\int_0^{2a\cos\theta}r\cdot r\,dr$$

$$=2\int_0^{\frac{\pi}{2}}\frac{8}{3}a^3\cos^3\theta\,d\theta=\frac{32}{9}a^3$$

利用极坐标计算二重积分是用以积分区域是圆形区域，扇形区域，环形区域或被积函数是 $f(x^2+y^2)$，$f\left(\frac{x}{y}\right)$，$f\left(\frac{y}{x}\right)$等形式，它可以简化二重积分的计算.

习题 8-5

1. 计算 $\iint_D xy\,d\sigma$，其中 D 是由直线 $y=1$，$x=2$ 及 $y=x$ 所围成的闭区域.

2. 按两种不同的积分次序，把二重积分 $\iint_D f(x,y)\,dx\,dy$ 化为二次积分，其中积分区域 D 是:

(1) 由直线 $x+y=1$，$x-y=1$，$x=0$ 围成的区域;

(2) 由直线 $y=x$ 与抛物线 $y^2=4x$ 围成的区域.

3. 计算下列二重积分:

(1) $\iint_D (x+2y)\,d\sigma$，其中 D 是矩形区域：$-1\leqslant x\leqslant 1$，$0\leqslant y\leqslant 2$;

(2) $\iint_D x\sin y\,d\sigma$，其中 D 是矩形区域：$1\leqslant x\leqslant 2$，$0\leqslant y\leqslant\frac{\pi}{2}$;

(3) $\iint_D x\sqrt{y}\,d\sigma$，其中 D 是由两条抛物线 $y=\sqrt{x}$，$y=x^2$ 所围成的区域;

(4) $\iint_D y\,dx\,dy$，其中 D 为圆形区域 $x^2+y^2\leqslant a^2$ 在第一象限的部分.

4. 利用极坐标计算二重积分:

(1) $\iint\limits_D x^2\mathrm{d}\sigma$，其中 D 为圆 $x^2+y^2=1$ 及 $x^2+y^2=4$ 所围成的环形区域；

(2) $\iint\limits_D \sin\sqrt{x^2+y^2}\,\mathrm{d}\sigma$，$D$ 为环形区域 $\pi^2\leqslant x^2+y^2\leqslant 4\pi^2$；

(3) $\iint\limits_D \sqrt{R^2-x^2-y^2}\,\mathrm{d}\sigma$，其中 D 为圆 $x^2+y^2=Rx$ 所包围的第一象限的区域；

(4) $\iint\limits_D \arctan\frac{y}{x}\mathrm{d}\sigma$，其中 D 为圆 $x^2+y^2=9$ 和 $x^2+y^2=1$ 与直线 $y=x$，$y=0$ 所包围的第一象限的区域.

5. 计算 $I=\iint\limits_D (x+y)\mathrm{d}\sigma$，其中 D 由 $y=\frac{1}{x}$，$y=2$，$x=2$ 所围成.

6. 求由旋转抛物面 $z=1-x^2-y^2$ 与平面 $z=0$ 围成的立体的体积.

7. 求由平面 $x+y+z=2$ 及三个坐标面围成的立体的体积.

8. 计算由 $y=x^2$ 与 $y=2x-x^2$ 形成的面.

9. 计算 $I=\iint\limits_D \frac{x^2}{y^2}\mathrm{d}x\mathrm{d}y$，其中 D 由直线 $y=x$，$y=\sqrt{3}$ 和曲线 $y^2=x$ 所围成.

10. 计算 $I=\iint\limits_D x^2\mathrm{e}^{-y^2}\mathrm{d}x\mathrm{d}y$，其中 D 由直线 $x=0$，$y=1$，$y=x$ 所围成.

11. 计算 $I=\iint\limits_D \frac{x^2}{1+y^2}\mathrm{d}x\mathrm{d}y$，其中 D 由直线 $x=1$，$x=2$，$y=0$，$y=1$ 所围成.

复习题八

1. 写出点 $M(3,-1,4)$ 关于各坐标平面、坐标轴、对称点的坐标.

2. 分别求出点 $M(1,-3,4)$ 到原点、y 轴和 xOy 平面的距离.

3. 已知点 $A(3,a,7)$，$B(2,-1,5)$ 且 $|AB|=3$，求 a 的值.

4. 在 xOy 平面上求一点，使它到 $A(1,-1,5)$，$B(3,4,4)$ 和 $C(4,6,1)$ 三点的距离相等.

5. 已知向量 $\boldsymbol{a}=(2,4,-3)$，$\boldsymbol{b}=(3,-1,-2)$，$\boldsymbol{c}=(-2,3,5)$，求下列各向量的坐标：

(1) $5\boldsymbol{a}$　　(2) $3\boldsymbol{a}+\boldsymbol{b}$　　(3) $\boldsymbol{a}-\boldsymbol{b}+\boldsymbol{c}$

6. 设向量 $\boldsymbol{a}=2\boldsymbol{i}-\boldsymbol{j}+\boldsymbol{k}$　$\boldsymbol{b}=-3\boldsymbol{i}+3\boldsymbol{j}-4\boldsymbol{k}$，用坐标表示式表示 $\boldsymbol{a}+\boldsymbol{b}$，$\boldsymbol{a}-$

$\boldsymbol{b}$，$3\boldsymbol{a}$.

7. 已知 $\boldsymbol{a}=(2,-\sqrt{5},3)$，$\boldsymbol{b}=(3,2,-1)$，求 $\boldsymbol{a}\cdot\boldsymbol{b}$.

8. 已知 $\boldsymbol{a}=(2,-3,1)$，$\boldsymbol{b}=(1,-1,3)$，$\boldsymbol{c}=(1,-2,0)$，求：

(1) $(\boldsymbol{a}+\boldsymbol{b})\cdot\boldsymbol{c}$　　(2) $(\boldsymbol{a}\cdot\boldsymbol{b})\boldsymbol{c}$

9. 已知 $\boldsymbol{a}=(3,2,-5)$，$\boldsymbol{b}=(-2,-1,4)$，求 $\boldsymbol{a}\times\boldsymbol{b}$.

10. 求同时垂直于 $\boldsymbol{a}=(3,6,8)$和 $\boldsymbol{b}=(1,2,-1)$的单位向量.

11. 设有点 $A(3,-2,2)$和 $B(6,-1,0)$，求通过点 A 且与 AB 相垂直的平面方程.

12. 设一平面经过点$(2,3,4)$且与向量 $\boldsymbol{n}=(5,7,-2)$垂直，求此平面的方程.

13. 求过 y 轴且通过点$(1,-3,-2)$的平面方程.

14. 求点$(1,-3,2)$到平面 $x-3y+6z-10=0$ 的距离.

15. 求曲线$\begin{cases}z=x^2+y^2\\z=4-(x^2+y^2)\end{cases}$在平面 xOy 上的投影曲线方程.

16. 设函数 $f(x,y)=\dfrac{2xy}{x^2+y^2}$，求 $f(-2,3)$.

17. 求下列函数的定义域：

(1) $f(x,y)=\dfrac{x^2+y^2}{x^2-y^2}$　　(2) $f(x,y)=\ln(y^2-4x+8)$

18. 求极限 $\lim\limits_{\substack{x\to x_0\\y\to y_0}}\dfrac{\sin xy}{y}$.

19. 求函数 $z=x^2y-xy^2$ 在$(2,3)$点处的偏导数.

20. 设 $z=\dfrac{e^x}{e^x+e^y}$，求$\dfrac{\partial z}{\partial x}$，$\dfrac{\partial z}{\partial y}$.

21. 设 $z=x^2\ln(x^2+y^2)$，求$\dfrac{\partial z}{\partial x}$，$\dfrac{\partial z}{\partial y}$.

22. 设 $z=\ln(x-2y)$，求$\dfrac{\partial^2 z}{\partial x^2}$，$\dfrac{\partial^2 z}{\partial y^2}$.

23. 求 $z=x^4+y^4-4x^2y^2$ 的二阶偏导数.

24. 设 $z=\ln(e^x-e^y)$，求证：$\dfrac{\partial z}{\partial x}+\dfrac{\partial z}{\partial y}=1$.

25. 求函数 $f(x,y)=x^2+5y^2-6x+10y+6$ 的极值.

26. 欲制造一个长方体盒子，所用的材料的价格其底为顶与侧面的两倍，若此盒容积为 324 cm^3，计算各边边长为多少时其造价最低.

27. 从斜边之长为 l 的一切直角三角形中求有最大周界的三角形.

28. 计算 $I=\iint\limits_D xy\mathrm{d}x\mathrm{d}y$，其中 $D=\{(x,\ y)\mid -1\leqslant y\leqslant 2,\ y^2\leqslant x\leqslant y+2\}$.

29. 计算 $I=\iint\limits_D xy\mathrm{d}x\mathrm{d}y$，其中 D 为曲线 $y=x$ 及 $y=x^2$ 所围成的闭区域.

30. 计算 $I=\iint\limits_D \ln(1+x^2+y^2)\mathrm{d}\sigma$，其中 D 为圆 $x^2+y^2=1$ 所包围的第一象限的区域.

31. 用二重积分计算由曲线 $x=4y-y^2$ 与 $x+y=6$ 所围成的图形的面积.

32. 计算球 $x^2+y^2+z^2\leqslant a^2$ 被圆柱面 $x^2+y^2=ax$ 所截得的那部分立体的体积 $(a>0)$.

09 第9章　无穷级数

无穷级数是高等数学的一个重要组成部分，它是表示函数、研究函数的性质以及进行数值计算的一种重要工具，在自然科学与工程技术中有着极其广泛的应用. 本章首先介绍常数项级数的概念、性质以及敛散性的一些判别法，然后介绍函数项级数，着重介绍如何将函数展开成幂级数和三角级数的基本方法.

9.1　级数及其基本性质

9.1.1　级数的概念

定义 1　如果给定一个数列

$$u_1, u_2, u_3, \cdots, u_n, \cdots$$

则

$$u_1 + u_2 + u_3 + \cdots + u_n + \cdots$$

叫作**无穷级数**，简称**级数**，记为 $\sum\limits_{n=1}^{\infty} u_n$，即

$$\sum_{n=1}^{\infty} u_n = u_1 + u_2 + u_3 + \cdots + u_n + \cdots \tag{9-1}$$

其中，第 n 项 u_n 叫作级数的**一般项**.

如果 u_n 是常数，则级数 $\sum\limits_{n=1}^{\infty} u_n$ 叫作**常数项级数**(或**数项级数**).

如果 u_n 是函数，则级数 $\sum\limits_{n=1}^{\infty} u_n$ 叫作**函数项级数**.

下面是一些常数项级数的例子：

等差数列各项的和

$$\sum_{n=1}^{\infty}[a+(n-1)d]=a+(a+d)+(a+2d)+\cdots+[a+(n-1)d]+\cdots \tag{9-2}$$

叫作算术级数.

等比数列各项的和

$$\sum_{n=1}^{\infty}aq^{n-1}=a+aq+aq^2+\cdots+aq^{n-1}+\cdots \tag{9-3}$$

叫作等比级数，也叫作几何级数.

$$\sum_{n=1}^{\infty}\frac{1}{n^p}=1+\frac{1}{2^p}+\frac{1}{3^p}+\cdots+\frac{1}{n^p}+\cdots \tag{9-4}$$

叫作 p 级数，当 $p=1$ 时，叫作调和级数.

小数也可以表示为无穷级数，例如

$$\pi=3.141\,59\cdots=3+\frac{1}{10}+\frac{4}{10^2}+\frac{1}{10^3}+\frac{5}{10^4}+\frac{9}{10^5}+\cdots \tag{9-5}$$

而下面两个级数

$$\sum_{n=1}^{\infty}(-1)^{n-1}x^{n-1}=1-x+x^2-x^3+\cdots+(-1)^{n-1}x^{n-1}+\cdots \tag{9-6}$$

$$\sum_{n=1}^{\infty}\sin nx=\sin x+\sin 2x+\sin 3x+\cdots+\sin nx+\cdots \tag{9-7}$$

都是函数项级数.

本节我们只讨论常数项级数.

9.1.2 级数的收敛与发散

上述级数的定义 1 只是一个形式上的定义，怎样理解无穷级数中无穷多个数量相加呢？我们可以从有限项的和出发，观察它们的变化趋势，由此来理解无穷多个数量相加的含义.

作常数项级数式(9-1)的前 n 项的和

$$s_n=u_1+u_2+u_3+\cdots+u_n=\sum_{i=1}^{n}u_i \tag{9-8}$$

s_n 叫作级数式(9-1)的部分和. 当 n 依次取 1，2，3，…时，它们构成一个新的

数列

$$s_1=u_1,s_2=u_1+u_2,s_3=u_1+u_2+u_3,\cdots,s_n=u_1+u_2+\cdots+u_n,\cdots$$

根据这个数列有没有极限，我们引进无穷级数式(9-1)收敛与发散的概念.

定义 2 如果级数 $\sum_{n=1}^{\infty}u_n$ 的部分和数列$\{s_n\}$有极限 s，即

$$\lim_{n\to\infty}s_n=s$$

则称无穷级数 $\sum_{n=1}^{\infty}u_n$ **收敛**，这时极限 s 叫作这个**级数的和**，并写成

$$s=u_1+u_2+u_3+\cdots+u_n+\cdots$$

如果$\{s_n\}$没有极限，则称无穷级数 $\sum_{n=1}^{\infty}u_n$ **发散**.

显然，当级数收敛时，其部分和 s_n 是级数的和 s 的近似值，它们之间的差值

$$r_n=s-s_n=u_{n+1}+u_{n+2}+\cdots$$

叫作级数的**余项**. 用近似值 s_n 代替和 s 所产生的误差是这个余项的绝对值，即误差是$|r_n|$.

从上述定义可知，级数与数列极限有着紧密的联系. 给定级数 $\sum_{n=1}^{\infty}u_n$ 就有部分和数列$\{s_n=\sum_{i=1}^{n}u_i\}$；反之，给定数列$\{s_n\}$，就有以$\{s_n\}$为部分和数列的级数

$$s_1+(s_2-s_1)+\cdots+(s_n-s_{n-1})+\cdots=s_1+\sum_{n=2}^{\infty}(s_n-s_{n-1})=\sum_{n=1}^{\infty}u_n$$

其中，$u_1=s_1$，$u_n=s_n-s_{n-1}(n\geqslant2)$. 按定义，级数 $\sum_{n=1}^{\infty}u_n$ 与数列$\{s_n\}$同时收敛或同时发散，且在收敛时，有

$$\sum_{n=1}^{\infty}u_n=\lim_{n\to\infty}s_n$$

即

$$\sum_{n=1}^{\infty}u_n=\lim_{n\to\infty}\sum_{i=1}^{n}u_i$$

例 1 试讨论等比级数

$$\sum_{n=0}^{\infty} aq^n = a + aq + aq^2 + \cdots + aq^n + \cdots \quad （其中\ a \neq 0, q\ 叫作级数的公比）$$

的收敛性.

解 如果 $q \neq 1$，则部分和

$$s_n = a + aq + \cdots + aq^{n-1} = \frac{a - aq^n}{1-q} = \frac{a}{1-q} - \frac{aq^n}{1-q}$$

当 $|q|<1$ 时，由于 $\lim\limits_{n\to\infty} q^n = 0$，从而 $\lim\limits_{n\to\infty} s_n = \frac{a}{1-q}$，因此这时级数 $\sum\limits_{n=0}^{\infty} aq^n$ 收敛，其和为 $\frac{a}{1-q}$.

当 $|q|>1$ 时，由于 $\lim\limits_{n\to\infty} q^n = \infty$，因而 $\lim\limits_{n\to\infty} s_n = \infty$，这时级数 $\sum\limits_{n=0}^{\infty} aq^n$ 发散.

如果 $|q|=1$，则当 $q=1$ 时，$s_n = na \to \infty$，因此级数 $\sum\limits_{n=0}^{\infty} aq^n$ 发散；当 $q=-1$ 时，级数 $\sum\limits_{n=0}^{\infty} aq^n$ 成为

$$a - a + a - a + \cdots$$

显然 s_n 随着 n 为奇数或为偶数而等于 a 或等于零，从而 s_n 的极限不存在，这时级数 $\sum\limits_{n=0}^{\infty} aq^n$ 也发散.

综合上述结果，我们得到：如果等比级数 $\sum\limits_{n=0}^{\infty} aq^n$ 的公比的绝对值 $|q|<1$，则级数收敛，且其和为 $s = \frac{a}{1-q}$；如果 $|q| \geqslant 1$，则级数发散.

例 2 证明级数 $1+2+3+\cdots+n+\cdots$ 是发散的.

证 级数的部分和为

$$s_n = 1+2+3+\cdots+n = \frac{n(n+1)}{2}$$

显然 $\lim\limits_{n\to\infty} s_n = +\infty$，因此所给级数是发散的.

例 3 判定无穷级数 $\sum\limits_{n=1}^{\infty} \frac{1}{n(n+1)}$ 的收敛性.

解 由于

$$u_n=\frac{1}{n(n+1)}=\frac{1}{n}-\frac{1}{n+1}$$

因此

$$s_n=\frac{1}{1\cdot 2}+\frac{1}{2\cdot 3}+\cdots+\frac{1}{n(n+1)}=\left(1-\frac{1}{2}\right)+\left(\frac{1}{2}-\frac{1}{3}\right)+\cdots+\left(\frac{1}{n}-\frac{1}{n+1}\right)$$
$$=1-\frac{1}{n+1}$$

从而

$$\lim_{n\to\infty}s_n=\lim_{n\to\infty}\left(1-\frac{1}{n+1}\right)=1$$

所以所给级数收敛，它的和是 1.

9.1.3 级数收敛的必要条件

定理 级数 $\sum\limits_{n=1}^{\infty}u_n$ 收敛的必要条件是

$$\lim_{n\to\infty}u_n=0$$

证 因为级数 $\sum\limits_{n=1}^{\infty}u_n$ 收敛，所以 $\lim\limits_{n\to\infty}s_n=\lim\limits_{n\to\infty}s_{n-1}=s$，而 $u_n=s_n-s_{n-1}$，所以

$$\lim_{n\to\infty}u_n=\lim_{n\to\infty}(s_n-s_{n-1})=\lim_{n\to\infty}s_n-\lim_{n\to\infty}s_{n-1}=s-s=0$$

推论 若 $\lim\limits_{n\to\infty}u_n\neq 0$，级数 $\sum\limits_{n=1}^{\infty}u_n$ 必定发散.

由上述定理知，$\lim\limits_{n\to\infty}u_n=0$ 是级数 $\sum\limits_{n=1}^{\infty}u_n$ 收敛的必要条件而非充分条件. 例如，调和级数 $\sum\limits_{n=1}^{\infty}\frac{1}{n}$ 一般项的极限为零，但却是发散的.

例 4 证明调和级数 $\sum\limits_{n=1}^{\infty}\frac{1}{n}=1+\frac{1}{2}+\frac{1}{3}+\cdots+\frac{1}{n}+\cdots$ 是发散的.

证 假设级数 $\sum\limits_{n=1}^{\infty}\frac{1}{n}$ 收敛，设它的部分和为 s_n，且 $\lim\limits_{n\to\infty}s_n=s$. 显然 $\lim\limits_{n\to\infty}s_{2n}=s$，于是

$$\lim_{n\to\infty}(s_{2n}-s_n)=s-s=0$$

另一方面

$$s_{2n}-s_n=\frac{1}{n+1}+\frac{1}{n+2}+\cdots+\frac{1}{2n}>\underbrace{\frac{1}{2n}+\frac{1}{2n}+\cdots+\frac{1}{2n}}_{n\text{项}}=\frac{1}{2}$$

故

$$\lim_{n\to\infty}(s_{2n}-s_n)\neq 0$$

与假设矛盾．因此级数 $\sum_{n=1}^{\infty}\frac{1}{n}$ 发散．

例 5　判断级数 $\sum_{n=1}^{\infty}\frac{n}{2n+3}$ 的敛散性．

解　此级数的一般项 $u_n=\frac{n}{2n+3}$，且

$$\lim_{n\to\infty}u_n=\lim_{n\to\infty}\frac{n}{2n+3}=\frac{1}{2}\neq 0$$

故原级数发散．

9.1.4　级数的基本性质

根据无穷级数收敛、发散以及和的概念，可以得出收敛级数的几个基本性质．

性质 1　如果级数 $\sum_{n=1}^{\infty}u_n$ 收敛于和 s，则级数 $\sum_{n=1}^{\infty}ku_n$ 也收敛，且其和为 ks．

证　设级数 $\sum_{n=1}^{\infty}u_n$ 与级数 $\sum_{n=1}^{\infty}ku_n$ 的部分和分别为 s_n 与 σ_n，则

$$\sigma_n=ku_1+ku_2+\cdots+ku_n=ks_n$$

于是

$$\lim_{n\to\infty}\sigma_n=\lim_{n\to\infty}ks_n=k\lim_{n\to\infty}s_n=ks$$

这表明级数 $\sum_{n=1}^{\infty}ku_n$ 收敛，且和为 ks．

由关系式 $\sigma_n=ks_n$ 知道，如果 $\{s_n\}$ 没有极限且 $k\neq 0$，那么 $\{\sigma_n\}$ 也不可能有极限．因此我们得到如下结论：**级数的每一项同乘一个不为零的常数后，它的收敛性不会改变**．

性质 2　如果级数 $\sum_{n=1}^{\infty}u_n$，$\sum_{n=1}^{\infty}v_n$ 分别收敛于和 s，σ，则级数 $\sum_{n=1}^{\infty}(u_n\pm v_n)$ 也收

敛，且其和为 $s\pm\sigma$.

证 设级数 $\sum_{n=1}^{\infty}u_n$，$\sum_{n=1}^{\infty}v_n$ 的部分和分别为 s_n，σ_n，则级数 $\sum_{n=1}^{\infty}(u_n\pm v_n)$ 的部分和

$$\begin{aligned}\tau_n&=(u_1\pm v_1)+(u_2\pm v_2)+\cdots+(u_n\pm v_n)\\&=(u_1+u_2+\cdots+u_n)\pm(v_1+v_2+\cdots+v_n)\\&=s_n\pm\sigma_n\end{aligned}$$

于是

$$\lim_{n\to\infty}\tau_n=\lim_{n\to\infty}(s_n\pm\sigma_n)=s\pm\sigma$$

这表明级数 $\sum_{n=1}^{\infty}(u_n\pm v_n)$ 收敛，且其和为 $s\pm\sigma$.

性质 2 也说成：**两个收敛级数可以逐项相加与逐项相减**.

性质 3 去掉、增加或改变无穷级数 $\sum_{n=1}^{\infty}u_n$ 的有限项，级数 $\sum_{n=1}^{\infty}u_n$ 的敛散性不变.

性质 4 如果级数 $\sum_{n=1}^{\infty}u_n$ 收敛，则对此级数的项任意加括号后所成的级数

$$(u_1+\cdots+u_{n_1})+(u_{n_1+1}+\cdots+u_{n_2})+\cdots+(u_{n_{k-1}+1}+\cdots+u_{n_k})+\cdots$$

仍收敛，且其和不变.

注意： 如果加括号后所成的级数收敛，则不能断定去括号后原来的级数也收敛. 例如，级数

$$(1-1)+(1-1)+\cdots$$

收敛于零，但级数

$$1-1+1-1+\cdots$$

却是发散的.

根据性质 4 可得如下推论：**如果加括号后所成的级数发散，则原来级数也发散**.

习题 9-1

1. 写出下列级数的前五项：

(1) $\sum_{n=1}^{\infty}\frac{2+n}{1+n^2}$

(2) $\sum_{n=1}^{\infty}\frac{1\cdot 3\cdot\cdots\cdot(2n-1)}{2\cdot 4\cdot\cdots\cdot 2n}$

(3) $\sum_{n=1}^{\infty}\frac{(-1)^{n+1}}{6^n}$

(4) $\sum_{n=1}^{\infty}\frac{n!}{n^n}$

2. 写出下列级数的一般项：

(1) $1+\frac{1}{3}+\frac{1}{5}+\frac{1}{7}+\cdots$

(2) $\frac{1}{2}-\frac{2}{3}+\frac{3}{4}-\frac{4}{5}+\cdots$

(3) $a-\frac{a^2}{3}+\frac{a^3}{5}-\frac{a^4}{7}+\cdots$

(4) $1-\frac{2}{3}+\frac{3}{5}-\frac{4}{7}+\cdots$

(5) $\frac{1}{2\ln 2}+\frac{1}{3\ln 3}+\frac{1}{4\ln 4}+\cdots$

(6) $\frac{1}{1}+\frac{1\cdot 3}{1\cdot 4}+\frac{1\cdot 3\cdot 5}{1\cdot 4\cdot 7}+\cdots$

3. 判定下列级数的收敛性：

(1) $-\frac{3}{4}+\frac{3^2}{4^2}-\frac{3^3}{4^3}+\frac{3^4}{4^4}-\cdots$

(2) $\sum_{n=1}^{\infty}\frac{1}{\sqrt{n+1}+\sqrt{n}}$

(3) $\frac{1}{1\cdot 6}+\frac{1}{6\cdot 11}+\frac{1}{11\cdot 16}+\cdots+\frac{1}{(5n-4)(5n+1)}+\cdots$

(4) $\frac{1}{3}+\frac{1}{6}+\frac{1}{9}+\cdots+\frac{1}{3n}+\cdots$

(5) $\sum_{n=1}^{\infty}(\sqrt{n+2}-2\sqrt{n+1}+\sqrt{n})$

(6) $\left(\frac{1}{2}+\frac{1}{3}\right)+\left(\frac{1}{2^2}+\frac{1}{3^2}\right)+\left(\frac{1}{2^3}+\frac{1}{3^3}\right)+\cdots+\left(\frac{1}{2^n}+\frac{1}{3^n}\right)+\cdots$

(7) $\sin\frac{\pi}{6}+\sin\frac{2\pi}{6}+\sin\frac{3\pi}{6}+\cdots+\sin\frac{n\pi}{6}+\cdots$

9.2　级数的审敛法

9.2.1　正项级数及其审敛法

定义 1　若常数项级数 $\sum_{n=1}^{\infty}u_n$ 的一般项 $u_n\geqslant 0(n=1, 2, \cdots)$，则把常数项级数

$\sum_{n=1}^{\infty} u_n$ 叫作**正项级数**.

正项级数是很重要的一类常数项级数，下面我们讨论它的敛散性.

定理1 正项级数 $\sum_{n=1}^{\infty} u_n$ 收敛的充分必要条件是它的部分和数列$\{s_n\}$有界.

证 **充分性：**因 $u_n \geqslant 0(n=1, 2, \cdots)$，则部分和数列$\{s_n\}$单调增加，由已知$\{s_n\}$有界，根据单调有界原理，$\{s_n\}$收敛，即级数 $\sum_{n=1}^{\infty} u_n$ 收敛.

必要性：若级数 $\sum_{n=1}^{\infty} u_n$ 收敛，则部分和数列$\{s_n\}$收敛，由收敛数列的有界性知$\{s_n\}$有界.

由定理1可知，如果正项级数 $\sum_{n=1}^{\infty} u_n$ 发散，则其部分和数列 $s_n \to +\infty(n\to\infty)$，即

$$\sum_{n=1}^{\infty} u_n = +\infty$$

例1 证明正项级数：

$$\sum_{n=0}^{\infty} \frac{1}{n!} = 1 + \frac{1}{1!} + \frac{1}{2!} + \cdots \frac{1}{n!} + \cdots$$

是收敛的.

证 因为

$$\frac{1}{n!} = \frac{1}{1 \cdot 2 \cdot 3 \cdot \cdots \cdot n} \leqslant \frac{1}{1 \cdot 2 \cdot 2 \cdot \cdots \cdot 2} = \frac{1}{2^{n-1}} (n=2,3,4,\cdots)$$

于是对任意的 n，有

$$\begin{aligned} s_n &= 1 + \frac{1}{1!} + \frac{1}{2!} + \cdots + \frac{1}{(n-1)!} < 1 + 1 + \frac{1}{2} + \frac{1}{2^2} + \cdots + \frac{1}{2^{n-2}} \\ &= 1 + \frac{1 - \frac{1}{2^{n-1}}}{1 - \frac{1}{2}} = 3 - \frac{1}{2^{n-2}} < 3 \end{aligned}$$

即正项级数的部分和数列有界，故级数 $\sum_{n=0}^{\infty} \frac{1}{n!}$ 收敛.

根据定理1，可得关于正项级数的一个基本的审敛法.

定理 2（比较审敛法） 设 $\sum_{n=1}^{\infty}u_n$ 和 $\sum_{n=1}^{\infty}v_n$ 都是正项级数，且 $u_n \leqslant v_n (n=1, 2, \cdots)$，则

(1) 当 $\sum_{n=1}^{\infty}v_n$ 收敛时，$\sum_{n=1}^{\infty}u_n$ 也收敛；

(2) 当 $\sum_{n=1}^{\infty}u_n$ 发散时，$\sum_{n=1}^{\infty}v_n$ 也发散.

证 设 $s_n=\sum_{k=1}^{n}u_k$，$\sigma_n=\sum_{k=1}^{n}v_k$，由已知条件 $u_n \leqslant v_n (n=1, 2, \cdots)$.

(1) 设 $\sum_{n=1}^{\infty}v_n$ 收敛，则 $\{\sigma_n\}$ 有界，故 $\{s_n\}$ 有界，因此 $\sum_{n=1}^{\infty}u_n$ 也收敛.

(2) 设 $\sum_{n=1}^{\infty}u_n$ 发散，若 $\sum_{n=1}^{\infty}v_n$ 收敛，由(1)知 $\sum_{n=1}^{\infty}u_n$ 也收敛，与已知矛盾，因此 $\sum_{n=1}^{\infty}v_n$ 发散.

因为级数的敛散性与它前面的有限项无关，所以定理 2 中的不等式 $u_n \leqslant v_n$ 可放宽到 n 大于某一自然数 N 以后成立即可.

例 2 讨论 p 级数：

$$\sum_{n=1}^{\infty}\frac{1}{n^p}=1+\frac{1}{2^p}+\frac{1}{3^p}+\cdots+\frac{1}{n^p}+\cdots (p>0)$$

的敛散性.

解 当 $p \leqslant 1$ 时，因为 $\frac{1}{n^p} \geqslant \frac{1}{n}$，而调和级数 $\sum_{n=1}^{\infty}\frac{1}{n}$ 发散，由比较审敛法知，$\sum_{n=1}^{\infty}\frac{1}{n^p}$ 发散；

当 $p>1$ 时，顺次把 p 级数的第 1 项，第 2 项到第 3 项，第 4 到第 7 项，第 8 到第 15 项…括在一起，得

$$1+\left(\frac{1}{2^p}+\frac{1}{3^p}\right)+\left(\frac{1}{4^p}+\frac{1}{5^p}+\frac{1}{6^p}+\frac{1}{7^p}\right)+\left(\frac{1}{8^p}+\cdots+\frac{1}{15^p}\right)+\cdots$$

它的各项显然小于级数

$$1+\left(\frac{1}{2^p}+\frac{1}{2^p}\right)+\left(\frac{1}{4^p}+\cdots+\frac{1}{4^p}\right)+\left(\frac{1}{8^p}+\cdots\frac{1}{8^p}\right)+\cdots$$

$$=1+\frac{1}{2^{p-1}}+\left(\frac{1}{2^{p-1}}\right)^2+\left(\frac{1}{2^{p-1}}\right)^3+\cdots$$

对应的各项，而所得级数是等比级数，其公比为 $q=\frac{1}{2^{p-1}}<1$，故收敛，于是当 $p>1$ 时，级数 $\sum\limits_{n=1}^{\infty}\frac{1}{n^p}$ 收敛.

综合上述结果，我们得到：p 级数当 $p>1$ 时收敛，当 $p\leqslant 1$ 时发散.

例 3　证明级数 $\sum\limits_{n=1}^{\infty}\frac{1}{\sqrt{n(n+1)}}$ 是发散的.

证　因为 $n(n+1)<(n+1)^2$，所以 $\frac{1}{\sqrt{n(n+1)}}>\frac{1}{n+1}$. 而级数

$$\sum_{n=1}^{\infty}\frac{1}{n+1}=\frac{1}{2}+\frac{1}{3}+\cdots+\frac{1}{n+1}+\cdots$$

是发散的. 根据比较审敛法可知，级数 $\sum\limits_{n=1}^{\infty}\frac{1}{\sqrt{n(n+1)}}$ 也是发散的.

为应用上的方便，下面我们给出比较审敛法的极限形式.

定理 3(比较审敛法的极限形式)　设 $\sum\limits_{n=1}^{\infty}u_n$ 和 $\sum\limits_{n=1}^{\infty}v_n$ 都是正项级数，如果

$$\lim_{n\to\infty}\frac{u_n}{v_n}=l$$

则

(1) 当 $0<l<+\infty$ 时，级数 $\sum\limits_{n=1}^{\infty}u_n$，$\sum\limits_{n=1}^{\infty}v_n$ 同时收敛或同时发散；

(2) 当 $l-0$ 且级数 $\sum\limits_{n=1}^{\infty}v_n$ 收敛时，级数 $\sum\limits_{n=1}^{\infty}u_n$ 也收敛；

(3) 当 $l=+\infty$ 且级数 $\sum\limits_{n=1}^{\infty}v_n$ 发散时，级数 $\sum\limits_{n=1}^{\infty}u_n$ 也发散.

例 4　判定级数 $\sum\limits_{n=1}^{\infty}\sin\frac{1}{n}$ 的敛散性.

解　因为

$$\lim_{n\to\infty}\frac{\sin\frac{1}{n}}{\frac{1}{n}}=1>0$$

而调和级数 $\sum\limits_{n=1}^{\infty}\frac{1}{n}$ 发散，根据定理 3 知级数 $\sum\limits_{n=1}^{\infty}\sin\frac{1}{n}$ 发散.

用比较审敛法时，需要适当地选取一个已知其收敛性的级数作为比较的基准. 最常选用作基准级数的是等比级数和 p 级数.

以比较审敛法为基础，我们能得到实用上很方便的比值审敛法和根式审敛法.

定理 4(比值审敛法，达朗贝尔判别法) 设 $\sum_{n=1}^{\infty} u_n$ 为正项级数，如果 $\lim_{n\to\infty}\frac{u_{n+1}}{u_n}=\rho$：

(1) 当 $\rho<1$ 时，级数收敛；

(2) 当 $\rho>1$(或 $\rho=\infty$)时，级数发散；

(3) 当 $\rho=1$ 时，级数可能收敛，也可能发散.

例 5 判断级数 $\sum_{n=1}^{\infty}\frac{n}{2^{n-1}}$ 的敛散性.

解 因为

$$\lim_{n\to\infty}\frac{u_{n+1}}{u_n}=\lim_{n\to\infty}\frac{\frac{n+1}{2^n}}{\frac{n}{2^{n-1}}}=\lim_{n\to\infty}\frac{n+1}{2n}=\frac{1}{2}<1$$

根据比值审敛法知，级数 $\sum_{n=1}^{\infty}\frac{n}{2^{n-1}}$ 收敛.

例 6 判断级数 $\sum_{n=1}^{\infty}\frac{5^n}{n^5}$ 的敛散性.

解 因为

$$\lim_{n\to\infty}\frac{u_{n+1}}{u_n}=\lim_{n\to\infty}\frac{\frac{5^{n+1}}{(n+1)^5}}{\frac{5^n}{n^5}}=\lim_{n\to\infty}5\cdot\left(\frac{n}{n+1}\right)^5=5>1$$

所以该级数发散.

定理 5(根值审敛法，柯西判别法) 设 $\sum_{n=1}^{\infty} u_n$ 为正项级数，$\lim_{n\to\infty}\sqrt[n]{u_n}=\rho$，则：

(1) 当 $\rho<1$ 时，级数收敛；

(2) 当 $\rho>1$(或 $\rho=\infty$)时，级数发散；

(3) 当 $\rho=1$ 时，级数可能收敛，也可能发散.

例 7 判断级数 $\sum_{n=1}^{\infty}\left(\frac{3n+2}{4n+3}\right)^n$ 的敛散性.

解 因为

$$\lim_{n\to\infty}\sqrt[n]{u_n}=\lim_{n\to\infty}\frac{3n+2}{4n+3}=\frac{3}{4}<1$$

所以，根据根值审敛法知，所给级数收敛.

9.2.2 交错级数及其审敛法

定义 2 如果级数的各项是正负相间的，则该级数称为**交错级数**. 其形如

$$u_1-u_2+u_3-u_4+\cdots \tag{9-9}$$

或

$$-u_1+u_2-u_3+u_4-\cdots \tag{9-10}$$

其中，u_1，$u_2\cdots$都是正数.

我们按照级数(9－9)的形式给出交错级数的一个审敛法.

定理 6(莱布尼兹审敛法) 如果交错级数 $\sum\limits_{n=1}^{\infty}(-1)^{n-1}u_n$ 满足条件：

(1) $u_n\geqslant u_{n+1}(n=1, 2, \cdots)$

(2) $\lim\limits_{n\to\infty}u_n=0$

则交错级数 $\sum\limits_{n=1}^{\infty}(-1)^{n-1}u_n$ 收敛，且其和 $s\leqslant u_1$，其余项 r_n 的绝对值$|r_n|\leqslant u_{n+1}$.

例 8 判断交错级数：

$$1-\frac{1}{2}+\frac{1}{3}-\frac{1}{4}+\cdots+(-1)^{n-1}\frac{1}{n}+\cdots$$

的敛散性.

解 此交错级数 $u_n=\dfrac{1}{n}$，$u_{n+1}=\dfrac{1}{n+1}$，满足：

(1) $\dfrac{1}{n}>\dfrac{1}{n+1}$

(2) $\lim\limits_{n\to\infty}u_n=\lim\limits_{n\to\infty}\dfrac{1}{n}=0$

由定理 6 知它是收敛的，且其和 $s<1$，如果级数前 n 项和

$$s_n=1-\frac{1}{2}+\frac{1}{3}-\frac{1}{4}+\cdots+(-1)^{n-1}\frac{1}{n}$$

作为 s 的近似值，其误差 $|r_n|\leqslant\frac{1}{n+1}$.

9.2.3 绝对收敛与条件收敛

现在来讨论一般的级数 $u_1+u_2+\cdots+u_n+\cdots$，它的各项为任意实数.

定义 3 若级数 $\sum_{n=1}^{\infty}u_n$ 各项的绝对值所组成的级数 $\sum_{n=1}^{\infty}|u_n|$ 收敛，则称级数 $\sum_{n=1}^{\infty}u_n$ **绝对收敛**.

关于收敛与绝对收敛，我们有下面的定理.

定理 7 若级数 $\sum_{n=1}^{\infty}u_n$ 绝对收敛，则级数 $\sum_{n=1}^{\infty}u_n$ 必定收敛.

例 9 判断级数 $\sum_{n=1}^{\infty}\frac{\sin na}{n^4}$ 的收敛性.

解 因为 $\left|\frac{\sin na}{n^4}\right|\leqslant\frac{1}{n^4}$，而级数 $\sum_{n=1}^{\infty}\frac{1}{n^4}$ 收敛，所以级数 $\sum_{n=1}^{\infty}\left|\frac{\sin na}{n^4}\right|$ 也收敛. 由定理 7 知，级数 $\sum_{n=1}^{\infty}\frac{\sin na}{n^4}$ 收敛.

要注意的是，虽然每一个绝对收敛的级数都是收敛的，但并不是每个收敛的级数都是绝对收敛的. 例如，级数

$$1-\frac{1}{2}+\frac{1}{3}-\frac{1}{4}+\cdots+(-1)^{n-1}\frac{1}{n}+\cdots$$

由例 8 知它是收敛的，但是各项的绝对值所组成的级数

$$1+\frac{1}{2}+\frac{1}{3}+\frac{1}{4}+\cdots+\frac{1}{n}+\cdots$$

是调和级数，它是发散的. 此时，我们称级数

$$1-\frac{1}{2}+\frac{1}{3}-\frac{1}{4}+\cdots+(-1)^{n-1}\frac{1}{n}+\cdots$$

条件收敛.

定义 4 若级数 $\sum_{n=1}^{\infty}u_n$ 收敛，而级数 $\sum_{n=1}^{\infty}|u_n|$ 发散，则称级数 $\sum_{n=1}^{\infty}u_n$ **条件收敛**.

例 10 级数 $\sum_{n=1}^{\infty}(-1)^n\sin\frac{1}{n}$ 收敛吗？若收敛，是条件收敛还是绝对收敛？

解 这是交错级数，$u_n=\sin\frac{1}{n}$，$u_{n+1}=\sin\frac{1}{n+1}$，显然有

$$u_{n+1}<u_n\text{，且}\lim_{n\to\infty}u_n=\lim_{n\to\infty}\sin\frac{1}{n}=0$$

由定理6知级数 $\sum\limits_{n=1}^{\infty}(-1)^n\sin\frac{1}{n}$ 收敛.

原级数每项取绝对值，得级数 $\sum\limits_{n=1}^{\infty}\sin\frac{1}{n}$. 由例4知级数 $\sum\limits_{n=1}^{\infty}\sin\frac{1}{n}$ 发散，所以原级数 $\sum\limits_{n=1}^{\infty}(-1)^n\sin\frac{1}{n}$ 是条件收敛.

习题 9-2

1. 用比较审敛法判断下列级数的敛散性：

(1) $\sum\limits_{n=1}^{\infty}\frac{1}{2n-1}$　　(2) $\sum\limits_{n=1}^{\infty}\frac{1}{n(n+1)}$

(3) $\sum\limits_{n=1}^{\infty}\frac{1}{1+2^n}$　　(4) $\sum\limits_{n=1}^{\infty}\sin\frac{\pi}{2^n}$

(5) $\sum\limits_{n=1}^{\infty}\frac{1+n}{1+n^2}$　　(6) $\sum\limits_{n=1}^{\infty}\frac{1}{1+a^n}(a>0)$

2. 用比值审敛法判断下列级数的敛散性：

(1) $\sum\limits_{n=1}^{\infty}\frac{n+2}{2^n}$　　(2) $\sum\limits_{n=1}^{\infty}\frac{5^n\cdot n!}{n^n}$

(3) $\sum\limits_{n=1}^{\infty}\frac{2\cdot 5\cdot\cdots\cdot(3n-1)}{1\cdot 5\cdot\cdots\cdot(4n-3)}$　　(4) $\sum\limits_{n=1}^{\infty}\frac{1}{(2n-1)!}$

(5) $\sum\limits_{n=1}^{\infty}n\tan\frac{\pi}{2^{n+1}}$　　(6) $\sum\limits_{n=1}^{\infty}\frac{n^2}{3^n}$

3. 用根值审敛法判别下列级数的敛散性：

(1) $\sum\limits_{n=1}^{\infty}\left(\frac{n}{3n+1}\right)^n$　　(2) $\sum\limits_{n=1}^{\infty}\frac{\left(\frac{n}{n+1}\right)^{n^2}}{2^n}$

(3) $\sum\limits_{n=1}^{\infty}\frac{1}{[\ln(n+1)]^n}$　　(4) $\sum\limits_{n=1}^{\infty}\left(\frac{n}{3n-1}\right)^{2n-1}$

(5) $\sum_{n=1}^{\infty}\left(\frac{b}{a_n}\right)^n$，其中 $a_n \to a(n\to\infty)$，a_n，b，a 均为正数.

4. 判断下列级数的敛散性：

(1) $\sum_{n=1}^{\infty}(-1)^{n+1}\frac{n+1}{n}$　　(2) $\sum_{n=1}^{\infty}(-1)^{n+1}\frac{1}{\sqrt{n}}$

(3) $\sum_{n=1}^{\infty}(-1)^{n-1}\frac{1}{(2n-1)^2}$　　(4) $\sum_{n=1}^{\infty}(-1)^{n-1}\frac{1}{3}$

5. 判断下列级数的敛散性，若收敛，指出是条件收敛还是绝对收敛：

(1) $\sum_{n=1}^{\infty}(-1)^{n-1}\frac{n}{3^{n-1}}$　　(2) $\sum_{n=1}^{\infty}(-1)^{n+1}\frac{1}{2n-1}$

(3) $\sum_{n=1}^{\infty}(-1)^{n+1}\frac{2^{n^2}}{n!}$　　(4) $\sum_{n=1}^{\infty}(-1)^{n+1}\frac{1}{\ln(n+1)}$

9.3　幂级数

前面几节我们研究的是常数项级数，从本节内容开始研究函数项级数，主要研究幂级数.

9.3.1　幂级数的基本概念

1. 函数项级数

如果级数

$$u_1(x)+u_2(x)+\cdots+u_n(x)+\cdots \tag{9-11}$$

的各项都是定义在某个给定区间 I 上的函数，则级数(9－11)叫作**函数项级数**，$u_n(x)$叫作级数(9－11)的**一般项**.

当 x 在区间 I 上取某个特定值 x_0 时，级数(9－11)就是一个数项级数. 如果这个数项级数收敛，则把 x_0 叫作级数(9－11)的一个**收敛点**；如果发散，则把 x_0 叫作级数(9－11)的**发散点**. 一个级数的收敛点的全体叫作它的收敛域.

对于收敛域内的任意一个数 x，函数项级数成为一个收敛域内的数项级数，因此有一个确定的和 s. 这样，在收敛域上，函数项级数的和是 x 的函数 $s(x)$，通常把 $s(x)$叫作函数项级数的**和函数**，即

$$s(x)=u_1(x)+u_2(x)+\cdots+u_n(x)+\cdots$$

其中，x 是收敛域内的任意一点.

将函数项级数的前 n 项的部分和记作 $s_n(x)$，则在收敛域上有

$$\lim_{n\to\infty}s_n(x)=s(x)$$

我们仍把 $r_n(x)=s(x)-s_n(x)$ 叫作函数项级数的余项[当然，只有 x 在收敛域上 $r_n(x)$ 才有意义]，于是有

$$\lim_{n\to\infty}r_n(x)=0$$

下面讨论各项都是幂函数的函数项级数，即幂级数.

2. 幂级数的概念

形如

$$\sum_{n=0}^{\infty}a_n(x-x_0)^n=a_0+a_1(x-x_0)+a_2(x-x_0)^2+\cdots+a_n(x-x_0)^n+\cdots \tag{9-12}$$

的函数项级数，称为 $x-x_0$ 的幂级数，其中常数 a_0，a_1，a_2，…，a_n，…称为幂级数的系数．当 $x_0=0$ 时，式(9-12)变为

$$\sum_{n=0}^{\infty}a_nx^n=a_0+a_1x+a_2x^2+\cdots+a_nx^n+\cdots \tag{9-13}$$

称为 x 的幂级数．如果作变换 $y=x-x_0$，则级数(9-12)就变为级数(9-13)的形式.因此，下面只讨论形如式(9-13)的幂级数.

9.3.2 收敛区间 收敛半径

定理1(阿贝尔定理) 如果级数 $\sum\limits_{n=0}^{\infty}a_nx^n$ 当 $x=x_0(x_0\neq 0)$ 时收敛，则适合不等式 $|x|<|x_0|$ 的一切 x 使这幂级数绝对收敛；反之，如果级数 $\sum\limits_{n=0}^{\infty}a_nx^n$ 当 $x=x_0(x_0\neq 0)$ 时发散，则适合不等式 $|x|>|x_0|$ 的一切 x 使这幂级数发散.

*证 先证第一部分：

设 x_0 是幂级数(9-13)的收敛点，即级数

$$a_0+a_1x_0+a_2x_0^2+\cdots+a_nx_0^n+\cdots$$

收敛. 根据级数收敛的必要条件，有

$$\lim_{n\to\infty} a_n x_0^n = 0$$

于是存在一个常数 M，使得

$$|a_n x_0^n| \leqslant M \quad (n=0,1,2,\cdots)$$

这样级数(9－13)的一般项的绝对值

$$|a_n x^n| = \left|a_n x_0^n \cdot \frac{x^n}{x_0^n}\right| = |a_n x_0^n| \cdot \left|\frac{x}{x_0}\right|^n \leqslant M\left|\frac{x}{x_0}\right|^n$$

因为当 $|x|<|x_0|$ 时，等比级数 $\sum\limits_{n=0}^{\infty} M\left|\frac{x}{x_0}\right|^n$ 收敛，所以级数 $\sum\limits_{n=0}^{\infty}|a_n x^n|$ 收敛，故级数 $\sum\limits_{n=0}^{\infty} a_n x^n$ 绝对收敛.

再证第二部分：

设 x_0 是幂级数(9－13)的发散点，而 x_1 是幂级数(9－13)的收敛点，且 $|x_1|>|x_0|$，则由定理的第一部分可知，x_0 也是幂级数(9－13)的收敛点，与假设矛盾. 故只要 $|x|>|x_0|$，则幂级数(9－13)发散.

定理 1 说明，如果幂级数在 $x=x_0$ 处收敛，则对于开区间 $(-|x_0|, |x_0|)$ 内的任何 x，幂级数都绝对收敛；如果幂级数在 $x=x_0$ 处发散，则对于闭区间 $[-|x_0|, |x_0|]$ 外的任何 x，幂级数都发散.

设已给幂级数在数轴上既有收敛点(不仅是原点)也有发散点. 现在从原点沿数轴向右方走，最初只遇到收敛点，然后就只遇到发散点. 这两部分的分界点可能是收敛点也可能是发散点. 从原点沿数轴向左方走情形也是如此. 两个分界点 P 与 P' 在原点的两侧，且由定理 1 可以证明它们到原点的距离相等(见图 9－1).

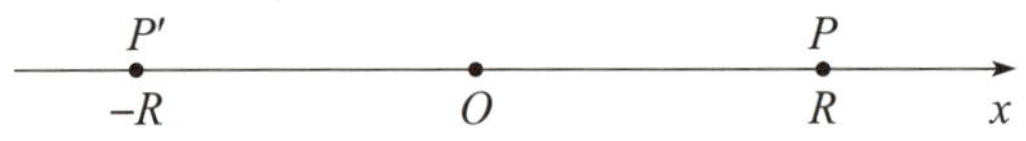

图 9－1

推论 如果幂级数 $\sum\limits_{n=0}^{\infty} a_n x^n$ 不是仅在 $x=0$ 一点收敛，也不是在整个数轴上都收敛，则必有一个确定的正数 R 存在，使得：

(1) 当 $|x|<R$ 时，幂级数绝对收敛；

(2) 当 $|x|>R$ 时，幂级数发散；

(3) 当 $x=R$ 与 $x=-R$ 时，幂级数可能收敛也可能发散.

正数 R 叫作幂级数(9-13)的**收敛半径**. 开区间 $(-R, R)$ 叫作幂级数(9-13)的**收敛区间**.

再由幂级数在 $x=\pm R$ 处的收敛性就可以决定它的收敛域是 $(-R, R)$，$[-R, R)$，$(-R, R]$ 或 $[-R, R]$ 这四个区间之一.

若幂级数 $\sum\limits_{n=0}^{\infty} a_n x^n$ 仅在 $x=0$ 一点收敛，这时我们规定它的收敛半径 $R=0$；若幂级数 $\sum\limits_{n=0}^{\infty} a_n x^n$ 在整个数轴上都收敛，这时我们规定它的收敛半径 $R=+\infty$，收敛域是 $(-\infty, +\infty)$.

关于幂级数收敛半径的求法，有下面的定理.

定理 2 如果

$$\lim_{n\to\infty}\left|\frac{a_{n+1}}{a_n}\right|=\rho$$

其中，a_n，a_{n+1} 是幂级数 $\sum\limits_{n=0}^{\infty} a_n x^n$ 的相邻两项的系数，则这幂级数的收敛半径

$$R=\begin{cases}\dfrac{1}{\rho}, & \rho\neq 0\\ +\infty, & \rho=0\\ 0, & \rho=+\infty\end{cases}$$

证 考查幂级数(9-13)的各项取绝对值所成的级数

$$|a_0|+|a_1 x|+|a_2 x^2|+\cdots+|a_n x^n|+\cdots \tag{9-14}$$

这级数相邻两项之比为

$$\left|\frac{a_{n+1}x^{n+1}}{a_n x^n}\right|=\left|\frac{a_{n+1}}{a_n}\right||x|$$

(1) 如果 $\lim\limits_{n\to\infty}\left|\dfrac{a_{n+1}}{a_n}\right|=\rho(\rho\neq 0)$ 存在，根据比值审敛法，则当 $\rho|x|<1$，即 $|x|<\dfrac{1}{\rho}$ 时，级数(9-14)收敛，从而级数(9-13)绝对收敛；当 $\rho|x|>1$，即 $|x|>\dfrac{1}{\rho}$ 时，级数(9-14)发散，并且从某一个 n 开始，有

$$|a_{n+1}x^{n+1}|>|a_nx^n|$$

因此，一般项$|a_nx^n|$不能趋向于零，所以a_nx^n也不能趋向于零，从而级数(9－13)发散．于是收敛半径$R=\dfrac{1}{\rho}$.

(2) 如果$\rho=0$，则对任何$x\neq0$，有$\dfrac{|a_{n+1}x^{n+1}|}{|a_nx^n|}\to0(n\to\infty)$，所以级数(9－14)收敛，从而级数(9－13)绝对收敛．于是$R=+\infty$.

(3) 如果$\rho=+\infty$，则对于除$x=0$外的其他一切x值，级数(9－13)必发散，否则，由定理1知道将有点$x\neq0$使级数(9－14)收敛．于是$R=0$.

例1 求幂级数$\sum\limits_{n=1}^{\infty}(-1)^{n-1}\dfrac{x^n}{n}$的收敛半径与收敛域.

解 因为

$$\rho=\lim_{n\to\infty}\left|\frac{a_{n+1}}{a_n}\right|=\lim_{n\to\infty}\frac{\frac{1}{n+1}}{\frac{1}{n}}=1$$

所以收敛半径

$$R=\frac{1}{\rho}=1$$

对于端点$x=1$，级数成为交错级数

$$1-\frac{1}{2}+\frac{1}{3}-\frac{1}{4}+\cdots+(-1)^{n-1}\frac{1}{n}+\cdots$$

级数收敛；

对于端点$x=-1$，级数成为

$$-1-\frac{1}{2}-\frac{1}{3}-\frac{1}{4}-\cdots-\frac{1}{n}-\cdots$$

级数发散．因此收敛域是$(-1, 1]$.

例2 求幂级数：

$$1+x+\frac{1}{2!}x^2+\frac{1}{3!}x^3+\cdots+\frac{1}{n!}x^n+\cdots$$

的收敛域.

解　因为

$$\rho=\lim_{n\to\infty}\left|\frac{a_{n+1}}{a_n}\right|=\lim_{n\to\infty}\frac{\frac{1}{(n+1)!}}{\frac{1}{n!}}=\lim_{n\to\infty}\frac{1}{n+1}=0$$

所以收敛半径 $R=+\infty$，从而收敛域是$(-\infty,\ +\infty)$.

例 3　求幂级数：

$$1+2x+(3x)^2+\cdots+(nx)^{n-1}+\cdots$$

的收敛半径.

解　因为

$$\rho=\lim_{n\to\infty}\left|\frac{a_{n+1}}{a_n}\right|=\lim_{n\to\infty}\frac{(n+1)^n}{n^{n-1}}=+\infty$$

所以收敛半径 $R=0$，即级数仅在 $x=0$ 处收敛.

例 4　求级数 $\sum_{n=0}^{\infty}\frac{(2n)!}{(n!)^2}x^{2n}$ 的收敛半径.

解　级数缺少奇次幂的项，不是幂级数的标准形式，定理 2 不能直接应用. 我们根据比值审敛法来求收敛半径. 因为

$$\lim_{n\to\infty}\left|\frac{\frac{[2(n+1)]!}{[(n+1)!]^2}x^{2(n+1)}}{\frac{(2n)!}{(n!)^2}x^{2n}}\right|=4|x|^2$$

故当 $4|x|^2<1$，即 $|x|<\frac{1}{2}$时级数收敛；当 $4|x|^2>1$，即 $|x|>\frac{1}{2}$时级数发散. 所以收敛半径 $R=\frac{1}{2}$.

例 5　求幂级数 $\sum_{n=1}^{\infty}\frac{(x-2)^n}{2^n\cdot n}$ 的收敛域.

解　令 $t=x-2$，上述级数变为

$$\sum_{n=1}^{\infty}\frac{t^n}{2^n\cdot n}$$

因为

$$\rho=\lim_{n\to\infty}\left|\frac{a_{n+1}}{a_n}\right|=\lim_{n\to\infty}\frac{2^n\cdot n}{2^{n+1}(n+1)}=\frac{1}{2}$$

所以收敛半径 $R=2$. 收敛区间为 $|t|<2$，即 $0<x<4$.

当 $x=0$ 时，级数成为 $\sum_{n=1}^{\infty}\frac{(-1)^n}{n}$，此级数收敛；当 $x=4$ 时，级数成为 $\sum_{n=1}^{\infty}\frac{1}{n}$，此级数发散. 因此，级数 $\sum_{n=1}^{\infty}\frac{(x-2)^n}{2^n\cdot n}$ 的收敛域为 $[0, 4)$.

9.3.3 幂级数的运算

设幂级数 $\sum_{n=0}^{\infty}a_nx^n$ 及 $\sum_{n=0}^{\infty}b_nx^n$ 分别在区间 $(-R, R)$ 及 $(-R', R')$ 内收敛，对于这两个幂级数，可以进行下列四则运算：

加法：

$$\sum_{n=0}^{\infty}a_nx^n+\sum_{n=0}^{\infty}b_nx^n=\sum_{n=0}^{\infty}(a_n+b_n)x^n$$

减法：

$$\sum_{n=0}^{\infty}a_nx^n-\sum_{n=0}^{\infty}b_nx^n=\sum_{n=0}^{\infty}(a_n-b_n)x^n$$

根据收敛级数的基本性质 2，上面两式在 $(-R, R)$ 与 $(-R', R')$ 中较小的区间内成立.

乘法：

$$\sum_{n=0}^{\infty}a_nx^n\cdot\sum_{n=0}^{\infty}b_nx^n=a_0b_0+(a_0b_1+a_1b_0)x+(a_0b_2+a_1b_1+a_2b_0)x^2+\cdots+(a_0b_n+a_1b_{n-1}+\cdots+a_nb_0)x^n+\cdots$$

这是两个级数的柯西乘积，可以证明上式在 $(-R, R)$ 与 $(-R', R')$ 中较小的区间内成立.

关于幂级数的和函数有下列重要性质：

性质 1 幂级数 $\sum_{n=0}^{\infty}a_nx^n$ 的和函数 $s(x)$ 在其收敛域 I 上连续.

性质 2　幂级数 $\sum_{n=0}^{\infty} a_n x^n$ 的和函数 $s(x)$ 在其收敛域 I 上可积，并有逐项积分公式

$$\int_0^x s(t)\mathrm{d}t = \int_0^x \left[\sum_{n=0}^{\infty} a_n t^n\right]\mathrm{d}t = \sum_{n=0}^{\infty}\int_0^x a_n t^n \mathrm{d}t = \sum_{n=0}^{\infty} \frac{a_n}{n+1} x^{n+1} \quad (x \in I)$$

逐项积分后所得到的幂级数和原级数有相同的收敛半径.

性质 3　幂级数 $\sum_{n=0}^{\infty} a_n x^n$ 的和函数 $s(x)$ 在其收敛区间 $(-R, R)$ 内可导，且有逐项求导公式

$$s'(x) = \left(\sum_{n=0}^{\infty} a_n x^n\right)' = \sum_{n=0}^{\infty} (a_n x^n)' = \sum_{n=1}^{\infty} n a_n x^{n-1} \quad (|x| < R)$$

逐项求导后所得到的幂级数和原级数有相同的收敛半径.

反复应用上述结论可得：幂级数 $\sum_{n=0}^{\infty} a_n x^n$ 的和函数 $s(x)$ 在其收敛区间 $(-R, R)$ 内具有任意阶导数.

例 6　求幂级数 $\sum_{n=1}^{\infty} \frac{(-1)^{n-1}}{n} x^n$ 的和函数，并指出其收敛域.

解　先求收敛域. 由

$$\rho = \lim_{n\to\infty}\left|\frac{a_{n+1}}{a_n}\right| = \lim_{n\to\infty}\left|\frac{\frac{(-1)^n}{n+1}}{\frac{(-1)^{n-1}}{n}}\right| = \lim_{n\to\infty}\frac{n}{n+1} = 1$$

得收敛半径 $R=1$.

当 $x=1$ 时，幂级数成为 $\sum_{n=1}^{\infty} \frac{(-1)^{n-1}}{n}$，是收敛的交错级数；当 $x=-1$ 时，幂级数成为 $\sum_{n=1}^{\infty} \frac{(-1)}{n}$，是发散的. 因此收敛域为 $(-1, 1]$.

设和函数为 $s(x)$，即

$$s(x) = \sum_{n=1}^{\infty} \frac{(-1)^{n-1}}{n} x^n \quad x \in (-1, 1]$$

利用性质 3，逐项求导，并由

$$\frac{1}{1+x} = 1 - x + x^2 - \cdots + (-1)^{n-1} x^{n-1} + \cdots \quad x \in (-1, 1)$$

得

$$s'(x)=\sum_{n=1}^{\infty}(-1)^{n-1}x^{n-1}=\frac{1}{1+x} \quad x\in(-1,1)$$

对上式从 0 到 x 积分，得

$$s(x)=\int_0^x \frac{1}{1+t}\mathrm{d}t=\ln(1+x) \quad x\in(-1,1]$$

即

$$\ln(1+x)=\sum_{n=1}^{\infty}\frac{(-1)^{n-1}}{n}x^n \quad x\in(-1,1]$$

例 7 求幂级数 $\sum\limits_{n=0}^{\infty}(n+1)x^n$ 的和函数，并指出其收敛域.

解 先求收敛域. 由

$$\rho=\lim_{n\to\infty}\left|\frac{a_{n+1}}{a_n}\right|=\lim_{n\to\infty}\left|\frac{n+2}{n+1}\right|=1$$

得收敛半径 $R=1$.

当 $x=1$ 时，幂级数成为 $\sum\limits_{n=0}^{\infty}(n+1)$，是发散的；当 $x=-1$ 时，幂级数成为 $\sum\limits_{n=0}^{\infty}(-1)^n(n+1)$，是发散的. 因此收敛域为$(-1, 1)$.

设和函数为 $s(x)$，即

$$s(x)=\sum_{n=0}^{\infty}(n+1)x^n=1+2x+3x^2+\cdots+(n+1)x^n+\cdots \quad x\in(-1,1)$$

两边从 0 到 x 积分，$[0, x]\subset(-1, 1)$. 得

$$\int_0^x s(t)\mathrm{d}t=\int_0^x \mathrm{d}t+\int_0^x 2t\mathrm{d}t+\int_0^x 3t^2\mathrm{d}t+\cdots+\int_0^x (n+1)t^n\mathrm{d}t+\cdots$$

$$=x+x^2+x^3+\cdots+x^{n+1}+\cdots=\frac{x}{1-x} \quad x\in(-1,1)$$

两边再对 $x\in(-1, 1)$求导，得

$$s(x)=\left(\frac{x}{1-x}\right)'=\frac{1}{(1-x)^2}$$

即

$$\frac{1}{(1-x)^2}=\sum_{n=0}^{\infty}(n+1)x^n \quad x\in(-1,1)$$

习题 9-3

1. 求下列幂级数的收敛域：

(1) $\sum\limits_{n=1}^{\infty}\frac{1}{n\cdot 3^n}x^n$　　(2) $\sum\limits_{n=1}^{\infty}\frac{(-1)^{n-1}}{n^2}x^n$

(3) $\sum\limits_{n=1}^{\infty}\frac{2^n}{n^2+1}x^n$　　(4) $\sum\limits_{n=1}^{\infty}\frac{2n-1}{2^n}x^{2n-2}$

(5) $\sum\limits_{n=1}^{\infty}(-1)^n\frac{1}{2n+1}x^{2n+1}$　　(6) $\sum\limits_{n=1}^{\infty}\frac{(x-5)^n}{\sqrt{n}}$

(7) $\sum\limits_{n=1}^{\infty}nx^n$　　(8) $\sum\limits_{n=1}^{\infty}\frac{x^n}{2\cdot 4\cdot\cdots\cdot(2n)}$

2. 求下列级数的和函数，并指出其收敛域：

(1) $\sum\limits_{n=1}^{\infty}\frac{x^n}{n}$　　(2) $\sum\limits_{n=0}^{\infty}\frac{x^{2n+1}}{2n+1}$

(3) $\sum\limits_{n=1}^{\infty}nx^{n-1}$　　(4) $\sum\limits_{n=1}^{\infty}\frac{n(n+1)}{2}x^{n-1}$

(5) $\sum\limits_{n=1}^{\infty}\frac{x^{4n+1}}{4n+1}$　　(6) $\sum\limits_{n=0}^{\infty}\frac{2n+1}{n!}x^{2n}$

9.4　函数的幂级数展开

前面我们讨论了幂级数在收敛区间内求和函数的问题，但在许多实际应用中，我们遇到的却是相反的问题：给定函数 $f(x)$，能否在某个区间内展开成为 x 的幂级数？也就是说，能否找到这样一个幂级数，它在某区间内收敛，且其和恰好就是给定的函数 $f(x)$？如果能找到这样的幂级数，我们就说函数 $f(x)$ 在该区间内能展开成幂级数，而这个幂级数在该区间内就表达了函数 $f(x)$.

9.4.1 泰勒级数

先讨论第一个问题：设 $f(x)$可以用幂级数表示，即若 $f(x)=\sum_{n=0}^{\infty}a_n(x-x_0)^n$，则 $f(x)$应具有什么条件？幂级数的系数 $a_n(n=0,1,2,\cdots)$等于什么？

设 $f(x)=\sum_{n=0}^{\infty}a_n(x-x_0)^n$，由幂级数的运算性质知，$f(x)$具有任意阶导数，且幂级数可以逐项微分，即

$$f(x)=a_0+a_1(x-x_0)+a_2(x-x_0)^2+a_3(x-x_0)^3+\cdots+a_n(x-x_0)^n+\cdots$$

将其在收敛区间内逐项求导，得

$$f'(x)=a_1+2a_2(x-x_0)+3a_3(x-x_0)^2+\cdots+na_n(x-x_0)^{n-1}+\cdots$$

$$f''(x)=2\cdot 1a_2+3\cdot 2a_3(x-x_0)+\cdots+n(n-1)a_n(x-x_0)^{n-2}+\cdots$$

……

$$f^{(n)}(x)=n!\,a_n+(n+1)!\,a_{n+1}(x-x_0)+\frac{(n+2)!}{2!}a_{n+2}(x-x_0)^2+\cdots$$

将 $x=x_0$ 代入上述各式，得

$$a_0=f(x_0),a_1=f'(x_0),a_2=\frac{f''(x_0)}{2!},a_3=\frac{f'''(x_0)}{3!},\cdots,a_n=\frac{f^{(n)}(x_0)}{n!},\cdots$$

于是，幂级数的形式为

$$f(x_0)+\frac{f'(x_0)}{1!}(x-x_0)+\frac{f''(x_0)}{2!}(x-x_0)^2+\cdots+\frac{f^{(n)}(x_0)}{n!}(x-x_0)^n+\cdots \tag{9-15}$$

这样，第一个问题的回答是：$f(x)$应具有任意阶导数；幂级数 $\sum_{n=0}^{\infty}a_n(x-x_0)^n$ 中的系数应为

$$a_n=\frac{f^{(n)}(x_0)}{n!}\quad(n=0,1,2,\cdots) \tag{9-16}$$

式(9－15)叫作 $f(x)$在 x_0 处的**泰勒级数**，简称泰勒级数．式(9－16)叫作 $f(x)$在 x_0 处的泰勒系数，简称**泰勒系数**．

现在来研究第二个问题：在什么条件下，$f(x)$在 x_0 处的泰勒级数收敛于 $f(x)$？

为此先介绍泰勒公式.

定理1 如果函数 $f(x)$ 在 x_0 的某一邻域 $U(x_0)$ 内有直至 $n+1$ 阶导数，则对此邻域内的任意点 x，有 $f(x)$ 的 n 阶泰勒公式

$$f(x)=f(x_0)+\frac{f'(x_0)}{1!}(x-x_0)+\frac{f''(x_0)}{2!}(x-x_0)^2+\cdots+\frac{f^{(n)}(x_0)}{n!}(x-x_0)^n+R_n(x) \tag{9-17}$$

成立. 其中，$R_n(x)$ 为 n 阶泰勒公式(9-17)的余项，当 $x\to x_0$ 时，它是比 $(x-x_0)^n$ 高阶的无穷小量，故一般将其写为 $o(|x-x_0|^n)$. 余项 $R_n(x)$ 有多种形式，一种常用的形式为**拉格朗日型余项**，其表达式为

$$R_n(x)=\frac{f^{(n+1)}(\xi)}{(n+1)!}(x-x_0)^{n+1} \quad (\xi \text{ 在 } x_0 \text{ 与 } x \text{ 之间})$$

在泰勒公式(9-17)中，当 $x_0=0$ 时，则有**麦克劳林公式**

$$f(x)=f(0)+\frac{f'(0)}{1!}x+\frac{f''(0)}{2!}x^2+\cdots+\frac{f^{(n)}(0)}{n!}x^n+R_n(x)$$

其中，余项 $R_n(x)=o(|x|^n)$ 或 $R_n(x)=\dfrac{f^{(n+1)}(\xi)}{(n+1)!}x^{n+1}$（$\xi$ 在 0 与 x 之间).

若 $f(x)$ 的泰勒级数(9-15)在某区间收敛，且和函数恰好是 $f(x)$，我们就说 $f(x)$ 在该区间内能展开成幂级数.

定理2 设函数 $f(x)$ 在点 x_0 的某邻域 $U(x_0)$ 内有任意阶导数，则 $f(x)$ 在该邻域内能展开成泰勒级数的充分必要条件是 $f(x)$ 的泰勒公式中的余项 $R_n(x)$ 当 $n\to\infty$ 时的极限为零，即

$$\lim_{n\to\infty}R_n(x)=0 \quad (x\in U(x_0))$$

***证** 先证**必要性** 设 $f(x)$ 在 $U(x_0)$ 内能展开为泰勒级数，即

$$f(x)=f(x_0)+\frac{f'(x_0)}{1!}(x-x_0)+\frac{f''(x_0)}{2!}(x-x_0)^2+\cdots+\frac{f^{(n)}(x_0)}{n!}(x-x_0)^n+\cdots \tag{9-18}$$

对一切 $x\in U(x_0)$ 成立. 若记

$$s_{n+1}(x)=f(x_0)+\frac{f'(x_0)}{1!}(x-x_0)+\frac{f''(x_0)}{2!}(x-x_0)^2+\cdots+\frac{f^{(n)}(x_0)}{n!}(x-x_0)^n$$

则有

$$f(x)=s_{n+1}(x)+R_n(x)$$

因为由式(9－18)有

$$\lim_{n\to\infty}s_{n+1}(x)=f(x)$$

所以

$$\lim_{n\to\infty}R_n(x)=\lim_{n\to\infty}[f(x)-s_{n+1}(x)]=f(x)-f(x)=0$$

再证**充分性**　设$\lim\limits_{n\to\infty}R_n(x)=0$对一切$x\in U(x_0)$成立，则

$$\lim_{n\to\infty}s_{n+1}(x)=\lim_{n\to\infty}[f(x)-R_n(x)]=f(x)-0=f(x)$$

即$f(x)$的泰勒级数(9－15)在$U(x_0)$内收敛，并且收敛于$f(x)$.

特别地，在式(9－15)中取$x_0=0$，得

$$f(0)+\frac{f'(0)}{1!}x+\frac{f''(0)}{2!}x^2+\cdots+\frac{f^{(n)}(0)}{n!}x^n+\cdots \tag{9-19}$$

级数(9－19)叫作函数$f(x)$的**麦克劳林级数**.

函数$f(x)$的麦克劳林级数是x的幂级数，显然，如果$f(x)$能展开成x的幂级数，则这个幂级数一定就是函数的麦克劳林级数，即函数的幂级数展开式是唯一的.

9.4.2　函数展开成幂级数

1. 直接展开法

要把函数$f(x)$展开成x的幂级数，可以按照下列步骤进行：

第一步　求出$f(x)$的各阶导数$f'(x)$，$f''(x)$，…，$f^{(n)}(x)$，…；

第二步　求出函数及其各阶导数在$x=0$处的值

$$f(0),f'(0),f''(0),\cdots,f^{(n)}(0),\cdots$$

第三步　写出幂级数

$$f(0)+\frac{f'(0)}{1!}x+\frac{f''(0)}{2!}x^2+\cdots+\frac{f^{(n)}(0)}{n!}x^n+\cdots$$

并求出收敛半径R；

第四步　考查在$(-R，R)$内余项$R_n(x)$的极限

$$\lim_{n\to\infty}R_n(x)=\lim_{n\to\infty}\frac{f^{(n+1)}(\xi)}{(n+1)!}x^{n+1}\quad(\xi\text{ 在 }0\text{ 与 }x\text{ 之间})$$

是否为零. 若为零，则函数 $f(x)$ 在区间 $(-R, R)$ 内的幂级数展开式为

$$f(x)=f(0)+\frac{f'(0)}{1!}x+\frac{f''(0)}{2!}x^2+\cdots+\frac{f^{(n)}(0)}{n!}x^n+\cdots\quad(-R<x<R)$$

例 1　将函数 $f(x)=e^x$ 展开成 x 的幂级数.

解　因为

$$f(x)=f'(x)=f''(x)=\cdots=f^{(n)}(x)=e^x$$

所以

$$f(0)=f'(0)=f''(0)=\cdots=f^{(n)}(0)=e^0=1$$

于是得级数

$$1+x+\frac{x^2}{2!}+\frac{x^3}{3!}+\cdots+\frac{x^n}{n!}+\cdots$$

它的收敛半径 $R=+\infty$.

对于任何有限的数 x，ξ(ξ 在 0 与 x 之间)，余项的绝对值为

$$|R_n(x)|=\left|\frac{e^{\xi}}{(n+1)!}x^{n+1}\right|<e^{|x|}\cdot\frac{|x|^{n+1}}{(n+1)!}$$

因为 $e^{|x|}$ 有限，而 $\frac{|x|^{n+1}}{(n+1)!}$ 是收敛级数 $\sum_{n=0}^{\infty}\frac{|x|^{n+1}}{(n+1)!}$ 的一般项，所以当 $n\to\infty$ 时，$e^{|x|}\cdot\frac{|x|^{n+1}}{(n+1)!}\to 0$，即当 $n\to\infty$ 时，有 $|R_n(x)|\to 0$. 于是得展开式

$$e^x=1+x+\frac{x^2}{2!}+\frac{x^3}{3!}+\cdots+\frac{x^n}{n!}+\cdots(-\infty<x<+\infty)$$

从例 1 可以看出，余项极限的考查比较麻烦，其实，对于初等函数来说，可以把这一步省略，因为我们有如下的初等函数展开定理.

定理 3　设 $f(x)$ 是一个初等函数，且在 (x_0-l, x_0+l) 内有任意阶导数，则 $f(x)$ 在点 x_0 处可展开成幂级数，且有展开式

$$f(x)=f(x_0)+\frac{f'(x_0)}{1!}(x-x_0)+\frac{f''(x_0)}{2!}(x-x_0)^2+\cdots+$$

$$\frac{f^{(n)}(x_0)}{n!}(x-x_0)^n+\cdots \quad x\in(x_0-r,x_0+r)$$

其中，$r=\min\{l, R\}$，R 为上式右端幂级数的收敛半径. 在端点 $x=x_0-r$ 及 $x=x_0+r$ 处，如果级数收敛且 $f(x)$ 也有定义，则展开式在端点处也成立.

从而，以后将函数展开成幂级数时，可如下进行：

例 2 将函数 $f(x)=\sin x$ 展开成 x 的幂级数.

解 正弦函数的各阶导数为

$$f^{(n)}(x)=\sin\left(x+n\cdot\frac{\pi}{2}\right) \quad (n=1,2,\cdots)$$

$f^{(n)}(0)$顺序循环地取 0，1，0，-1，$\cdots(n=0, 1, 2, \cdots)$，于是得级数

$$x-\frac{x^3}{3!}+\frac{x^5}{5!}-\cdots+(-1)^{n-1}\frac{x^{2n-1}}{(2n-1)!}+\cdots$$

它的收敛半径 $R=+\infty$. 而 $\sin x$ 在$(-\infty, +\infty)$内有任意阶导数，故有

$$\sin x=x-\frac{x^3}{3!}+\frac{x^5}{5!}-\cdots+(-1)^{n-1}\frac{x^{2n-1}}{(2n-1)!}+\cdots(-\infty<x<+\infty)$$

例 3 将函数 $f(x)=(1+x)^m$ 展开成 x 的幂级数，其中 m 为任意实数.

解 $f(x)=(1+x)^m$ 的各阶导数为

$$f'(x)=m(1+x)^{m-1}$$

$$f''(x)=m(m-1)(1+x)^{m-2}$$

……

$$f^{(n)}(x)=m(m-1)(m-2)\cdots(m-n+1)(1+x)^{m-n}$$

……

所以

$$f(0)=1,\quad f'(0)=m,\quad f''(0)=m(m-1),\quad \cdots$$

$$f^{(n)}(0)=m(m-1)(m-2)\cdots(m-n+1),\quad \cdots$$

又 $f(x)=(1+x)^m$ 为初等函数，故

$$(1+x)^m=1+mx+\frac{m(m-1)}{2!}x^2+\cdots+\frac{m(m-1)\cdots(m-n+1)}{n!}x^n+\cdots$$

由

$$\lim_{n\to\infty}\left|\frac{a_{n+1}}{a_n}\right|=\lim_{n\to\infty}\left|\frac{m-n}{n+1}\right|=1$$

得收敛半径 $R=1$.

而 $f(x)=(1+x)^m$ 在$(-1, 1)$内有任意阶导数，故有

$$(1+x)^m=1+mx+\frac{m(m-1)}{2!}x^2+\cdots+\frac{m(m-1)\cdots(m-n+1)}{n!}x^n+\cdots \quad (-1<x<1)$$

在区间的端点，展开式是否成立要看 m 的数值而定. 上式叫作二项展开式. 特别地，当 m 为正整数时，级数为 x 的 m 次多项式，这就是代数学中的二项式定理.

对应于 $m=\frac{1}{2}$，$-\frac{1}{2}$的二项式分别为

$$\sqrt{1+x}=1+\frac{1}{2}x-\frac{1}{2\cdot 4}x^2+\frac{1\cdot 3}{2\cdot 4\cdot 6}x^3-\frac{1\cdot 3\cdot 5}{2\cdot 4\cdot 6\cdot 8}x^4+\cdots \quad (-1\leqslant x\leqslant 1)$$

$$\frac{1}{\sqrt{1+x}}=1-\frac{1}{2}x+\frac{1\cdot 3}{2\cdot 4}x^2-\frac{1\cdot 3\cdot 5}{2\cdot 4\cdot 6}x^3+\frac{1\cdot 3\cdot 5\cdot 7}{2\cdot 4\cdot 6\cdot 8}x^4-\cdots \quad (-1<x\leqslant 1)$$

2. 间接展开法

间接展开法是指从已知函数的展开式出发，利用幂级数的运算规则得到所求函数的展开式的方法.

例 4 将函数 $f(x)=\cos x$ 展开成 x 的幂级数.

解 对下式

$$\sin x=x-\frac{x^3}{3!}+\frac{x^5}{5!}-\cdots+(-1)^n\frac{x^{2n+1}}{(2n+1)!}+\cdots \quad (-\infty<x<+\infty)$$

逐项求导，得

$$\cos x=1-\frac{x^2}{2!}+\frac{x^4}{4!}-\cdots+(-1)^n\frac{x^{2n}}{(2n)!}+\cdots \quad (-\infty<x<+\infty)$$

例 5 将函数 $f(x)=\ln(1+x)$展开成 x 的幂级数.

解 因为

$$f'(x)=\frac{1}{1+x}$$

而$\frac{1}{1+x}$是收敛的等比级数 $\sum\limits_{n=0}^{\infty}(-1)^n x^n$ 的和函数，即

$$\frac{1}{1+x}=1-x+x^2-x^3+\cdots+(-1)^n x^n+\cdots \quad (-1<x<1)$$

将上式从 0 到 x 逐项积分，得

$$\ln(1+x)=x-\frac{x^2}{2}+\frac{x^3}{3}-\cdots+(-1)^n\frac{x^{n+1}}{n+1}+\cdots \quad (-1<x\leqslant 1)$$

上述展开式对 $x=1$ 也成立，这是因为上式右端的幂级数当 $x=1$ 时收敛，而 $\ln(1+x)$在 $x=1$ 处有定义且连续.

为了便于查用，我们将六个常用函数的展开式汇列如下：

$$e^x=1+x+\frac{x^2}{2!}+\frac{x^3}{3!}+\cdots+\frac{x^n}{n!}+\cdots \quad (-\infty<x<+\infty)$$

$$\sin x=x-\frac{x^3}{3!}+\frac{x^5}{5!}-\cdots+(-1)^n\frac{x^{2n+1}}{(2n+1)!}+\cdots \quad (-\infty<x<+\infty)$$

$$\cos x=1-\frac{x^2}{2!}+\frac{x^4}{4!}-\cdots+(-1)^n\frac{x^{2n}}{(2n)!}+\cdots \quad (-\infty<x<+\infty)$$

$$\frac{1}{1-x}=1+x+x^2+\cdots+x^{n-1}+\cdots \quad (-1<x<1)$$

$$\ln(1+x)=x-\frac{x^2}{2}+\frac{x^3}{3}-\cdots+(-1)^n\frac{x^{n+1}}{n+1}+\cdots \quad (-1<x\leqslant 1)$$

$$(1+x)^m=1+mx+\frac{m(m-1)}{2!}x^2+\cdots+\frac{m(m-1)\cdots(m-n+1)}{n!}x^n+\cdots \quad (-1<x<1)$$

利用这六个展开式以及幂级数的运算，就可以间接地求得其他一些函数的幂级数展开式.

例 6 将函数 $f(x)=\ln\frac{1+x}{1-x}$展开成 x 的幂级数.

解 因为

$$f(x)=\ln\frac{1+x}{1-x}=\ln(1+x)-\ln(1-x)$$

而

$$\ln(1+x)=x-\frac{x^2}{2}+\frac{x^3}{3}-\cdots+(-1)^{n-1}\frac{x^n}{n}+\cdots \quad (-1<x\leqslant 1)$$

把上式中 x 换成$-x$，得

$$\ln(1-x)=-x-\frac{x^2}{2}-\frac{x^3}{3}-\cdots-\frac{x^n}{n}+\cdots \quad (-1\leqslant x<1)$$

两式相减，得

$$\ln\frac{1+x}{1-x}=2\left(x+\frac{1}{3}x^3+\cdots+\frac{1}{2n-1}x^{2n-1}+\cdots\right) \quad (-1<x<1)$$

例 7 将函数 $f(x)=e^x\cos x$ 展开成 x 的幂级数(写出前四项).

解 利用级数相乘得

$$\begin{aligned}f(x)&=e^x\cos x\\&=\left(1+x+\frac{x^2}{2!}+\frac{x^3}{3!}+\frac{x^4}{4!}+\cdots+\frac{x^n}{n!}+\cdots\right)\cdot\left(1-\frac{x^2}{2!}+\frac{x^4}{4!}-\frac{x^6}{6!}+\cdots+\right.\\&\quad\left.(-1)^n\frac{x^{2n}}{(2n)!}+\cdots\right)\\&=1+x+\left(\frac{1}{2!}-\frac{1}{2!}\right)x^2+\left(\frac{1}{3!}-\frac{1}{2!}\right)x^3+\left(\frac{1}{4!}+\frac{1}{4!}-\frac{1}{2!\cdot 2!}\right)x^4+\cdots\\&=1+x-\frac{1}{3}x^3-\frac{1}{6}x^4+\cdots \quad (-\infty<x<+\infty)\end{aligned}$$

例 8 将函数 $f(x)=\dfrac{1}{x^2+4x+3}$ 展开成 $(x-1)$ 的幂级数.

解 因为

$$\begin{aligned}f(x)&=\frac{1}{x^2+4x+3}=\frac{1}{(x+1)(x+3)}=\frac{1}{2(1+x)}-\frac{1}{2(3+x)}\\&=\frac{1}{4\left(1+\frac{x-1}{2}\right)}-\frac{1}{8\left(1+\frac{x-1}{4}\right)}\end{aligned}$$

而

$$\frac{1}{4\left(1+\frac{x-1}{2}\right)}=\frac{1}{4}\sum_{n=0}^{\infty}\frac{(-1)^n}{2^n}(x-1)^n \quad (-1<x<3)$$

$$\frac{1}{8\left(1+\frac{x-1}{4}\right)}=\frac{1}{8}\sum_{n=0}^{\infty}\frac{(-1)^n}{4^n}(x-1)^n \quad (-3<x<5)$$

所以

$$f(x)=\frac{1}{x^2+4x+3}=\sum_{n=0}^{\infty}(-1)^n\left(\frac{1}{2^{n+2}}-\frac{1}{2^{2n+3}}\right)(x-1)^n \quad (-1<x<3)$$

习题 9-4

1. 将下列函数展开成 x 的幂级数，并求展开式成立的区间：

(1) e^{2x}　　(2) $\sin\frac{x}{2}$

(3) a^x　　(4) $\ln(a+x)(a>0)$

(5) $\sin^2 x$　　(6) $x^2\cos x$

(7) $(1+x)\ln(1+x)$　　(8) $\frac{x}{\sqrt{1+x^2}}$

2. 将下列函数展开成$(x-1)$的幂级数，并求展开式成立的区间：

(1) $\sqrt{x^3}$　　(2) $\lg x$

3. 将函数 $f(x)=\sin x$ 展开成$\left(x-\frac{\pi}{4}\right)$的幂级数.

4. 将函数 $f(x)=\frac{1}{x}$展开成$(x-3)$的幂级数.

5. 将函数 $f(x)=\frac{1}{x^2+3x+2}$展开成$(x+4)$的幂级数.

*9.5　幂级数的应用

9.5.1　近似计算

有了函数的幂级数展开式，就可用它来进行近似计算，即在展开式有效的区间上，函数值可以近似地利用这个级数按精确度要求计算出来.

例 1　试用 e^x 的幂级数展开式的前八项，求 e 的近似值，并估计误差.

解　在展开式

$$e^x=1+x+\frac{x^2}{2!}+\cdots+\frac{x^n}{n!}+\cdots(-\infty<x<+\infty)$$

中，令 $x=1$，得

$$e=1+1+\frac{1}{2!}+\frac{1}{3!}+\cdots+\frac{1}{7!}+\frac{1}{8!}+\cdots$$

取前八项之和做 e 的近似值，其误差为

$$R_8=\left(\frac{1}{8!}+\frac{1}{9!}+\frac{1}{10!}+\cdots\right)<\frac{1}{8!}\left(1+\frac{1}{8}+\frac{1}{8^2}+\cdots\right)$$

$$=\frac{1}{8!}\left(\frac{1}{1-\frac{1}{8}}\right)=\frac{1}{7\cdot 7!}<0.000\,03<10^{-4}$$

即 e 的值可精确到小数点后第四位．因此，中间运算时取小数点后第五位，即

$$\frac{1}{2!}=0.500\,00,\quad \frac{1}{3!}\approx 0.166\,67,\quad \frac{1}{4!}\approx 0.041\,67$$

$$\frac{1}{5!}\approx 0.008\,33,\quad \frac{1}{6!}\approx 0.001\,39,\quad \frac{1}{7!}\approx 0.000\,20$$

于是得

$$e=1+1+\frac{1}{2!}+\frac{1}{3!}+\cdots+\frac{1}{7!}\approx 2.718\,3$$

例 2 求 $\sin 15°$的近似值，要求误差不超过 0.000 1.

解 先将角度化为弧度

$$15°=15\times\frac{\pi}{180}=\frac{\pi}{12}(\text{弧度})$$

在展开式

$$\sin x=x-\frac{x^3}{3!}+\frac{x^5}{5!}-\cdots+(-1)^{n-1}\frac{x^{2n-1}}{(2n-1)!}+\cdots(-\infty<x<+\infty)$$

中，令 $x=\frac{\pi}{12}$，得

$$\sin\frac{\pi}{12}=\frac{\pi}{12}-\frac{1}{3!}\left(\frac{\pi}{12}\right)^3+\frac{1}{5!}\left(\frac{\pi}{12}\right)^5-\cdots$$

上式右端是一个交错级数，显然满足交错级数审敛法的两个条件，是收敛的．如

果取前两项作为 $\sin\frac{\pi}{12}$ 的近似值，其误差不超过第三项的绝对值，即

$$|r_2|\leqslant\frac{1}{5!}\left(\frac{\pi}{12}\right)^5<\frac{1}{120}\left(\frac{1}{3}\right)^5=\frac{1}{29\ 160}<\frac{1}{10^4}=10^{-4}$$

所以，可精确到小数点后第四位，因此，中间运算可取到小数点后第五位，即

$$\frac{\pi}{12}\approx 0.261\ 80,\quad \frac{1}{3!}\left(\frac{\pi}{12}\right)^3\approx 0.002\ 99$$

于是得

$$\sin\frac{\pi}{12}\approx 0.258\ 8$$

例 3 计算 ln2 的近似值，要求误差不超过 0.000 1.

解 在展开式

$$\ln(1+x)=x-\frac{x^2}{2}+\frac{x^3}{3}-\cdots+(-1)^n\frac{x^{n+1}}{n+1}+\cdots\quad(-1<x\leqslant 1)$$

中，令 $x=1$ 可得

$$\ln 2=1-\frac{1}{2}+\frac{1}{3}-\cdots+(-1)^{n-1}\frac{1}{n}+\cdots$$

如果取这级数前 n 项的和作为 ln2 的近似值，其误差为

$$|r_n|\leqslant\frac{1}{n+1}$$

为了保证误差不超过 10^{-4}，就需要取级数的前 10 000 项进行计算. 这样做计算量太大了，我们必须用收敛较快的级数来代替它.

把展开式

$$\ln(1+x)=x-\frac{x^2}{2}+\frac{x^3}{3}-\frac{x^4}{4}+\cdots\quad(-1<x\leqslant 1)$$

中 x 换成 $-x$ 得

$$\ln(1-x)=-x-\frac{x^2}{2}-\frac{x^3}{3}-\frac{x^4}{4}-\cdots\quad(-1\leqslant x<1)$$

两式相减，得到不含偶次幂的展开式

$$\ln\frac{1+x}{1-x}=\ln(1+x)-\ln(1-x)=2\left(x+\frac{1}{3}x^3+\frac{1}{5}x^5+\cdots\right)\quad(-1<x<1)$$

令$\frac{1+x}{1-x}=2$，解出 $x=\frac{1}{3}$. 以 $x=\frac{1}{3}$代入最后一个展开式，得

$$\ln2=2\left(\frac{1}{3}+\frac{1}{3}\cdot\frac{1}{3^3}+\frac{1}{5}\cdot\frac{1}{3^5}+\frac{1}{7}\cdot\frac{1}{3^7}+\cdots\right)$$

如果取前四项作为 ln2 的近似值，则误差为

$$|r_4|=2\left(\frac{1}{9}\cdot\frac{1}{3^9}+\frac{1}{11}\cdot\frac{1}{3^{11}}+\frac{1}{13}\cdot\frac{1}{3^{13}}+\cdots\right)<\frac{2}{3^{11}}\left[1+\frac{1}{9}+\left(\frac{1}{9}\right)^2+\cdots\right]$$

$$=\frac{2}{3^{11}}\cdot\frac{1}{1-\frac{1}{9}}=\frac{1}{4\cdot3^9}<\frac{1}{70\,000}$$

于是取

$$\ln2\approx2\left(\frac{1}{3}+\frac{1}{3}\cdot\frac{1}{3^3}+\frac{1}{5}\cdot\frac{1}{3^5}+\frac{1}{7}\cdot\frac{1}{3^7}\right)$$

考虑到舍入误差，计算时应取五位小数，即

$$\frac{1}{3}\approx0.333\,33,\quad \frac{1}{3}\cdot\frac{1}{3^3}\approx0.012\,35,\quad \frac{1}{5}\cdot\frac{1}{3^5}\approx0.000\,82,\quad \frac{1}{7}\cdot\frac{1}{3^7}\approx0.000\,07$$

因此得

$$\ln2\approx0.693\,1$$

利用幂级数不仅可计算一些函数值的近似值，而且可计算一些积不出来的定积分的值.

例 4 计算定积分：

$$\frac{2}{\sqrt{\pi}}\int_0^{\frac{1}{2}}e^{-x^2}dx$$

的近似值，要求误差不超过 0.000 1$\left(取\frac{1}{\sqrt{\pi}}\approx0.564\,19\right)$.

解 将 $e^x=1+x+\frac{x^2}{2!}+\cdots+\frac{x^n}{n!}+\cdots(-\infty<x<+\infty)$中的 x 换成$-x^2$，就得到被积函数的幂级数展开式

$$e^{-x^2}=1+\frac{(-x^2)}{1!}+\frac{(-x^2)^2}{2!}+\frac{(-x^2)^3}{3!}+\cdots$$
$$=\sum_{n=0}^{\infty}(-1)^n\frac{x^{2n}}{n!}\quad(-\infty<x<+\infty)$$

于是，根据幂级数在收敛区间内逐项可积，得

$$\frac{2}{\sqrt{\pi}}\int_0^{\frac{1}{2}}e^{-x^2}dx=\frac{2}{\sqrt{\pi}}\int_0^{\frac{1}{2}}\left[\sum_{n=0}^{\infty}\frac{(-1)^n}{n!}x^{2n}\right]dx=\frac{2}{\sqrt{\pi}}\sum_{n=0}^{\infty}\frac{(-1)^n}{n!}\int_0^{\frac{1}{2}}x^{2n}dx$$
$$=\frac{1}{\sqrt{\pi}}\left(1-\frac{1}{2^2\cdot 3}+\frac{1}{2^4\cdot 5\cdot 2!}-\frac{1}{2^6\cdot 7\cdot 3!}+\cdots\right)$$

取前四项的和作为近似值，其误差为

$$|r_4|\leqslant\frac{1}{\sqrt{\pi}}\frac{1}{2^8\cdot 9\cdot 4!}<\frac{1}{90\,000}$$

所以

$$\frac{2}{\sqrt{\pi}}\int_0^{\frac{1}{2}}e^{-x^2}dx\approx\frac{1}{\sqrt{\pi}}\left(1-\frac{1}{2^2\cdot 3}+\frac{1}{2^4\cdot 5\cdot 2!}+\frac{1}{2^6\cdot 7\cdot 3!}\right)$$

算得

$$\frac{2}{\sqrt{\pi}}\int_0^{\frac{1}{2}}e^{-x^2}dx\approx 0.520\,5$$

9.5.2 欧拉公式

设有复数项级数为

$$(u_1+\mathrm{i}v_1)+(u_2+\mathrm{i}v_2)+\cdots+(u_n+\mathrm{i}v_n)+\cdots \tag{9-20}$$

其中，u_n，$v_n(n=1,2,3,\cdots)$为实常数或实函数. 如果实部所成的级数

$$u_1+u_2+\cdots+u_n+\cdots \tag{9-21}$$

收敛于和 u，并且虚部所成的级数

$$v_1+v_2+\cdots+v_n+\cdots \tag{9-22}$$

收敛于和 v，就说级数(9-20)**收敛**且其和为 $u+\mathrm{i}v$.

如果级数(9－20)各项的模所构成的级数

$$\sqrt{u_1^2+v_1^2}+\sqrt{u_2^2+v_2^2}+\cdots+\sqrt{u_n^2+v_n^2}+\cdots \tag{9-23}$$

收敛，则称级数(9－20)**绝对收敛**. 如果级数(9－20)绝对收敛，由于

$$|u_n|\leqslant\sqrt{u_n^2+v_n^2},\quad |v_n|\leqslant\sqrt{u_n^2+v_n^2}\quad (n=1,2,3,\cdots)$$

那么级数(9－21)和(9－22)绝对收敛，从而级数(9－20)收敛.

考查复数项级数

$$1+z+\frac{1}{2!}z^2+\cdots+\frac{1}{n!}z^n+\cdots\quad (z=x+\mathrm{i}y) \tag{9-24}$$

可以证明级数(9－24)在整个复平面上是绝对收敛的. 在 x 轴上($z=x$)它表示指数函数 e^x，在整个复平面上我们用它来定义复变量指数函数，记作 e^z. 于是 e^z 定义为

$$\mathrm{e}^z=1+z+\frac{1}{2!}z^2+\cdots+\frac{1}{n!}z^n+\cdots\quad (|z|<+\infty) \tag{9-25}$$

当 $x=0$ 时，z 为纯虚数 $\mathrm{i}y$，式(9－25)成为

$$\begin{aligned}\mathrm{e}^{\mathrm{i}y}&=1+\mathrm{i}y+\frac{1}{2!}(\mathrm{i}y)^2+\frac{1}{3!}(\mathrm{i}y)^3+\cdots+\frac{1}{n!}(\mathrm{i}y)^n+\cdots\\&=1+\mathrm{i}y-\frac{1}{2!}y^2-\mathrm{i}\frac{1}{3!}y^3+\frac{1}{4!}y^4+\mathrm{i}\frac{1}{5!}y^5-\cdots\\&=\left(1-\frac{1}{2!}y^2+\frac{1}{4!}y^4-\cdots\right)+\mathrm{i}\left(y-\frac{1}{3!}y^3+\frac{1}{5!}y^5-\cdots\right)\\&=\cos y+\mathrm{i}\sin y\end{aligned}$$

把 y 换写为 x，上式变为

$$\mathrm{e}^{\mathrm{i}x}=\cos x+\mathrm{i}\sin x \tag{9-26}$$

这就是**欧拉(Euler)公式**.

应用式(9－26)，复数 z 可以表示为指数形式

$$z=\rho(\cos\theta+\mathrm{i}\sin\theta)=\rho\mathrm{e}^{\mathrm{i}\theta} \tag{9-27}$$

其中，$\rho=|z|$ 是 z 的模，$\theta=\arg z$ 是 z 的辐角(见图 9－2).

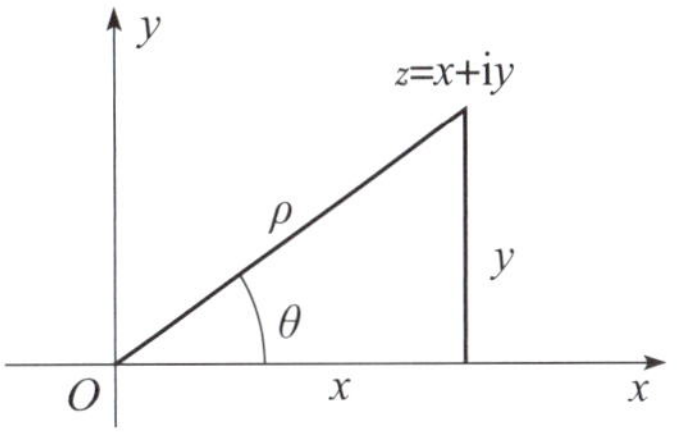

图 9－2

在式(9－26)中把 x 换成$-x$，又有

$$e^{-ix}=\cos x-i\sin x$$

与式(9－26)相加、相减，得

$$\begin{cases}\cos x=\dfrac{e^{ix}+e^{-ix}}{2}\\[2ex]\sin x=\dfrac{e^{ix}-e^{-ix}}{2i}\end{cases}\tag{9-28}$$

这两个式子也叫作**欧拉公式**. 式(9－26)和式(9－28)揭示了三角函数与复变量之间的一种联系.

最后，根据定义式(9－25)，并利用幂级数的乘法，我们不难验证

$$e^{z_1+z_2}=e^{z_1}\cdot e^{z_2}$$

特殊地，取 z_1 为实数 x，z_2 为纯虚数 iy，则有

$$e^{x+iy}=e^x\cdot e^{iy}=e^x(\cos y+i\sin y)$$

这就是说，复变量指数 e^z 在 $z=x+iy$ 处的值是模为 e^x、辐角为 y 的复数.

习题 9－5

1. 利用函数的幂级数展开式求下列各数的近似值：

(1) $\ln 3$(误差不超过 0.000 1)

(2) $\sqrt[9]{522}$(误差不超过 0.000 1)

2. 利用函数的幂级数展开式求下列各数的近似值并估计误差：

(1) $\sqrt{e}$(取前 5 项)

(2) $\cos 10^\circ$(取前 2 项)

3. 利用被积函数的幂级数展开式求下列定积分的近似值：

(1) $\int_0^{\frac{1}{2}}\dfrac{1}{1+x^4}dx$(误差不超过 0.000 1)

(2) $\int_0^1\dfrac{\sin x}{x}dx$(误差不超过 0.000 1)

9.6 傅立叶级数

9.6.1 三角级数

在物理学及其他一些学科中，如讨论弹簧振动、交流电的电流与电压的变化等一类周期运动的现象时，都曾利用了周期函数.

正弦型函数是一种常见而简单的周期函数. 例如描述简谐振动的函数

$$y=A\sin(\omega t+\varphi)$$

就是 $T=\dfrac{2\pi}{\omega}$为周期的正弦型函数. 其中 y 表示动点的位置，t 表示时间，A 为振幅，ω 为角频率，φ 为初相.

在实际问题中，除了正弦型函数外，还会遇到非正弦型的周期函数，它们反映了较复杂的周期运动. 如电子技术中常用的周期为 T 的矩形波(见图 9－3)，就是一个非正弦周期函数的例子.

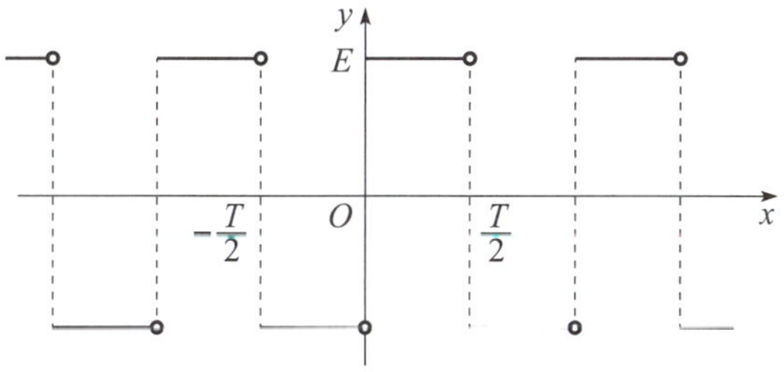

图 9－3

这里我们将讨论一个周期函数展开为三角函数组成的级数，具体地说，要将一周期为 $T=\dfrac{2\pi}{\omega}$的周期函数 $f(t)$用一系列正弦型函数 $A_n\sin(n\omega t+\varphi_n)$组成的级数来表示，记为

$$f(t)=A_0+\sum_{n=1}^{\infty}A_n\sin(n\omega t+\varphi_n) \qquad (9-29)$$

其中，A_0，A_n，$\varphi_n(n=1, 2, 3, \cdots)$都是常数.

为了以后讨论方便起见，我们将正弦型函数 $A_n\sin(n\omega t+\varphi_n)$ 按三角公式变形，得

$$A_n\sin(n\omega t+\varphi_n)=A_n\sin\varphi_n\cos n\omega t+A_n\cos\varphi_n\sin n\omega t$$

并且令 $\frac{a_0}{2}=A_0$，$a_n=A_n\sin\varphi_n$，$b_n=A_n\cos\varphi_n$，$\omega t=x$，则式(9－29)右端的级数就可以改写为

$$\frac{a_0}{2}+\sum_{n=1}^{\infty}(a_n\cos nx+b_n\sin nx) \tag{9-30}$$

形如式(9－30)的级数叫作**三角级数**，其中 a_0，a_n，$b_n(n=1, 2, 3, \cdots)$都是常数.

如同讨论幂级数一样，我们必须讨论三角级数(9－30)的收敛问题，以及给定周期为 2π 的周期函数如何把它展开成三角级数(9－30). 为此，我们首先介绍三角函数系的正交性.

9.6.2 三角函数系的正交性

所谓三角函数系

$$1, \cos x, \sin x, \cos 2x, \sin 2x, \cdots, \cos nx, \sin nx, \cdots \tag{9-31}$$

在区间$[-\pi, \pi]$上正交，就是指在三角函数系(9－31)中任何不同的两个函数的乘积在区间$[-\pi, \pi]$上的积分等于零，即

$$\int_{-\pi}^{\pi}\cos nx\,\mathrm{d}x=0 \quad (n=1,2,3,\cdots)$$

$$\int_{-\pi}^{\pi}\sin nx\,\mathrm{d}x=0 \quad (n=1,2,3,\cdots)$$

$$\int_{-\pi}^{\pi}\sin kx\cdot\cos nx\,\mathrm{d}x=0 \quad (k,n=1,2,3,\cdots)$$

$$\int_{-\pi}^{\pi}\cos kx\cdot\cos nx\,\mathrm{d}x=0 \quad (k,n=1,2,3,\cdots,k\neq n)$$

$$\int_{-\pi}^{\pi}\sin kx\cdot\sin nx\,\mathrm{d}x=0 \quad (k,n=1,2,3,\cdots,k\neq n)$$

以上等式，都可以通过计算定积分来验证，现将第五个式子验证如下.

由三角函数的积化和差公式

$$\sin kx \cdot \sin nx = -\frac{1}{2}[\cos(k+n)x - \cos(k-n)x]$$

当 $k \neq n$ 时，有

$$\int_{-\pi}^{\pi} \sin kx \cdot \sin nx \, dx = -\frac{1}{2}\int_{-\pi}^{\pi} [\cos(k+n)x - \cos(k-n)x] dx$$

$$= -\frac{1}{2}\left[\frac{\sin(k+n)x}{k+n} - \frac{\sin(k-n)x}{k-n}\right]_{-\pi}^{\pi} = 0$$

$$(k, n = 1, 2, 3, \cdots, k \neq n)$$

其余等式请大家自行验证.

在三角函数系(9－31)中，两个相同函数的乘积在区间$[-\pi, \pi]$上的积分不等于零，即

$$\int_{-\pi}^{\pi} 1^2 dx = 2\pi, \int_{-\pi}^{\pi} \sin^2 nx \, dx = \pi, \int_{-\pi}^{\pi} \cos^2 nx \, dx = \pi (n = 1, 2, 3, \cdots)$$

9.6.3 周期为 2π 的函数展开为傅立叶级数

若定义在区间$[-\pi, \pi]$上的周期函数 $f(x)$能展开为三角级数，即

$$f(x) = \frac{a_0}{2} + \sum_{k=1}^{\infty} (a_k \cos kx + b_k \sin kx) \tag{9-32}$$

这个三角级数中的系数 a_0，a_1，$b_{1?}$，…如何确定？为此，我们假设三角级数(9－32)是可以逐项积分的.

先求 a_0，则有

$$\int_{-\pi}^{\pi} f(x) dx = \int_{-\pi}^{\pi} \frac{a_0}{2} dx + \sum_{k=1}^{\infty} \left[a_k \int_{-\pi}^{\pi} \cos kx \, dx + b_k \int_{-\pi}^{\pi} \sin kx \, dx\right]$$

由三角函数系的正交性可知，等式右端除第一项外，其余各项均为零，所以

$$\int_{-\pi}^{\pi} f(x) dx = \frac{a_0}{2} \cdot 2\pi$$

于是得

$$a_0 = \frac{1}{\pi}\int_{-\pi}^{\pi} f(x) dx$$

其次求 a_n. 用 $\cos nx$ 乘式(9－32)两端，然后在区间$[-\pi, \pi]$上逐项积分，得

$$\int_{-\pi}^{\pi} f(x)\cos nx\,dx = \frac{a_0}{2}\int_{-\pi}^{\pi}\cos nx\,dx + \sum_{k=1}^{\infty}\left[a_k\int_{-\pi}^{\pi}\cos kx\cos nx\,dx + b_k\int_{-\pi}^{\pi}\sin kx\cos nx\,dx\right]$$

根据三角函数系的正交性，等式右端除 $k=n$ 的一项外，其余各项均为零，所以

$$\int_{-\pi}^{\pi} f(x)\cos nx\,dx = a_n\int_{-\pi}^{\pi}\cos^2 nx\,dx = a_n\pi$$

于是得

$$a_n = \frac{1}{\pi}\int_{-\pi}^{\pi} f(x)\cos nx\,dx \quad (n=1,2,3,\cdots)$$

类似地，用 $\sin nx$ 乘式(9－32)的两端，然后在区间$[-\pi, \pi]$上逐项积分，得

$$b_n = \frac{1}{\pi}\int_{-\pi}^{\pi} f(x)\sin nx\,dx \quad (n=1,2,3,\cdots)$$

由于当 $n=0$ 时 a_n 的表达式正好给出 a_0，因此，已得结果可以合并写成

$$\left.\begin{aligned} a_n &= \frac{1}{\pi}\int_{-\pi}^{\pi} f(x)\cos nx\,dx \quad (n=0,1,2,3,\cdots) \\ b_n &= \frac{1}{\pi}\int_{-\pi}^{\pi} f(x)\sin nx\,dx \quad (n=1,2,3,\cdots) \end{aligned}\right\} \tag{9-33}$$

上述公式为**欧拉-傅立叶公式**，如果式(9－33)中的积分都存在，这时它们定出的系数 a_0，a_1，b_1，…叫作 $f(x)$的**傅立叶系数**，将这些系数代入式(9－32)右端，所得的三角级数

$$\frac{a_0}{2} + \sum_{n=1}^{\infty}(a_n\cos nx + b_n\sin nx) \tag{9-34}$$

叫作函数 $f(x)$的**傅立叶级数**.

9.6.4　傅立叶级数的收敛性

一个周期函数 $f(x)$必须具备什么条件，它的傅立叶级数才能收敛于 $f(x)$？下面的定理给出了这个问题的结论(定理证明从略).

定理(收敛定理狄利克雷充分条件)　设 $f(x)$是周期为 2π 的周期函数，如果它

满足：

(1) 在一个周期内连续或只有有限个第一类间断点；

(2) 在一个周期内至多只有有限个极值点.

则 $f(x)$的傅立叶级数收敛，并且当 x 是 $f(x)$的连续点时，级数收敛于 $f(x)$；当 x 是 $f(x)$的间断点时，级数收敛于$\frac{1}{2}[f(x+0)+f(x-0)]$.

根据上述收敛定理，对于一个周期为 2π 的函数 $f(x)$，只要函数在$[-\pi, \pi]$上至多有有限个第一类间断点，并且不作无限次振动，函数的傅立叶级数在连续点处就收敛到该点的函数值，在间断点处收敛于该点左极限与右极限的算术平均值. 可见，函数展开成傅立叶级数的条件比展开成幂级数的条件低得多.

例 1 设 $f(x)$是周期为 2π 的周期函数，它在$[-\pi, \pi)$上的表达式为

$$f(x)=\begin{cases}-1, & -\pi\leqslant x<0 \\ 1, & 0\leqslant x<\pi\end{cases}$$

将 $f(x)$展开成傅立叶级数.

解 所给函数满足收敛定理的条件，它在点 $x=k\pi(k=0, \pm1, \pm2, \cdots)$处不连续，在其他点连续，从而由收敛定理知道 $f(x)$的傅立叶级数收敛，并且当 $x=k\pi$ 时级数收敛于

$$\frac{-1+1}{2}=\frac{1+(-1)}{2}=0$$

当 $x\neq k\pi$ 时级数收敛于 $f(x)$. 和函数的图形如图 9－4 所示.

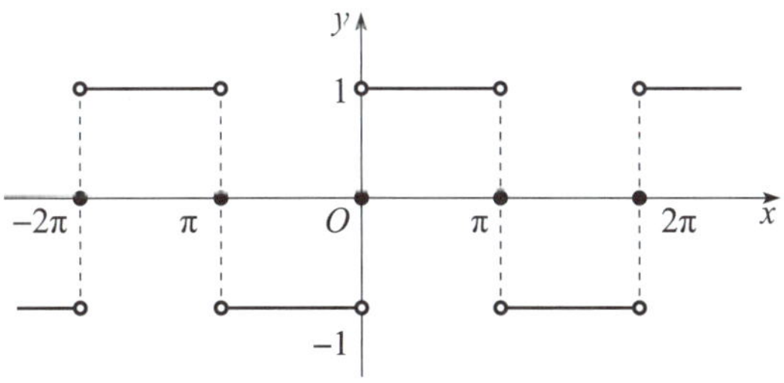

图 9－4

计算傅立叶系数如下

$$a_n=\frac{1}{\pi}\int_{-\pi}^{\pi}f(x)\cos nx\,\mathrm{d}x=\frac{1}{\pi}\int_{-\pi}^{0}(-1)\cos nx\,\mathrm{d}x+\frac{1}{\pi}\int_{0}^{\pi}1\cdot\cos nx\,\mathrm{d}x$$

$$=0 \quad (n=0,1,2,\cdots)$$

$$b_n=\frac{1}{\pi}\int_{-\pi}^{\pi} f(x)\sin nx\,dx=\frac{1}{\pi}\int_{-\pi}^{0}(-1)\sin nx\,dx+\frac{1}{\pi}\int_{0}^{\pi}1\cdot\sin nx\,dx$$

$$=\frac{1}{\pi}\left[\frac{\cos nx}{n}\right]_{-\pi}^{0}+\frac{1}{\pi}\left[-\frac{\cos nx}{n}\right]_{0}^{\pi}=\frac{1}{n\pi}[1-\cos n\pi-\cos n\pi+1]$$

$$=\frac{2}{n\pi}[1-(-1)^n]$$

$$=\begin{cases}\dfrac{4}{n\pi}, & n=1,3,5,\cdots\\ 0, & n=2,4,6,\cdots\end{cases}$$

将求得的系数代入式(9-34)，就得到 $f(x)$ 的傅立叶级数展开式为：

$$f(x)=\frac{4}{\pi}\left[\sin x+\frac{1}{3}\sin 3x+\cdots+\frac{1}{2k-1}\sin(2k-1)x+\cdots\right](-\infty<x<+\infty,$$
$$x\neq k\pi,k\in Z)$$

如果把例 1 中的函数理解为矩形波的波形函数(周期 $T=2\pi$，幅值 $E=1$，自变量 x 表示时间)，那么上面所得到的展开式表明：矩形波是由一系列不同频率的正弦波叠加而成的，这些正弦波的频率依次为基波频率的奇数倍.

例 2 设 $f(x)$ 是周期为 2π 的周期函数，它在$[-\pi, \pi)$上的表达式为：

$$f(x)=\begin{cases}x, & -\pi\leqslant x<0\\ 0, & 0\leqslant x<\pi\end{cases}$$

将 $f(x)$ 展开成傅立叶级数.

解 所给函数满足收敛定理的条件，它在点 $x=(2k+1)\pi(k=0, \pm1, \pm2, \cdots)$ 处不连续. 因此，$f(x)$ 的傅立叶级数在 $x=(2k+1)\pi$ 处收敛于

$$\frac{f(\pi-0)+f(-\pi+0)}{2}=\frac{0-\pi}{2}=-\frac{\pi}{2}$$

在连续点 $x\neq(2k+1)\pi$ 处收敛于 $f(x)$. 和函数的图形如图 9-5 所示.

计算傅立叶系数如下

$$a_n=\frac{1}{\pi}\int_{-\pi}^{\pi} f(x)\cos nx\,dx=\frac{1}{\pi}\int_{-\pi}^{0} x\cos nx\,dx=\frac{1}{\pi}\left[\frac{x\sin nx}{n}+\frac{\cos nx}{n^2}\right]_{-\pi}^{0}$$

$$=\frac{1}{n^2\pi}(1-\cos n\pi)$$

$$=\begin{cases}\dfrac{2}{n^2\pi}, & n=1,3,5,\cdots \\ 0, & n=2,4,6,\cdots\end{cases}$$

$$a_0=\frac{1}{\pi}\int_{-\pi}^{\pi}f(x)\mathrm{d}x=\frac{1}{\pi}\int_{-\pi}^{0}x\mathrm{d}x=\frac{1}{\pi}\left[\frac{x^2}{2}\right]_{-\pi}^{0}=-\frac{\pi}{2}$$

$$b_n=\frac{1}{\pi}\int_{-\pi}^{\pi}f(x)\sin nx\mathrm{d}x=\frac{1}{\pi}\int_{-\pi}^{0}x\sin nx\mathrm{d}x=\frac{1}{\pi}\left[-\frac{x\cos nx}{n}+\frac{\sin nx}{n^2}\right]_{-\pi}^{0}$$

$$=-\frac{\cos n\pi}{n}=\frac{(-1)^{n+1}}{n}$$

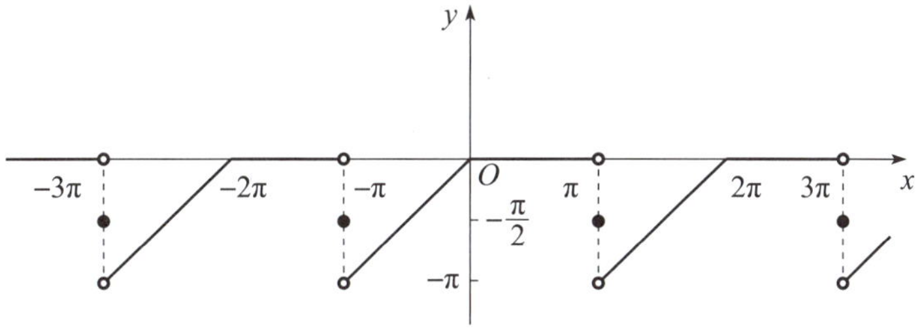

图 9－5

将求得的系数代入式(9－34)，得到 $f(x)$的傅立叶级数展开式为

$$f(x)=-\frac{\pi}{4}+\left(\frac{2}{\pi}\cos x+\sin x\right)-\frac{1}{2}\sin 2x+\left(\frac{2}{3^2\pi}\cos 3x+\frac{1}{3}\sin 3x\right)-\frac{1}{4}\sin 4x+$$
$$\left(\frac{2}{5^2\pi}\cos 5x+\frac{1}{5}\sin 5x\right)-\cdots\quad(-\infty<x<+\infty, x\neq(2k+1)\pi, k\in Z)$$

应该注意，如果函数 $f(x)$只在$[-\pi, \pi]$上有定义，并且满足收敛定理的条件，那么 $f(x)$也可以展开成傅立叶级数. 事实上，我们可在$[-\pi, \pi)$或$(-\pi, \pi]$外补充函数 $f(x)$的定义，使它拓广成周期为 2π 的周期函数 $F(x)$. 按这种方式拓广函数的定义域的过程称为**周期延拓**. 将 $F(x)$展开成傅立叶级数. 最后限制 x 在$(-\pi, \pi)$内，此时 $F(x)\equiv f(x)$，这样便得到 $f(x)$的傅立叶级数展开式. 根据收敛定理，级数在区间端点 $x=\pm\pi$ 处收敛于

$$\frac{[f(\pi-0)+f(-\pi+0)]}{2}$$

例 3　将函数：

$$f(x)=\begin{cases}-x, & -\pi\leqslant x<0\\ x, & 0\leqslant x\leqslant\pi\end{cases}$$

展开成傅立叶级数.

解　所给函数在区间$[-\pi,\pi]$上满足收敛定理的条件，并且拓广为周期函数时，它在每一点 x 处都连续(见图 9-6)，因此拓广的周期函数的傅立叶级数在$[-\pi,\pi]$上收敛于 $f(x)$.

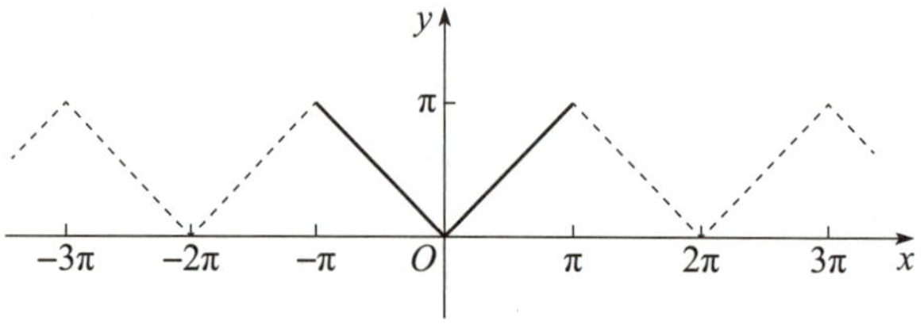

图 9-6

计算傅立叶系数如下

$$\begin{aligned}a_n&=\frac{1}{\pi}\int_{-\pi}^{\pi}f(x)\cos nx\,\mathrm{d}x=\frac{1}{\pi}\int_{-\pi}^{0}(-x)\cos nx\,\mathrm{d}x+\frac{1}{\pi}\int_{0}^{\pi}x\cos nx\,\mathrm{d}x\\&=-\frac{1}{\pi}\left[\frac{x\sin nx}{n}+\frac{\cos nx}{n^2}\right]_{-\pi}^{0}+\frac{1}{\pi}\left[\frac{x\sin nx}{n}+\frac{\cos nx}{n^2}\right]_{0}^{\pi}\\&=\frac{2}{n^2\pi}(\cos n\pi-1)\\&=\begin{cases}-\dfrac{4}{n^2\pi}, & n=1,3,5,\cdots\\ 0, & n=2,4,6,\cdots\end{cases}\end{aligned}$$

$$a_0=\frac{1}{\pi}\int_{-\pi}^{\pi}f(x)\mathrm{d}x=\frac{1}{\pi}\int_{-\pi}^{0}(-x)\mathrm{d}x+\frac{1}{\pi}\int_{0}^{\pi}x\,\mathrm{d}x=\frac{1}{\pi}\left[-\frac{x^2}{2}\right]_{-\pi}^{0}+\frac{1}{\pi}\left[\frac{x^2}{2}\right]_{0}^{\pi}=\pi$$

$$\begin{aligned}b_n&=\frac{1}{\pi}\int_{-\pi}^{\pi}f(x)\sin nx\,\mathrm{d}x=\frac{1}{\pi}\int_{-\pi}^{0}(-x)\sin nx\,\mathrm{d}x+\frac{1}{\pi}\int_{0}^{\pi}x\sin nx\,\mathrm{d}x\\&=-\frac{1}{\pi}\left[-\frac{x\cos nx}{n}+\frac{\sin nx}{n^2}\right]_{-\pi}^{0}+\frac{1}{\pi}\left[-\frac{x\cos nx}{n}+\frac{\sin nx}{n^2}\right]_{0}^{\pi}\\&=0\quad(n=1,2,3,\cdots)\end{aligned}$$

将求得的系数代入式(9-34)，得到 $f(x)$的傅立叶级数展开式为

$$f(x)=\frac{\pi}{2}-\frac{4}{\pi}\left(\cos x+\frac{1}{3^2}\cos 3x+\frac{1}{5^2}\cos 5x+\cdots\right)\quad(-\pi\leqslant x\leqslant\pi)$$

9.6.5 奇函数和偶函数的傅立叶级数

一般来说，一个函数的傅立叶级数既含有正弦项，又含有余弦项. 但是，也有一些函数的傅立叶级数只含有正弦项(见例 1)或者只含有常数项和余弦项(见例 3). 实际上，这些情况是与所给函数的奇偶性有密切关系的. 对于周期为 2π 的函数 $f(x)$，它的傅立叶系数计算公式为

$$a_n=\frac{1}{\pi}\int_{-\pi}^{\pi}f(x)\cos nx\,\mathrm{d}x\quad(n=0,1,2,3,\cdots)$$

$$b_n=\frac{1}{\pi}\int_{-\pi}^{\pi}f(x)\sin nx\,\mathrm{d}x\quad(n=1,2,3,\cdots)$$

因此，若 $f(x)$ 为奇函数，则 $f(x)$ 的傅立叶系数为

$$\left.\begin{aligned}&a_n=0\quad(n=0,1,2,\cdots)\\&b_n=\frac{2}{\pi}\int_{0}^{\pi}f(x)\sin nx\,\mathrm{d}x\quad(n=1,2,3,\cdots)\end{aligned}\right\}\tag{9-35}$$

即奇函数的傅立叶级数是只含有正弦项的正弦级数

$$\sum_{n=1}^{\infty}b_n\sin nx\tag{9-36}$$

若 $f(x)$ 为偶函数，则 $f(x)$ 的傅立叶系数为

$$\left.\begin{aligned}&a_n=\frac{2}{\pi}\int_{0}^{\pi}f(x)\cos nx\,\mathrm{d}x\quad(n=0,1,2,\cdots)\\&b_n=0\quad(n=1,2,3,\cdots)\end{aligned}\right\}\tag{9-37}$$

即偶函数的傅立叶级数是只含常数项和余弦项的余弦级数

$$\frac{a_0}{2}+\sum_{n=1}^{\infty}a_n\cos nx\tag{9-38}$$

例 4 设 $f(x)$ 是周期为 2π 的周期函数，它在 $[-\pi,\pi)$ 上的表达式为 $f(x)=x$. 将 $f(x)$ 展开成傅立叶级数.

解 首先，所给函数满足收敛定理的条件，它在点 $x=(2k+1)\pi(k=0,\pm1,\pm2,\cdots)$ 处不连续，因此 $f(x)$ 的傅立叶级数在 $x=(2k+1)\pi$ 处收敛于

$$\frac{f(\pi-0)+f(-\pi+0)}{2}=\frac{\pi+(-\pi)}{2}=0$$

在连续点 $x\neq(2k+1)\pi$ 处收敛于 $f(x)$. 和函数的图形如图 9-7 所示.

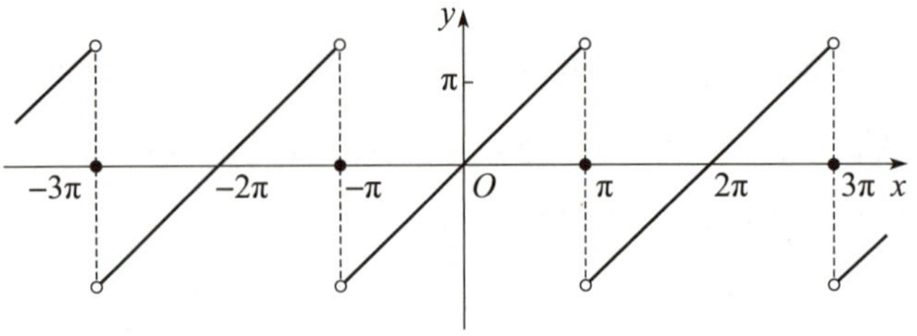

图 9-7

其次，若不计 $x=(2k+1)\pi(k=0,\ \pm1,\ \pm2,\ \cdots)$，则 $f(x)$是周期为 2π 的奇函数，所以它的傅立叶级数是正弦级数. 因此

$$a_n=0\quad(n=0,1,2,\cdots)$$

$$b_n=\frac{2}{\pi}\int_0^{\pi}f(x)\sin nx\,\mathrm{d}x=\frac{2}{\pi}\int_0^{\pi}x\sin nx\,\mathrm{d}x=\frac{2}{\pi}\left[-\frac{x\cos nx}{n}+\frac{\sin nx}{n^2}\right]_0^{\pi}$$

$$=-\frac{2}{n}\cos n\pi=(-1)^{n+1}\frac{2}{n}\quad(n=1,2,3,\cdots)$$

根据收敛定理，得 $f(x)$的傅立叶级数展开式为

$$f(x)=2\left(\sin x-\frac{1}{2}\sin 2x+\frac{1}{3}\sin 3x-\cdots+\frac{(-1)^{n+1}}{n}\sin nx+\cdots\right)$$

$$(-\infty<x<+\infty,x\neq(2k+1)\pi,k\in Z)$$

例 5 将周期函数：

$$u(t)=E|\sin t|$$

展开成傅立叶级数，其中 E 是正的常数.

解 所给函数满足收敛定理的条件，它在整个数轴上连续(见图 9-8)，因此 $u(t)$的傅立叶级数处处收敛于 $u(t)$.

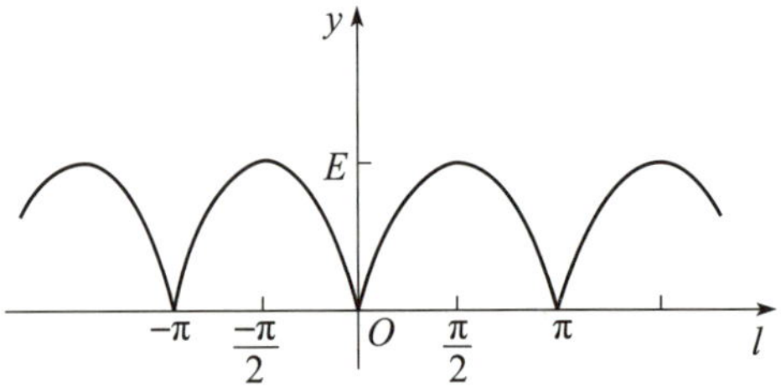

图 9-8

因为 $u(t)$是周期为 2π 的偶函数，所以

$$b_n=0 \quad (n=1,2,\cdots)$$

$$a_n=\frac{2}{\pi}\int_0^{\pi}u(t)\cos nt\,\mathrm{d}t=\frac{2}{\pi}\int_0^{\pi}E\sin t\cos nt\,\mathrm{d}t=\frac{E}{\pi}\int_0^{\pi}[\sin(n+1)t-\sin(n-1)t]\,\mathrm{d}t$$

$$=\frac{E}{\pi}\left[-\frac{\cos(n+1)t}{n+1}+\frac{\cos(n-1)t}{n-1}\right]_0^{\pi}$$

$$=\frac{E}{\pi}\left[\frac{1-\cos(n+1)\pi}{n+1}+\frac{\cos(n-1)\pi-1}{n-1}\right]$$

$$=\begin{cases}0,\text{当 } n \text{ 为奇数,且 } n\neq 1\\ -\dfrac{4E}{(n^2-1)\pi},\text{当 } n \text{ 为偶数}\end{cases}$$

上述 a_n 的计算中 $n\neq1$，所以 a_1 要另行计算

$$a_1=\frac{2}{\pi}\int_0^{\pi}u(t)\cos t\,\mathrm{d}t=\frac{2}{\pi}\int_0^{\pi}E\sin t\cos t\,\mathrm{d}t=0$$

由此得 $u(t)$的傅立叶级数为

$$u(t)=\frac{4E}{\pi}\left(\frac{1}{2}-\frac{1}{1\times3}\cos2t-\frac{1}{3\times5}\cos4t-\frac{1}{5\times7}\cos6t-\cdots\right) \quad (-\infty<t<+\infty)$$

在实际应用中，有时还需把定义在区间$[0,\pi]$上的函数 $f(x)$展开成正弦级数或余弦级数.

设函数 $f(x)$在区间$[0,\pi]$上有定义，并且满足收敛定理的条件，我们作以 2π 为周期的函数 $F(x)$，使得在$(0,\pi)$内，$F(x)\equiv f(x)$，然后将 $F(x)$展开成傅立叶级数，则在$(0,\pi)$上，该傅立叶级数就是 $f(x)$在$(0,\pi)$上的傅立叶级数，对于区间端点 $x=0$，$x=\pi$，可以根据收敛定理判断其收敛性，由于这里仅给出半个周期里函数的定义，因此在作周期延拓时，首先需定义$[-\pi,\pi]$上 $F(x)$的值，这里可以用两种延拓方法来定义 $F(x)$：

(1) 将 $f(x)$延拓成以 2π 为周期的奇函数(称为**奇延拓**)

$$F(x)=\begin{cases}f(x), & 0<x<\pi\\ 0, & x=0\\ -f(-x), & -\pi<x<0\end{cases}$$

于是 $f(x)$在$(0,\pi)$上可展开为正弦级数

$$\sum_{n=1}^{\infty} b_n \sin nx \ (0<x<\pi)$$

其中，$b_n=\dfrac{2}{\pi}\int_0^{\pi} f(x)\sin nx\,\mathrm{d}x\ (n=1,\ 2,\ \cdots)$.

(2) 将 $f(x)$延拓成以 2π 为周期的偶函数(称为**偶延拓**)

$$F(x)=\begin{cases} f(x), & 0\leqslant x\leqslant\pi \\ f(-x), & -\pi<x<0 \end{cases}$$

于是 $f(x)$在$(0,\ \pi)$上可展开为余弦级数

$$\frac{a_0}{2}+\sum_{n=1}^{\infty} a_n \cos nx \ (0<x<\pi)$$

其中，$a_n=\dfrac{2}{\pi}\int_0^{\pi} f(x)\cos nx\,\mathrm{d}x\ (n=0,\ 1,\ 2,\ \cdots)$.

例 6 将函数 $f(x)=x+1(0\leqslant x\leqslant\pi)$分别展开成正弦级数和余弦级数.

解 先求正弦级数. 为此对函数 $f(x)$进行奇延拓(见图 9－9). 按式(9－35)有

$$\begin{aligned} b_n &= \frac{2}{\pi}\int_0^{\pi} f(x)\sin nx\,\mathrm{d}x \\ &= \frac{2}{\pi}\int_0^{\pi}(x+1)\sin nx\,\mathrm{d}x \\ &= \frac{2}{\pi}\left[-\frac{(x+1)\cos nx}{n}+\frac{\sin nx}{n^2}\right]_0^{\pi} \\ &= \frac{2}{n\pi}[1-(\pi+1)\cos n\pi] \\ &= \begin{cases} \dfrac{2}{\pi}\cdot\dfrac{\pi+2}{n}, & n=1,3,5,\cdots \\ -\dfrac{2}{n}, & n=2,4,6,\cdots \end{cases} \end{aligned}$$

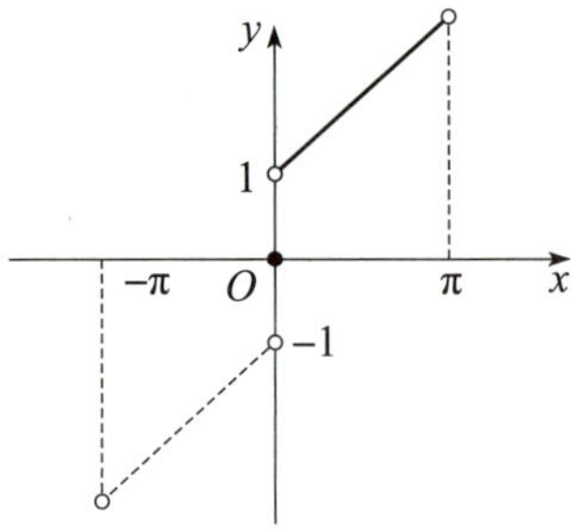

图 9－9

将求得的 b_n 代入正弦级数(9－36)，得

$$x+1=\frac{2}{\pi}\left[(\pi+2)\sin x-\frac{\pi}{2}\sin 2x+\frac{1}{3}(\pi+2)\sin 3x-\frac{\pi}{4}\sin 4x+\cdots\right]\ (0<x<\pi)$$

在端点 $x=0$ 及 $x=\pi$ 处，级数的和显然为零，它不代表原来函数 $f(x)$的值.

再求余弦级数. 为此对 $f(x)$进行偶延拓(见图 9－10). 按式(9－37)有

$$a_n=\frac{2}{\pi}\int_0^{\pi}f(x)\cos nx\,\mathrm{d}x=\frac{2}{\pi}\int_0^{\pi}(x+1)\cos nx\,\mathrm{d}x$$

$$=\frac{2}{\pi}\left[-\frac{(x+1)\cos nx}{n}+\frac{\sin nx}{n^2}\right]_0^{\pi}$$

$$=\frac{2}{n^2\pi}(\cos n\pi-1)$$

$$=\begin{cases}-\dfrac{4}{n^2\pi}, & n=1,3,5,\cdots\\ 0, & n=2,4,6,\cdots\end{cases}$$

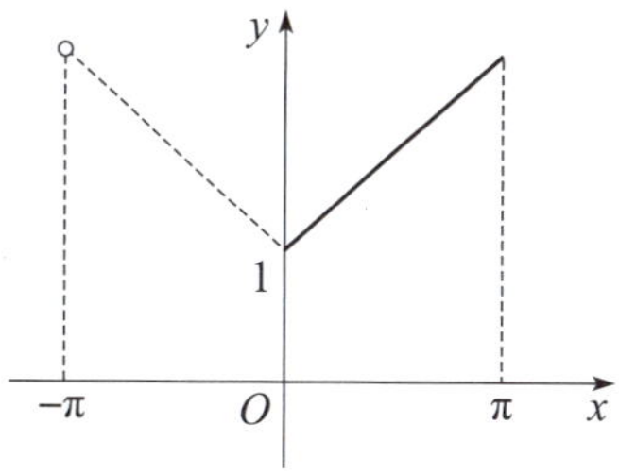

图 9-10

$$a_0=\frac{2}{\pi}\int_0^{\pi}(x+1)\mathrm{d}x=\frac{2}{\pi}\left[\frac{x^2}{2}+x\right]_0^{\pi}=\pi+2$$

将求得的 a_n 代入余弦级数(9-38)，得

$$x+1=\frac{\pi}{2}+1-\frac{4}{\pi}\left(\cos x+\frac{1}{3^2}\cos 3x+\frac{1}{5^2}\cos 5x+\cdots\right)(0\leqslant x\leqslant\pi)$$

习题 9-6

1. 将下列周期为 2π 的函数 $f(x)$ 展开为傅立叶级数：

(1) $f(x)=3x^2+1(-\pi\leqslant x<\pi)$

(2) $f(x)=\mathrm{e}^{2x}(-\pi\leqslant x<\pi)$

(3) $f(x)=x^3(-\pi\leqslant x<\pi)$

(4) $f(x)=\begin{cases}\pi+x, & -\pi\leqslant x<0\\ \pi-x, & 0\leqslant x<\pi\end{cases}$

2. 将下列函数 $f(x)$ 展开成傅立叶级数：

(1) $f(x)=2\sin\dfrac{x}{3}(-\pi\leqslant x\leqslant\pi)$

(2) $f(x)=\begin{cases}\mathrm{e}^x, & -\pi\leqslant x<0\\ 1, & 0\leqslant x\leqslant\pi\end{cases}$

3. 将函数 $f(x)=\cos\dfrac{x}{2}(-\pi\leqslant x\leqslant\pi)$ 展开成傅立叶级数.

4. 设 $f(x)$ 是周期为 2π 的函数，它在 $[-\pi,\pi)$ 上的表达式为

$$f(x)=\begin{cases}-\dfrac{\pi}{2}, & -\pi\leqslant x<-\dfrac{\pi}{2}\\ x, & -\dfrac{\pi}{2}\leqslant x<\dfrac{\pi}{2}\\ \dfrac{\pi}{2}, & \dfrac{\pi}{2}\leqslant x<\pi\end{cases}$$

将 $f(x)$ 展开成傅立叶级数.

5. 将函数 $f(x)=\dfrac{\pi-x}{2}(0\leqslant x\leqslant\pi)$ 展开成正弦级数.

6. 将函数 $f(x)=2x^2(0\leqslant x\leqslant\pi)$ 分别展开成正弦级数和余弦级数.

9.7 周期为 $2l$ 的函数展开为傅立叶级数

前面讨论的周期函数都是以 2π 为周期的，但在实际问题中所遇到的周期函数，其周期不一定是 2π，下面我们讨论周期为 $2l$ 的函数的傅立叶级数.

根据前面讨论的结果，经过自变量的变量代换，可得下面的定理.

定理 设周期为 $2l$ 的周期函数 $f(x)$ 满足收敛定理的条件，则它的傅立叶级数展开式为

$$f(x)=\frac{a_0}{2}+\sum_{n=1}^{\infty}\left(a_n\cos\frac{n\pi x}{l}+b_n\sin\frac{n\pi x}{l}\right)(x\in D) \tag{9-39}$$

其中

$$\left.\begin{aligned}a_n&=\frac{1}{l}\int_{-l}^{l}f(x)\cos\frac{n\pi x}{l}\mathrm{d}x\quad(n=0,1,2,\cdots)\\ b_n&=\frac{1}{l}\int_{-l}^{l}f(x)\sin\frac{n\pi x}{l}\mathrm{d}x\quad(n=1,2,3,\cdots)\end{aligned}\right\} \tag{9-40}$$

$$D=\left\{x\,|\,f(x)=\frac{1}{2}[f(x-0)+f(x+0)]\right\}$$

当 $f(x)$ 为奇函数时

$$f(x)=\sum_{n=1}^{\infty}b_n\sin\frac{n\pi x}{l}(x\in D) \tag{9-41}$$

其中

$$b_n=\frac{2}{l}\int_0^l f(x)\sin\frac{n\pi x}{l}\mathrm{d}x\,(n=1,2,3,\cdots) \tag{9-42}$$

当 $f(x)$ 为偶函数时

$$f(x)=\frac{a_0}{2}+\sum_{n=1}^{\infty}a_n\cos\frac{n\pi x}{l}\quad(x\in D) \tag{9-43}$$

其中

$$a_n=\frac{2}{l}\int_0^l f(x)\cos\frac{n\pi x}{l}\mathrm{d}x\,(n=0,1,2,\cdots) \tag{9-44}$$

证 作变量代换 $z=\frac{\pi x}{l}$，于是区间 $-l\leqslant x\leqslant l$ 就变换成 $-\pi\leqslant z\leqslant\pi$. 设函数 $f(x)=f\left(\frac{lz}{\pi}\right)=F(z)$，从而 $F(z)$ 是周期为 2π 的周期函数，并且它满足收敛定理的条件，将 $F(z)$ 展开成傅立叶级数

$$F(z)=\frac{a_0}{2}+\sum_{n=1}^{\infty}(a_n\cos nz+b_n\sin nz)$$

其中

$$a_n=\frac{1}{\pi}\int_{-\pi}^{\pi}F(z)\cos nz\,\mathrm{d}z,\quad b_n=\frac{1}{\pi}\int_{-\pi}^{\pi}F(z)\sin nz\,\mathrm{d}z$$

在以上式子中令 $z=\frac{\pi x}{l}$，并且 $F(z)=f(x)$，于是有

$$f(x)=\frac{a_0}{2}+\sum_{n=1}^{\infty}\left(a_n\cos\frac{n\pi x}{l}+b_n\sin\frac{n\pi x}{l}\right)$$

而且

$$a_n=\frac{1}{l}\int_{-l}^{l}f(x)\cos\frac{n\pi x}{l}\mathrm{d}x,\quad b_n=\frac{1}{l}\int_{-l}^{l}f(x)\sin\frac{n\pi x}{l}\mathrm{d}x$$

类似地，可以证明定理的其余部分.

例 1 设 $f(x)$ 是周期为 4 的周期函数，它在 $[-2,\ 2)$ 上的表达式为：

$$f(x)=\begin{cases}0, & -2\leqslant x<0\\ 2, & 0\leqslant x<2\end{cases}$$

将 $f(x)$ 展开成傅立叶级数.

解 先求 $f(x)$ 的傅立叶系数，这里 $l=2$. 由式(9-40)得

$$a_0=\frac{1}{2}\int_{-2}^{2}f(x)\mathrm{d}x=\frac{1}{2}\int_{-2}^{0}0\mathrm{d}x+\frac{1}{2}\int_{0}^{2}2\mathrm{d}x=2$$

$$a_n=\frac{1}{2}\int_{0}^{2}2\cos\frac{n\pi x}{2}\mathrm{d}x=\left[\frac{2}{n\pi}\sin\frac{n\pi x}{2}\right]_0^2=0(n\neq 0)$$

$$b_n=\frac{1}{2}\int_{0}^{2}2\sin\frac{n\pi x}{2}\mathrm{d}x=\left[-\frac{2}{n\pi}\cos\frac{n\pi x}{2}\right]_0^2=\frac{2}{n\pi}(1-\cos n\pi)$$

$$=\frac{2}{n\pi}[1-(-1)^n]=\begin{cases}\frac{4}{n\pi}(n=1,3,5,\cdots)\\0(n=2,4,6,\cdots)\end{cases}$$

根据收敛定理，$f(x)$ 的傅立叶级数为

$$f(x)=1+\frac{4}{\pi}\left(\sin\frac{\pi}{2}x+\frac{1}{3}\sin\frac{3\pi}{2}x+\frac{1}{5}\sin\frac{5\pi}{2}x+\cdots\right)$$

$$(-\infty<x<+\infty, x\neq 2k, k\in Z)$$

在点 $x=2k(k\in Z)$ 处，级数收敛于

$$\frac{1}{2}[f(2-0)+f(2+0)]=1$$

$f(x)$ 的傅立叶级数的和函数的图形如图 9-11 所示.

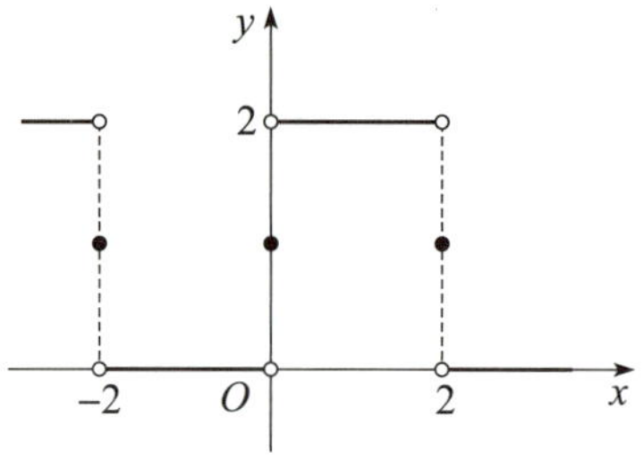

图 9-11

对于定义在区间 $[-l, l]$ 或 $[0, l]$ 上的函数，可以用周期延拓的方法将它展开成傅立叶级数.

例 2 设 $f(x)=-x^2+1\left(-\frac{1}{2}\leqslant x\leqslant\frac{1}{2}\right)$，将 $f(x)$ 展开成傅立叶级数.

解 $f(x)$ 在 $\left[-\frac{1}{2}, \frac{1}{2}\right]$ 上满足收敛定理条件，处处连续，且

$$a_0=\frac{1}{l}\int_{-l}^{l}f(x)\mathrm{d}x=2\int_{-\frac{1}{2}}^{\frac{1}{2}}(-x^2+1)\mathrm{d}x$$

$$=4\int_{0}^{\frac{1}{2}}(-x^2+1)\mathrm{d}x=4\left[x-\frac{x^3}{3}\right]_0^{\frac{1}{2}}=\frac{11}{6}$$

$$a_n=\frac{1}{l}\int_{-l}^{l}(-x^2+1)\cos\frac{n\pi x}{l}\mathrm{d}x=2\int_{-\frac{1}{2}}^{\frac{1}{2}}(-x^2+1)\cos 2n\pi x\,\mathrm{d}x$$

$$=4\int_0^{\frac{1}{2}}(-x^2+1)\cos 2n\pi x\,dx$$

$$=4\left[\frac{1}{2n\pi}\sin 2n\pi x-\frac{x^2}{2n\pi}\sin 2n\pi x-\frac{x}{2n^2\pi^2}\cos 2n\pi x+\frac{1}{4n^3\pi^3}\sin 2n\pi x\right]_0^{\frac{1}{2}}$$

$$=(-1)^{n+1}\frac{1}{n^2\pi^2}(n=1,2,3,\cdots)$$

$$b_n=\frac{1}{l}\int_{-l}^{l}(-x^2+1)\sin\frac{n\pi x}{l}dx=2\int_{-\frac{1}{2}}^{\frac{1}{2}}(-x^2+1)\sin 2n\pi x\,dx=0(n=1,2,3,\cdots)$$

所以 $f(x)$ 的傅立叶级数为

$$f(x)=\frac{11}{12}+\frac{1}{\pi^2}\left(\frac{1}{1^2}\cos 2\pi x-\frac{1}{2^2}\cos 4\pi x+\frac{1}{3^2}\cos 6\pi x-\frac{1}{4^2}\cos 8\pi x+\cdots\right)\left(-\frac{1}{2}\leqslant x\leqslant\frac{1}{2}\right)$$

例 3 将如图 9－12 所示的函数：

$$M(x)=\begin{cases}\dfrac{px}{2}, & 0\leqslant x<\dfrac{l}{2}\\[2ex] \dfrac{p(l-x)}{2}, & \dfrac{l}{2}\leqslant x\leqslant l\end{cases}$$

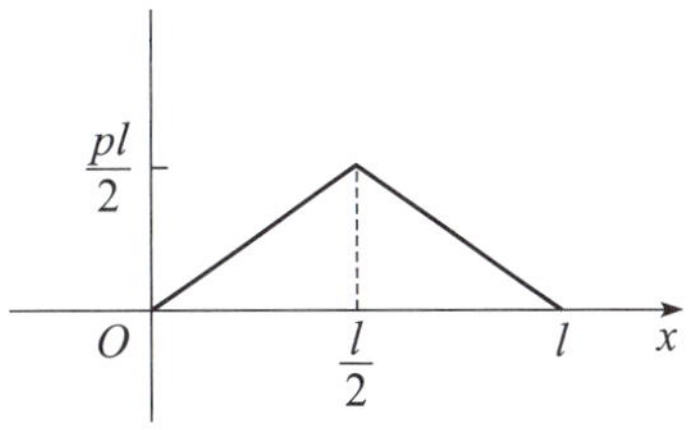

展开成正弦级数.

图 9－12

解 $M(x)$ 是定义在 $[0, l]$ 上的函数，要将它展开成正弦级数，必须对 $M(x)$ 进行奇延拓. 按式(9－42)计算奇延拓后的函数的傅立叶系数

$$b_n=\frac{2}{l}\int_0^l M(x)\sin\frac{n\pi x}{l}dx$$

$$=\frac{2}{l}\left[\int_0^{\frac{l}{2}}\frac{px}{2}\sin\frac{n\pi x}{l}dx+\int_{\frac{l}{2}}^{l}\frac{p(l-x)}{2}\sin\frac{n\pi x}{l}dx\right]$$

对上式右端的第二项，令 $t=l-x$，则

$$b_n=\frac{2}{l}\left[\int_0^{\frac{l}{2}}\frac{px}{2}\sin\frac{n\pi x}{l}dx+\int_{\frac{l}{2}}^{0}\frac{pt}{2}\sin\frac{n\pi(l-t)}{l}(-dt)\right]$$

$$=\frac{2}{l}\left[\int_0^{\frac{l}{2}}\frac{px}{2}\sin\frac{n\pi x}{l}dx+(-1)^{n+1}\int_0^{\frac{l}{2}}\frac{pt}{2}\sin\frac{n\pi t}{l}dt\right]$$

$$=\begin{cases}\dfrac{2pl}{n^2\pi^2}\sin\dfrac{n\pi}{2}, & n=1,3,5,\cdots\\[2ex] 0, & n=2,4,6,\cdots\end{cases}$$

将求得的 b_n 代入式(9-41),得

$$M(x)=\frac{2pl}{\pi^2}\left(\sin\frac{\pi x}{l}-\frac{1}{3^2}\sin\frac{3\pi x}{l}+\frac{1}{5^2}\sin\frac{5\pi x}{l}-\cdots\right)(0\leqslant x\leqslant l)$$

习题 9-7

1. 将下列各周期函数展开成傅立叶级数(下面给出函数在一个周期内的表达式):

(1) $f(x)=1-x^2\left(-\frac{1}{2}\leqslant x<\frac{1}{2}\right)$

(2) $f(x)=\begin{cases}x, & -1\leqslant x<0\\ 1, & 0\leqslant x<\frac{1}{2}\\ -1, & \frac{1}{2}\leqslant x<1\end{cases}$

(3) $f(x)=\begin{cases}2x+1, & -3\leqslant x<0\\ 1, & 0\leqslant x<3\end{cases}$

2. 将下列函数分别展开成正弦级数和余弦级数:

(1) $f(x)=\begin{cases}x, & 0\leqslant x<\frac{l}{2}\\ l-x, & \frac{l}{2}\leqslant x<l\end{cases}$

(2) $f(x)=x^2 \quad (0\leqslant x\leqslant 2)$

复习题九

1. 判定下列级数的收敛性:

(1) $\sum\limits_{n=1}^{\infty}\frac{1}{n\sqrt[n]{n}}$

(2) $\sum\limits_{n=1}^{\infty}\frac{(n!)^2}{2n^2}$

(3) $\sum\limits_{n=1}^{\infty}\frac{n\cos^2\frac{n\pi}{3}}{2^n}$

(4) $\sum\limits_{n=1}^{\infty}\left(\frac{1}{4^n}+\frac{1}{5^n}\right)$

(5) $\sum\limits_{n=1}^{\infty}\frac{a^n}{n^s}(a>0,\ s>0)$

(6) $\sum\limits_{n=1}^{\infty}\frac{(2n-1)!}{3^n\cdot n!}$

(7) $\sum_{n=1}^{\infty}\frac{n^n}{3^n\cdot n!}$　　(8) $\sum_{n=1}^{\infty}\ln\left(\frac{1+n}{n}\right)$

2. 设正项级数 $\sum_{n=1}^{\infty}u_n$ 和 $\sum_{n=1}^{\infty}v_n$ 都收敛，证明级数 $\sum_{n=1}^{\infty}(u_n+v_n)^2$ 也收敛.

3. 设级数 $\sum_{n=1}^{\infty}u_n$ 收敛，且 $\lim\limits_{n\to\infty}\frac{v_n}{u_n}=1$，级数 $\sum_{n=1}^{\infty}v_n$ 是否也收敛？试说明理由.

4. 讨论下列级数的绝对收敛性与条件收敛性：

(1) $\sum_{n=1}^{\infty}(-1)^n\frac{1}{n^{s+1}}$　　(2) $\sum_{n=1}^{\infty}(-1)^{n+1}\frac{\sin\frac{\pi}{n+1}}{\pi^{n+1}}$

(3) $\sum_{n=1}^{\infty}(-1)^n(\sqrt{n+1}-\sqrt{n})$　　(4) $\sum_{n=1}^{\infty}\frac{\sin nx}{n\sqrt{n}}$

(5) $\sum_{n=1}^{\infty}(-1)^n\ln\frac{n+1}{n}$　　(6) $\sum_{n=1}^{\infty}(-1)^n\frac{(n+1)!}{n^{n+1}}$

5. 求下列幂级数的收敛域：

(1) $\sum_{n=1}^{\infty}\frac{3^n+5^n}{n}x^n$　　(2) $\sum_{n=1}^{\infty}(-1)^n\frac{2^n}{\sqrt{n}}x^n$

(3) $\sum_{n=1}^{\infty}\frac{2n+1}{2^{n+1}}x^{2n}$　　(4) $\sum_{n=1}^{\infty}\frac{(-1)^{n-1}(x-2)^n}{n^2}$

(5) $\sum_{n=1}^{\infty}n(x+1)^n$　　(6) $\sum_{n=1}^{\infty}\frac{n}{2^n}x^{2n-1}$

6. 求下列幂级数的和函数并指出其收敛域：

(1) $\sum_{n=1}^{\infty}\frac{2n-1}{2^n}x^{2(n-1)}$　　(2) $\sum_{n=1}^{\infty}\frac{(-1)^{n-1}}{2n-1}x^{2n-1}$

(3) $\sum_{n=1}^{\infty}n(x-1)^n$　　(4) $\sum_{n=1}^{\infty}\frac{x^n}{n(n+1)}$

7. 将下列函数展开成 x 的幂级数：

(1) $\ln(x+\sqrt{x^2+1})$　　(2) $\frac{1}{(2-x)^2}$

(3) $\ln(4+x)$　　(4) $\frac{x}{1+x-2x^2}$

8. 将函数 $f(x)=\cos x$ 展开成 $\left(x+\frac{\pi}{3}\right)$ 的幂级数.

9. 试将函数 $f(x)=\int_0^x e^{-\frac{t^2}{2}}dt$ 展开成麦克劳林级数，并指出其收敛域.

10. 展开$\frac{\mathrm{d}}{\mathrm{d}x}\left(\frac{\mathrm{e}^x-1}{x}\right)$为麦克劳林级数，并证明$\sum\limits_{n=1}^{\infty}\frac{n}{(n+1)!}=1$.

11. 设 $f(x)$是周期为 2π 的函数，它在$[-\pi,\pi)$上的表达式为

$$f(x)=\begin{cases}0, & x\in[-\pi,0)\\ \mathrm{e}^x, & x\in[0,\pi)\end{cases}$$

将 $f(x)$展开成傅立叶级数.

12. 将函数

$$f(x)=\begin{cases}1, & x\in[0,h]\\ 0, & x\in(h,\pi]\end{cases}$$

分别展开成正弦级数和余弦级数.

13. 将函数 $f(x)=1-x(0\leqslant x\leqslant 1)$分别展开成正弦级数和余弦级数.

第 10 章　行列式与矩阵

在科学研究和生产实际中，许多问题都可以直接或近似地表示成一些变量的线性关系．行列式与矩阵是研究线性关系的重要工具，在计算机基础及程序设计上都得到了广泛的应用．本章主要介绍行列式与矩阵的基本概念、性质和运算．

10.1　行列式的概念与计算

10.1.1　二阶行列式

在初等数学中，用消元法求二元线性方程组

$$\begin{cases} a_{11}x_1+a_{12}x_2=b_1 \\ a_{21}x_1+a_{22}x_2=b_2 \end{cases} \tag{10-1}$$

的解，得到

$$\begin{cases} x_1=\dfrac{b_1a_{22}-a_{12}b_2}{a_{11}a_{22}-a_{12}a_{21}} \\[2ex] x_2=\dfrac{b_2a_{11}-a_{21}b_1}{a_{11}a_{22}-a_{12}a_{21}} \end{cases}$$

其中，$a_{11}a_{22}-a_{12}a_{21}\neq 0$.

为了使我们更有规律地使用和记忆上述结果，引进二阶行列式概念.

定义 1　用 2^2 个数组成的记号

$$\begin{vmatrix} a_{11} & a_{12} \\ a_{21} & a_{22} \end{vmatrix}$$

表示数值 $a_{11}a_{22}-a_{12}a_{21}$，即

$$\begin{vmatrix} a_{11} & a_{12} \\ a_{21} & a_{22} \end{vmatrix} = a_{11}a_{22} - a_{12}a_{21} \qquad (10-2)$$

式(10－2)的左端叫作**二阶行列式**，右端叫作二阶**行列式的展开式**．a_{11}，a_{12}，a_{21}，a_{22} 叫作二阶行列式的**元素**，横排叫行，竖排叫列.

对角线法则：a_{11}，a_{22} 为主对角线上的元素，a_{12}，a_{21} 为副对角线上的元素，即二阶行列式等于主对角线两元素之积减去副对角线两元素之积.

于是二元线性方程组的解可表示为

$$x_1 = \frac{\begin{vmatrix} b_1 & a_{12} \\ b_2 & a_{22} \end{vmatrix}}{\begin{vmatrix} a_{11} & a_{12} \\ a_{21} & a_{22} \end{vmatrix}}, \quad x_2 = \frac{\begin{vmatrix} a_{11} & b_1 \\ a_{21} & b_2 \end{vmatrix}}{\begin{vmatrix} a_{11} & a_{12} \\ a_{21} & a_{22} \end{vmatrix}} \quad \left(\begin{vmatrix} a_{11} & a_{12} \\ a_{21} & a_{22} \end{vmatrix} \neq 0 \right)$$

用 D，D_1，D_2 分别表示上述各二阶行列式，即

$$D = \begin{vmatrix} a_{11} & a_{12} \\ a_{21} & a_{22} \end{vmatrix}, \quad D_1 = \begin{vmatrix} b_1 & a_{12} \\ b_2 & a_{22} \end{vmatrix}, \quad D_2 = \begin{vmatrix} a_{11} & b_1 \\ a_{21} & b_2 \end{vmatrix}$$

当 $D \neq 0$ 时，线性方程组(10－1)的解可表示为

$$\begin{cases} x_1 = \dfrac{D_1}{D} \\ x_2 = \dfrac{D_2}{D} \end{cases}$$

式中，D 叫作方程组(10－1)的**系数行列式**，D_1，D_2 是分别以 b_1，b_2 代替行列式 D 中的第一列、第二列的元素所得到的两个二阶行列式.

10.1.2　三阶行列式

定义 2　用 3^2 个数组成的记号

$$\begin{vmatrix} a_{11} & a_{12} & a_{13} \\ a_{21} & a_{22} & a_{23} \\ a_{31} & a_{32} & a_{33} \end{vmatrix}$$

表示数值 $a_{11}a_{22}a_{33} + a_{12}a_{23}a_{31} + a_{13}a_{21}a_{32} - a_{13}a_{22}a_{31} - a_{12}a_{21}a_{33} - a_{11}a_{23}a_{32}$，即

$$\begin{vmatrix} a_{11} & a_{12} & a_{13} \\ a_{21} & a_{22} & a_{23} \\ a_{31} & a_{32} & a_{33} \end{vmatrix} = a_{11}a_{22}a_{33} + a_{12}a_{23}a_{31} + a_{13}a_{21}a_{32} - a_{13}a_{22}a_{31} - a_{12}a_{21}a_{33} - a_{11}a_{23}a_{32} \tag{10-3}$$

式(10－3)的左端叫作**三阶行列式**，右端叫作**三阶行列式的展开式**．展开式共有六项，每项都是三个元素的乘积，其中三项带“＋”号，另外三项带“－”号．

三阶行列式可以按图 10－1 展开。实线上三个元素的积取正号，虚线上三个元素的积取负号，这种展开三阶行列式的方法叫作**对角线法则**.

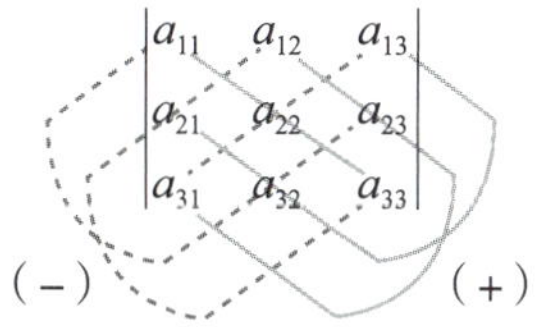

图 10－1

例 1 用对角线法则展开行列式并化简：

$$\begin{vmatrix} a & b & c \\ 2a & 2b & 2c \\ m & n & l \end{vmatrix}$$

解

$$\begin{vmatrix} a & b & c \\ 2a & 2b & 2c \\ m & n & l \end{vmatrix} = 2abl + 2acn + 2bcm - 2bcm - 2abl - 2acn = 0$$

10.1.3 *n* 阶行列式

由二阶行列式和三阶行列式的定义，显然有如下关系式

$$D = \begin{vmatrix} a_{11} & a_{12} & a_{13} \\ a_{21} & a_{22} & a_{23} \\ a_{31} & a_{32} & a_{33} \end{vmatrix} = a_{11}a_{22}a_{33} + a_{12}a_{23}a_{31} + a_{13}a_{21}a_{32} - a_{13}a_{22}a_{31} - a_{12}a_{21}a_{33} - a_{11}a_{23}a_{32}$$

$$= a_{11}\begin{vmatrix} a_{22} & a_{23} \\ a_{32} & a_{33} \end{vmatrix} - a_{12}\begin{vmatrix} a_{21} & a_{23} \\ a_{31} & a_{33} \end{vmatrix} + a_{13}\begin{vmatrix} a_{21} & a_{22} \\ a_{31} & a_{32} \end{vmatrix} \tag{10-4}$$

式(10－4)中三个二阶行列式分别是原来的三阶行列式 D 中划去 a_{1j} ($j=1$，2，3)所在的第一行与第 j 列的元素，剩下的元素保持原有相对位置所组成的二阶行列式.

按式(10－4)，我们可以用三阶行列式定义四阶行列式，依此类推，在定义了 $n-1$ 阶行列式后，可用 n 个 $n-1$ 阶行列式定义 n 阶行列式.

定义 3 用 n^2 个数组成的记号

$$D=\begin{vmatrix} a_{11} & a_{12} & \cdots & a_{1n} \\ a_{21} & a_{22} & \cdots & a_{2n} \\ \cdots & \cdots & \cdots & \cdots \\ a_{n1} & a_{n2} & \cdots & a_{nn} \end{vmatrix} \tag{10-5}$$

叫作 ***n* 阶行列式**，式中，$a_{ij}(i，j=1，2，\cdots，n)$叫作 ***n* 阶行列式的元素**，在行列式中从左上角到右下角的对角线叫作**主对角线**，位于主对角线上的元素叫作**主对角元**.

在 n 阶行列式中划去元素 a_{ij} 所在的行和列的元素后，剩下的元素按原相对位置所组成的 $n-1$ 阶行列式，叫作元素 a_{ij} 的**余子式**，记为 M_{ij}，把$(-1)^{i+j}M_{ij}$ 叫作元素 a_{ij} 的**代数余子式**，记为 A_{ij}，即 $A_{ij}=(-1)^{i+j}M_{ij}$.

于是 n 阶行列式(10－5)可记为

$$D=a_{11}A_{11}+a_{12}A_{12}+\cdots+a_{1n}A_{1n} \tag{10-6}$$

式(10－6)的右端叫作 ***n* 阶行列式按第一行展开的展开式**.

例 2 写出三阶行列式：

$$\begin{vmatrix} 1 & 2 & 3 \\ -1 & 4 & 1 \\ 3 & 5 & 8 \end{vmatrix}$$

的元素 a_{32} 和 a_{23} 的余子式和代数余子式.

解 因为元素 a_{32} 的余子式是

$$M_{32}=\begin{vmatrix} 1 & 3 \\ -1 & 1 \end{vmatrix}$$

所以 a_{32} 的代数余子式是

$$A_{32}=(-1)^{3+2}M_{32}=-\begin{vmatrix} 1 & 3 \\ -1 & 1 \end{vmatrix}$$

又因为元素 a_{23} 的余子式是

$$M_{23}=\begin{vmatrix}1 & 2\\ 3 & 5\end{vmatrix}$$

所以 a_{23} 的代数余子式是

$$A_{23}=(-1)^{2+3}M_{23}=-\begin{vmatrix}1 & 2\\ 3 & 5\end{vmatrix}$$

例 3　计算四阶行列式：

$$D=\begin{vmatrix}2 & 1 & 0 & 0\\ 0 & -3 & 0 & 2\\ 1 & 0 & -2 & 0\\ 0 & 0 & 3 & 1\end{vmatrix}$$

解　按第一行展开

$$D=\begin{vmatrix}2 & 1 & 0 & 0\\ 0 & -3 & 0 & 2\\ 1 & 0 & -2 & 0\\ 0 & 0 & 3 & 1\end{vmatrix}=2\times(-1)^{1+1}\begin{vmatrix}-3 & 0 & 2\\ 0 & -2 & 0\\ 0 & 3 & 1\end{vmatrix}+1\times(-1)^{1+2}\begin{vmatrix}0 & 0 & 2\\ 1 & -2 & 0\\ 0 & 3 & 1\end{vmatrix}$$

$$=2\times(-3)\times(-2)\times1-1\times3\times2=6$$

n 阶行列式有几种很重要的特殊形式：

（1）上三角行列式：

$$\begin{vmatrix}a_{11} & a_{12} & \cdots & a_{1n}\\ 0 & a_{22} & \cdots & a_{2n}\\ \cdots & \cdots & \cdots & \cdots\\ 0 & 0 & \cdots & a_{nn}\end{vmatrix}=a_{11}a_{22}\cdots a_{nn}$$

（2）下三角行列式：

$$\begin{vmatrix}a_{11} & 0 & \cdots & 0\\ a_{21} & a_{22} & \cdots & 0\\ \cdots & \cdots & \cdots & \cdots\\ a_{n1} & a_{n2} & \cdots & a_{nn}\end{vmatrix}=a_{11}a_{22}\cdots a_{nn}$$

（3）**对角行列式**：

$$\begin{vmatrix} a_{11} & 0 & \cdots & 0 \\ 0 & a_{22} & \cdots & 0 \\ \cdots & \cdots & \cdots & \cdots \\ 0 & 0 & \cdots & a_{nn} \end{vmatrix} = a_{11}a_{22}\cdots a_{nn}$$

习题 10－1

1. 计算下列行列式：

（1）$\begin{vmatrix} 2 & 0 & 1 \\ 1 & -4 & -1 \\ -1 & 8 & 3 \end{vmatrix}$　　（2）$\begin{vmatrix} a & b & c \\ b & c & a \\ c & a & b \end{vmatrix}$

（3）$\begin{vmatrix} 1 & 1 & 1 \\ x & y & z \\ x^2 & y^2 & z^2 \end{vmatrix}$　　（4）$\begin{vmatrix} a+b & c & c \\ a & b+c & a \\ b & b & c+a \end{vmatrix}$

2. 写出下面行列式中元素 a_{32} 的余子式及代数余子式：

$$\begin{vmatrix} 3 & 1 & -2 & 7 \\ 0 & 8 & 5 & 4 \\ 9 & -3 & 6 & -1 \\ 2 & 3 & 0 & 1 \end{vmatrix}$$

3. 解下列方程：

（1）$\begin{vmatrix} 15-2x & 11 & 10 \\ 11-3x & 17 & 16 \\ 7-x & 14 & 13 \end{vmatrix} = 0$　　（2）$\begin{vmatrix} 0 & 1 & x & 1 \\ 1 & 0 & 1 & x \\ x & 1 & 0 & 1 \\ 1 & x & 1 & 0 \end{vmatrix} = 0$

4. 计算行列式：

（1）$\begin{vmatrix} 0 & 0 & 0 & a_{14} \\ 0 & 0 & a_{23} & a_{24} \\ 0 & a_{32} & a_{33} & a_{34} \\ a_{41} & a_{42} & a_{43} & a_{44} \end{vmatrix}$　　（2）$\begin{vmatrix} 0 & a_1 & 0 & 0 & 0 \\ 0 & 0 & a_2 & 0 & 0 \\ 0 & 0 & 0 & a_3 & 0 \\ 0 & 0 & 0 & 0 & a_4 \\ a_{51} & a_{52} & a_{53} & a_{54} & a_{55} \end{vmatrix}$

10.2　行列式的性质

按定义计算 n 阶行列式的值，当 n 较大时，计算较麻烦．因此，我们介绍 n 阶行列式的性质，利用这些性质来简化行列式的计算．

如果把 n 阶行列式

$$D=\begin{vmatrix} a_{11} & a_{12} & \cdots & a_{1n} \\ a_{21} & a_{22} & \cdots & a_{2n} \\ \cdots & \cdots & \cdots & \cdots \\ a_{n1} & a_{n2} & \cdots & a_{nn} \end{vmatrix}$$

中的行与列按原来的顺序互换，得到新行列式

$$D^{\mathrm{T}}=\begin{vmatrix} a_{11} & a_{21} & \cdots & a_{n1} \\ a_{12} & a_{22} & \cdots & a_{n2} \\ \cdots & \cdots & \cdots & \cdots \\ a_{1n} & a_{2n} & \cdots & a_{nn} \end{vmatrix}$$

那么称行列式 D^{T} 为 D 的**转置行列式**．显然 D 也是 D^{T} 的转置行列式．

性质 1　行列式 D 与它的转置行列式 D^{T} 相等，即 $D=D^{\mathrm{T}}$．

性质 1 说明，行列式中行与列所处的地位是一样的，所以，凡是对行成立的性质，对列也同样成立．

性质 2　互换行列式的两行(或列)，行列式的值改变符号，即

$$\begin{vmatrix} a_{11} & a_{12} & \cdots & a_{1n} \\ \cdots & \cdots & \cdots & \cdots \\ a_{i1} & a_{i2} & \cdots & a_{in} \\ \cdots & \cdots & \cdots & \cdots \\ a_{j1} & a_{j2} & \cdots & a_{jn} \\ \cdots & \cdots & \cdots & \cdots \\ a_{n1} & a_{n2} & \cdots & a_{nn} \end{vmatrix}=-\begin{vmatrix} a_{11} & a_{12} & \cdots & a_{1n} \\ \cdots & \cdots & \cdots & \cdots \\ a_{j1} & a_{j2} & \cdots & a_{jn} \\ \cdots & \cdots & \cdots & \cdots \\ a_{i1} & a_{i2} & \cdots & a_{in} \\ \cdots & \cdots & \cdots & \cdots \\ a_{n1} & a_{n2} & \cdots & a_{nn} \end{vmatrix}$$

推论　若行列式中有两行(或列)的对应元素相等，则此行列式的值为零.

性质 3　行列式的某一行(或列)所有元素都乘以数 k，等于用数 k 乘此行列式. 即

$$\begin{vmatrix} a_{11} & a_{12} & \cdots & a_{1n} \\ \cdots & \cdots & \cdots & \cdots \\ ka_{i1} & ka_{i2} & \cdots & ka_{in} \\ \cdots & \cdots & \cdots & \cdots \\ a_{n1} & a_{n2} & \cdots & a_{nn} \end{vmatrix} = k\begin{vmatrix} a_{11} & a_{12} & \cdots & a_{1n} \\ \cdots & \cdots & \cdots & \cdots \\ a_{i1} & a_{i2} & \cdots & a_{in} \\ \cdots & \cdots & \cdots & \cdots \\ a_{n1} & a_{n2} & \cdots & a_{nn} \end{vmatrix}$$

推论 1　行列式中某两行(或列)对应元素成比例，则该行列式的值为零.

例如 $\begin{vmatrix} ka & kb & kc \\ a & b & c \\ x & y & z \end{vmatrix} = 0$

推论 2　行列式中某一行(或列)的元素全为零，则此行列式的值为零.

性质 4　行列式的某一行(或列)的元素都是二项之和，则这个行列式等于相应两个行列式的和. 即

$$\begin{vmatrix} a_{11} & a_{12} & \cdots & a_{1n} \\ \cdots & \cdots & \cdots & \cdots \\ a_{i1}+b_1 & a_{i2}+b_2 & \cdots & a_{in}+b_n \\ \cdots & \cdots & \cdots & \cdots \\ a_{n1} & a_{n2} & \cdots & a_{nn} \end{vmatrix} = \begin{vmatrix} a_{11} & a_{12} & \cdots & a_{1n} \\ \cdots & \cdots & \cdots & \cdots \\ a_{i1} & a_{i2} & \cdots & a_{in} \\ \cdots & \cdots & \cdots & \cdots \\ a_{n1} & a_{n2} & \cdots & a_{nn} \end{vmatrix} + \begin{vmatrix} a_{11} & a_{12} & \cdots & a_{1n} \\ \cdots & \cdots & \cdots & \cdots \\ b_1 & b_2 & \cdots & b_n \\ \cdots & \cdots & \cdots & \cdots \\ a_{n1} & a_{n2} & \cdots & a_{nn} \end{vmatrix}$$

性质 5　把行列式的某一行(或列)的各元素乘以同一个数，然后加到另一行(或列)对应的元素上去，行列式的值不变. 即

$$\begin{vmatrix} a_{11} & a_{12} & \cdots & a_{1n} \\ \cdots & \cdots & \cdots & \cdots \\ a_{i1} & a_{i2} & \cdots & a_{in} \\ \cdots & \cdots & \cdots & \cdots \\ a_{j1} & a_{j2} & \cdots & a_{jn} \\ \cdots & \cdots & \cdots & \cdots \\ a_{n1} & a_{n2} & \cdots & a_{nn} \end{vmatrix} = \begin{vmatrix} a_{11} & a_{12} & \cdots & a_{1n} \\ \cdots & \cdots & \cdots & \cdots \\ a_{i1}+ka_{j1} & a_{i2}+ka_{j2} & \cdots & a_{in}+ka_{jn} \\ \cdots & \cdots & \cdots & \cdots \\ a_{j1} & a_{j2} & \cdots & a_{jn} \\ \cdots & \cdots & \cdots & \cdots \\ a_{n1} & a_{n2} & \cdots & a_{nn}\cdots \end{vmatrix}$$

事实上，利用行列式的性质，行列式可以按任何一行(或列)展开，我们有以下定理：

定理 1　行列式等于它任一行(或列)元素与它对应的代数余子式的乘积之和，即

$$D=\sum_{k=1}^{n}a_{ik}A_{ik}\,(i=1,2,\cdots,n) \tag{10-7}$$

$$D=\sum_{k=1}^{n}a_{kj}A_{kj}\,(j=1,2,\cdots,n) \tag{10-8}$$

定理 2　行列式任一行(或列)的元素与另一行(或列)对应元素的代数余子式乘积之和等于零，即

$$\sum_{k=1}^{n}a_{ik}A_{jk}=0(i\neq j) \tag{10-9}$$

$$\sum_{k=1}^{n}a_{ki}A_{kj}=0(i\neq j) \tag{10-10}$$

利用行列式的性质可简化行列式的计算，为了书写简便，在行列式计算过程中可采用下列标记法：

(1) 以 r 代表行，以 c 代表列；

(2) 第 i 行与第 j 行互换，记作 $r_i\leftrightarrow r_j$，第 i 列与第 j 列互换，记作 $c_i\leftrightarrow c_j$；

(3) 把第 i 行(或第 i 列)的每一个元素加上第 j 行(或第 j 列)对应元素的 k 倍，记作 r_i+kr_j(或 c_i+kc_j)；

(4) 数 k 乘行列式的第 i 行(或第 i 列)中所有元素，记作 kr_i(或 kc_i).

例 1　计算行列式：

$$D=\begin{vmatrix}3 & 1 & 2\\ 290 & 106 & 196\\ 5 & -3 & 2\end{vmatrix}$$

解　把 D 的第二行元素分别看成:300−10,100+6,200−4,由性质 4 和推论 1 得

$$D=\begin{vmatrix}3 & 1 & 2\\ 290 & 106 & 196\\ 5 & -3 & 2\end{vmatrix}=\begin{vmatrix}3 & 1 & 2\\ 300 & 100 & 200\\ 5 & -3 & 2\end{vmatrix}+\begin{vmatrix}3 & 1 & 2\\ -10 & 6 & -4\\ 5 & -3 & 2\end{vmatrix}=0$$

例 2　计算行列式：

$$D=\begin{vmatrix}1 & 2 & 0 & 1\\ -3 & 0 & 2 & 1\\ 3 & 0 & 3 & 2\\ -1 & -1 & 0 & 2\end{vmatrix}$$

解 $D=\begin{vmatrix}1&2&0&1\\-3&0&2&1\\3&0&3&2\\-1&-1&0&2\end{vmatrix}\xlongequal[r_4+r_1]{\substack{r_2+3r_1\\r_3-3r_1}}\begin{vmatrix}1&2&0&1\\0&6&2&4\\0&-6&3&-1\\0&1&0&3\end{vmatrix}\xlongequal{r_2\leftrightarrow r_4}-\begin{vmatrix}1&2&0&1\\0&1&0&3\\0&-6&3&-1\\0&6&2&4\end{vmatrix}$

$$\xlongequal[r_4-6r_2]{r_3+6r_2}-\begin{vmatrix}1&2&0&1\\0&1&0&3\\0&0&3&17\\0&0&2&-14\end{vmatrix}\xlongequal{r_4-\frac{2}{3}r_3}-\begin{vmatrix}1&2&0&1\\0&1&0&3\\0&0&3&17\\0&0&0&-\frac{76}{3}\end{vmatrix}$$

$$=-3\times\left(-\frac{76}{3}\right)=76$$

上例在计算行列式时，利用行列式的性质，把它逐步化为三角形行列式. 这种方法一般称为**化三角形法**.

例 3 计算：

$$D=\begin{vmatrix}1&1&1&1\\a&b&c&d\\a^2&b^2&c^2&d^2\\a^3&b^3&c^3&d^3\end{vmatrix}$$

解 $D=\begin{vmatrix}1&1&1&1\\a&b&c&d\\a^2&b^2&c^2&d^2\\a^3&b^3&c^3&d^3\end{vmatrix}\xlongequal[r_2-ar_1]{\substack{r_4-ar_3\\r_3-ar_2}}\begin{vmatrix}1&1&1&1\\0&b-a&c-a&d-a\\0&b(b-a)&c(c-a)&d(d-a)\\0&b^2(b-a)&c^2(c-a)&d^2(d-a)\end{vmatrix}$

$$\xlongequal{按第一列展开}\begin{vmatrix}b-a&c-a&d-a\\b(b-a)&c(c-a)&d(d-a)\\b^2(b-a)&c^2(c-a)&d^2(d-a)\end{vmatrix}$$

$$=(b-a)(c-a)(d-a)\begin{vmatrix}1&1&1\\b&c&d\\b^2&c^2&d^2\end{vmatrix}$$

$$\xlongequal[r_2-br_1]{r_3-br_2}(b-a)(c-a)(d-a)\begin{vmatrix}1&1&1\\0&c-b&d-b\\0&c(c-b)&d(d-b)\end{vmatrix}$$

$$=(b-a)(c-a)(d-a)\begin{vmatrix} c-b & d-b \\ c(c-b) & d(d-b) \end{vmatrix}$$

$$=(b-a)(c-a)(d-a)(c-b)(d-b)\begin{vmatrix} 1 & 1 \\ c & d \end{vmatrix}$$

$$=(b-a)(c-a)(d-a)(c-b)(d-b)(d-c)$$

上例在计算行列式时，利用行列式的性质，把某一行(或列)的元素化为仅有一个非零元素，然后再按这一行(或列)展开. 这种方法一般称为降阶法.

例 4 计算 n 阶行列式：

$$D=\begin{vmatrix} a & b & b & \cdots & b \\ b & a & b & \cdots & b \\ b & b & a & \cdots & b \\ \cdots & \cdots & \cdots & \cdots & \cdots \\ b & b & b & \cdots & a \end{vmatrix}$$

解
$$D=\begin{vmatrix} a & b & \cdots & b & b \\ b & a & \cdots & b & b \\ \cdots & \cdots & \cdots & \cdots & \cdots \\ b & b & \cdots & a & b \\ b & b & \cdots & b & a \end{vmatrix} \xlongequal{c_1+c_k(k=2,\ 3,\ \cdots,\ n)} \begin{vmatrix} a+(n-1)b & b & \cdots & b & b \\ a+(n-1)b & a & \cdots & b & b \\ \cdots & \cdots & \cdots & \cdots & \cdots \\ a+(n-1)b & b & \cdots & a & b \\ a+(n-1)b & b & \cdots & b & a \end{vmatrix}$$

$$=[a+(n-1)b]\begin{vmatrix} 1 & b & b & \cdots & b \\ 1 & a & b & \cdots & b \\ 1 & b & a & \cdots & b \\ \cdots & \cdots & \cdots & \cdots & \cdots \\ 1 & b & b & \cdots & a \end{vmatrix}$$

$$\xlongequal{r_k-r_1(k=2,\ 3,\ \cdots,\ n)}[a+(n-1)b]\begin{vmatrix} 1 & b & \cdots & b & b \\ 0 & a-b & \cdots & 0 & 0 \\ \cdots & \cdots & \cdots & \cdots & \cdots \\ 0 & 0 & \cdots & a-b & 0 \\ 0 & 0 & \cdots & 0 & a-b \end{vmatrix}$$

$$=[a+(n-1)b](a-b)^{n-1}$$

例 5 解方程：

$$\begin{vmatrix} 1 & 1 & 1 & 1 \\ -1 & x & 2 & 2 \\ 2 & 2 & x & 3 \\ 3 & 3 & 3 & x \end{vmatrix}=0$$

解 因为 $\begin{vmatrix} 1 & 1 & 1 & 1 \\ -1 & x & 2 & 2 \\ 2 & 2 & x & 3 \\ 3 & 3 & 3 & x \end{vmatrix} \xlongequal[r_4+(-3)r_1]{\substack{r_2+r_1\\ r_3+(-2)r_1}} \begin{vmatrix} 1 & 1 & 1 & 1 \\ 0 & x+1 & 3 & 3 \\ 0 & 0 & x-2 & 1 \\ 0 & 0 & 0 & x-3 \end{vmatrix}=(x+1)(x-2)(x-3)=0$

所以方程的解为

$$x_1=-1,\quad x_2=2,\quad x_3=3$$

例 6 求证：

$$\begin{vmatrix} a_{11} & a_{12} & c_{11} & c_{12} \\ a_{21} & a_{22} & c_{21} & c_{22} \\ 0 & 0 & b_{11} & b_{12} \\ 0 & 0 & b_{21} & b_{22} \end{vmatrix}=\begin{vmatrix} a_{11} & a_{12} \\ a_{21} & a_{22} \end{vmatrix}\cdot\begin{vmatrix} b_{11} & b_{12} \\ b_{21} & b_{22} \end{vmatrix}$$

证明

$$\begin{aligned}\begin{vmatrix} a_{11} & a_{12} & c_{11} & c_{12} \\ a_{21} & a_{22} & c_{21} & c_{22} \\ 0 & 0 & b_{11} & b_{12} \\ 0 & 0 & b_{21} & b_{22} \end{vmatrix} &= a_{11}\begin{vmatrix} a_{22} & c_{21} & c_{22} \\ 0 & b_{11} & b_{12} \\ 0 & b_{21} & b_{22} \end{vmatrix}-a_{21}\begin{vmatrix} a_{12} & c_{11} & c_{12} \\ 0 & b_{11} & b_{12} \\ 0 & b_{21} & b_{22} \end{vmatrix} \\ &= a_{11}a_{22}\begin{vmatrix} b_{11} & b_{12} \\ b_{21} & b_{22} \end{vmatrix}-a_{21}a_{12}\begin{vmatrix} b_{11} & b_{12} \\ b_{21} & b_{22} \end{vmatrix} \\ &= (a_{11}a_{22}-a_{21}a_{12})\begin{vmatrix} b_{11} & b_{12} \\ b_{21} & b_{22} \end{vmatrix} \\ &= \begin{vmatrix} a_{11} & a_{12} \\ a_{21} & a_{22} \end{vmatrix}\cdot\begin{vmatrix} b_{11} & b_{12} \\ b_{21} & b_{22} \end{vmatrix}\end{aligned}$$

例 6 的结论可以推广到一般情况，用归纳法可以证明

$$\begin{vmatrix} a_{11} & \cdots & a_{1k} & c_{11} & \cdots & c_{1l} \\ \vdots & & \vdots & \vdots & & \vdots \\ a_{k1} & \cdots & a_{kk} & c_{k1} & \cdots & c_{kl} \\ 0 & \cdots & 0 & b_{11} & \cdots & b_{1l} \\ \vdots & & \vdots & \vdots & & \vdots \\ 0 & \cdots & 0 & b_{l1} & \cdots & b_{ll} \end{vmatrix} = \begin{vmatrix} a_{11} & \cdots & a_{1k} \\ \vdots & & \vdots \\ a_{k1} & \cdots & a_{kk} \end{vmatrix} \cdot \begin{vmatrix} b_{11} & \cdots & b_{1l} \\ \vdots & & \vdots \\ b_{l1} & \cdots & b_{ll} \end{vmatrix} \quad (10-11)$$

利用行列式的性质 1，$D=D^{\mathrm{T}}$，可以得到式(10－11)的另一种形式的结论.

习题 10－2

1. 利用行列式的性质计算行列式的值：

(1) $\begin{vmatrix} 1 & 3 & 4 \\ 10 & 1 & 11 \\ 7 & 1 & 8 \end{vmatrix}$　　(2) $\begin{vmatrix} 1 & 4 & 7 \\ 2 & 5 & 8 \\ 3 & 6 & 9 \end{vmatrix}$

(3) $\begin{vmatrix} 0 & 0 & \cdots & 0 & 1 \\ 0 & 0 & \cdots & 2 & 0 \\ \cdots & \cdots & \cdots & \cdots & \cdots \\ 0 & n-1 & \cdots & 0 & 0 \\ n & 0 & \cdots & 0 & 0 \end{vmatrix}$　　(4) $\begin{vmatrix} 1 & 2 & 2 & \cdots & 2 \\ 2 & 2 & 2 & \cdots & 2 \\ 2 & 2 & 3 & \cdots & 2 \\ \cdots & \cdots & \cdots & \cdots & \cdots \\ 2 & 2 & 2 & \cdots & n \end{vmatrix}$

2. 利用行列式的性质计算：

(1) $\begin{vmatrix} a & a & a \\ -a & a & x \\ -a & -a & x \end{vmatrix}$　　(2) $\begin{vmatrix} 1+a & 1 & 1 \\ 1 & 1+b & 1 \\ 1 & 1 & 1+c \end{vmatrix}$

(3) $\begin{vmatrix} 0 & a & b & a \\ a & 0 & a & b \\ b & a & 0 & a \\ a & b & a & 0 \end{vmatrix}$　　(4) $\begin{vmatrix} 1+x & 1 & 1 & 1 \\ 1 & 1-x & 1 & 1 \\ 1 & 1 & 1+y & 1 \\ 1 & 1 & 1 & 1-y \end{vmatrix}$

3. 利用行列式性质证明：

(1) $\begin{vmatrix} 1 & 1 & 1 \\ p & q & p+q \\ q & p & 0 \end{vmatrix}=0$

(2) $\begin{vmatrix} a_1+b_1 & b_1+c_1 & c_1+a_1 \\ a_2+b_2 & b_2+c_2 & c_2+a_2 \\ a_3+b_3 & b_3+c_3 & c_3+a_3 \end{vmatrix}=2\begin{vmatrix} a_1 & b_1 & c_1 \\ a_2 & b_2 & c_2 \\ a_3 & b_3 & c_3 \end{vmatrix}$

(3) $\begin{vmatrix} \cos A & \sin A & 0 & 0 \\ -\sin A & \cos A & 0 & 0 \\ 0 & 0 & \cos B & \sin B \\ 0 & 0 & -\sin B & \cos B \end{vmatrix}=1$

4. 解方程：

$$\begin{vmatrix} 1 & 4 & 3 & 2 \\ 2 & x+4 & 6 & 4 \\ 3 & -2 & x & 1 \\ -3 & 2 & 5 & -1 \end{vmatrix}=0$$

10.3 矩阵及其运算

上一节，我们给出了求解线性方程组的克莱姆法则，但对于系数行列式 $D=0$ 或未知量的个数与方程的个数不相等的线性方程组，克莱姆法则就不适用了，为了进一步解决一般的线性方程组解的问题，我们引入矩阵这一重要数学工具.

10.3.1 矩阵的概念

例 1 某学校一年级三名同学的数学、英语、计算机的期末成绩见表 10－1.

表 10－1

姓名	数学	英语	计算机
王　宏	90	86	91
李　丹	89	92	80
杨　唯	82	90	94

如果把表中数据取出并且不改变数据相关位置，那么就得到一个数表

$$\begin{pmatrix} 90 & 86 & 91 \\ 89 & 92 & 80 \\ 82 & 90 & 94 \end{pmatrix}$$

例 2 三元线性方程组：

$$\begin{cases} a_{11}x_1+a_{12}x_2+a_{13}x_3=b_1 \\ a_{21}x_1+a_{22}x_2+a_{23}x_3=b_2 \\ a_{31}x_1+a_{32}x_2+a_{33}x_3=b_3 \end{cases}$$

如果把三元线性方程组中的 x 的系数和常数项按照在方程组中的位置排成一个三行四列的数表，即

$$\begin{pmatrix} a_{11} & a_{12} & a_{13} & b_1 \\ a_{21} & a_{22} & a_{23} & b_2 \\ a_{31} & a_{32} & a_{33} & b_3 \end{pmatrix}$$

由上面的两个例子可以看出，对于这一类的问题可以用不同的数表来表示，我们把这种具有一定排列规则的矩形数表称为矩阵.

定义 1 由 $m\times n$ 个数 $a_{ij}(i=1, 2, \cdots, m; j=1, 2, \cdots, n)$ 排列成 m 行 n 列的矩形数表

$$\begin{pmatrix} a_{11} & a_{12} & \cdots & a_{1n} \\ a_{21} & a_{22} & \cdots & a_{2n} \\ \cdots & \cdots & \cdots & \cdots \\ a_{m1} & a_{m2} & \cdots & a_{mn} \end{pmatrix} \tag{10-12}$$

叫作一个 $m\times n$ **矩阵**. 其中，a_{ij} 称为矩阵的元素，第一个下标表示它所在的行，第二个下标表示它所在的列. 通常用大写的字母 $\boldsymbol{A}$，$\boldsymbol{B}$，$\boldsymbol{C}$，$\boldsymbol{X}$，$\boldsymbol{Y}$，…表示矩阵，可简记为 $\boldsymbol{A}=(a_{ij})_{m\times n}$ 或 $\boldsymbol{A}=(a_{ij})$ 或 $\boldsymbol{A}_{m\times n}$.

当 $m=n$ 时，$\boldsymbol{A}$ 叫作 **n 阶矩阵**(或 **n 阶方阵**)，用 $\boldsymbol{A}_n$ 表示.

例 1、例 2 可分别表示为

$$\boldsymbol{A}_3=\begin{pmatrix} 90 & 86 & 91 \\ 89 & 92 & 80 \\ 82 & 90 & 94 \end{pmatrix}, \quad \boldsymbol{B}_{3\times 4}=\begin{pmatrix} a_{11} & a_{12} & a_{13} & b_1 \\ a_{21} & a_{22} & a_{23} & b_2 \\ a_{31} & a_{32} & a_{33} & b_3 \end{pmatrix}$$

矩阵$\boldsymbol{A}=(a_{ij})_{m\times n}$有以下几种特殊形式：

（1）行矩阵：$m=1$，即$\boldsymbol{A}=(a_{11}\quad a_{12}\quad \cdots \quad a_{1n})$叫作行矩阵(或行向量)；

（2）列矩阵：$n=1$，即$\boldsymbol{A}=\begin{pmatrix} a_{11} \\ a_{21} \\ \cdots \\ a_{m1} \end{pmatrix}$叫作列矩阵(或列向量)；

（3）零矩阵：$a_{ij}=0(i=1, 2, \cdots, m; j=1, 2, \cdots, n)$叫作零矩阵，记作$\boldsymbol{O}_{m\times n}$或$\boldsymbol{O}$；

如

$$\begin{pmatrix} 0 & 0 \\ 0 & 0 \end{pmatrix}, \quad \begin{pmatrix} 0 & 0 & 0 & 0 \\ 0 & 0 & 0 & 0 \\ 0 & 0 & 0 & 0 \end{pmatrix}$$

分别称为2×2零矩阵和3×4零矩阵，记作$\boldsymbol{O}_{2\times 2}$，$\boldsymbol{O}_{3\times 4}$.

（4）对角矩阵：不在主对角线上的元素全为零的方阵叫作对角矩阵，一般形式为

$$\begin{pmatrix} a_{11} & 0 & \cdots & 0 \\ 0 & a_{22} & \cdots & 0 \\ \cdots & \cdots & \cdots & \cdots \\ 0 & 0 & \cdots & a_{nn} \end{pmatrix}$$

（5）单位矩阵：主对角线的元素全为1，其余元素均为零的方阵叫作单位矩阵，记作$\boldsymbol{E}$或$\boldsymbol{I}$，即

$$\boldsymbol{E}=\begin{pmatrix} 1 & 0 & \cdots & 0 \\ 0 & 1 & \cdots & 0 \\ \cdots & \cdots & \cdots & \cdots \\ 0 & 0 & \cdots & 1 \end{pmatrix}$$

（6）三角矩阵：主对角线以下的元素全为零的方阵叫作上三角形矩阵，即

$$\begin{pmatrix} a_{11} & a_{12} & \cdots & a_{1n} \\ 0 & a_{22} & \cdots & a_{2n} \\ \cdots & \cdots & \cdots & \cdots \\ 0 & 0 & \cdots & a_{nn} \end{pmatrix}$$

主对角线以上的元素全为零的方阵叫作下三角形矩阵，即

$$\begin{pmatrix} a_{11} & 0 & \cdots & 0 \\ a_{21} & a_{22} & \cdots & 0 \\ \cdots & \cdots & \cdots & \cdots \\ a_{n1} & a_{n2} & \cdots & a_{nn} \end{pmatrix}$$

(7) 对称矩阵：满足条件 $a_{ij}=a_{ji}(i，j=1，2，\cdots，n)$ 的方阵叫作对称矩阵. 对称矩阵的特点是，它的元素以主对角线为对称轴对应相等.

(8) 反对称矩阵：满足条件 $a_{ij}=-a_{ji}(i，j=1，2，\cdots，n)$ 的方阵叫作反对称矩阵. 反对称矩阵的特点是，它的第 i 行第 j 列的元素等于它的第 j 行第 i 列的元素的相反数，它的主对角线上的元素都是零，即

$$\begin{cases} a_{ij}=-a_{ji}, i\neq j \\ a_{ij}=0, i=j \end{cases} \quad (i,j=1,2,\cdots,n)$$

例如，矩阵 $\begin{pmatrix} 1 & -2 & 5 \\ -2 & 6 & 7 \\ 5 & 7 & 9 \end{pmatrix}$ 是对称矩阵. $\begin{pmatrix} 0 & 1 & -3 & 0 \\ -1 & 0 & 6 & -4 \\ 3 & -6 & 0 & -5 \\ 0 & 4 & 5 & 0 \end{pmatrix}$ 是反对称矩阵.

10.3.2　矩阵的运算

1. 矩阵的相等

定义 2　如果矩阵 $\boldsymbol{A}=(a_{ij})$ 与 $\boldsymbol{B}=(b_{ij})$ 都是 $m\times n$ 矩阵，并且它们的对应元素相等，则 $\boldsymbol{A}$ 与 $\boldsymbol{B}$ 相等. 记作

$$\boldsymbol{A}=\boldsymbol{B}$$

例 3　设矩阵：

$$\boldsymbol{A}=\begin{pmatrix} a & -1 & 3 \\ 0 & b & -4 \\ -5 & 8 & 7 \end{pmatrix}, \quad \boldsymbol{B}=\begin{pmatrix} -2 & -1 & c \\ 0 & 1 & -4 \\ d & 8 & 7 \end{pmatrix}$$

且 $\boldsymbol{A}=\boldsymbol{B}$，求 a，b，c，d.

解　根据定义，由 $\boldsymbol{A}=\boldsymbol{B}$，即

$$\begin{pmatrix} a & -1 & 3 \\ 0 & b & -4 \\ -5 & 8 & 7 \end{pmatrix}=\begin{pmatrix} -2 & -1 & c \\ 0 & 1 & -4 \\ d & 8 & 7 \end{pmatrix}$$

得

$$a=-2, b=1, c=3, d=-5$$

2. 矩阵的加法

定义 3 设有两个 $m\times n$ 矩阵 $\boldsymbol{A}=(a_{ij})$，$\boldsymbol{B}=(b_{ij})$，则 $m\times n$ 矩阵

$$\boldsymbol{C}=\begin{pmatrix} a_{11}+b_{11} & a_{12}+b_{12} & \cdots & a_{1n}+b_{1n} \\ a_{21}+b_{21} & a_{22}+b_{22} & \cdots & a_{2n}+b_{2n} \\ \cdots & \cdots & \cdots & \cdots \\ a_{m1}+b_{m1} & a_{m2}+b_{m2} & \cdots & a_{mn}+b_{mn} \end{pmatrix}$$

叫作 $\boldsymbol{A}$ 与 $\boldsymbol{B}$ 的和，记为 $\boldsymbol{A}+\boldsymbol{B}$，即

$$\boldsymbol{A}+\boldsymbol{B}=(a_{ij}+b_{ij})_{m\times n}$$

例 4 已知：

$$\boldsymbol{A}=\begin{pmatrix} 1 & -2 & 3 \\ 2 & 0 & 1 \end{pmatrix}, \quad \boldsymbol{B}=\begin{pmatrix} -1 & 2 & -3 \\ 1 & 0 & -1 \end{pmatrix}$$

求 $\boldsymbol{A}+\boldsymbol{B}$.

解 由矩阵加法

$$\boldsymbol{A}+\boldsymbol{B}=\begin{pmatrix} 1+(-1) & -2+2 & 3+(-3) \\ 2+1 & 0+0 & 1+(-1) \end{pmatrix}=\begin{pmatrix} 0 & 0 & 0 \\ 3 & 0 & 0 \end{pmatrix}$$

根据矩阵加法的定义，可以验证加法有如下运算性质（$\boldsymbol{A}$，$\boldsymbol{B}$，$\boldsymbol{C}$ 都是 $m\times n$ 矩阵）：

(1) $\boldsymbol{A}+\boldsymbol{B}=\boldsymbol{B}+\boldsymbol{A}$

(2) $(\boldsymbol{A}+\boldsymbol{B})+\boldsymbol{C}=\boldsymbol{A}+(\boldsymbol{B}+\boldsymbol{C})$

(3) $\boldsymbol{O}+\boldsymbol{A}=\boldsymbol{A}+\boldsymbol{O}=\boldsymbol{A}$

3. 数乘矩阵

定义 4 设矩阵 $\boldsymbol{A}=(a_{ij})_{m\times n}$，$k\in\boldsymbol{R}$ 为常数，则矩阵 $(ka_{ij})_{m\times n}$ 叫作 k 与矩阵 $\boldsymbol{A}$

的数乘，简称数乘矩阵，记作 $k\boldsymbol{A}$，即

$$k\boldsymbol{A}=(ka_{ij})_{m\times n}$$

特别地，当 $k=-1$ 时，可得到 $\boldsymbol{A}$ 的负矩阵 $-\boldsymbol{A}$. 因此，可以定义两个 $m\times n$ 矩阵 $\boldsymbol{A}$ 与 $\boldsymbol{B}$ 的差为

$$\boldsymbol{A}-\boldsymbol{B}=\boldsymbol{A}+(-\boldsymbol{B})$$

矩阵的数乘具有以下性质(A，B 是 $m\times n$ 矩阵，k，l 为常数)：

(1) $k\boldsymbol{A}=\boldsymbol{A}k$

(2) $k(\boldsymbol{A}+\boldsymbol{B})=k\boldsymbol{A}+k\boldsymbol{B}$

(3) $(k+l)\boldsymbol{A}=k\boldsymbol{A}+l\boldsymbol{A}$

(4) $k(l\boldsymbol{A})=(kl)\boldsymbol{A}$

(5) $\boldsymbol{A}+(-\boldsymbol{A})=\boldsymbol{O}$

注意：数 k 乘 n 阶行列式与数 k 乘 n 阶矩阵的区别，前者是数的运算，后者是矩阵的运算.

例 5　设有 3×4 矩阵 $\boldsymbol{A}$ 与 $\boldsymbol{B}$：

$$\boldsymbol{A}=\begin{pmatrix}3&-2&7&5\\1&0&4&-3\\6&8&0&2\end{pmatrix},\ \boldsymbol{B}=\begin{pmatrix}-2&0&1&4\\5&-1&7&6\\4&-2&1&-9\end{pmatrix}，求\ 3\boldsymbol{A}-2\boldsymbol{B}.$$

解　因为

$$3\boldsymbol{A}=3\begin{pmatrix}3&-2&7&5\\1&0&4&-3\\6&8&0&2\end{pmatrix}=\begin{pmatrix}9&-6&21&15\\3&0&12&-9\\18&24&0&6\end{pmatrix}$$

$$2\boldsymbol{B}=2\begin{pmatrix}-2&0&1&4\\5&-1&7&6\\4&-2&1&-9\end{pmatrix}=\begin{pmatrix}-4&0&2&8\\10&-2&14&12\\8&-4&2&-18\end{pmatrix}$$

所以

$$3\boldsymbol{A}-2\boldsymbol{B}=\begin{pmatrix}13&-6&19&7\\-7&2&-2&-21\\10&28&-2&24\end{pmatrix}$$

例 6 设 $\boldsymbol{A}=\begin{pmatrix}12 & 13 & 8\\ 6 & 5 & 3\\ 2 & -1 & 0\end{pmatrix}$，$\boldsymbol{B}=\begin{pmatrix}3 & 4 & 2\\ 6 & -1 & 0\\ -4 & -4 & 6\end{pmatrix}$，且满足 $\boldsymbol{A}-3\boldsymbol{X}=\boldsymbol{B}$，求矩阵 $\boldsymbol{X}$.

解 所求矩阵为

$$\boldsymbol{X}=\frac{\boldsymbol{A}-\boldsymbol{B}}{3}=\frac{1}{3}\begin{pmatrix}9 & 9 & 6\\ 0 & 6 & 3\\ 6 & 3 & -6\end{pmatrix}=\begin{pmatrix}3 & 3 & 2\\ 0 & 2 & 1\\ 2 & 1 & -2\end{pmatrix}$$

4. 矩阵的乘法

定义 5 设有矩阵 $\boldsymbol{A}=(a_{ij})_{m\times s}$，$\boldsymbol{B}=(b_{ij})_{s\times n}$，规定矩阵 $\boldsymbol{A}$ 与 $\boldsymbol{B}$ 的乘积是一个 $m\times n$ 矩阵 $\boldsymbol{C}=(c_{ij})_{m\times n}$，式中

$$c_{ij}=a_{i1}b_{1j}+a_{i2}b_{2j}+\cdots+a_{in}b_{nj}=\sum_{k=1}^{n}a_{ik}b_{kj}\,(i=1,2,\cdots,m;j=1,2,\cdots,n)$$

记作

$$\boldsymbol{C}=\boldsymbol{AB}$$

乘积矩阵 $\boldsymbol{C}=\boldsymbol{AB}$ 的第 i 行第 j 列元素 c_{ij} 是矩阵 $\boldsymbol{A}$ 的第 i 行元素与矩阵 $\boldsymbol{B}$ 的第 j 列对应元素乘积的和，即

$$\boldsymbol{AB}=\begin{pmatrix}\cdots & \cdots & \cdots & \cdots\\ a_{i1} & a_{i2} & \cdots & a_{is}\\ \cdots & \cdots & \cdots & \cdots\end{pmatrix}\begin{pmatrix}\cdots & b_{1j} & \cdots\\ \cdots & b_{2j} & \cdots\\ \cdots & \cdots & \cdots\\ \cdots & b_{sj} & \cdots\end{pmatrix}=\begin{pmatrix}\cdots & \cdots & \cdots\\ \cdots & c_{ij} & \cdots\\ \cdots & \cdots & \cdots\end{pmatrix}$$

定义 5 说明，只有当左边矩阵 $\boldsymbol{A}$ 的列数等于右边矩阵 $\boldsymbol{B}$ 的行数时，这两个矩阵才能相乘，乘积矩阵 $\boldsymbol{AB}$ 的行数等于 $\boldsymbol{A}$ 的行数，它的列数等于 $\boldsymbol{B}$ 的列数.

例 7 设矩阵 $\boldsymbol{A}=\begin{pmatrix}1 & 2 & 3\\ 2 & 0 & 1\end{pmatrix}$，$\boldsymbol{B}=\begin{pmatrix}-2 & 1\\ 1 & 0\\ 0 & -2\end{pmatrix}$，求 $\boldsymbol{AB}$ 与 $\boldsymbol{BA}$.

解 $\boldsymbol{AB}=\begin{pmatrix}1 & 2 & 3\\ 2 & 0 & 1\end{pmatrix}\begin{pmatrix}-2 & 1\\ 1 & 0\\ 0 & -2\end{pmatrix}$

$$=\begin{pmatrix}1\times(-2)+2\times1+3\times0 & 1\times1+2\times0+3\times(-2)\\ 2\times(-2)+0\times1+1\times0 & 2\times1+0\times0+1\times(-2)\end{pmatrix}$$

$$=\begin{pmatrix}0 & -5\\ -4 & 0\end{pmatrix}$$

$$\boldsymbol{BA}=\begin{pmatrix}-2 & 1\\ 1 & 0\\ 0 & -2\end{pmatrix}\begin{pmatrix}1 & 2 & 3\\ 2 & 0 & 1\end{pmatrix}$$

$$=\begin{pmatrix}-2\times1+1\times2 & -2\times2+1\times0 & -2\times3+1\times1\\ 1\times1+0\times2 & 1\times2+0\times0 & 1\times3+0\times1\\ 0\times1-2\times2 & 0\times2-2\times0 & 0\times3-0\times1\end{pmatrix}$$

$$=\begin{pmatrix}0 & -4 & -5\\ 1 & 2 & 3\\ -4 & 0 & -2\end{pmatrix}$$

例 8　设 $\boldsymbol{A}=\begin{pmatrix}1 & 1\\ -1 & -1\end{pmatrix}$，$\boldsymbol{B}=\begin{pmatrix}1 & -1\\ -1 & 1\end{pmatrix}$，$\boldsymbol{C}=\begin{pmatrix}2 & -3\\ -2 & 3\end{pmatrix}$，求 $\boldsymbol{AB}$，$\boldsymbol{BA}$，$\boldsymbol{AC}$.

解　$\boldsymbol{AB}=\begin{pmatrix}1 & 1\\ -1 & -1\end{pmatrix}\begin{pmatrix}1 & -1\\ -1 & 1\end{pmatrix}=\begin{pmatrix}0 & 0\\ 0 & 0\end{pmatrix}$

$\boldsymbol{BA}=\begin{pmatrix}1 & -1\\ -1 & 1\end{pmatrix}\begin{pmatrix}1 & 1\\ -1 & -1\end{pmatrix}=\begin{pmatrix}2 & 2\\ -2 & -2\end{pmatrix}$

$\boldsymbol{AC}=\begin{pmatrix}1 & 1\\ -1 & -1\end{pmatrix}\begin{pmatrix}2 & -3\\ -2 & 3\end{pmatrix}=\begin{pmatrix}0 & 0\\ 0 & 0\end{pmatrix}$

由以上两例可知：

(1) 矩阵的乘法不满足交换律，即在一般情况下 $\boldsymbol{AB}\neq\boldsymbol{BA}$. 若 $\boldsymbol{AB}=\boldsymbol{BA}$，则称**矩阵 $\boldsymbol{A}$ 与矩阵 $\boldsymbol{B}$ 是可交换的**.

(2) 两个非零矩阵，其乘积可能为零，因而当 $\boldsymbol{AB}=\boldsymbol{0}$ 时，一般不能推出 $\boldsymbol{A}=\boldsymbol{0}$ 或 $\boldsymbol{B}=\boldsymbol{0}$.

(3) $\boldsymbol{AB}=\boldsymbol{AC}$ 且 $\boldsymbol{A}\neq\boldsymbol{0}$ 时，一般地 $\boldsymbol{B}\neq\boldsymbol{C}$，说明矩阵乘法不满足消去律.

矩阵乘法具有下列性质(假定运算有意义)：

(1) $(\boldsymbol{AB})\boldsymbol{C}=\boldsymbol{A}(\boldsymbol{BC})$，$\lambda(\boldsymbol{AB})=(\lambda\boldsymbol{A})\boldsymbol{B}=\boldsymbol{A}(\lambda\boldsymbol{B})$

(2) $\boldsymbol{A}(\boldsymbol{B}+\boldsymbol{C})=\boldsymbol{AB}+\boldsymbol{AC}$，$(\boldsymbol{B}+\boldsymbol{C})\boldsymbol{A}=\boldsymbol{BA}+\boldsymbol{CA}$

(3) $\boldsymbol{E}_m\boldsymbol{A}_{m\times n}=\boldsymbol{A}_{m\times n}\boldsymbol{E}_n=\boldsymbol{A}_{m\times n}$

有了矩阵的乘法，就可以定义方阵的幂.

设 $\boldsymbol{A}$ 为 n 阶方阵，则定义

$$\boldsymbol{A}^0=\boldsymbol{E},\boldsymbol{A}^1=\boldsymbol{A},\boldsymbol{A}^2=\boldsymbol{A}\boldsymbol{A},\cdots,\boldsymbol{A}^{k+1}=\boldsymbol{A}^k\boldsymbol{A}$$

易证：$\boldsymbol{A}^{k+l}=\boldsymbol{A}^k\boldsymbol{A}^l$；$(\boldsymbol{A}^k)^l=\boldsymbol{A}^{kl}$

例 9 已知 $\boldsymbol{A}=\begin{pmatrix}1 & 0\\ 0 & -1\end{pmatrix}$，$\boldsymbol{B}=\begin{pmatrix}0 & 1\\ -1 & 0\end{pmatrix}$，求$(\boldsymbol{AB})^2$ 和 $\boldsymbol{A}^2\boldsymbol{B}^2$.

解 因为

$$\boldsymbol{AB}=\begin{pmatrix}0 & 1\\ 1 & 0\end{pmatrix},\quad \boldsymbol{A}^2=\begin{pmatrix}1 & 0\\ 0 & 1\end{pmatrix},\quad \boldsymbol{B}^2=\begin{pmatrix}-1 & 0\\ 0 & -1\end{pmatrix}$$

所以

$$(\boldsymbol{AB})^2=\begin{pmatrix}1 & 0\\ 0 & 1\end{pmatrix},\quad \boldsymbol{A}^2\boldsymbol{B}^2=\begin{pmatrix}-1 & 0\\ 0 & -1\end{pmatrix}$$

一般地，由于矩阵的乘法不满足交换律，所以

$$(\boldsymbol{AB})^k\neq\boldsymbol{A}^k\boldsymbol{B}^k$$

五、矩阵的转置

定义 6 $m\times n$ 矩阵 $\boldsymbol{A}$ 的行列互换，得到 $n\times m$ 矩阵叫作 $\boldsymbol{A}$ 的转置矩阵，记为 $\boldsymbol{A}^{\mathrm{T}}$.

例如

$$\boldsymbol{A}=\begin{pmatrix}a_{11} & a_{12} & \cdots & a_{1n}\\ a_{21} & a_{22} & \cdots & a_{2n}\\ \cdots & \cdots & \cdots & \cdots\\ a_{m1} & a_{m2} & \cdots & a_{mn}\end{pmatrix}$$

$\boldsymbol{A}$ 的转置矩阵为

$$\boldsymbol{A}^{\mathrm{T}}=\begin{pmatrix}a_{11} & a_{21} & \cdots & a_{m1}\\ a_{12} & a_{22} & \cdots & a_{m2}\\ \cdots & \cdots & \cdots & \cdots\\ a_{1n} & a_{2n} & \cdots & a_{mn}\end{pmatrix}$$

由定义 6 可知，转置矩阵 $\boldsymbol{A}^{\mathrm{T}}$ 的第 i 行第 j 列的元素等于矩阵 $\boldsymbol{A}$ 的第 j 行第 i 列的元素，简记为

$$\boldsymbol{A}^{\mathrm{T}} \text{ 的}(i,j)\text{元}=\boldsymbol{A} \text{ 的}(j,i)\text{元}$$

由对称矩阵与反对称矩阵的定义可知，对称矩阵满足：$\boldsymbol{A}=\boldsymbol{A}^{\mathrm{T}}$，反对称矩阵满足：$\boldsymbol{A}=-\boldsymbol{A}^{\mathrm{T}}$.

例 10　设

$$\boldsymbol{A}=\begin{pmatrix}1 & 2\\-1 & 0\\0 & 3\end{pmatrix},\quad \boldsymbol{B}=\begin{pmatrix}1 & 1 & 0\\-1 & 0 & 1\end{pmatrix}$$

求 $\boldsymbol{A}^{\mathrm{T}}$，$\boldsymbol{B}^{\mathrm{T}}$，$\boldsymbol{B}^{\mathrm{T}}\boldsymbol{A}^{\mathrm{T}}$，$(\boldsymbol{AB})^{\mathrm{T}}$.

解　$$\boldsymbol{A}^{\mathrm{T}}=\begin{pmatrix}1 & -1 & 0\\2 & 0 & 3\end{pmatrix},\quad \boldsymbol{B}^{\mathrm{T}}=\begin{pmatrix}1 & -1\\1 & 0\\0 & 1\end{pmatrix}$$

$$\boldsymbol{B}^{\mathrm{T}}\boldsymbol{A}^{\mathrm{T}}=\begin{pmatrix}1 & -1\\1 & 0\\0 & 1\end{pmatrix}\begin{pmatrix}1 & -1 & 0\\2 & 0 & 3\end{pmatrix}=\begin{pmatrix}-1 & -1 & -3\\1 & -1 & 0\\2 & 0 & 3\end{pmatrix}$$

$$(\boldsymbol{AB})^{\mathrm{T}}=\left(\begin{pmatrix}1 & 2\\-1 & 0\\0 & 3\end{pmatrix}\begin{pmatrix}1 & 1 & 0\\-1 & 0 & 1\end{pmatrix}\right)^{\mathrm{T}}=\begin{pmatrix}-1 & 1 & 2\\-1 & -1 & 0\\-3 & 0 & 3\end{pmatrix}^{\mathrm{T}}=\begin{pmatrix}-1 & -1 & -3\\1 & -1 & 0\\2 & 0 & 3\end{pmatrix}$$

矩阵的转置具有下列运算规则：

(1) $(\boldsymbol{A}^{\mathrm{T}})^{\mathrm{T}}=\boldsymbol{A}$

(2) $(\boldsymbol{A}+\boldsymbol{B})^{\mathrm{T}}=\boldsymbol{A}^{\mathrm{T}}+\boldsymbol{B}^{\mathrm{T}}$

(3) $(k\boldsymbol{A})^{\mathrm{T}}=k\boldsymbol{A}^{\mathrm{T}}$($k$ 为常数)

(4) $(\boldsymbol{AB})^{\mathrm{T}}=\boldsymbol{B}^{\mathrm{T}}\boldsymbol{A}^{\mathrm{T}}$

下面证明(4)：

设 $\boldsymbol{A}=(a_{ij})_{m\times s}$，$\boldsymbol{B}=(b_{ij})_{s\times n}$，则

$$\begin{aligned}(\boldsymbol{AB})^{\mathrm{T}} \text{ 的}(i,j)\text{元}&=(\boldsymbol{AB})\text{ 的}(j,i)\text{元}\\&=\sum_{k=1}^{s}[\boldsymbol{A}\text{ 的}(j,k)\text{元}\cdot\boldsymbol{B}\text{ 的}(k,i)\text{元}]=\sum_{k=1}^{s}a_{jk}b_{ki}\end{aligned}$$

而

$$\boldsymbol{B}^{\mathrm{T}}\boldsymbol{A}^{\mathrm{T}} \text{ 的}(i,j)\text{元}=\sum_{k=1}^{s}[\boldsymbol{B}^{\mathrm{T}} \text{ 的}(i,k)\text{ 元}\cdot \boldsymbol{A}^{\mathrm{T}} \text{ 的}(k,j)\text{ 元}]$$

$$=\sum_{k=1}^{s}[\boldsymbol{B} \text{ 的}(k,i)\text{ 元}\cdot \boldsymbol{A} \text{ 的}(j,k)\text{ 元}]=\sum_{k=1}^{s}b_{ki}a_{jk}$$

于是

$$(\boldsymbol{AB})^{\mathrm{T}} \text{ 的}(i,j)\text{元}=\boldsymbol{B}^{\mathrm{T}}\boldsymbol{A}^{\mathrm{T}} \text{ 的}(i,j)\text{元}$$

即

$$(\boldsymbol{AB})^{\mathrm{T}}=\boldsymbol{B}^{\mathrm{T}}\boldsymbol{A}^{\mathrm{T}}$$

例 11 设 A 是 n 阶对称矩阵，B 是 n 阶反对称矩阵，即 $A=A^{\mathrm{T}}$，$B=-B^{\mathrm{T}}$，试证：(1) B^2 是对称矩阵；(2) $AB+BA$ 是反对称矩阵.

证 (1) 因为 $\boldsymbol{B}=-\boldsymbol{B}^{\mathrm{T}}$ 且

$$(\boldsymbol{B}^2)^{\mathrm{T}}=(\boldsymbol{BB})^{\mathrm{T}}=\boldsymbol{B}^{\mathrm{T}}\boldsymbol{B}^{\mathrm{T}}=(-\boldsymbol{B})(-\boldsymbol{B})=\boldsymbol{B}^2$$

所以，$\boldsymbol{B}^2$ 是对称矩阵.

(2) 因为 $\boldsymbol{A}=\boldsymbol{A}^{\mathrm{T}}$，$\boldsymbol{B}=-\boldsymbol{B}^{\mathrm{T}}$ 且

$$(\boldsymbol{AB}+\boldsymbol{BA})^{\mathrm{T}}=(\boldsymbol{AB})^{\mathrm{T}}+(\boldsymbol{BA})^{\mathrm{T}}=\boldsymbol{B}^{\mathrm{T}}\boldsymbol{A}^{\mathrm{T}}+\boldsymbol{A}^{\mathrm{T}}\boldsymbol{B}^{\mathrm{T}}$$

$$=-\boldsymbol{BA}+\boldsymbol{A}(-\boldsymbol{B})=-(\boldsymbol{AB}+\boldsymbol{BA})$$

所以，$\boldsymbol{AB}+\boldsymbol{BA}$ 是反对称矩阵.

习题 10 - 3

1. 设 $\boldsymbol{A}=\begin{pmatrix}1 & 3\\ 2 & 4\end{pmatrix}$，$\boldsymbol{B}=\begin{pmatrix}2 & -5\\ 1 & -3\end{pmatrix}$，

(1) 求 $\boldsymbol{A}+2\boldsymbol{B}$；

(2) 求 $3\boldsymbol{A}-\boldsymbol{B}$；

(3) 若矩阵满足 $\boldsymbol{A}+2\boldsymbol{X}=\boldsymbol{B}$，求 $\boldsymbol{X}$.

2. 计算：

(1) $\begin{pmatrix} 4 & 3 & 1 \\ 1 & -2 & 3 \\ 5 & 7 & 0 \end{pmatrix}\begin{pmatrix} 7 \\ 2 \\ 1 \end{pmatrix}$　　　　(2) $(1\quad 2\quad 3)\begin{pmatrix} 3 \\ 2 \\ 1 \end{pmatrix}$

(3) $\begin{pmatrix} 2 & 1 & 4 & 0 \\ 1 & -1 & 3 & 4 \end{pmatrix}\begin{pmatrix} 1 & 3 & 1 \\ 0 & -1 & 2 \\ 1 & -3 & 1 \\ 4 & 0 & -2 \end{pmatrix}$

3. 设 $\boldsymbol{A}=\begin{pmatrix} 1 & 1 & 1 \\ 1 & 1 & -1 \\ 1 & -1 & 1 \end{pmatrix}$，$\boldsymbol{B}=\begin{pmatrix} 1 & 2 & 3 \\ -1 & -2 & 4 \\ 0 & 5 & 1 \end{pmatrix}$，求：$3\boldsymbol{AB}-2\boldsymbol{A}$ 及 $\boldsymbol{A}^{\mathrm{T}}\boldsymbol{B}$.

4. 设 $\boldsymbol{A}=\begin{pmatrix} 1 & 1 & 0 \\ -1 & 2 & 3 \\ 0 & 3 & 2 \end{pmatrix}$，$\boldsymbol{B}=\begin{pmatrix} 1 & 2 \\ 3 & 2 \\ 1 & -1 \end{pmatrix}$，计算 $(\boldsymbol{AB})^{\mathrm{T}}$，$\boldsymbol{B}^{\mathrm{T}}\boldsymbol{A}^{\mathrm{T}}$.

5. 求矩阵 $\boldsymbol{X}$，使满足矩阵方程：

$$\begin{pmatrix} 1 & 2 & 3 & -1 \\ 2 & 0 & 1 & 2 \\ -1 & 1 & 0 & -1 \end{pmatrix}+\boldsymbol{X}=\begin{pmatrix} 0 & -1 & 2 & 3 \\ 3 & 0 & 1 & -1 \\ 1 & 2 & -2 & 0 \end{pmatrix}$$

6. 设矩阵 $\boldsymbol{A}$，$\boldsymbol{B}$，$\boldsymbol{C}$ 满足 $\boldsymbol{AB}=\boldsymbol{BA}$，$\boldsymbol{AC}=\boldsymbol{CA}$，试证：

(1) $\boldsymbol{A}(\boldsymbol{B}+\boldsymbol{C})=(\boldsymbol{B}+\boldsymbol{C})\boldsymbol{A}$；

(2) $\boldsymbol{A}(\boldsymbol{BC})=(\boldsymbol{BC})\boldsymbol{A}$.

7. 设 $\boldsymbol{A}$，$\boldsymbol{B}$ 可交换，试证：

(1) $(\boldsymbol{A}+\boldsymbol{B})^2=\boldsymbol{A}^2+2\boldsymbol{AB}+\boldsymbol{B}^2$；

(2) $(\boldsymbol{A}+\boldsymbol{B})(\boldsymbol{A}-\boldsymbol{B})=\boldsymbol{A}^2-\boldsymbol{B}^2$；

(3) $(\boldsymbol{A}+\boldsymbol{B})^3=\boldsymbol{A}^3+3\boldsymbol{A}^2\boldsymbol{B}+3\boldsymbol{AB}^2+\boldsymbol{B}^3$.

8. 对任意 n 阶矩阵 $\boldsymbol{A}$，试证：

(1) $\boldsymbol{A}+\boldsymbol{A}^{\mathrm{T}}$ 是对称矩阵；

(2) $\boldsymbol{A}-\boldsymbol{A}^{\mathrm{T}}$ 是反对称矩阵.

9. 设 $\boldsymbol{A}$ 是 n 阶反对称矩阵，$\boldsymbol{B}$ 是 n 阶对称矩阵：

(1) 问 $\boldsymbol{A}^k$，$\boldsymbol{B}^k$ 是否为对称或反对称矩阵？

(2) 试证 $\boldsymbol{AB}-\boldsymbol{BA}$ 是 n 阶对称矩阵.

10.4 矩阵的初等变换　矩阵的秩

10.4.1 矩阵的初等变换

定义 1 对矩阵施行以下三种变换，叫作矩阵的初等行变换：

(1) 用一个非零的数 k 乘矩阵某一行的所有元素(第 i 行乘 k，记为 kr_i)；

(2) 将某一行所有元素的 k 倍加到另一行对应元素上去，(第 j 行的 k 倍加到第 i 行上，记为 r_i+kr_j)；

(3) 互换矩阵的某两行(第 i 行与第 j 行互换，记为 $r_i \leftrightarrow r_j$).

相应地，也有矩阵的初等列变换，其表示方法与初等行变换相仿，即把 r 换成 c 即可.

矩阵的初等行变换和初等列变换统称为矩阵的初等变换.

例 1 用初等变换将矩阵：

$$\boldsymbol{A}=\begin{pmatrix}2 & 3 & -4\\ 1 & 2 & 3\\ 2 & -1 & 2\end{pmatrix}$$

化为单位矩阵.

解

$$\boldsymbol{A}=\begin{pmatrix}2 & 3 & -4\\ 1 & 2 & 3\\ 2 & -1 & 2\end{pmatrix}\xrightarrow{r_1\leftrightarrow r_2}\begin{pmatrix}1 & 2 & 3\\ 2 & 3 & -4\\ 2 & -1 & 2\end{pmatrix}$$

$$\xrightarrow[r_3-2r_1]{r_2-2r_1}\begin{pmatrix}1 & 2 & 3\\ 0 & -1 & -10\\ 0 & -5 & -4\end{pmatrix}\xrightarrow{-r_2}\begin{pmatrix}1 & 2 & 3\\ 0 & 1 & 10\\ 0 & -5 & -4\end{pmatrix}$$

$$\xrightarrow{r_3+5r_2}\begin{pmatrix}1 & 2 & 3\\ 0 & 1 & 10\\ 0 & 0 & 46\end{pmatrix}\xrightarrow{\frac{1}{46}r_3}\begin{pmatrix}1 & 2 & 3\\ 0 & 1 & 10\\ 0 & 0 & 1\end{pmatrix}$$

$$\xrightarrow[r_1-3r_3]{r_2-10r_3}\begin{pmatrix}1 & 2 & 0\\ 0 & 1 & 0\\ 0 & 0 & 1\end{pmatrix}\xrightarrow{r_1-2r_2}\begin{pmatrix}1 & 0 & 0\\ 0 & 1 & 0\\ 0 & 0 & 1\end{pmatrix}$$

10.4.2　矩阵的秩

定义 2　在 $m\times n$ 矩阵 A 中，任取 k 行和 k 列（$k\leqslant\min(m,n)$），位于这些行与列交叉处的元素，保持原来的相对位置所构成一个 k 阶行列式，叫作矩阵 A 的一个 **k 阶子式**. 如果子式的值不为零，则叫作**非零子式**.

例如

$$\boldsymbol{A}=\begin{pmatrix}2 & -1 & 3 & 6\\ 0 & 5 & 1 & 7\\ 0 & 0 & 4 & -2\\ 0 & 0 & 0 & 0\\ 0 & 0 & 0 & 0\end{pmatrix}$$

第一、二行，第二、三列交叉处的元素构成的二阶子式为

$$\begin{vmatrix}-1 & 3\\ 5 & 1\end{vmatrix}=-16$$

定义 3　设 $\boldsymbol{A}$ 为 $m\times n$ 矩阵，矩阵 $\boldsymbol{A}$ 中非零子式的最高阶数 r 叫作矩阵 $\boldsymbol{A}$ 的**秩**，记作 $R(\boldsymbol{A})$，即 $R(\boldsymbol{A})=r$.

当 $\boldsymbol{A}=\boldsymbol{O}$ 时，规定 $R(\boldsymbol{A})=0$.

例 2　求矩阵：

$$\boldsymbol{A}=\begin{pmatrix}2 & 1 & 3 & 1\\ 3 & 1 & 5 & 2\\ 1 & 0 & 2 & 1\end{pmatrix}$$

的秩.

解　因为 A 的所有三阶子式均为零，即

$$\begin{vmatrix}2 & 1 & 3\\ 3 & 1 & 5\\ 1 & 0 & 2\end{vmatrix}=0,\quad \begin{vmatrix}1 & 3 & 1\\ 1 & 5 & 2\\ 0 & 2 & 1\end{vmatrix}=0,\quad \begin{vmatrix}3 & 1 & 2\\ 5 & 2 & 3\\ 2 & 1 & 1\end{vmatrix}=0,\quad \begin{vmatrix}2 & 1 & 1\\ 3 & 1 & 2\\ 1 & 0 & 1\end{vmatrix}=0$$

而它的一个二阶子式

$$\begin{vmatrix} 2 & 1 \\ 3 & 1 \end{vmatrix} \neq 0$$

所以矩阵 $\boldsymbol{A}$ 的秩为

$$R(\boldsymbol{A})=2$$

从上例可以看出，利用定义求矩阵的秩有时需要求多个行列式的值，下面我们介绍通过初等变换，把一个矩阵化成阶梯形矩阵的形式，然后求矩阵秩的方法.

定义 4　满足下列两个条件的矩阵叫作**阶梯形矩阵**：

(1) 矩阵的零行在矩阵的最下方；

(2) 非零行的第一个不为零的元素(称为首非零元)的列标随着行标的递增而严格增大.

如：

$$\begin{pmatrix} 2 & 0 & -1 & 3 & 5 \\ 0 & -5 & 4 & 1 & 2 \\ 0 & 0 & 0 & 7 & -3 \\ 0 & 0 & 0 & 0 & 0 \end{pmatrix}$$

是阶梯形矩阵，而

$$\begin{pmatrix} 3 & 1 & 5 & 0 \\ 0 & 2 & -1 & 3 \\ 0 & -1 & 0 & 0 \\ 0 & 0 & 0 & 0 \end{pmatrix}$$

就不是阶梯形矩阵.

定义 5　如果阶梯形矩阵满足以下两个条件：

(1) 非零行的首非零元(称为主元)都是 1；

(2) 所有首非零元所在列的其余元素都是零.

则把此阶梯形矩阵叫作**行简化阶梯形矩阵**.

如：

$$\begin{pmatrix} 1 & -3 & 0 & 2 & 0 & 4 \\ 0 & 0 & 1 & -1 & 0 & 2 \\ 0 & 0 & 0 & 0 & 1 & 0 \end{pmatrix}$$

是行简化阶梯形矩阵.

任一矩阵 A 都可以用一系列初等行变换化成阶梯形矩阵，任一阶梯形矩阵可以用一系列初等行变换化成行简化阶梯形矩阵.

关于初等变换和矩阵的秩有以下两个重要结论：

(1) **初等变换不改变矩阵的秩；**

(2) **矩阵 $\boldsymbol{A}$ 的秩等于其阶梯形矩阵非零行的行数.**

从而得到一个用初等变换求矩阵秩的方法，对矩阵施行初等行变换，使其化为阶梯形矩阵，阶梯形矩阵非零的行数为该矩阵的秩.

例 3　把矩阵 A 化成行简化阶梯形矩阵.

$$\boldsymbol{A}=\begin{pmatrix}1 & -1 & 2 & 1\\ -1 & 2 & 3 & -2\\ 2 & -3 & -2 & 2\end{pmatrix}$$

解　先把矩阵 A 化成阶梯形矩阵，然后再化成行简化阶梯形矩阵，即

$$\boldsymbol{A}=\begin{pmatrix}1 & -1 & 2 & 1\\ -1 & 2 & 3 & -2\\ 2 & -3 & -2 & 2\end{pmatrix}\xrightarrow[r_3-2r_1]{r_2+r_1}\begin{pmatrix}1 & -1 & 2 & 1\\ 0 & 1 & 5 & -1\\ 0 & -1 & -6 & 0\end{pmatrix}$$

$$\xrightarrow{r_3+r_2}\begin{pmatrix}1 & -1 & 2 & 1\\ 0 & 1 & 5 & -1\\ 0 & 0 & -1 & -1\end{pmatrix}\xrightarrow[r_2+5r_3]{r_1+2r_3}\begin{pmatrix}1 & -1 & 0 & -1\\ 0 & 1 & 0 & -6\\ 0 & 0 & -1 & -1\end{pmatrix}$$

$$\xrightarrow[-r_3]{r_1+r_2}\begin{pmatrix}1 & 0 & 0 & -7\\ 0 & 1 & 0 & -6\\ 0 & 0 & 1 & 1\end{pmatrix}$$

例 4　求矩阵：

$$\boldsymbol{A}=\begin{pmatrix}2 & -4 & 3 & -3 & 5\\ 1 & -2 & 1 & 5 & 3\\ 1 & -2 & 4 & -34 & 0\end{pmatrix}$$

的秩.

解 $A=\begin{pmatrix}2&-4&3&-3&5\\1&-2&1&5&3\\1&-2&4&-34&0\end{pmatrix}\xrightarrow{r_1\leftrightarrow r_2}\begin{pmatrix}1&-2&1&5&3\\2&-4&3&-3&5\\1&-2&4&-34&0\end{pmatrix}$

$$\xrightarrow[r_3-r_1]{r_2-2r_1}\begin{pmatrix}1&-2&1&5&3\\0&0&1&-13&-1\\0&0&3&-39&-3\end{pmatrix}$$

$$\xrightarrow{r_3-3r_2}\begin{pmatrix}1&-2&1&5&3\\0&0&1&-13&-1\\0&0&0&0&0\end{pmatrix}$$

所以

$$R(\boldsymbol{A})=2$$

习题 10-4

1. 用初等行变换把下列矩阵化成行简化阶梯形矩阵：

(1) $\begin{pmatrix}2&0&7\\-1&4&5\\3&1&2\end{pmatrix}$　(2) $\begin{pmatrix}1&3&-5&7\\0&1&2&-3\\0&0&1&2\\0&0&0&1\end{pmatrix}$

(3) $\begin{pmatrix}1&1&1&1\\1&1&-1&-1\\1&-1&1&-1\\1&-1&-1&-1\end{pmatrix}$　(4) $\begin{pmatrix}3&-2&0&-1\\0&2&2&1\\1&-2&-3&-2\\0&1&2&1\end{pmatrix}$

2. 求下列矩阵的秩：

(1) $\begin{pmatrix}3&1&0&2\\1&-1&2&-1\\1&3&-4&4\end{pmatrix}$　(2) $\begin{pmatrix}3&2&-1&-3&-2\\2&-1&3&1&-3\\7&0&5&-1&8\end{pmatrix}$

(3) $\begin{pmatrix}1&-2&3&5\\0&1&2&1\\1&-1&5&6\end{pmatrix}$　(4) $\begin{pmatrix}1&4&-1&2&2\\2&-2&1&1&0\\-2&-1&3&2&0\end{pmatrix}$

3. 能否选取适当的 λ，使矩阵

$$\boldsymbol{A}=\begin{pmatrix}1 & 2 & 3 & 2\\ 3 & 6 & 9 & 6\\ 4 & 8 & 12 & \lambda\end{pmatrix}$$

有(1) $R(\boldsymbol{A})=1$；(2) $R(\boldsymbol{A})=2$；(3) $R(\boldsymbol{A})=3$?

10.5 逆矩阵

10.5.1 逆矩阵的概念

在 10.3 中，我们介绍了矩阵和矩阵的乘积，以及矩阵的相等的定义，这样在 n 元线性方程组

$$\begin{cases}a_{11}x_1+a_{12}x_2+\cdots+a_{1n}x_n=b_1\\ a_{21}x_1+a_{22}x_2+\cdots+a_{2n}x_n=b_2\\ a_{m1}x_1+a_{m2}x_2+\cdots+a_{mn}x_n=b_m\end{cases} \tag{10-13}$$

中，若令

$$\boldsymbol{A}=\begin{pmatrix}a_{11} & a_{12} & \cdots & a_{1n}\\ a_{21} & a_{22} & \cdots & a_{2n}\\ \cdots & \cdots & \cdots & \cdots\\ a_{m1} & a_{m2} & \cdots & a_{mn}\end{pmatrix},\quad \boldsymbol{X}=\begin{pmatrix}x_1\\ x_2\\ \cdots\\ x_n\end{pmatrix},\quad \boldsymbol{B}=\begin{pmatrix}b_1\\ b_2\\ \cdots\\ b_m\end{pmatrix},$$

则方程组(10－13)可用矩阵形式表示为

$$\boldsymbol{AX}=\boldsymbol{B} \tag{10-14}$$

$\boldsymbol{A}$ 叫作方程组(10－13)的系数矩阵，$\boldsymbol{X}$ 叫作未知量矩阵，$\boldsymbol{B}$ 叫作常数项矩阵，式(10－14)叫作矩阵方程.

方程组(10－13)中的系数与常数组成的矩阵

$$\begin{pmatrix} a_{11} & a_{12} & \cdots & a_{1n} & b_1 \\ a_{21} & a_{22} & \cdots & a_{2n} & b_2 \\ \cdots & \cdots & \cdots & \cdots & \cdots \\ a_{m1} & a_{m2} & \cdots & a_{mn} & b_m \end{pmatrix}$$

叫作增广矩阵，记为 $\widetilde{\boldsymbol{A}}$.

代数方程 $ax=b$，其解为 $x=\dfrac{b}{a}=a^{-1}b(a\neq 0)$，而矩阵方程 $\boldsymbol{AX}=\boldsymbol{B}$ 是否可以写成 $\boldsymbol{X}=\boldsymbol{A}^{-1}\boldsymbol{B}$ 的形式？若可以，$\boldsymbol{A}^{-1}$ 的意义为何？为此，引入逆矩阵的概念.

定义 1 对于一个 n 阶方阵 $\boldsymbol{A}$，如果存在一个 n 阶方阵 $\boldsymbol{B}$ 使 $\boldsymbol{AB}=\boldsymbol{BA}=\boldsymbol{E}$，则称方阵 $\boldsymbol{A}$ 是可逆的，并把方阵 $\boldsymbol{B}$ 叫作方阵 $\boldsymbol{A}$ 的逆矩阵，记作 $\boldsymbol{A}^{-1}$.

可见

$$\boldsymbol{AA}^{-1}=\boldsymbol{A}^{-1}\boldsymbol{A}=\boldsymbol{E} \tag{10-15}$$

例 1 设矩阵 $\boldsymbol{A}=\begin{pmatrix} 3 & 4 \\ 2 & 3 \end{pmatrix}$，$\boldsymbol{B}=\begin{pmatrix} 3 & -4 \\ -2 & 3 \end{pmatrix}$，验证：$\boldsymbol{B}=\boldsymbol{A}^{-1}$.

证 因为

$$\boldsymbol{AB}=\begin{pmatrix} 3 & 4 \\ 2 & 3 \end{pmatrix}\begin{pmatrix} 3 & -4 \\ -2 & 3 \end{pmatrix}=\begin{pmatrix} 1 & 0 \\ 0 & 1 \end{pmatrix}=\boldsymbol{E}$$

$$\boldsymbol{BA}=\begin{pmatrix} 3 & -4 \\ -2 & 3 \end{pmatrix}\begin{pmatrix} 3 & 4 \\ 2 & 3 \end{pmatrix}=\begin{pmatrix} 1 & 0 \\ 0 & 1 \end{pmatrix}=\boldsymbol{E}$$

显然

$$\boldsymbol{AB}=\boldsymbol{BA}=\boldsymbol{E}$$

即

$$\boldsymbol{B}=\boldsymbol{A}^{-1}$$

由定义 1 可知，矩阵 $\boldsymbol{A}$ 与 $\boldsymbol{B}$ 的地位是平等的，因此称 $\boldsymbol{A}$ 为 $\boldsymbol{B}$ 的逆矩阵，即 $\boldsymbol{A}$ 与 $\boldsymbol{B}$ 为互逆矩阵.

单位矩阵 $\boldsymbol{E}$ 是可逆矩阵，零矩阵是不可逆矩阵.

10.5.2 逆矩阵的性质

性质 1 如果矩阵 $\boldsymbol{A}$ 可逆，则它的逆矩阵是唯一的.

证　设 $\boldsymbol{B}$，$\boldsymbol{C}$ 均为 $\boldsymbol{A}$ 的逆矩阵，即

$$\boldsymbol{AB}=\boldsymbol{BA}=\boldsymbol{E},\quad \boldsymbol{AC}=\boldsymbol{CA}=\boldsymbol{E}$$

则

$$\boldsymbol{C}=\boldsymbol{CE}=\boldsymbol{C}(\boldsymbol{AB})=(\boldsymbol{CA})\boldsymbol{B}=\boldsymbol{EB}=\boldsymbol{B}$$

故 $\boldsymbol{A}$ 的逆矩阵是唯一的.

性质 2　设 $\boldsymbol{A}$ 可逆，则 $\boldsymbol{A}^{-1}$ 也可逆，且 $(\boldsymbol{A}^{-1})^{-1}=\boldsymbol{A}$.

由式(10-15)可证得结论.

性质 3　设 $\boldsymbol{A}$ 可逆，则 $\boldsymbol{A}^{\mathrm{T}}$ 也可逆，且 $(\boldsymbol{A}^{\mathrm{T}})^{-1}=(\boldsymbol{A}^{-1})^{\mathrm{T}}$.

证　因为 $\boldsymbol{A}$ 可逆，则有

$$\boldsymbol{AA}^{-1}=\boldsymbol{A}^{-1}\boldsymbol{A}=\boldsymbol{E}$$

所以

$$(\boldsymbol{AA}^{-1})^{\mathrm{T}}=(\boldsymbol{A}^{-1}\boldsymbol{A})^{\mathrm{T}}=\boldsymbol{E}^{\mathrm{T}}=\boldsymbol{E}$$

由转置运算规律知

$$(\boldsymbol{A}^{-1})^{\mathrm{T}}\boldsymbol{A}^{\mathrm{T}}=\boldsymbol{A}^{\mathrm{T}}(\boldsymbol{A}^{-1})^{\mathrm{T}}=\boldsymbol{E}$$

故 $\boldsymbol{A}^{\mathrm{T}}$ 可逆，且 $(\boldsymbol{A}^{\mathrm{T}})^{-1}=(\boldsymbol{A}^{-1})^{\mathrm{T}}$.

性质 4　设 $\boldsymbol{A}$，$\boldsymbol{B}$ 都是 n 阶可逆方阵，则 $\boldsymbol{AB}$ 也可逆，且 $(\boldsymbol{AB})^{-1}=\boldsymbol{B}^{-1}\boldsymbol{A}^{-1}$.

证　因为 A，B 均可逆，则有

$$\boldsymbol{AA}^{-1}=\boldsymbol{A}^{-1}\boldsymbol{A}=\boldsymbol{E},\quad \boldsymbol{BB}^{-1}=\boldsymbol{B}^{-1}\boldsymbol{B}=\boldsymbol{E}$$

那么

$$(\boldsymbol{AB})(\boldsymbol{B}^{-1}\boldsymbol{A}^{-1})=\boldsymbol{A}(\boldsymbol{BB}^{-1})\boldsymbol{A}^{-1}=\boldsymbol{AEA}^{-1}=\boldsymbol{AA}^{-1}=\boldsymbol{E}$$

所以，$\boldsymbol{AB}$ 可逆，且 $(\boldsymbol{AB})^{-1}=\boldsymbol{B}^{-1}\boldsymbol{A}^{-1}$.

10.5.3　逆矩阵的求法

一般地说，用定义求可逆矩阵的逆矩阵是不方便的，下面我们进一步介绍逆矩阵的计算方法.

定义 2 n 阶矩阵 $\boldsymbol{A}=(a_{ij})_{n\times n}$ 的 n 阶子式 $\begin{vmatrix} a_{11} & a_{12} & \cdots & a_{1n} \\ a_{21} & a_{22} & \cdots & a_{2n} \\ \cdots & \cdots & \cdots & \cdots \\ a_{n1} & a_{n2} & \cdots & a_{nn} \end{vmatrix}$ 叫作 $\boldsymbol{A}$ 的**行列式**，记作 $|\boldsymbol{A}|$.

如 矩阵 $\boldsymbol{A}=\begin{pmatrix} 1 & 3 & 5 \\ 2 & 4 & 6 \\ 1 & 1 & 1 \end{pmatrix}$ 的行列式为 $|\boldsymbol{A}|=\begin{vmatrix} 1 & 3 & 5 \\ 2 & 4 & 6 \\ 1 & 1 & 1 \end{vmatrix}$.

对于 n 阶方阵 A 与 B，有 $|\boldsymbol{AB}|=|\boldsymbol{A}||\boldsymbol{B}|$.

定义 3 若 n 阶方阵 $\boldsymbol{A}$ 的行列式 $|\boldsymbol{A}|\neq 0$，则称 $\boldsymbol{A}$ 为**非奇异矩阵**(或**满秩矩阵**)，否则称 $\boldsymbol{A}$ 为**奇异矩阵**(或**降秩矩阵**).

定义 4 设 A_{ij} 是方阵 $\boldsymbol{A}$ 的行列式 $|\boldsymbol{A}|$ 中元素 a_{ij} 的代数余子式，则方阵

$$\begin{pmatrix} A_{11} & A_{21} & \cdots & A_{n1} \\ A_{12} & A_{22} & \cdots & A_{n2} \\ \cdots & \cdots & \cdots & \cdots \\ A_{1n} & A_{2n} & \cdots & A_{nn} \end{pmatrix}$$

叫作 $\boldsymbol{A}$ 的**伴随矩阵**，记作 $\boldsymbol{A}^*$.

例 2 求三阶矩阵：

$$\boldsymbol{A}=\begin{pmatrix} 1 & 2 & 3 \\ 2 & 2 & 1 \\ 3 & 4 & 3 \end{pmatrix}$$

的伴随矩阵 $\boldsymbol{A}^*$.

解 因为

$$\boldsymbol{A}_{11}=(-1)^{1+1}\begin{vmatrix} 2 & 1 \\ 4 & 3 \end{vmatrix}=2,\quad \boldsymbol{A}_{12}=(-1)^{1+2}\begin{vmatrix} 2 & 1 \\ 3 & 3 \end{vmatrix}=-3$$

$$\boldsymbol{A}_{13}=(-1)^{1+3}\begin{vmatrix} 2 & 2 \\ 3 & 4 \end{vmatrix}=2,\quad \boldsymbol{A}_{21}=(-1)^{2+1}\begin{vmatrix} 2 & 3 \\ 4 & 3 \end{vmatrix}=6$$

$$\boldsymbol{A}_{22}=(-1)^{2+2}\begin{vmatrix} 1 & 3 \\ 3 & 3 \end{vmatrix}=6,\quad \boldsymbol{A}_{23}=(-1)^{2+3}\begin{vmatrix} 1 & 2 \\ 3 & 4 \end{vmatrix}=5$$

$$\boldsymbol{A}_{31}=(-1)^{3+1}\begin{vmatrix}2&3\\2&1\end{vmatrix}=-4,\quad \boldsymbol{A}_{32}=(-1)^{2+3}\begin{vmatrix}1&2\\3&4\end{vmatrix}=2$$

$$\boldsymbol{A}_{33}=(-1)^{3+3}\begin{vmatrix}1&2\\2&2\end{vmatrix}=-2$$

所以

$$\boldsymbol{A}^{*}=\begin{pmatrix}A_{11}&A_{21}&A_{31}\\A_{12}&A_{22}&A_{32}\\A_{13}&A_{23}&A_{33}\end{pmatrix}=\begin{pmatrix}2&6&-4\\-3&-6&2\\2&5&-2\end{pmatrix}$$

定理 n 阶方阵 $\boldsymbol{A}$ 可逆的充分必要条件是 $\boldsymbol{A}$ 为非奇异矩阵，并且

$$\boldsymbol{A}^{-1}=\frac{1}{|\boldsymbol{A}|}\boldsymbol{A}^{*}$$

证 **必要性**：

设 $\boldsymbol{A}$ 为可逆矩阵，即有 $\boldsymbol{A}^{-1}$，使

$$\boldsymbol{A}\boldsymbol{A}^{-1}=\boldsymbol{E}$$

故

$$|\boldsymbol{A}\boldsymbol{A}^{-1}|=|\boldsymbol{A}|\,|\boldsymbol{A}^{-1}|=|\boldsymbol{E}|=1$$

$|\boldsymbol{A}|\neq 0$，即 $\boldsymbol{A}$ 为非奇异矩阵.

充分性：

设 $\boldsymbol{A}$ 为非奇异矩阵，即有 $|\boldsymbol{A}|\neq 0$，故存在矩阵

$$\boldsymbol{B}=\frac{1}{|\boldsymbol{A}|}\begin{pmatrix}A_{11}&A_{21}&\cdots&A_{n1}\\A_{12}&A_{22}&\cdots&A_{n2}\\\cdots&\cdots&\cdots&\cdots\\A_{1n}&A_{2n}&\cdots&A_{nn}\end{pmatrix}$$

使得

$$\boldsymbol{A}\boldsymbol{B}=\frac{1}{|\boldsymbol{A}|}\begin{pmatrix}a_{11}&a_{12}&\cdots&a_{1n}\\a_{21}&a_{22}&\cdots&a_{2n}\\\cdots&\cdots&\cdots&\cdots\\a_{n1}&a_{n2}&\cdots&a_{nn}\end{pmatrix}\begin{pmatrix}A_{11}&A_{21}&\cdots&A_{n1}\\A_{12}&A_{22}&\cdots&A_{n2}\\\cdots&\cdots&\cdots&\cdots\\A_{1n}&A_{2n}&\cdots&A_{nn}\end{pmatrix}$$

$$=\frac{1}{|\boldsymbol{A}|}\begin{pmatrix}|\boldsymbol{A}| & 0 & \cdots & 0\\ 0 & |\boldsymbol{A}| & \cdots & 0\\ \cdots & \cdots & \cdots & \cdots\\ 0 & 0 & \cdots & |\boldsymbol{A}|\end{pmatrix}=\begin{pmatrix}1&0&0&0\\0&1&0&0\\0&0&1&0\\0&0&0&1\end{pmatrix}=\boldsymbol{E}$$

同理可证 $\boldsymbol{BA}=\boldsymbol{E}$.

由此可知 $\boldsymbol{A}$ 可逆，且

$$\boldsymbol{A}^{-1}=\frac{1}{|\boldsymbol{A}|}\boldsymbol{A}^{*}=\frac{1}{|\boldsymbol{A}|}\begin{pmatrix}A_{11} & A_{21} & \cdots & A_{n1}\\ A_{12} & A_{22} & \cdots & A_{n2}\\ \cdots & \cdots & \cdots & \cdots\\ A_{1n} & A_{2n} & \cdots & A_{nn}\end{pmatrix}$$

例 3 求：

$$\boldsymbol{A}=\begin{pmatrix}2 & 2 & 3\\ 1 & -1 & 0\\ -1 & 2 & 1\end{pmatrix}$$

的逆矩阵 $\boldsymbol{A}^{-1}$.

解 因为 $\boldsymbol{A}$ 的行列式 $|\boldsymbol{A}|$ 中各元素的代数余子式为

$$\boldsymbol{A}_{11}=(-1)^{1+1}\begin{vmatrix}-1 & 0\\ 2 & 1\end{vmatrix}=-1,\quad \boldsymbol{A}_{12}=(-1)^{1+2}\begin{vmatrix}1 & 0\\ -1 & 1\end{vmatrix}=-1$$

同理

$$\boldsymbol{A}_{13}=1,\quad \boldsymbol{A}_{21}=4,\quad \boldsymbol{A}_{22}=5,\quad \boldsymbol{A}_{23}=-6,\quad \boldsymbol{A}_{31}=3,\quad \boldsymbol{A}_{32}=3,\quad \boldsymbol{A}_{33}=-4$$

而

$$|\boldsymbol{A}|=\begin{vmatrix}2 & 2 & 3\\ 1 & -1 & 0\\ -1 & 2 & 1\end{vmatrix}=-1$$

并且

$$\boldsymbol{A}^{*}=\begin{pmatrix}A_{11} & A_{21} & A_{31}\\ A_{12} & A_{22} & A_{32}\\ A_{13} & A_{23} & A_{33}\end{pmatrix}=\begin{pmatrix}-1 & 4 & 3\\ -1 & 5 & 3\\ 1 & -6 & -4\end{pmatrix}$$

所以

$$\boldsymbol{A}^{-1}=\frac{\boldsymbol{A}^{*}}{|\boldsymbol{A}|}=\begin{pmatrix}1 & -4 & -3\\1 & -5 & -3\\-1 & 6 & 4\end{pmatrix}$$

例 4　解矩阵方程 $\boldsymbol{AX}=\boldsymbol{B}$，其中：

$$\boldsymbol{A}=\begin{pmatrix}2 & 1\\1 & 2\end{pmatrix},\quad \boldsymbol{X}=\begin{pmatrix}x_{11} & x_{12}\\x_{21} & x_{22}\end{pmatrix},\quad \boldsymbol{B}=\begin{pmatrix}1 & 2\\-1 & 4\end{pmatrix}$$

解　因为 $|\boldsymbol{A}|=\begin{vmatrix}2 & 1\\1 & 2\end{vmatrix}=3\neq 0$，所以 A 的逆矩阵 A^{-1} 存在，对方程两边左乘 $\boldsymbol{A}^{-1}$，得

$$\boldsymbol{A}^{-1}\boldsymbol{AX}=\boldsymbol{A}^{-1}\boldsymbol{B}$$

于是

$$\boldsymbol{X}=\boldsymbol{A}^{-1}\boldsymbol{B}$$

而

$$A_{11}=2,\quad A_{12}=-1,\quad A_{21}=-1,\quad A_{22}=2$$

故

$$\boldsymbol{A}^{*}=\begin{pmatrix}2 & -1\\-1 & 2\end{pmatrix}$$

得

$$\boldsymbol{A}^{-1}=\frac{1}{|\boldsymbol{A}|}\boldsymbol{A}^{*}=\begin{pmatrix}\frac{2}{3} & -\frac{1}{3}\\-\frac{1}{3} & \frac{2}{3}\end{pmatrix}$$

由此可得

$$\boldsymbol{X}=\boldsymbol{A}^{-1}\boldsymbol{B}=\begin{pmatrix}\frac{1}{3} & -\frac{1}{3}\\-\frac{1}{3} & \frac{2}{3}\end{pmatrix}\begin{pmatrix}1 & 2\\-1 & 4\end{pmatrix}=\begin{pmatrix}1 & 0\\-1 & 2\end{pmatrix}$$

上述介绍的是用伴随矩阵法求矩阵的逆矩阵．下面我们介绍用矩阵的初等变换求逆矩阵．

对 n 阶方阵 $\boldsymbol{A}=(a_{ij})_{n\times n}$ 作 $n\times 2n$ 矩阵

$$(\boldsymbol{A}\quad \boldsymbol{E}) \tag{10-16}$$

即在矩阵 $\boldsymbol{A}$ 的右侧加上与他同阶的单位矩阵 $\boldsymbol{E}$，然后对矩阵 $(\boldsymbol{A}\quad \boldsymbol{E})$ 作初等行变换，把左半侧的 $\boldsymbol{A}$ 化成 $\boldsymbol{E}$，右半侧就是 $\boldsymbol{A}$ 的逆矩阵 $\boldsymbol{A}^{-1}$，即

$$(\boldsymbol{A}\quad \boldsymbol{E})\rightarrow(\boldsymbol{E}\quad \boldsymbol{A}^{-1})$$

例 5 用初等行变换求矩阵：

$$\boldsymbol{A}=\begin{pmatrix}1&2&3\\2&2&1\\3&4&3\end{pmatrix}$$

的逆矩阵 $\boldsymbol{A}^{-1}$.

解 因为

$$(\boldsymbol{A}\quad \boldsymbol{E})=\begin{pmatrix}1&2&3&1&0&0\\2&2&1&0&1&0\\3&4&3&0&0&1\end{pmatrix}\xrightarrow[r_3-3r_1]{r_2-2r_1}\begin{pmatrix}1&2&3&1&0&0\\0&-2&-5&-2&1&0\\0&-2&-6&-3&0&1\end{pmatrix}$$

$$\xrightarrow{r_3-r_2}\begin{pmatrix}1&0&-2&-1&1&0\\0&-2&-5&-2&1&0\\0&0&-1&-1&-1&1\end{pmatrix}\xrightarrow[r_1+3r_3]{r_2-5r_3}\begin{pmatrix}1&2&0&-2&-3&3\\0&-2&0&3&6&-5\\0&0&-1&-1&-1&1\end{pmatrix}$$

$$\xrightarrow{r_1+r_2}\begin{pmatrix}1&0&0&1&3&-2\\0&-2&0&3&6&-5\\0&0&-1&-1&-1&1\end{pmatrix}\xrightarrow[-r_3]{-\frac{1}{2}r_2}\begin{pmatrix}1&0&0&1&3&-2\\0&1&0&-\frac{3}{2}&-3&\frac{5}{2}\\0&0&1&1&1&-1\end{pmatrix}$$

所以

$$A^{-1}=\begin{pmatrix}1&3&-2\\-\frac{3}{2}&-3&\frac{5}{2}\\1&1&-1\end{pmatrix}$$

10.5.4　用逆矩阵解线性方程组

对于矩阵方程 $\boldsymbol{AX}=\boldsymbol{B}$，如果矩阵 $\boldsymbol{A}$ 是可逆的，用 $\boldsymbol{A}$ 的逆矩阵 $\boldsymbol{A}^{-1}$ 左乘方程 $\boldsymbol{AX}=\boldsymbol{B}$ 两边，即得

$$\boldsymbol{A}^{-1}\boldsymbol{AX}=\boldsymbol{A}^{-1}\boldsymbol{B}$$

由于 $\boldsymbol{A}^{-1}\boldsymbol{A}=\boldsymbol{E}$，故

$$\boldsymbol{X}=\boldsymbol{A}^{-1}\boldsymbol{B}$$

例 6　用逆矩阵求线性方程组：

$$\begin{cases}2x_1+x_3=5\\x_1-2x_2-x_3=1\\-x_1+3x_2+2x_3=1\end{cases}$$

的解.

解　设

$$\boldsymbol{A}=\begin{pmatrix}2&0&1\\1&-2&-1\\-1&3&2\end{pmatrix},\quad \boldsymbol{X}=\begin{pmatrix}x_1\\x_2\\x_3\end{pmatrix},\quad \boldsymbol{B}=\begin{pmatrix}5\\1\\1\end{pmatrix},$$

则原方程组可写成矩阵方程

$$\boldsymbol{AX}-\boldsymbol{B}$$

因为

$$|\boldsymbol{A}|=\begin{vmatrix}2&0&1\\1&-2&-1\\-1&3&2\end{vmatrix}=-1\neq 0$$

所以 $\boldsymbol{A}$ 可逆，容易求出

$$\boldsymbol{A}^{-1}=\begin{pmatrix}1&-3&-2\\1&-5&-3\\-1&6&4\end{pmatrix}$$

于是

$$X=A^{-1}B=\begin{pmatrix}1&-3&-2\\1&-5&-3\\-1&6&4\end{pmatrix}\begin{pmatrix}5\\1\\1\end{pmatrix}=\begin{pmatrix}0\\-3\\5\end{pmatrix}$$

所以，线性方程组的解为

$$x_1=0,x_2=-3,x_3=5$$

习题 10－5

1. 利用伴随矩阵求逆矩阵：

(1) $\begin{pmatrix}\cos\theta&-\sin\theta\\\sin\theta&\cos\theta\end{pmatrix}$　　(2) $\begin{pmatrix}1&2&-1\\3&4&-2\\5&-4&1\end{pmatrix}$

(3) $\begin{pmatrix}a&c\\b&d\end{pmatrix}$　　(4) $\begin{pmatrix}1&0&1\\-1&1&1\\2&-1&1\end{pmatrix}$

2. 利用初等行变换求下列矩阵的逆矩阵：

(1) $\begin{pmatrix}2&1&0\\1&0&1\\-3&2&-5\end{pmatrix}$　　(2) $\begin{pmatrix}3&-2&-5\\2&-1&-3\\-4&0&1\end{pmatrix}$

(3) $\begin{pmatrix}1&1&0&0\\1&2&0&0\\3&7&2&3\\2&5&1&2\end{pmatrix}$　　(4) $\begin{pmatrix}3&-2&0&-1\\0&2&2&1\\1&-2&-3&-2\\0&1&2&1\end{pmatrix}$

3. 设 $A=\begin{pmatrix}1&0&-2\\-3&4&-1\\2&1&3\end{pmatrix}$，$B=\begin{pmatrix}5&-1\\-2&3\\1&4\end{pmatrix}$，且 $AX=B$，求矩阵 X.

4. 利用逆矩阵解下列线性方程：

(1) $\begin{cases} x_1+x_3=2 \\ -x_1+x_2+x_3=0 \\ 2x_1-x_2+x_3=0 \end{cases}$　　(2) $\begin{cases} x_1-x_2-x_3=2 \\ 2x_1-x_2-3x_3=1 \\ 3x_1+2x_2-5x_3=0 \end{cases}$

复习题十

1. 计算下列二阶，三阶行列式：

(1) $\begin{vmatrix} 5 & 2 \\ 7 & 3 \end{vmatrix}$　　(2) $\begin{vmatrix} 0 & 0 \\ 1 & 2 \end{vmatrix}$　　(3) $\begin{vmatrix} a & a^2 \\ b & ab \end{vmatrix}$

(4) $\begin{vmatrix} 1 & 4 & 2 \\ 2 & 5 & 1 \\ 2 & 1 & 6 \end{vmatrix}$　　(5) $\begin{vmatrix} -1 & 3 & 2 \\ 3 & 5 & -1 \\ 2 & -1 & 6 \end{vmatrix}$　　(6) $\begin{vmatrix} a_1 & a_2 & 0 \\ b_1 & b_2 & 0 \\ 0 & 0 & c \end{vmatrix}$

2. 设四阶行列式：

$$|\boldsymbol{A}|=\begin{vmatrix} 5 & -3 & 0 & 1 \\ 0 & -2 & -1 & 0 \\ 1 & 0 & 4 & 7 \\ 0 & 3 & 0 & 2 \end{vmatrix}$$

试写出 $|\boldsymbol{A}|$ 中元素 $a_{23}=-1$，$a_{33}=4$ 的代数余子式，并求其值.

3. 利用性质计算下列行列式：

(1) $\begin{vmatrix} 1 & 0 & 1 \\ 2 & 1 & 1 \\ 3 & 2 & 1 \end{vmatrix}$　　(2) $\begin{vmatrix} a-5 & -2 & 4 \\ -2 & a-2 & 2 \\ 4 & 2 & a-5 \end{vmatrix}$

(3) $\begin{vmatrix} 0 & 1 & 1 & 1 \\ 1 & 0 & 1 & 1 \\ 1 & 1 & 0 & 1 \\ 1 & 1 & 1 & 1 \end{vmatrix}$　　(4) $\begin{vmatrix} 0 & 1 & 3 & -2 \\ 1 & 0 & -2 & 1 \\ 3 & -2 & 7 & 2 \\ -2 & 1 & 2 & 4 \end{vmatrix}$

4. 解方程：

$$\begin{vmatrix} 0 & 1 & x & 1 \\ 1 & 0 & 1 & x \\ x & 1 & 0 & 1 \\ 1 & x & 1 & 0 \end{vmatrix}=0$$

5. 设矩阵 $\boldsymbol{A}=\begin{pmatrix} 2 & -1 & 4 & b \\ 1 & a & -5 & 2 \end{pmatrix}$，$\boldsymbol{B}=\begin{pmatrix} c & -1 & 4 & 3 \\ 1 & 0 & d & -2 \end{pmatrix}$，且 $\boldsymbol{A}=\boldsymbol{B}$，求元素 a，b，c，d 的值.

6. 设矩阵：

$$\boldsymbol{A}=\begin{pmatrix} 1 & -2 & 1 & 2 \\ 2 & 3 & -4 & 0 \\ -3 & 5 & 0 & -4 \end{pmatrix},\quad \boldsymbol{B}=\begin{pmatrix} -3 & 3 & 0 & -3 \\ 0 & -4 & 9 & 12 \\ 6 & -8 & -9 & 5 \end{pmatrix}$$

求：(1) $3\boldsymbol{A}-\boldsymbol{B}$；(2) $2\boldsymbol{A}+3\boldsymbol{B}$.

7. 设 $\boldsymbol{A}$ 矩阵：

$$\boldsymbol{A}=\begin{pmatrix} -2 & 0 & 2 \\ 3 & -4 & 0 \\ 0 & 3 & 4 \end{pmatrix},\quad \boldsymbol{B}=\begin{pmatrix} 3 & -6 & 0 \\ -2 & 0 & 4 \\ 0 & 5 & -1 \end{pmatrix}$$

求 $\boldsymbol{AB}$，$(\boldsymbol{AB})^{\mathrm{T}}$，$\boldsymbol{B}^{\mathrm{T}}\boldsymbol{A}^{\mathrm{T}}$.

8. 写出矩阵的一个不为零的二阶子式，计算它的全部三阶子式：

$$\begin{pmatrix} 2 & 1 & -1 & 1 \\ 3 & -2 & 1 & -3 \\ 1 & 4 & -3 & 5 \end{pmatrix}$$

该矩阵的秩为多少？

9. 将矩阵化为阶梯形矩阵，并求矩阵的秩：

(1) $\begin{pmatrix} 1 & 4 & -1 & 2 & 2 \\ 2 & -2 & 1 & 1 & 0 \\ -2 & -1 & 3 & 2 & 0 \end{pmatrix}$　　(2) $\begin{pmatrix} 1 & 2 & -1 & 0 & 3 \\ 2 & -1 & 0 & 1 & -1 \\ 0 & -5 & 2 & 1 & -7 \end{pmatrix}$

10. 用伴随矩阵法求逆矩阵：

(1) $\begin{pmatrix} 2 & -2 & -1 \\ -3 & 4 & 5 \\ 2 & 0 & 3 \end{pmatrix}$　　(2) $\begin{pmatrix} 1 & 0 & 1 \\ -1 & 1 & 1 \\ 2 & -1 & 1 \end{pmatrix}$

11. 用初等变换法求逆矩阵：

(1) $\begin{pmatrix} 3 & -2 & -5 \\ 2 & -1 & -3 \\ -4 & 0 & 1 \end{pmatrix}$　　(2) $\begin{pmatrix} 1 & 2 & 3 & 4 \\ 2 & 3 & 1 & 2 \\ 1 & 1 & 1 & -1 \\ 1 & 0 & -2 & -6 \end{pmatrix}$

11 第 11 章　线性方程组

生产活动和科学技术中的许多问题经常归结为解一个线性方程组. 虽然在中学已经学过加减消元法或代入消元法解二元或三元一次方程组，且二元一次方程组的解只有三种情况：有唯一解、有无穷多解、无解，但在许多实际问题中遇到的方程组中未知数会超过三个，且方程组中未知数的个数与方程的个数也不一定相同，如

$$\begin{cases}2x_1+2x_2-x_3-4x_4-7x_5=0\\3x_1-2x_2+x_3-2x_4-4x_5=-1\\3x_1-x_2+2x_3-3x_4+3x_5=5\end{cases}$$

这样的线性方程组是否有解? 如果有解，解是否唯一? 如果解不唯一，解的结构如何? 在有解的情况下，如何求解? 这就是本章要讨论的主要问题.

11.1　线性方程组的概念与克拉姆法则

11.1.1　线性方程组的概念

与二元、三元线性方程组类似，含有 n 个未知数，由 m 个线性方程构成线性方程组的一般形式为

$$\begin{cases}a_{11}x_1+a_{12}x_2+\cdots+a_{1n}x_n=b_1\\a_{21}x_1+a_{22}x_2+\cdots+a_{2n}x_n=b_2\\\cdots\cdots\\a_{m1}x_1+a_{m2}x_2+\cdots+a_{mn}x_n=b_m\end{cases}\qquad(11-1)$$

若令

$$A=\begin{pmatrix} a_{11} & a_{12} & \cdots & a_{1n} \\ a_{21} & a_{22} & \cdots & a_{2n} \\ \cdots & \cdots & \cdots & \cdots \\ a_{m1} & a_{m2} & \cdots & a_{mn} \end{pmatrix},\quad X=\begin{pmatrix} x_1 \\ x_2 \\ \cdots \\ x_n \end{pmatrix},\quad B=\begin{pmatrix} b_1 \\ b_2 \\ \cdots \\ b_m \end{pmatrix}$$

则方程组(11－1)可用矩阵形式表示为

$$AX=B \tag{11－2}$$

矩阵 A 叫作方程组(11－1)的**系数矩阵**，矩阵 X 叫作方程组(11－1)的**未知量矩阵**，矩阵 B 叫作方程组(11－1)的**常数项矩阵**. 式(11－2)叫作**矩阵方程**.

方程组(11－1)中的系数与常数组成的矩阵

$$\begin{pmatrix} a_{11} & a_{12} & \cdots & a_{1n} & b_1 \\ a_{21} & a_{22} & \cdots & a_{2n} & b_2 \\ \cdots & \cdots & \cdots & \cdots & \cdots \\ a_{m1} & a_{m2} & \cdots & a_{mn} & b_m \end{pmatrix}$$

叫作**增广矩阵**，记为 $\widetilde{A}$.

11.1.2　克莱姆法则

在 10.1 中，我们看到当二元线性方程组的系数行列式 $D\neq0$ 时，方程组有唯一解，且可以用行列式的形式给出.

类似地，对于三元线性方程组

$$\begin{cases} a_{11}x_1+a_{12}x_2+\cdots+a_{13}x_3=b_1 \\ a_{21}x_1+a_{22}x_2+\cdots+a_{23}x_3=b_2 \\ a_{31}x_1+a_{32}x_2+\cdots+a_{33}x_3=b_3 \end{cases} \tag{11－3}$$

我们同样可以得到：当系数行列式 $D\neq0$ 时，方程组有唯一解，且其解为

$$\begin{cases} x_1=\dfrac{D_1}{D} \\ x_2=\dfrac{D_2}{D} \\ x_3=\dfrac{D_3}{D} \end{cases} \tag{11－4}$$

其中

$$D=\begin{vmatrix} a_{11} & a_{12} & a_{13} \\ a_{21} & a_{22} & a_{23} \\ a_{31} & a_{32} & a_{33} \end{vmatrix},\quad D_1=\begin{vmatrix} b_1 & a_{12} & a_{13} \\ b_2 & a_{22} & a_{23} \\ b_3 & a_{32} & a_{33} \end{vmatrix},\quad D_2=\begin{vmatrix} a_{11} & b_1 & a_{13} \\ a_{21} & b_2 & a_{23} \\ a_{31} & b_3 & a_{33} \end{vmatrix},$$

$$D_3=\begin{vmatrix} a_{11} & a_{12} & b_1 \\ a_{21} & a_{22} & b_2 \\ a_{31} & a_{32} & b_3 \end{vmatrix}$$

例 1　求解方程组：

$$\begin{cases} 2x_1+3x_2-5x_3=3 \\ x_1-2x_2+x_3=0 \\ 3x_1+x_2+3x_3=7 \end{cases}$$

解　因为

$$D=\begin{vmatrix} 2 & 3 & -5 \\ 1 & -2 & 1 \\ 3 & 1 & 3 \end{vmatrix} \xlongequal[c_2+2c_1]{c_3-c_1} \begin{vmatrix} 2 & 7 & -7 \\ 1 & 0 & 0 \\ 3 & 7 & 0 \end{vmatrix} \xlongequal{\text{按第二行展开}} \begin{vmatrix} 7 & -7 \\ 7 & 0 \end{vmatrix} =-49\neq 0$$

$$D_1=\begin{vmatrix} 3 & 3 & -5 \\ 0 & -2 & 1 \\ 7 & 1 & 3 \end{vmatrix} \xlongequal{c_2+2c_3} \begin{vmatrix} 3 & -7 & -5 \\ 0 & 0 & 1 \\ 7 & 7 & 3 \end{vmatrix} \xlongequal{\text{按第二行展开}} \begin{vmatrix} 3 & -7 \\ 7 & 7 \end{vmatrix} =-70$$

$$D_2=\begin{vmatrix} 2 & 3 & -5 \\ 1 & 0 & 1 \\ 3 & 7 & 3 \end{vmatrix} \xlongequal{c_1-c_3} \begin{vmatrix} 7 & 3 & -5 \\ 0 & 0 & 1 \\ 0 & 7 & 3 \end{vmatrix} \xlongequal{\text{按第一列展开}} 7\begin{vmatrix} 0 & 1 \\ 7 & 3 \end{vmatrix} =-49$$

$$D_3=\begin{vmatrix} 2 & 3 & 3 \\ 1 & -2 & 0 \\ 3 & 1 & 7 \end{vmatrix} \xlongequal{c_2+2c_1} \begin{vmatrix} 2 & 7 & 3 \\ 1 & 0 & 0 \\ 3 & 7 & 7 \end{vmatrix} \xlongequal{\text{按第二行展开}} -\begin{vmatrix} 7 & 3 \\ 7 & 7 \end{vmatrix} =-28$$

所以方程组的解为

$$x_1=\frac{10}{7},\quad x_2=1,\quad x_3=\frac{4}{7}$$

同样地，对于 **n 元线性方程组**

$$\begin{cases}a_{11}x_1+a_{12}x_2+\cdots+a_{1n}x_n=b_1\\a_{21}x_1+a_{22}x_2+\cdots+a_{2n}x_n=b_2\\\cdots\cdots\\a_{n1}x_1+a_{n2}x_2+\cdots+a_{nn}x_n=b_n\end{cases}\tag{11-5}$$

其中，$a_{ij}(i, j=1, 2, 3, \cdots, n)$是方程组(11-5)的**系数**，$b_i(i=1, 2, \cdots, n)$是**常数项**. 我们有如下定理.

定理1(克莱姆法则) 若n元线性方程组(11-5)的系数行列式

$$D=\begin{vmatrix}a_{11}&a_{12}&\cdots&a_{1n}\\a_{21}&a_{22}&\cdots&a_{2n}\\\cdots&\cdots&\cdots&\cdots\\a_{n1}&a_{n2}&\cdots&a_{nn}\end{vmatrix}\neq 0$$

则方程组(11-5)一定有解，并且有唯一解，这个解是

$$x_1=\frac{D_1}{D},\quad x_2=\frac{D_2}{D},\quad \cdots,\quad x_n=\frac{D_n}{D}$$

其中，$D_j(j=1, 2, \cdots, n)$是把D中的第j列各元素换成对应的常数项b_1，b_2，$\cdots$，b_n，而其余各元素不变，即

$$D_j=\begin{vmatrix}a_{11}&\cdots&a_{1j-1}&b_1&a_{1j+1}&\cdots&a_{1n}\\a_{21}&\cdots&a_{2j-1}&b_2&a_{2j+1}&\cdots&a_{2n}\\\cdots&\cdots&\cdots&\cdots&\cdots&\cdots&\cdots\\a_{n1}&\cdots&a_{nj-1}&b_n&a_{nj+1}&\cdots&a_{nn}\end{vmatrix}$$

例2 解线性方程组：

$$\begin{cases}x_1-x_2+x_3-2x_4=2\\2x_1-x_3+4x_4=4\\3x_1+2x_2+x_3=-1\\-x_1+2x_2-x_3+2x_4=-4\end{cases}$$

解 因为

$$D=\begin{vmatrix}1&-1&1&-2\\2&0&-1&4\\3&2&1&0\\-1&2&-1&2\end{vmatrix}\xlongequal{r_1+r_4}\begin{vmatrix}0&1&0&0\\2&0&-1&4\\3&2&1&0\\-1&2&-1&2\end{vmatrix}$$

$$\xlongequal{\text{按第一行展开}}-\begin{vmatrix}2&-1&4\\3&1&0\\-1&-1&2\end{vmatrix}\xlongequal{r_1-2r_3}\begin{vmatrix}4&1&0\\3&1&0\\-1&-1&2\end{vmatrix}$$

$$\xlongequal{\text{按第三列展开}}-2\begin{vmatrix}4&1\\3&1\end{vmatrix}=-2\neq 0$$

所以方程组有唯一解，由于

$$D_1=\begin{vmatrix}2&-1&1&-2\\4&0&-1&4\\-1&2&1&0\\-4&2&-1&2\end{vmatrix}=-2,\quad D_2=\begin{vmatrix}1&2&1&-2\\2&4&-1&4\\3&-1&1&0\\-1&-4&-1&2\end{vmatrix}=4$$

$$D_3=\begin{vmatrix}1&-1&2&-2\\2&0&4&4\\3&2&-1&0\\-1&2&-4&2\end{vmatrix}=0,\quad D_4=\begin{vmatrix}1&-1&1&2\\2&0&-1&4\\3&2&-1&-1\\-1&2&-1&-4\end{vmatrix}=-1$$

因此方程组的解为

$$x_1=\frac{D_1}{D}=1,\quad x_2=\frac{D_2}{D}=-2,\quad x_3=\frac{D_3}{D}=0,\quad x_4=\frac{D_4}{D}=\frac{1}{2}$$

注意：用克莱姆法则解 n 元线性方程组时有两个前提条件：

(1) 方程式的个数与未知量的个数相等；

(2) 系数行列式不等于零(即 $D\neq 0$).

特殊地，常数项都是零的线性方程组，即

$$\begin{cases}a_{11}x_1+a_{12}x_2+\cdots+a_{1n}x_n=0\\a_{21}x_1+a_{22}x_2+\cdots+a_{2n}x_n=0\\\cdots\cdots\\a_{n1}x_1+a_{n2}x_2+\cdots+a_{nn}x_n=0\end{cases}\tag{11-6}$$

叫作齐次线性方程组. 由于行列式 D_j 中第 j 列的元素都是零，所以 $D_j=0(j=1, 2, \cdots, n)$. 当它的系数行列式 $D\neq0$ 时，它的唯一解是 $x_1=0$，$x_2=0$，…，$x_n=0$.

全部由零组成的解叫作零解.

定理 2 若系数行列式 $D\neq0$，则齐次线性方程组(11-6)只有唯一的一个零解.

定理 3 齐次线性方程组(11-6)有非零解的充要条件是系数行列式 $D=0$.

例 3 k 为何值时，方程组:

$$\begin{cases} kx_1+x_2=0 \\ x_1+kx_2=0 \end{cases}$$

有非零解?

解 齐次线性方程组若有非零解，必有

$$\begin{vmatrix} k & 1 \\ 1 & k \end{vmatrix}=0$$

亦即 $k^2-1=0$，于是 $k=1$ 或 $k=-1$，故当 $k=1$ 或 $k=-1$ 时，齐次线性方程组有非零解.

例 4 求齐次线性方程组:

$$\begin{cases} 2x_1+3x_2-x_3-x_4=0 \\ x_1-3x_2-6x_4=0 \\ 2x_2-x_3+2x_4=0 \\ x_1+2x_2+3x_3-x_4=0 \end{cases}$$

的解.

解 因为

$$D=\begin{vmatrix} 2 & 3 & -1 & -1 \\ 1 & -3 & 0 & -6 \\ 0 & 2 & -1 & 2 \\ 1 & 2 & 3 & -1 \end{vmatrix}=-22\neq0$$

所以方程组只有零解，即

$$x_1=x_2=x_3=x_4=0$$

习题 11-1

1. 用克莱姆法则解下列线性方程组：

(1) $\begin{cases} x_1+x_2+x_3+x_4=5 \\ x_1+2x_1-x_3+4x_4=-2 \\ 2x_1-3x_2-x_3-5x_4=-2 \\ 3x_1+x_2+2x_3+11x_4=0 \end{cases}$　　(2) $\begin{cases} x_1+x_2+3x_3+x_4=1 \\ 2x_1+2x_2+x_3-x_4=0 \\ x_1-x_2-2x_3+4x_4=-1 \\ x_1-x_2-x_3+x_4=3 \end{cases}$

(3) $\begin{cases} x_1+x_2+x_4+x_5=3 \\ x_1+x_3+x_4+x_5=2 \\ x_2+x_3+x_4+x_5=1 \\ x_1+x_2+x_3+x_5=4 \\ x_1+x_2+x_3+x_4=5 \end{cases}$

2. 当 λ 取何值时，齐次线性方程：

$$\begin{cases} (1-\lambda)x_1-2x_2+4x_3=0 \\ 2x_1+(3-\lambda)x_2+x_3=0 \\ x_1+x_2+(1-\lambda)x_3=0 \end{cases}$$

有非零解？

3. 当 λ，μ 取何值时，齐次线性方程组：

$$\begin{cases} \lambda x_1+x_2+x_3=0 \\ x_1+\mu x_2+x_3=0 \\ x_1+3\mu x_2+x_3=0 \end{cases}$$

有非零解？

11.2　线性方程组的消元法及解的判定

11.2.1　一般线性方程组解的讨论

1. 高斯消元法

对于含有 n 个未知量 n 个方程的线性方程组，当其系数行列式 $D\neq 0$ 时，可用克莱姆法则和逆矩阵法求解，但当 $D=0$ 或含有 n 个未知量 m 个方程($m\neq n$)的一般线性方程组，克莱姆法则和逆矩阵求解法无效，下面介绍消元法求解线性方程组.

例 1　解线性方程组：

$$\begin{cases}2x_1-x_2+3x_3=1\\4x_1+2x_2+5x_3=4\\2x_1+2x_3=6\end{cases}$$

解　为了叙述问题的方便，我们采用以下几种记号：

(1) 用 kr_i 表示用数 k 乘第 i 个方程；

(2) 用 r_j+kr_i 表示用数 k 乘第 i 个方程加到第 j 个方程上；

(3) 用 $r_i\leftrightarrow r_j$ 表示交换第 i 个方程与第 j 个方程.

解题过程如下：

第一步：作变换 r_2-2r_1，r_3-r_1，得到

$$\begin{cases}2x_1-x_2+3x_3=1\\4x_2-x_3=2\\x_2-x_3=5\end{cases}$$

第二步：作变换 r_1+r_3，r_2-4r_3，得到

$$\begin{cases}2x_1+2x_3=6\\3x_3=-18\\x_2-x_3=5\end{cases}$$

第三步：作变换$\frac{1}{2}r_1$，$\frac{1}{3}r_2$，得到

$$\begin{cases}x_1+x_3=3\\x_3=-6\\x_2-x_3=5\end{cases}$$

第四步：作变换 r_1-r_2，r_3+r_2，$r_2\leftrightarrow r_3$，得到方程组的解为

$$\begin{cases}x_1=9\\x_2=-1\\x_3=-6\end{cases}$$

从例 1 可以看到，用消元法解线性方程组的具体做法是对方程组反复施行如下的三种变换：

(1) 用一个非零的数乘某一方程的两边；

(2) 用任意一个数乘一个方程的两边加到另一个方程上；

(3) 交换两个方程的位置.

容易证明，线性方程组经过上述任意一种变换所得的方程组与原方程组同解.

由于线性方程组由其增广矩阵唯一确定，因此对方程组进行上述变换，相当于对其增广矩阵进行相应的初等行变换. 上例中的解题步骤相当于对其增广矩阵作如下初等变换：

$$\widetilde{\mathbf{A}}=\begin{pmatrix}2 & -1 & 3 & 1\\ 4 & 2 & 5 & 4\\ 2 & 0 & 2 & 6\end{pmatrix}\xrightarrow[r_3-r_1]{r_2-2r_1}\begin{pmatrix}2 & -4 & 3 & 1\\ 0 & 4 & -1 & 2\\ 0 & 1 & -1 & 5\end{pmatrix}\xrightarrow[r_2-4r_3]{r_1+r_3}\begin{pmatrix}2 & 0 & 2 & 6\\ 0 & 0 & 3 & -18\\ 0 & 1 & -1 & 5\end{pmatrix}$$

$$\xrightarrow[\frac{1}{3}r_2]{\frac{1}{2}r_1}\begin{pmatrix}1 & 0 & 1 & 3\\ 0 & 0 & 1 & -6\\ 0 & 1 & -1 & 5\end{pmatrix}\xrightarrow[r_3+r_2]{r_1-r_2}\begin{pmatrix}1 & 0 & 0 & 9\\ 0 & 0 & 1 & -6\\ 0 & 1 & 0 & -1\end{pmatrix}\xrightarrow{r_2\leftrightarrow r_3}\begin{pmatrix}1 & 0 & 0 & 9\\ 0 & 1 & 0 & -1\\ 0 & 0 & 1 & -6\end{pmatrix}$$

一般地，对一个 n 元线性方程组，当它的系数行列式不等于零时，对方程组的增广矩阵施以适当的初等行变换，使系数矩阵变为单位矩阵，如下式

$$\widetilde{\mathbf{A}}\rightarrow\cdots\rightarrow\begin{pmatrix}1 & 0 & \cdots & 0 & c_1\\ 0 & 1 & \cdots & 0 & c_2\\ \cdots & \cdots & \cdots & \cdots & \cdots\\ 0 & 0 & \cdots & 1 & c_n\end{pmatrix}$$

则矩阵的最后一列元素为方程组的解，即

$$x_1=c_1,\quad x_2=c_2,\quad \cdots,\quad x_n=c_n$$

这种消元法叫作**高斯消元法**.

例 2 用高斯消元法解线性方程组：

$$\begin{cases} 4x_1-x_2-x_3-x_4=7 \\ 2x_1+3x_2+x_3+x_4=-1 \\ 5x_1+4x_2+x_3+2x_4=0 \\ 3x_1+x_2+x_3+2x_4=-2 \end{cases}$$

解　对方程组的增广矩阵施行初等行变换，得

$$\widetilde{\boldsymbol{A}}=\begin{pmatrix} 4 & -1 & -1 & -1 & 7 \\ 2 & 3 & 1 & 1 & -1 \\ 5 & 4 & 1 & 2 & 0 \\ 3 & 1 & 1 & 2 & -2 \end{pmatrix} \xrightarrow[r_3-2r_4]{\substack{r_1-r_4 \\ r_2-r_4}} \begin{pmatrix} 1 & -2 & -2 & -3 & 9 \\ -1 & 2 & 0 & -1 & 1 \\ -1 & 2 & -1 & -2 & 4 \\ 3 & 1 & 1 & 2 & -2 \end{pmatrix}$$

$$\xrightarrow[r_4-3r_1]{\substack{r_2+r_1 \\ r_3+r_1}} \begin{pmatrix} 1 & -2 & -2 & -3 & 9 \\ 0 & 0 & -2 & -4 & 10 \\ 0 & 0 & -3 & -5 & 13 \\ 0 & 7 & 7 & 11 & -29 \end{pmatrix} \xrightarrow{r_2\leftrightarrow r_4} \begin{pmatrix} 1 & -2 & -2 & -3 & 9 \\ 0 & 7 & 7 & 11 & -29 \\ 0 & 0 & -3 & -5 & 13 \\ 0 & 0 & -2 & -4 & 10 \end{pmatrix}$$

$$\xrightarrow[-\frac{1}{2}r_4]{\substack{r_1-r_4 \\ r_3-r_4}} \begin{pmatrix} 1 & -2 & 0 & 1 & -1 \\ 0 & 7 & 7 & 11 & -29 \\ 0 & 0 & -1 & -1 & 3 \\ 0 & 0 & 1 & 2 & -5 \end{pmatrix} \xrightarrow[r_2+7r_3]{r_4+r_3} \begin{pmatrix} 1 & -2 & 0 & 1 & -1 \\ 0 & 7 & 0 & 4 & -8 \\ 0 & 0 & -1 & -1 & 3 \\ 0 & 0 & 0 & 1 & -2 \end{pmatrix}$$

$$\xrightarrow{-r_3} \begin{pmatrix} 1 & -2 & 0 & 1 & -1 \\ 0 & 7 & 0 & 4 & -8 \\ 0 & 0 & 1 & 1 & -3 \\ 0 & 0 & 0 & 1 & -2 \end{pmatrix} \xrightarrow[r_2\quad 4r_4]{\substack{r_1-r_4 \\ r_3-r_4}} \begin{pmatrix} 1 & -2 & 0 & 0 & 1 \\ 0 & 7 & 0 & 0 & 0 \\ 0 & 0 & 1 & 0 & -1 \\ 0 & 0 & 0 & 1 & -2 \end{pmatrix}$$

$$\xrightarrow[\frac{1}{7}r_2]{r_1+\frac{2}{7}r_2} \begin{pmatrix} 1 & 0 & 0 & 0 & 1 \\ 0 & 1 & 0 & 0 & 0 \\ 0 & 0 & 1 & 0 & -1 \\ 0 & 0 & 0 & 1 & -2 \end{pmatrix}$$

因此方程组的解为

$$x_1=1,\quad x_2=0,\quad x_3=-1,\quad x_4=-2$$

2. 一般线性方程组解的讨论

前面讨论了特殊线性方程组(即方程的个数与未知量个数相等，且系数行列式不

等于零)的解法，下面讨论一般线性方程组及其解法.

例 3 讨论方程组：

$$\begin{cases} x_1-3x_2-6x_3+5x_4=0 \\ 2x_1+x_2+4x_3-2x_4=1 \\ 5x_1-x_2+2x_3+x_4=7 \end{cases}$$

的解.

解 对方程组的增广矩阵施行初等行变换，即

$$\widetilde{\boldsymbol{A}}=\begin{pmatrix} 1 & -3 & -6 & 5 & 0 \\ 2 & 1 & 4 & -2 & 1 \\ 5 & -1 & 2 & 1 & 7 \end{pmatrix} \xrightarrow[r_3-5r_1]{r_2-2r_1} \begin{pmatrix} 1 & -3 & -6 & 5 & 0 \\ 0 & 7 & 16 & -12 & 1 \\ 0 & 14 & 32 & -24 & 7 \end{pmatrix}$$

$$\xrightarrow{r_3-2r_2} \begin{pmatrix} 1 & -3 & -6 & 5 & 0 \\ 0 & 7 & 16 & -12 & 1 \\ 0 & 0 & 0 & 0 & 5 \end{pmatrix}=\boldsymbol{B}_1$$

矩阵 $\boldsymbol{B}_1$ 对应的方程组为

$$\begin{cases} x_1-3x_2-6x_3+5x_4=0 \\ 7x_2+16x_3-12x_4=1 \\ 0=5 \end{cases}$$

显然，第三个方程 0=5 是不成立的，因而方程组无解.

例 4 讨论方程组：

$$\begin{cases} x_1+3x_2-3x_4=1 \\ x_2-x_3+x_4=-3 \\ x_1-2x_2+3x_3-4x_4=4 \\ -7x_2+3x_3+x_4=-3 \end{cases}$$

的解.

解 因为

$$\widetilde{\boldsymbol{A}}=\begin{pmatrix} 1 & 3 & 0 & -3 & 1 \\ 0 & 1 & -1 & 1 & -3 \\ 1 & -2 & 3 & -4 & 4 \\ 0 & -7 & 3 & 1 & -3 \end{pmatrix} \xrightarrow{r_3-r_1} \begin{pmatrix} 1 & 3 & 0 & 3 & 1 \\ 0 & 1 & -1 & 1 & -3 \\ 0 & -5 & 3 & -1 & 3 \\ 0 & -7 & 3 & 1 & -3 \end{pmatrix}$$

$$\xrightarrow[r_4+7r_2]{r_3+5r_2}\begin{pmatrix}1&3&0&-3&1\\0&1&-1&1&-3\\0&0&-2&4&-12\\0&0&-4&8&-24\end{pmatrix}\xrightarrow{r_4-2r_3}\begin{pmatrix}1&3&0&-3&1\\0&1&-1&1&-3\\0&0&-2&4&-12\\0&0&0&0&0\end{pmatrix}$$

$$\xrightarrow{-\frac{1}{2}r_3}\begin{pmatrix}1&3&0&-3&1\\0&1&-1&1&-3\\0&0&1&-2&6\\0&0&0&0&0\end{pmatrix}\xrightarrow{r_2+r_3}\begin{pmatrix}1&3&0&-3&1\\0&1&0&-1&3\\0&0&1&-2&6\\0&0&0&0&0\end{pmatrix}$$

$$\xrightarrow{r_1-3r_2}\begin{pmatrix}1&0&0&0&-8\\0&1&0&-1&3\\0&0&1&-2&6\\0&0&0&0&0\end{pmatrix}=\boldsymbol{B}_2$$

所以，矩阵 B_2 对应于方程组

$$\begin{cases}x_1=-8\\x_2-x_4=3\\x_3-2x_4=6\end{cases}$$

把 x_4 移项，得

$$\begin{cases}x_1=-8\\x_2=3+x_4\\x_3=6+2x_4\end{cases}\quad x_4\text{ 为自由未知量}\tag{11-7}$$

式(11 - 7)叫作方程组的一般解.

若给定未知量 x_4 某一数值 c 就得到方程组的一组解

$$\begin{cases}x_1=-8\\x_2=3+c\\x_3=6+2c\\x_4=c\end{cases}$$

用矩阵表示为

$$\begin{pmatrix}x_1\\x_2\\x_3\\x_4\end{pmatrix}=\begin{pmatrix}-8\\3+c\\6+2c\\c\end{pmatrix}=c\begin{pmatrix}0\\1\\2\\1\end{pmatrix}+\begin{pmatrix}-8\\3\\6\\0\end{pmatrix} \tag{11-8}$$

当 c 取定任意一个值时，都能得到方程组的一组解，因此方程组有无穷多组解．其中 c 为任意常数，式(11－8)叫作方程组的**全部解**.

例 5　解线性方程组：

$$\begin{cases}x_1+3x_2-7x_3=-8\\2x_1+5x_2+4x_3=4\\-3x_1-7x_2-2x_3=-3\\x_1+4x_2-12x_3=-15\end{cases}$$

解　$$\widetilde{A}=\begin{pmatrix}1&3&-7&-8\\2&5&4&4\\-3&-7&-2&-3\\1&4&-12&-15\end{pmatrix}\xrightarrow[r_4-r_1]{\substack{r_2-2r_1\\r_3+3r_1}}\begin{pmatrix}1&3&-7&-8\\0&-1&18&20\\0&2&-23&-27\\0&1&-5&-7\end{pmatrix}$$

$$\xrightarrow[r_4+r_2]{r_3+2r_2}\begin{pmatrix}1&3&-7&-8\\0&-1&18&20\\0&0&13&13\\0&0&13&13\end{pmatrix}\xrightarrow[\frac{1}{13}r_3]{r_4-r_3}\begin{pmatrix}1&3&-7&-8\\0&-1&18&20\\0&0&1&1\\0&0&0&0\end{pmatrix}$$

$$\xrightarrow{r_2-18r_3}\begin{pmatrix}1&3&-7&-8\\0&-1&0&2\\0&0&1&1\\0&0&0&0\end{pmatrix}\xrightarrow[r_1+3r_2]{r_1+7r_3}\begin{pmatrix}1&0&0&5\\0&-1&0&2\\0&0&1&1\\0&0&0&0\end{pmatrix}\xrightarrow{-r_2}\begin{pmatrix}1&0&0&5\\0&1&0&-2\\0&0&1&1\\0&0&0&0\end{pmatrix}=\boldsymbol{B}_3$$

矩阵 $\boldsymbol{B}_3$ 对应于方程组

$$\begin{cases}x_1=5\\x_2=-2\\x_3=1\end{cases}$$

亦即为线性方程组的解，且解唯一.

综上所述，一个含有 m 个方程、n 个未知量的线性方程组 $AX=B$，即

$$\begin{cases}a_{11}x_1+a_{12}x_2+\cdots+a_{1n}x_n=b_1\\ a_{21}x_1+a_{22}x_2+\cdots+a_{2n}x_n=b_2\\ \cdots\cdots\\ a_{m1}x_1+a_{m2}x_2+\cdots+a_{mn}x_n=b_m\end{cases}$$

可能有唯一解、无解或无穷多解.

上述几个例题的求解过程，实际上就是对方程组 $\boldsymbol{AX}=\boldsymbol{B}$ 的增广矩阵 $\widetilde{\boldsymbol{A}}$ 施行初等行变换，化成阶梯形矩阵，即

$$\widetilde{\boldsymbol{A}}\to\cdots\to\begin{pmatrix}c_{11} & c_{12} & \cdots & c_{1j} & \cdots & c_{1n} & d_1\\ 0 & c_{22} & \cdots & c_{2j} & \cdots & c_{2n} & d_2\\ \cdots & \cdots & \cdots & \cdots & \cdots & \cdots & \cdots\\ 0 & 0 & \cdots & c_{rj} & \cdots & c_{rn} & d_r\\ 0 & 0 & \cdots & 0 & \cdots & 0 & d_{r+1}\\ \cdots & \cdots & \cdots & \cdots & \cdots & \cdots & \cdots\\ 0 & 0 & \cdots & 0 & \cdots & 0 & 0\end{pmatrix}$$

其中，$c_{rj}\neq0$，显然当 $d_{r+1}=0$ 时，方程组 $\boldsymbol{AX}=\boldsymbol{B}$ 有解，当 $d_{r+1}\neq0$ 时方程组 $\boldsymbol{AX}=\boldsymbol{B}$ 无解. 这就是说，方程组 $\boldsymbol{AX}=\boldsymbol{B}$ 是否有解，关键在于 $\widetilde{\boldsymbol{A}}$ 化为阶梯形矩阵后，d_{r+1} 是否为零，即系数矩阵 $\boldsymbol{A}$ 的秩与增广矩阵 $\widetilde{\boldsymbol{A}}$ 的秩是否相等. 为此，我们有如下解的判别定理：

定理 1　线性方程组 $\boldsymbol{AX}=\boldsymbol{B}$ 有解的充要条件是系数矩阵的秩等于增广矩阵的秩，即 $R(\boldsymbol{A})=R(\widetilde{\boldsymbol{A}})$.

定理 2　若线性方程组 $\boldsymbol{AX}-\boldsymbol{B}$ 有解，则 $R(\boldsymbol{A})=r=n$ 时有唯一解；当 $R(\boldsymbol{A})-r<n$ 时有无穷多组解.

11.2.2　齐次线性方程组

齐次线性方程组

$$\begin{cases}a_{11}x_1+a_{12}x_2+\cdots+a_{1n}x_n=0\\ a_{21}x_1+a_{22}x_2+\cdots+a_{2n}x_n=0\\ \cdots\cdots\\ a_{m1}x_1+a_{m2}x_2+\cdots+a_{mn}x_n=0\end{cases}\tag{11-9}$$

的矩阵形式为

$$\boldsymbol{AX}=\boldsymbol{O}$$

因为齐次线性方程组 $\boldsymbol{AX}=\boldsymbol{O}$ 的增广矩阵 $\widetilde{\boldsymbol{A}}$ 的最后一列元素全都是零，所以一定有 $R(\boldsymbol{A})=R(\widetilde{\boldsymbol{A}})$，即方程组 $\boldsymbol{AX}=\boldsymbol{O}$ 必有解.

齐次线性方程组 $\boldsymbol{AX}=\boldsymbol{O}$ 作为线性方程组 $\boldsymbol{AX}=\boldsymbol{B}$ 的特殊情况，可得定理 2 的推论.

推论　对于齐次线性方程组 $\boldsymbol{AX}=\boldsymbol{O}$，

(1) 若 $R(\boldsymbol{A})=r=n$，则方程组有唯一的零解；

(2) 若 $R(\boldsymbol{A})=r<n$，则方程组有非零解.

当 $m=n$ 时，齐次线性方程组(11－9)的系数矩阵 $\boldsymbol{A}$ 为 n 阶方阵，若 $R(\boldsymbol{A})<n$，则 $|\boldsymbol{A}|=0$. 由此可知当 $m=n$ 时，齐次线性方程组有非零解的充分必要条件是其系数行列式 $|\boldsymbol{A}|=0$.

例 6　求解齐次线性方程组：

$$\begin{cases}x_1-x_2+5x_3-x_4=0\\x_1+x_2-2x_3+3x_4=0\\3x_1-x_2+8x_3+x_4=0\\x_1+3x_2-9x_3+7x_4=0\end{cases}$$

解　将系数矩阵 A 化成行简化阶梯形矩阵如下：

$$A=\begin{pmatrix}1&-1&5&-1\\1&1&-2&3\\3&-1&8&1\\1&3&-9&7\end{pmatrix}\xrightarrow[r_4-r_1]{\substack{r_2-r_1\\r_3-3r_1}}\begin{pmatrix}1&-1&5&-1\\0&2&-7&4\\0&2&-7&4\\0&4&-14&8\end{pmatrix}$$

$$\xrightarrow[\frac{1}{2}r_2]{\substack{r_3-r_2\\r_4-2r_2}}\begin{pmatrix}1&-1&5&-1\\0&1&-\frac{7}{2}&2\\0&0&0&0\\0&0&0&0\end{pmatrix}\xrightarrow{r_1+r_2}\begin{pmatrix}1&0&\frac{3}{2}&1\\0&1&-\frac{7}{2}&2\\0&0&0&0\\0&0&0&0\end{pmatrix}$$

于是方程组的一般解为

$$\begin{cases} x_1=-\dfrac{3}{2}x_3-x_4 \\ x_2=\dfrac{7}{2}x_3-2x_4 \end{cases}$$

其中，x_3，x_4 是自由未知量.

例 7 当 λ 为何值时，齐次线性方程组：

$$\begin{cases} (\lambda+3)x_1+x_2+2x_3=0 \\ \lambda x_1+(\lambda-1)x_2+x_3=0 \\ 3(\lambda+1)x_1+\lambda x_2+(\lambda+3)x_3=0 \end{cases}$$

有非零解？求出它的一般解.

解 因为 $m=n=3$，所以，若方程组有非零解，则必有 $|\boldsymbol{A}|=0$，即

$$|\boldsymbol{A}|=\begin{vmatrix} \lambda+3 & 1 & 2 \\ \lambda & \lambda-1 & 1 \\ 3(\lambda+1) & \lambda & \lambda+3 \end{vmatrix}=\lambda^2(\lambda-1)=0$$

解得 $\lambda=0$ 或 $\lambda=1$.

当 $\lambda=0$ 时

$$\boldsymbol{A}=\begin{pmatrix} 3 & 1 & 2 \\ 0 & -1 & 1 \\ 3 & 0 & 3 \end{pmatrix} \xrightarrow{r_1 \leftrightarrow r_3} \begin{pmatrix} 3 & 0 & 3 \\ 0 & -1 & 1 \\ 3 & 1 & 2 \end{pmatrix} \xrightarrow[\frac{1}{3}r_1]{\substack{r_3-r_1 \\ -r_2}} \begin{pmatrix} 1 & 0 & 1 \\ 0 & 1 & -1 \\ 0 & 1 & -1 \end{pmatrix} \xrightarrow{r_3-r_2} \begin{pmatrix} 1 & 0 & 1 \\ 0 & 1 & -1 \\ 0 & 0 & 0 \end{pmatrix}$$

可得一般解为

$$\begin{cases} x_1=-x_3 \\ x_2=x_3 \end{cases}$$

其中，x_3 为自由未知量.

当 $\lambda=1$ 时

$$\boldsymbol{A}=\begin{pmatrix} 4 & 1 & 2 \\ 1 & 0 & 1 \\ 6 & 1 & 4 \end{pmatrix} \xrightarrow{r_1 \leftrightarrow r_2} \begin{pmatrix} 1 & 0 & 1 \\ 4 & 1 & 2 \\ 6 & 1 & 4 \end{pmatrix} \xrightarrow{\substack{r_2-4r_1 \\ r_3-6r_1}} \begin{pmatrix} 1 & 0 & 1 \\ 0 & 1 & -2 \\ 0 & 1 & -2 \end{pmatrix} \xrightarrow{r_3-r_2} \begin{pmatrix} 1 & 0 & 1 \\ 0 & 1 & -2 \\ 0 & 0 & 0 \end{pmatrix}$$

可得一般解为

$$\begin{cases}x_1=-x_3\\x_2=2x_3\end{cases}$$

其中，x_3 为自由未知量.

习题 11-2

1. 判断下述线性方程组有解还是无解：

(1) $\begin{cases}x_1+3x_2-2x_3=0\\x_1+7x_2+2x_3=0\\2x_1+14x_2+5x_3=0\end{cases}$　　(2) $\begin{cases}3x_1-5x_2+2x_3+4x_4=2\\7x_1-4x_2+x_3+3x_4=5\\5x_1+7x_2-4x_3-6x_4=3\end{cases}$

(3) $\begin{cases}3x_1+5x_2+2x_3=0\\4x_1+7x_2+5x_3=0\\x_1+x_2-4x_3=0\end{cases}$

2. 当 λ 取何值时，方程组：

$$\begin{cases}2x_1-x_2+x_3+x_4=1\\x_1+2x_2-x_3+4x_4=2\\x_1+7x_2-4x_3+11x_4=\lambda\end{cases}$$

有解？

3. 求下列方程组的一般解：

(1) $\begin{cases}5x_1+x_2+2x_3=2\\2x_1+x_2+x_3=4\\9x_1+2x_2+5x_3=3\end{cases}$　　(2) $\begin{cases}2x_1-3x_2+x_3+5x_4=6\\-3x_1+x_2+2x_3-4x_4=5\\-x_1-2x_2+3x_3+x_4=11\end{cases}$

(3) $\begin{cases}5x_1-2x_2+4x_3-3x_4=0\\-3x_1+5x_2-x_3+2x_4=0\\x_1-3x_2+2x_3+x_4=0\end{cases}$

4. 求下列齐次方程组的一般解：

(1) $\begin{cases} x_1-3x_2+x_3-2x_4=0 \\ -5x_1+x_2-2x_3+3x_4=0 \\ -x_1-11x_2+2x_3-5x_4=0 \\ 3x_1+5x_2+x_4=0 \end{cases}$　　(2) $\begin{cases} 2x_1-5x_2+x_3-3x_4=0 \\ -3x_1+4x_2-2x_3+x_4=0 \\ x_1+2x_2-x_3+3x_4=0 \\ -2x_1+15x_2-6x_3+13x_4=0 \end{cases}$

(3) $\begin{cases} 2x_1-4x_2+5x_3+3x_4=0 \\ 3x_1-6x_2+4x_3+2x_4=0 \\ 4x_1-8x_2+17x_3+11x_4=0 \end{cases}$

11.3　n 维向量及向量间的线性关系

为了深入研究线性方程组的内在联系及解的结构等问题，我们讨论 n 维向量的有关概念.

11.3.1　n 维向量的定义

定义 1　由 n 个实数组成的有序数组称为 n 维向量，记为

$$\boldsymbol{\alpha}=\begin{pmatrix} a_1 \\ a_2 \\ \vdots \\ a_n \end{pmatrix} \quad 或 \quad \boldsymbol{\beta}=(b_1 \quad b_2 \quad \cdots \quad b_n)$$

其中，a_i(或 b_i)($i=1, 2, \cdots, n$)称为 n 维向量 $\boldsymbol{\alpha}$(或 $\boldsymbol{\beta}$)的第 i 个分量.

向量一般用小写希腊字母 $\boldsymbol{\alpha}$，$\boldsymbol{\beta}$，$\boldsymbol{\gamma}$，…表示. $\boldsymbol{\alpha}$ 称为 **n 维列向量**，$\boldsymbol{\beta}$ 称为 **n 维行向量**，要把列(行)向量写成行(列)向量，可用转置记号，例如

$$\boldsymbol{\alpha}=\begin{pmatrix} a_1 \\ a_2 \\ \vdots \\ a_n \end{pmatrix} 可写成 \boldsymbol{\alpha}=(a_1 \quad a_2 \quad \cdots \quad a_n)^{\mathrm{T}}$$

矩阵 $\mathbf{A}=\begin{pmatrix} a_{11} & a_{12} & \cdots & a_{1n} \\ a_{21} & a_{22} & \cdots & a_{2n} \\ \cdots & \cdots & \cdots & \cdots \\ a_{m1} & a_{m2} & \cdots & a_{mn} \end{pmatrix}$中的每一行$(a_{i1} \quad a_{i2} \quad \cdots \quad a_{in})(i=1, 2, \cdots, m)$都是 n 维向量，称为**矩阵 A 的行向量**. 每一列$\begin{pmatrix} a_{1j} \\ a_{2j} \\ \vdots \\ a_{mj} \end{pmatrix}(j=1, 2, \cdots, n)$都是 m 维向量，称为**矩阵 A 的列向量**.

n 维向量和 $n\times 1$ 矩阵(即列矩阵)是本质相同的两个概念，所以，我们规定 n 维向量的相等、相加、数乘与列矩阵的相等、相加、数乘都是对应相同的.

11.3.2 向量间的线性关系

1. 线性组合

线性方程组

$$\begin{cases} a_{11}x_1+a_{12}x_2+\cdots+a_{1n}x_n=b_1 \\ a_{21}x_1+a_{22}x_2+\cdots+a_{2n}x_n=b_2 \\ \cdots\cdots \\ a_{m1}x_1+a_{m2}x_2+\cdots+a_{mn}x_n=b_m \end{cases} \tag{11-10}$$

令

$$\boldsymbol{\alpha}_1=\begin{pmatrix} a_{11} \\ a_{21} \\ \vdots \\ a_{m1} \end{pmatrix}, \quad \boldsymbol{\alpha}_2=\begin{pmatrix} a_{12} \\ a_{22} \\ \vdots \\ a_{m2} \end{pmatrix}, \quad \cdots, \quad \boldsymbol{\alpha}_n=\begin{pmatrix} a_{1n} \\ a_{2n} \\ \vdots \\ a_{mn} \end{pmatrix}, \quad \boldsymbol{\beta}=\begin{pmatrix} b_1 \\ b_2 \\ \vdots \\ b_m \end{pmatrix}$$

则

$$x_1\boldsymbol{\alpha}_1+x_2\boldsymbol{\alpha}_2+\cdots+x_n\boldsymbol{\alpha}_n=\boldsymbol{\beta} \tag{11-11}$$

称式(11-11)为线性方程组(11-10)的**向量形式**. 线性方程组(11-10)是否有解，就相当于是否存在一组数：k_1，k_2，$\cdots$，k_n，使 $k_1\boldsymbol{\alpha}_1+k_2\boldsymbol{\alpha}_2+\cdots+k_n\boldsymbol{\alpha}_n=\boldsymbol{\beta}$ 成立. 即

常数列向量 $\boldsymbol{\beta}$ 是否可以表示成上述系数列向量组 $\boldsymbol{\alpha}_1$，$\boldsymbol{\alpha}_2$，…，$\boldsymbol{\alpha}_n$ 的线性关系式. 如果可以，则方程组有解；否则，方程组无解. $\boldsymbol{\beta}$ 可以表示成上述关系式时，称 $\boldsymbol{\beta}$ 是向量组 $\boldsymbol{\alpha}_1$，$\boldsymbol{\alpha}_2$，…，$\boldsymbol{\alpha}_n$ 的线性组合，或者称 $\boldsymbol{\beta}$ 可由向量组 $\boldsymbol{\alpha}_1$，$\boldsymbol{\alpha}_2$，…，$\boldsymbol{\alpha}_n$ 线性表示.

定义 2　设 n 维向量 $\boldsymbol{\beta}$，$\boldsymbol{\alpha}_1$，$\boldsymbol{\alpha}_2$，…，$\boldsymbol{\alpha}_s$，如果存在一组数 k_1，k_2，…，k_s，使

$$\boldsymbol{\beta}=k_1\boldsymbol{\alpha}_1+k_2\boldsymbol{\alpha}_2+\cdots+k_s\boldsymbol{\alpha}_s$$

则称 $\boldsymbol{\beta}$ 是向量组 $\boldsymbol{\alpha}_1$，$\boldsymbol{\alpha}_2$，…，$\boldsymbol{\alpha}_s$ 的**线性组合**，或称 $\boldsymbol{\beta}$ 可由向量组 $\boldsymbol{\alpha}_1$，$\boldsymbol{\alpha}_2$，…，$\boldsymbol{\alpha}_s$ **线性表示**.

定理 1　向量 $\boldsymbol{\beta}$ 可由向量组 $\boldsymbol{\alpha}_1$，$\boldsymbol{\alpha}_2$，…，$\boldsymbol{\alpha}_n$ 线性表示的充分必要条件是以 $\boldsymbol{\alpha}_1$，$\boldsymbol{\alpha}_2$，…，$\boldsymbol{\alpha}_n$ 为系数列向量，以 $\boldsymbol{\beta}$ 为常数列向量的线性方程组有解.

例 1　任何一个 n 维向量 $\boldsymbol{\alpha}=(a_1\quad a_2\quad\cdots\quad a_n)$ 都是 n 维向量组 $\boldsymbol{e}_1=(1\quad 0\quad\cdots\quad 0)$，$\boldsymbol{e}_2=(0\quad 1\quad 0\quad\cdots\quad 0)$，…，$\boldsymbol{e}_n=(0\quad 0\quad\cdots\quad 0\quad 1)$ 的线性组合.

因为

$$\boldsymbol{\alpha}=a_1\boldsymbol{e}_1+a_2\boldsymbol{e}_2+\cdots+a_n\boldsymbol{e}_n$$

$\boldsymbol{e}_1$，$\boldsymbol{e}_2$，…，$\boldsymbol{e}_n$ 称为 **n 维单位向量组**.

例 2　零向量是任何一组向量的线性组合.

因为

$$\boldsymbol{0}=0\cdot\boldsymbol{\alpha}_1+0\cdot\boldsymbol{\alpha}_2+\cdots+0\cdot\boldsymbol{\alpha}_n$$

例 3　向量组 $\boldsymbol{\alpha}_1$，$\boldsymbol{\alpha}_2$，…，$\boldsymbol{\alpha}_n$ 中的任一向量 $\boldsymbol{\alpha}_i(1\leqslant i\leqslant n)$ 都能用这个向量组线性表示.

因为

$$\boldsymbol{\alpha}_i=0\cdot\boldsymbol{\alpha}_1+0\cdot\boldsymbol{\alpha}_2+\cdots+0\cdot\boldsymbol{\alpha}_{i-1}+1\cdot\boldsymbol{\alpha}_i+0\cdot\boldsymbol{\alpha}_{i+1}+\cdots+0\cdot\boldsymbol{\alpha}_n$$

例 4　设 $\boldsymbol{\beta}=(4\quad 3\quad -1\quad 11)^{\mathrm{T}}$，$\boldsymbol{\alpha}_1=(1\quad 2\quad -1\quad 5)^{\mathrm{T}}$，$\boldsymbol{\alpha}_2=(2\quad -1\quad 1\quad 1)^{\mathrm{T}}$，判断向量 $\boldsymbol{\beta}$ 能否由向量组 $\boldsymbol{\alpha}_1$，$\boldsymbol{\alpha}_2$ 线性表示. 若是，写出表示式.

解　设 $x_1\boldsymbol{\alpha}_1+x_2\boldsymbol{\alpha}_2=\boldsymbol{\beta}$，即

$$\begin{cases}x_1+2x_2=4\\2x_1-x_2=3\\-x_1+x_2=-1\\5x_1+x_2=11\end{cases}$$

因为

$$\begin{pmatrix} 1 & 2 & 4 \\ 2 & -1 & 3 \\ -1 & 1 & -1 \\ 5 & 1 & 11 \end{pmatrix} \to \begin{pmatrix} 1 & 0 & 2 \\ 0 & 1 & 1 \\ 0 & 0 & 0 \\ 0 & 0 & 0 \end{pmatrix}$$

解线性方程组得：$x_1=2$，$x_2=1$，所以

$$\boldsymbol{\beta}=2\boldsymbol{\alpha}_1+\boldsymbol{\alpha}_2$$

2. 线性相关与线性无关

定义 3 设 n 维向量 $\boldsymbol{\alpha}_1$，$\boldsymbol{\alpha}_2$，…，$\boldsymbol{\alpha}_s$，如果存在一组不全为零的数 k_1，k_2，…，k_s 使得

$$k_1\boldsymbol{\alpha}_1+k_2\boldsymbol{\alpha}_2+\cdots+k_s\boldsymbol{\alpha}_s=\mathbf{0} \tag{11-12}$$

成立，则称向量组 $\boldsymbol{\alpha}_1$，$\boldsymbol{\alpha}_2$，…，$\boldsymbol{\alpha}_s$ 线性相关，否则，称向量组 $\boldsymbol{\alpha}_1$，$\boldsymbol{\alpha}_2$，…，$\boldsymbol{\alpha}_s$ 线性无关. 也就是说，若式(11-12)当且仅当 $k_1=k_2=\cdots=k_s=0$ 时成立，则向量组 $\boldsymbol{\alpha}_1$，$\boldsymbol{\alpha}_2$，…，$\boldsymbol{\alpha}_s$ 线性无关.

例 5 向量组 $\mathbf{0}$，$\boldsymbol{\alpha}_1$，$\boldsymbol{\alpha}_2$，…，$\boldsymbol{\alpha}_n$ 是线性相关的.

因为

$$1\cdot\mathbf{0}+0\cdot\boldsymbol{\alpha}_1+0\cdot\boldsymbol{\alpha}_2+\cdots+0\cdot\boldsymbol{\alpha}_n=\mathbf{0}$$

定理 2 设 n 维向量 $\boldsymbol{\alpha}_1$，$\boldsymbol{\alpha}_2$，…，$\boldsymbol{\alpha}_s$，若齐次线性方程组

$$k_1\boldsymbol{\alpha}_1+k_2\boldsymbol{\alpha}_2+\cdots+k_s\boldsymbol{\alpha}_s=\mathbf{0}$$

有非零解，则向量组 $\boldsymbol{\alpha}_1$，$\boldsymbol{\alpha}_2$，…，$\boldsymbol{\alpha}_s$ 线性相关.

若齐次线性方程组

$$k_1\boldsymbol{\alpha}_1+k_2\boldsymbol{\alpha}_2+\cdots+k_s\boldsymbol{\alpha}_s=\mathbf{0}$$

只有零解，则向量组 $\boldsymbol{\alpha}_1$，$\boldsymbol{\alpha}_2$，…，$\boldsymbol{\alpha}_s$ 线性无关.

定理 3 对于列(行)向量组 $\boldsymbol{\alpha}_1$，$\boldsymbol{\alpha}_2$，…，$\boldsymbol{\alpha}_s$，设矩阵

$$\mathbf{A}=(\boldsymbol{\alpha}_1\quad\boldsymbol{\alpha}_2\quad\cdots\quad\boldsymbol{\alpha}_s)\quad 或\quad \mathbf{A}=(\boldsymbol{\alpha}_1\quad\boldsymbol{\alpha}_2\quad\cdots\quad\boldsymbol{\alpha}_s)^{\mathrm{T}}$$

若 $R(\mathbf{A})<s$，则向量组 $\boldsymbol{\alpha}_1$，$\boldsymbol{\alpha}_2$，…，$\boldsymbol{\alpha}_s$ 线性相关；若 $R(\mathbf{A})=s$，则向量组 $\boldsymbol{\alpha}_1$，

$\boldsymbol{\alpha}_2$，…，$\boldsymbol{\alpha}_s$ 线性无关.

推论 1　n 个 n 维向量 $\boldsymbol{\alpha}_1$，$\boldsymbol{\alpha}_2$，…，$\boldsymbol{\alpha}_n$ 线性相关的充分必要条件是

$$|\boldsymbol{\alpha}_1 \quad \boldsymbol{\alpha}_2 \quad \cdots \quad \boldsymbol{\alpha}_n|=0$$

即

$$\begin{vmatrix} a_{11} & a_{12} & \cdots & a_{1n} \\ a_{21} & a_{22} & \cdots & a_{2n} \\ \cdots & \cdots & \cdots & \cdots \\ a_{n1} & a_{n2} & \cdots & a_{nn} \end{vmatrix}=0$$

或者说，n 个 n 维向量 $\boldsymbol{\alpha}_1$，$\boldsymbol{\alpha}_2$，…，$\boldsymbol{\alpha}_n$ 线性无关的充分必要条件是

$$|\boldsymbol{\alpha}_1 \quad \boldsymbol{\alpha}_2 \quad \cdots \quad \boldsymbol{\alpha}_n|\neq 0$$

推论 2　任意 $n+1$ 个 n 维向量一定线性相关. 即向量组中所含向量的个数大于向量的维数时，此向量组线性相关.

例 6　n 维单位向量组 $\boldsymbol{e}_1$，$\boldsymbol{e}_2$，…，$\boldsymbol{e}_n$ 是线性无关的.

由推论 1 可直接得出上述结论.

例 7　判断下列向量组的相关性：

(1) $\boldsymbol{\alpha}_1=(1 \quad 2 \quad -1 \quad 5)$，$\boldsymbol{\alpha}_2=(2 \quad -1 \quad 1 \quad 1)$，$\boldsymbol{\alpha}_3=(4 \quad 3 \quad -1 \quad 11)$

(2) $\boldsymbol{\alpha}_1=(1 \quad -1 \quad 2)$，$\boldsymbol{\alpha}_2=(0 \quad 2 \quad 1)$，$\boldsymbol{\alpha}_3=(1 \quad 1 \quad 1)$

(3) $\boldsymbol{\alpha}_1=(1 \quad 3 \quad 2)$，$\boldsymbol{\alpha}_2=(-1 \quad 2 \quad 1)$，$\boldsymbol{\alpha}_3=(6 \quad -5 \quad 4)$，$\boldsymbol{\alpha}_4=(8 \quad 7 \quad -6)$

解　(1) 因为

$$\begin{pmatrix} 1 & 2 & 4 \\ 2 & -1 & 3 \\ -1 & 1 & -1 \\ 5 & 1 & 11 \end{pmatrix} \to \begin{pmatrix} 1 & 2 & 4 \\ 0 & 1 & 1 \\ 0 & 0 & 0 \\ 0 & 0 & 0 \end{pmatrix}$$

$R(\boldsymbol{A})=2<s$，所以，向量组 $\boldsymbol{\alpha}_1$，$\boldsymbol{\alpha}_2$，$\boldsymbol{\alpha}_3$ 线性相关.

(2) 因为

$$\boldsymbol{A}=\begin{pmatrix} 1 & 0 & 1 \\ -1 & 2 & 1 \\ 2 & 1 & 1 \end{pmatrix} \to \begin{pmatrix} 1 & 0 & 1 \\ 0 & 1 & 1 \\ 0 & 0 & 1 \end{pmatrix}$$

$R(\boldsymbol{A})=3=s$，所以，向量组 $\boldsymbol{\alpha}_1$，$\boldsymbol{\alpha}_2$，$\boldsymbol{\alpha}_3$ 线性无关.

(3) 由推论 1，向量组 $\boldsymbol{\alpha}_1$，$\boldsymbol{\alpha}_2$，$\boldsymbol{\alpha}_3$，$\boldsymbol{\alpha}_4$ 线性相关.

定理 4 如果向量组中有一部分向量(称为部分组)线性相关，则整个向量组线性相关.

证 设向量组 $\boldsymbol{\alpha}_1$，$\boldsymbol{\alpha}_2$，…，$\boldsymbol{\alpha}_s$ 中有 $r(r\leqslant s)$ 个向量线性相关，不妨设 $\boldsymbol{\alpha}_1$，$\boldsymbol{\alpha}_2$，…，$\boldsymbol{\alpha}_r$ 线性相关，则存在不全为零的数 k_1，k_2，…，k_r，使 $k_1\boldsymbol{\alpha}_1+k_2\boldsymbol{\alpha}_2+\cdots+k_r\boldsymbol{\alpha}_r=\boldsymbol{0}$ 成立. 因而存在不全为零的数 k_1，k_2，…，k_r，0，0，…，0，使

$$k_1\boldsymbol{\alpha}_1+k_2\boldsymbol{\alpha}_2+\cdots+k_r\boldsymbol{\alpha}_r+0\cdot\boldsymbol{\alpha}_{r+1}+\cdots+0\cdot\boldsymbol{\alpha}_s=\boldsymbol{0}$$

成立，即 $\boldsymbol{\alpha}_1$，$\boldsymbol{\alpha}_2$，…，$\boldsymbol{\alpha}_s$ 线性相关.

定理 4 也可如下叙述：

线性无关的向量组中任何部分组也线性无关.

定理 5 向量组 $\boldsymbol{\alpha}_1$，$\boldsymbol{\alpha}_2$，…，$\boldsymbol{\alpha}_s(s\geqslant 2)$ 线性相关的充分必要条件是其中至少有一个向量可以由其余向量线性表示.

证 (1) 必要性. 因为 $\boldsymbol{\alpha}_1$，$\boldsymbol{\alpha}_2$，…，$\boldsymbol{\alpha}_s$ 线性相关，所以存在一组不全为零的数 k_1，k_2，…，k_s，使得

$$k_1\boldsymbol{\alpha}_1+k_2\boldsymbol{\alpha}_2+\cdots+k_s\boldsymbol{\alpha}_s=\boldsymbol{0}$$

成立，不妨设 $k_1\neq 0$，于是

$$\boldsymbol{\alpha}_1=\left(-\frac{k_2}{k_1}\right)\boldsymbol{\alpha}_2+\left(-\frac{k_3}{k_1}\right)\boldsymbol{\alpha}_3+\cdots+\left(-\frac{k_s}{k_1}\right)\boldsymbol{\alpha}_s$$

即 $\boldsymbol{\alpha}_1$ 可以由其余向量线性表示.

(2) 充分性. 不妨设

$$\boldsymbol{\alpha}_1=k_2\boldsymbol{\alpha}_2+k_3\boldsymbol{\alpha}_3+\cdots+k_s\boldsymbol{\alpha}_s$$

因此，存在一组不全为零的数 -1，k_2，k_3，…，k_s，使

$$(-1)\boldsymbol{\alpha}_1+k_2\boldsymbol{\alpha}_2+\cdots+k_s\boldsymbol{\alpha}_s=\boldsymbol{0}$$

成立，即 $\boldsymbol{\alpha}_1$，$\boldsymbol{\alpha}_2$，…，$\boldsymbol{\alpha}_s$ 线性相关.

3. 向量组的秩

定义 4 若向量组 $\boldsymbol{\alpha}_1$，$\boldsymbol{\alpha}_2$，…，$\boldsymbol{\alpha}_s$ 的部分向量组 $\boldsymbol{\alpha}_1$，$\boldsymbol{\alpha}_2$，…，$\boldsymbol{\alpha}_r(r\leqslant s)$ 满足：

(1) $\boldsymbol{\alpha}_1$，$\boldsymbol{\alpha}_2$，…，$\boldsymbol{\alpha}_r$ 线性无关；

(2) 向量组 $\boldsymbol{\alpha}_1$，$\boldsymbol{\alpha}_2$，…，$\boldsymbol{\alpha}_s$ 中的任意一个向量都可以由 $\boldsymbol{\alpha}_1$，$\boldsymbol{\alpha}_2$，…，$\boldsymbol{\alpha}_r$ 线性表示，则称部分向量组 $\boldsymbol{\alpha}_1$，$\boldsymbol{\alpha}_2$，…，$\boldsymbol{\alpha}_r$ 为向量组 $\boldsymbol{\alpha}_1$，$\boldsymbol{\alpha}_2$，…，$\boldsymbol{\alpha}_s$ 的一个**极大无关组**.

若向量组本身线性无关，则该向量组就是极大无关组. 例如，n 维单位向量组 $\boldsymbol{e}_1$，$\boldsymbol{e}_2$，…，$\boldsymbol{e}_n$ 是极大无关组.

向量组的极大无关组可能不止一个，但它们的共性是：极大无关组所含向量的个数是相同的. 例如，二维向量组 $\boldsymbol{\alpha}_1=(0\quad 1)$，$\boldsymbol{\alpha}_2=(1\quad 0)$，$\boldsymbol{\alpha}_3=(1\quad 1)$，$\boldsymbol{\alpha}_4=(0\quad 2)$. 因为任何 3 个二维向量的向量组必线性相关，而 $\boldsymbol{\alpha}_1=(0\quad 1)$，$\boldsymbol{\alpha}_2=(1\quad 0)$线性无关，故 $\boldsymbol{\alpha}_1$，$\boldsymbol{\alpha}_2$ 是 $\boldsymbol{\alpha}_1$，$\boldsymbol{\alpha}_2$，$\boldsymbol{\alpha}_3$，$\boldsymbol{\alpha}_4$ 的一个极大无关组，同样 $\boldsymbol{\alpha}_2$，$\boldsymbol{\alpha}_3$ 也是一个极大无关组.

定义 5 向量组 $\boldsymbol{\alpha}_1$，$\boldsymbol{\alpha}_2$，…，$\boldsymbol{\alpha}_s$ 的极大无关组所含向量的个数称为**向量组的秩**. 记作

$$R(\boldsymbol{\alpha}_1,\boldsymbol{\alpha}_2,\cdots,\boldsymbol{\alpha}_s)$$

规定：只含零向量的向量组的秩为零.

上例中，二维向量组 $\boldsymbol{\alpha}_1=(0\quad 1)$，$\boldsymbol{\alpha}_2=(1\quad 0)$，$\boldsymbol{\alpha}_3=(1\quad 1)$，$\boldsymbol{\alpha}_4=(0\quad 2)$的秩 $R(\boldsymbol{\alpha}_1,\ \boldsymbol{\alpha}_2,\ \boldsymbol{\alpha}_3,\ \boldsymbol{\alpha}_4)=2$.

定理 6 矩阵的初等行(列)变换不改变其列(行)向量间的线性相关性.

定理 7 矩阵 $\boldsymbol{A}$ 的秩＝矩阵 $\boldsymbol{A}$ 列向量组的秩＝矩阵 $\boldsymbol{A}$ 行向量组的秩.

综上所述，求一向量组的秩和极大无关组，先将这些向量作为矩阵的列构成一个矩阵，用初等行变换将其化为阶梯形矩阵，则**非零行的个数就是向量组的秩，主元所在列对应的原来向量组中的向量就是极大无关组**.

例 8 求向量组 $\boldsymbol{\alpha}_1=(2\quad 4\quad 2)^{\mathrm{T}}$，$\boldsymbol{\alpha}_2=(1\quad 1\quad 0)^{\mathrm{T}}$，$\boldsymbol{\alpha}_3=(2\quad 3\quad 1)^{\mathrm{T}}$，$\boldsymbol{\alpha}_4=(3\quad 5\quad 2)^{\mathrm{T}}$ 的一个极大无关组，并将其余向量用极大无关组线性表示.

解 把向量 $\boldsymbol{\alpha}_1$，$\boldsymbol{\alpha}_2$，$\boldsymbol{\alpha}_3$，$\boldsymbol{\alpha}_4$ 看作矩阵 $\boldsymbol{A}$ 的列向量组，再用初等行变换把 $\boldsymbol{A}$ 化为阶梯形矩阵，即

$$\boldsymbol{A}=\begin{pmatrix}2&1&2&3\\4&1&3&5\\2&0&1&2\end{pmatrix}\to\begin{pmatrix}1&0&\dfrac{1}{2}&1\\0&1&1&1\\0&0&0&0\end{pmatrix}$$

于是，$R(\boldsymbol{\alpha}_1, \boldsymbol{\alpha}_2, \boldsymbol{\alpha}_3, \boldsymbol{\alpha}_4)=2$，向量组 $\boldsymbol{\alpha}_1$，$\boldsymbol{\alpha}_2$ 为一个极大无关组，且 $\boldsymbol{\alpha}_3=\frac{1}{2}\boldsymbol{\alpha}_1+\boldsymbol{\alpha}_2$，$\boldsymbol{\alpha}_4=\boldsymbol{\alpha}_1+\boldsymbol{\alpha}_2$.

习题 11 - 3

1. 设 $\boldsymbol{\alpha}_1=(3\ \ 5\ \ 7\ \ 9)^{\mathrm{T}}$，$\boldsymbol{\alpha}_2=(-1\ \ 5\ \ 2\ \ 0)^{\mathrm{T}}$，$\boldsymbol{\alpha}_3=(0\ \ 1\ \ -1\ \ 2)^{\mathrm{T}}$，求：

(1) $2\boldsymbol{\alpha}_1-2\boldsymbol{\alpha}_2+\boldsymbol{\alpha}_3$　(2) $0\boldsymbol{\alpha}_1+0\boldsymbol{\alpha}_2+0\boldsymbol{\alpha}_3$

2. 设 $\boldsymbol{\alpha}_1=(2\ \ 5\ \ 1\ \ 3)^{\mathrm{T}}$，$\boldsymbol{\alpha}_2=(10\ \ 1\ \ 5\ \ 10)^{\mathrm{T}}$，$\boldsymbol{\alpha}_3=(4\ \ 1\ \ -1\ \ 1)^{\mathrm{T}}$，求向量 $\boldsymbol{\alpha}$，使 $3(\boldsymbol{\alpha}_1-\boldsymbol{\alpha})+2(\boldsymbol{\alpha}_2+\boldsymbol{\alpha})=5(\boldsymbol{\alpha}_3+\boldsymbol{\alpha})$.

3. 判断向量 $\boldsymbol{\beta}$ 能否由向量组 $\boldsymbol{\alpha}_1$，$\boldsymbol{\alpha}_2$，$\boldsymbol{\alpha}_3$ 线性表示，若能，写出它的一种表示方法.

(1) $\boldsymbol{\beta}=(3\ \ 5\ \ -6)^{\mathrm{T}}$，$\boldsymbol{\alpha}_1=(1\ \ 0\ \ 1)^{\mathrm{T}}$，$\boldsymbol{\alpha}_2=(1\ \ 1\ \ 1)^{\mathrm{T}}$，$\boldsymbol{\alpha}_3=(0\ \ -1\ \ -1)^{\mathrm{T}}$

(2) $\boldsymbol{\beta}=(-8\ \ -3\ \ 7\ \ -10)^{\mathrm{T}}$，$\boldsymbol{\alpha}_1=(-2\ \ 7\ \ 1\ \ 3)^{\mathrm{T}}$，$\boldsymbol{\alpha}_2=(3\ \ -5\ \ 0\ \ -2)^{\mathrm{T}}$，$\boldsymbol{\alpha}_3=(-5\ \ -6\ \ 3\ \ -1)^{\mathrm{T}}$

(3) $\boldsymbol{\beta}=(2\ \ -1\ \ 5\ \ 1)^{\mathrm{T}}$，$\boldsymbol{e}_1=(1\ \ 0\ \ 0\ \ 0)^{\mathrm{T}}$，$\boldsymbol{e}_2=(0\ \ 1\ \ 0\ \ 0)^{\mathrm{T}}$，$\boldsymbol{e}_3=(0\ \ 0\ \ 1\ \ 0)^{\mathrm{T}}$，$\boldsymbol{e}_4=(0\ \ 0\ \ 0\ \ 1)^{\mathrm{T}}$

4. 判断下列向量组的线性相关性：

(1) $\boldsymbol{\alpha}_1=(1\ \ 0\ \ -1)^{\mathrm{T}}$，$\boldsymbol{\alpha}_2=(-2\ \ 2\ \ 0)^{\mathrm{T}}$，$\boldsymbol{\alpha}_3=(3\ \ -5\ \ 2)^{\mathrm{T}}$

(2) $\boldsymbol{\alpha}_1=(1\ \ -2\ \ 4\ \ -8)^{\mathrm{T}}$，$\boldsymbol{\alpha}_2=(1\ \ 3\ \ 9\ \ 27)^{\mathrm{T}}$，$\boldsymbol{\alpha}_3=(1\ \ 4\ \ 16\ \ 64)^{\mathrm{T}}$，$\boldsymbol{\alpha}_4=(1\ \ -1\ \ 1\ \ -1)^{\mathrm{T}}$

(3) $\boldsymbol{\alpha}_1=(3\ \ -1\ \ 2)^{\mathrm{T}}$，$\boldsymbol{\alpha}_2=(1\ \ 5\ \ -7)^{\mathrm{T}}$，$\boldsymbol{\alpha}_3=(7\ \ -13\ \ 20)^{\mathrm{T}}$，$\boldsymbol{\alpha}_4=(-2\ \ 6\ \ 1)^{\mathrm{T}}$

5. 求下列向量组的秩及其一个极大无关组，并将其余向量用极大无关组线性表示：

(1) $\boldsymbol{\alpha}_1=(1\ \ 1\ \ 3\ \ 1)^{\mathrm{T}}$，$\boldsymbol{\alpha}_2=(-1\ \ 1\ \ -1\ \ 3)^{\mathrm{T}}$，$\boldsymbol{\alpha}_3=(5\ \ -2\ \ 8\ \ -9)^{\mathrm{T}}$，$\boldsymbol{\alpha}_4=(-1\ \ 3\ \ 1\ \ 7)^{\mathrm{T}}$

(2) $\boldsymbol{\alpha}_1=(1\ \ 1\ \ 1)^{\mathrm{T}}$，$\boldsymbol{\alpha}_2=(1\ \ 1\ \ 0)^{\mathrm{T}}$，$\boldsymbol{\alpha}_3=(1\ \ 0\ \ 0)^{\mathrm{T}}$，$\boldsymbol{\alpha}_4=(1\ \ 2\ \ -3)^{\mathrm{T}}$

(3) $\boldsymbol{\alpha}_1=(6\ \ 4\ \ 1\ \ 9\ \ 2)^{\mathrm{T}}$，$\boldsymbol{\alpha}_2=(1\ \ 0\ \ 2\ \ 3\ \ -4)^{\mathrm{T}}$，$\boldsymbol{\alpha}_3=(1\ \ 4\ \ -9\ \ -6\ \ 22)^{\mathrm{T}}$，$\boldsymbol{\alpha}_4=(7\ \ 1\ \ 0\ \ -1\ \ 3)^{\mathrm{T}}$

6. 如果向量组 $\boldsymbol{\alpha}_1$，$\boldsymbol{\alpha}_2$，…，$\boldsymbol{\alpha}_s$ 线性无关，试证：向量组 $\boldsymbol{\alpha}_1$，$\boldsymbol{\alpha}_1+\boldsymbol{\alpha}_2$，…，$\boldsymbol{\alpha}_1+$

$\boldsymbol{\alpha}_2+\cdots+\boldsymbol{\alpha}_s$ 线性无关.

7. 设向量组 $\boldsymbol{\alpha}_1=(k\quad 2\quad 1)^{\mathrm{T}}$，$\boldsymbol{\alpha}_2=(2\quad k\quad 0)^{\mathrm{T}}$，$\boldsymbol{\alpha}_3=(1\quad -1\quad 1)^{\mathrm{T}}$，求 k 为何值时，向量组 $\boldsymbol{\alpha}_1$，$\boldsymbol{\alpha}_2$，$\boldsymbol{\alpha}_3$ 线性相关？线性无关？

11.4 线性方程组解的结构

一个含有 m 个方程 n 个未知量的线性方程组 $\boldsymbol{AX}=\boldsymbol{B}$ 可能无解，也可能有唯一解或无穷多解. 在方程组有解的情况下，特别是有无穷多解的情况下，如何去表述它的全部解？下面我们讨论方程组解的结构.

11.4.1 齐次线性方程组解的结构

一个含有 m 个方程 n 个未知量的齐次线性方程组 $\boldsymbol{AX}=\boldsymbol{0}$(称其为 $\boldsymbol{AX}=\boldsymbol{B}$ 的导出组)的解有以下两个性质：

性质 1 若 $\boldsymbol{X}_1$，$\boldsymbol{X}_2$ 是齐次线性方程组 $\boldsymbol{AX}=\boldsymbol{0}$ 的任意两个解，则 $\boldsymbol{X}_1+\boldsymbol{X}_2$ 也是 $\boldsymbol{AX}=\boldsymbol{0}$ 的解.

性质 2 若 $\boldsymbol{X}_1$ 是齐次线性方程组 $\boldsymbol{AX}=\boldsymbol{0}$ 的一个解，则 $k\boldsymbol{X}_1$ 也是 $\boldsymbol{AX}=\boldsymbol{0}$ 的解. 其中 k 是任意实数.

由性质 1，2 可知，齐次线性方程组 $\boldsymbol{AX}=\boldsymbol{0}$ 的解的线性组合也是它的解，即当 $\boldsymbol{X}_1$，$\boldsymbol{X}_2$，…，$\boldsymbol{X}_s$ 是 $\boldsymbol{AX}=\boldsymbol{0}$ 的 s 个解时，那么 $k_1\boldsymbol{X}_1+k_2\boldsymbol{X}_2+\cdots+k_s\boldsymbol{X}_s$($k_1$，$k_2$，…，$k_s$ 是任意实数)也是 $\boldsymbol{AX}=\boldsymbol{0}$ 的解.

由此可知，如果一个齐次线性方程组有非零解，则它就有无穷多解，这无穷多解就构成了一个 n 维向量组. 如果我们能求出这个向量组的一个极大无关组，就能用它的线性组合来表示线性方程组的全部解.

定义 1 如果 $\boldsymbol{X}_1$，$\boldsymbol{X}_2$，…，$\boldsymbol{X}_s$ 是齐次线性方程组 $\boldsymbol{AX}=\boldsymbol{0}$ 的解向量组的一个极大无关组，则称 $\boldsymbol{X}_1$，$\boldsymbol{X}_2$，…，$\boldsymbol{X}_s$ 为齐次线性方程组 $\boldsymbol{AX}=\boldsymbol{O}$ 的一个基础解系.

定理 1 如果齐次线性方程组 $\boldsymbol{AX}=\boldsymbol{0}$ 的系数矩阵 $\boldsymbol{A}$ 的秩 $R(\boldsymbol{A})=r<n$，则方程组一定有基础解系，并且它的基础解系中解向量的个数为 $n-r$.

例 1 求齐次线性方程组：

$$\begin{cases}x_1-x_2+5x_3-x_4=0\\x_1+x_2-2x_3+3x_4=0\\3x_1-x_2+8x_3+x_4=0\\x_1+3x_2-9x_3+7x_4=0\end{cases}$$

的一个基础解系.

解 $\boldsymbol{A}=\begin{pmatrix}1&-1&5&-1\\1&1&-2&3\\3&-1&8&1\\1&3&-9&7\end{pmatrix}\to\begin{pmatrix}1&-1&5&-1\\0&2&-7&4\\0&2&-7&4\\0&4&-14&8\end{pmatrix}$

$$\to\begin{pmatrix}1&0&\frac{3}{2}&1\\0&2&-7&4\\0&0&0&0\\0&0&0&0\end{pmatrix}\to\begin{pmatrix}1&0&\frac{3}{2}&1\\0&1&-\frac{7}{2}&2\\0&0&0&0\\0&0&0&0\end{pmatrix}$$

方程组的一般解为

$$\begin{cases}x_1=-\dfrac{3}{2}x_3-x_4\\x_2=\dfrac{7}{2}x_3-2x_4\end{cases}$$

其中，x_3，x_4 为自由未知量.

让自由未知量$(x_3\quad x_4)^{\mathrm{T}}$ 取值$(1\quad 0)^{\mathrm{T}}$，$(0\quad 1)^{\mathrm{T}}$，可以得方程组的两个解为

$$\boldsymbol{X}_1=\left(-\frac{3}{2}\quad \frac{7}{2}\quad 1\quad 0\right)^{\mathrm{T}},\quad \boldsymbol{X}_2=(-1\quad -2\quad 0\quad 1)^{\mathrm{T}}$$

可以证明 $\boldsymbol{X}_1$，$\boldsymbol{X}_2$ 就是方程组的一个基础解系.

例 2 求齐次线性方程组：

$$\begin{cases}2x_1+x_2+3x_3+5x_4-5x_5=0\\x_1+x_2+x_3+4x_4-3x_5=0\\3x_1+x_2+5x_3+6x_4-7x_5=0\end{cases}$$

的基础解系和全部解.

解　因为

$$A=\begin{pmatrix}2&1&3&5&-5\\1&1&1&4&-3\\3&1&5&6&-7\end{pmatrix}\rightarrow\begin{pmatrix}0&-1&1&-3&1\\1&1&1&4&-3\\0&-2&2&-6&2\end{pmatrix}$$

$$\rightarrow\begin{pmatrix}1&1&1&4&-3\\0&-1&1&-3&1\\0&-2&2&-6&2\end{pmatrix}\rightarrow\begin{pmatrix}1&0&2&1&-2\\0&1&-1&3&-1\\0&0&0&0&0\end{pmatrix}$$

方程组的一般解为

$$\begin{cases}x_1=-2x_3-x_4+2x_5\\x_2=x_3-3x_4+x_5\end{cases}$$

其中，x_3，x_4，x_5 为自由未知量.

令 $x_3=1$，$x_4=0$，$x_5=0$，得 $\boldsymbol{X}_1=(-2\quad 1\quad 1\quad 0\quad 0)^{\mathrm{T}}$

令 $x_3=0$，$x_4=1$，$x_5=0$，得 $\boldsymbol{X}_2=(-1\quad -3\quad 0\quad 1\quad 0)^{\mathrm{T}}$

令 $x_3=0$，$x_4=0$，$x_5=1$，得 $\boldsymbol{X}_3=(2\quad 1\quad 0\quad 0\quad 1)^{\mathrm{T}}$

所以，方程组的基础解系为 $\boldsymbol{X}_1$，$\boldsymbol{X}_2$，$\boldsymbol{X}_3$. 全部解为

$$k_1\boldsymbol{X}_1+k_2\boldsymbol{X}_2+k_3\boldsymbol{X}_3(k_1,k_2,k_3\text{ 为任意实数})$$

11.4.2　非齐次线性方程组解的结构

含有 m 个方程 n 个未知量的线性方程组 $\boldsymbol{AX}=\boldsymbol{B}$ 的解与其导出组 $\boldsymbol{AX}=\boldsymbol{0}$ 的解满足以下两个性质：

性质 3　若 $\boldsymbol{X}_1$，$\boldsymbol{X}_2$ 是非齐次线性方程组 $\boldsymbol{AX}=\boldsymbol{B}$ 的任意两个解，则 $\boldsymbol{X}_1-\boldsymbol{X}_2$ 是其导出组 $\boldsymbol{AX}=\boldsymbol{0}$ 的一个解.

性质 4　若 $\boldsymbol{X}_0$ 是非齐次线性方程组 $\boldsymbol{AX}=\boldsymbol{B}$ 的一个解，$\widetilde{\boldsymbol{X}}$ 是其导出组 $\boldsymbol{AX}=\boldsymbol{0}$ 的一个解，则 $\boldsymbol{X}_0+\widetilde{\boldsymbol{X}}$ 是方程组 $\boldsymbol{AX}=\boldsymbol{B}$ 的一个解.

定理 2　设 $\boldsymbol{X}_0$ 是非齐次线性方程组 $\boldsymbol{AX}=\boldsymbol{B}$ 的一个解，则方程组 $\boldsymbol{AX}=\boldsymbol{B}$ 的任一解 $\boldsymbol{X}$ 可以表示成 $\boldsymbol{X}_0$ 与其导出组 $\boldsymbol{AX}=\boldsymbol{0}$ 的某个解 $\widetilde{\boldsymbol{X}}$ 之和

$$\boldsymbol{X}=\boldsymbol{X}_0+\widetilde{\boldsymbol{X}}$$

由定理 2 可知，如果非齐次线性方程组 $\boldsymbol{AX}=\boldsymbol{B}$ 有解，则只需要求出它的一个解 $\boldsymbol{X}_0$(称为特解)，并求出其导出组 $\boldsymbol{AX}=\boldsymbol{0}$ 的一个基础解系 $\boldsymbol{X}_1$，$\boldsymbol{X}_2$，…，$\boldsymbol{X}_{n-r}$，则其全部解可以表示为

$$\boldsymbol{X}=\boldsymbol{X}_0+k_1\boldsymbol{X}_1+k_2\boldsymbol{X}_2+\cdots+k_{n-r}\boldsymbol{X}_{n-r}$$

其中，k_1，k_2，…，k_{n-r} 是任意实数，r 是 $\boldsymbol{A}$ 的秩.

如果非齐次线性方程组的导出组仅有零解，则该非齐次线性方程组只有一个解；如果其导出组有无穷多个解，则该非齐次线性方程组也有无穷多解.

例 3 用基础解系表示下列线性方程组的全部解：

$$\begin{cases}x_1+5x_2-x_3-x_4=-1\\x_1-2x_2+x_3+3x_4=3\\3x_1+8x_2-x_3+x_4=1\\x_1-9x_2+3x_3+7x_4=7\end{cases}$$

解 利用初等行变换，将方程组的增广矩阵化成行简化阶梯形矩阵，即

$$\widetilde{\boldsymbol{A}}=\begin{pmatrix}1&5&-1&-1&-1\\1&-2&1&3&3\\3&8&-1&1&1\\1&-9&3&7&7\end{pmatrix}\to\begin{pmatrix}1&5&-1&-1&-1\\0&-7&2&4&4\\0&-7&2&4&4\\0&-14&4&8&8\end{pmatrix}$$

$$\to\begin{pmatrix}1&5&-1&-1&-1\\0&-7&2&4&4\\0&0&0&0&0\\0&0&0&0&0\end{pmatrix}\to\begin{pmatrix}1&0&\frac{3}{7}&\frac{13}{7}&\frac{13}{7}\\0&1&-\frac{2}{7}&-\frac{4}{7}&-\frac{4}{7}\\0&0&0&0&0\\0&0&0&0&0\end{pmatrix}$$

方程组的一般解为

$$\begin{cases}x_1=\frac{13}{7}-\frac{3}{7}x_3-\frac{13}{7}x_4\\x_2=-\frac{4}{7}+\frac{2}{7}x_3+\frac{4}{7}x_4\end{cases}$$

其中，x_3，x_4 为自由未知量.

令 $x_3=x_4=0$，得方程组的一个特解 $\boldsymbol{X}_0=\begin{pmatrix}\frac{13}{7} & -\frac{4}{7} & 0 & 0\end{pmatrix}^{\mathrm{T}}$

方程组的导出组的一般解为

$$\begin{cases}x_1=-\frac{3}{7}x_3-\frac{13}{7}x_4\\ x_2=\frac{2}{7}x_3+\frac{4}{7}x_4\end{cases}$$

其中，x_3，x_4 为自由未知量.

令 $x_3=1$，$x_4=0$ 得 $\boldsymbol{X}_1=\begin{pmatrix}-\frac{3}{7} & \frac{2}{7} & 1 & 0\end{pmatrix}^{\mathrm{T}}$

令 $x_3=0$，$x_4=1$ 得 $\boldsymbol{X}_2=\begin{pmatrix}-\frac{13}{7} & \frac{4}{7} & 0 & 1\end{pmatrix}^{\mathrm{T}}$

所以，方程组的全部解为

$$\begin{aligned}\boldsymbol{X}&=\boldsymbol{X}_0+k_1\boldsymbol{X}_1+k_2\boldsymbol{X}_2\\ &=\begin{pmatrix}\frac{13}{7} & -\frac{4}{7} & 0 & 0\end{pmatrix}^{\mathrm{T}}+k_1\begin{pmatrix}-\frac{3}{7} & \frac{2}{7} & 1 & 0\end{pmatrix}^{\mathrm{T}}+k_2\begin{pmatrix}-\frac{13}{7} & \frac{4}{7} & 0 & 1\end{pmatrix}^{\mathrm{T}}\end{aligned}$$

其中，k_1，k_2 为任意常数.

例 4　l，m 取何值时，下列线性方程组：

$$\begin{cases}x_1+2x_2+3x_3=6\\ 2x_1+3x_2+x_3=-1\\ x_1+x_2+lx_3=-7\\ 3x_1+5x_2+4x_3=m\end{cases}$$

无解？有解？有解时求出其全部解.

解　对方程组的增广矩阵进行初等行变换

$$\widetilde{\boldsymbol{A}}=\begin{pmatrix}1 & 2 & 3 & 6\\ 2 & 3 & 1 & -1\\ 1 & 1 & l & -7\\ 3 & 5 & 4 & m\end{pmatrix}\rightarrow\begin{pmatrix}1 & 2 & 3 & 6\\ 0 & -1 & -5 & -13\\ 0 & -1 & l-3 & -13\\ 0 & -1 & -5 & m-18\end{pmatrix}\rightarrow\begin{pmatrix}1 & 2 & 3 & 6\\ 0 & 1 & 5 & 13\\ 0 & 0 & l+2 & 0\\ 0 & 0 & 0 & m-5\end{pmatrix}$$

(1) 当 $m\neq 5$ 时，因为 $R(\boldsymbol{A})\neq R(\widetilde{\boldsymbol{A}})$，所以方程组无解；

(2) 当 $m=5$，$l\neq -2$ 时

$$\widetilde{\boldsymbol{A}}\to\begin{pmatrix}1&2&3&6\\0&1&5&13\\0&0&1&0\\0&0&0&0\end{pmatrix}\to\begin{pmatrix}1&0&0&-20\\0&1&0&13\\0&0&1&0\\0&0&0&0\end{pmatrix}$$

因为 $R(\boldsymbol{A})=R(\widetilde{\boldsymbol{A}})=3$，所以方程组有唯一解，其解为

$$x_1=-20,\quad x_2=13,\quad x_3=0$$

(3) 当 $m=5$，$l=-2$ 时

$$\widetilde{\boldsymbol{A}}\to\begin{pmatrix}1&2&3&6\\0&1&5&13\\0&0&0&0\\0&0&0&0\end{pmatrix}\to\begin{pmatrix}1&0&-7&-20\\0&1&5&13\\0&0&0&0\\0&0&0&0\end{pmatrix}$$

因为 $R(\boldsymbol{A})=R(\widetilde{\boldsymbol{A}})=2<3$，所以方程组有无穷多解，按照例 3 的步骤求得方程组的全部解为

$$X=(-20\quad 13\quad 0)^{\mathrm{T}}+k(7\quad -5\quad 1)^{\mathrm{T}}$$

其中，k 为任意实数.

习题 11－4

1. 求下列齐次线性方程组的一个基础解系和全部解：

(1) $\begin{cases}x_1+x_2+x_3+x_4+x_5=0\\3x_1+2x_2+x_3+x_4-3x_5=0\\x_2+3x_3+2x_4+6x_5=0\\5x_1+4x_2+3x_3+3x_4-x_5=0\end{cases}$

(2) $\begin{cases}x_1+x_2+x_3+4x_4-3x_5=0\\x_1-x_2+3x_3-2x_4-x_5=0\\2x_1+x_2+3x_3+5x_4-5x_5=0\\3x_1+x_2+5x_3+6x_4-7x_5=0\end{cases}$

(3) $\begin{cases}3x_1+x_2-8x_3+2x_4+x_5=0\\2x_1-2x_2-3x_3-7x_4+2x_5=0\\x_1+11x_2-12x_3+34x_4-5x_5=0\\x_1-5x_2+2x_3-16x_4+3x_5=0\end{cases}$

(4) $\begin{cases}2x_1-5x_2+x_3-3x_4=0\\-3x_1+4x_2-2x_3+x_4=0\\x_1+2x_2-x_3+3x_4=0\\-2x_1+15x_2-6x_3+13x_4=0\end{cases}$

2. 求下列方程组的全部解：

(1) $\begin{cases} x_1+x_2+x_3+x_4+x_5=7 \\ 3x_1+2x_2+x_3+x_4-3x_5=-2 \\ x_2+2x_3+2x_4+6x_5=23 \\ 5x_1+4x_2-3x_3+3x_4-x_5=12 \end{cases}$　　(2) $\begin{cases} x_1+3x_2+5x_3-4x_4=1 \\ x_1+3x_2+2x_3-2x_4+x_5=-1 \\ x_1-2x_2+x_3-x_4-x_5=3 \\ x_1-4x_2+x_3+x_4-x_5=3 \\ x_1+2x_2+x_3-x_4+x_5=-1 \end{cases}$

(3) $\begin{cases} 2x_1+7x_2+3x_3+x_4=6 \\ 3x_1+5x_2+2x_3+2x_4=4 \\ 9x_1+4x_2+x_3+7x_4=2 \end{cases}$　　(4) $\begin{cases} 3x_1+3x_3=0 \\ x_1-x_2+2x_3=-1 \\ 2x_1+x_2+x_3=1 \\ 5x_1+x_2+4x_3=1 \end{cases}$

3. a，b 取何值时，下列线性方程组无解？有解？有解时求出其全部解.

(1) $\begin{cases} 3x_1+2x_2+x_3+x_4-3x_5=a \\ x_1+x_2+x_3+x_4+x_5=1 \\ x_2+2x_3+2x_4+6x_5=3 \\ 5x_1+4x_2+3x_3+3x_4-x_5=b \end{cases}$　　(2) $\begin{cases} ax_1+x_2+x_3=4 \\ x_1+bx_2+x_3=3 \\ x_1+2bx_2+x_3=4 \end{cases}$

复习题十一

1. 解矩阵方程：

(1) $\begin{pmatrix} 2 & 5 \\ 1 & 3 \end{pmatrix}\boldsymbol{X}=\begin{pmatrix} 4 & -6 \\ 2 & 1 \end{pmatrix}$　　(2) $\begin{pmatrix} 1 & 0 & 1 \\ -1 & 1 & 1 \\ 2 & 1 & 1 \end{pmatrix}\boldsymbol{X}=\begin{pmatrix} 2 \\ 0 \\ -3 \end{pmatrix}$

2. 解线性方程组：

$$\begin{cases} x_1-x_2+x_4=-5 \\ 3x_1+2x_2-2x_4=6 \\ 4x_1+3x_3-x_4=0 \\ 2x_1-x_3-x_4=0 \end{cases}$$

3. 设线性方程组：

$$\begin{cases}\lambda x_1+x_2+x_3=1\\x_1+\lambda x_2+x_3=\lambda\\x_1+x_2+\lambda x_3=\lambda^2\end{cases}$$

问 λ 当取何值时(1) 它有唯一解？(2) 有无穷多解？(3) 无解？

4. 求下列齐次线方程组的解：

(1) $\begin{cases}x_1+8x_2-x_3+3x_4=0\\7x_1-9x_2+3x_3+x_4=0\\-x_1+5x_2-x_3+x_4=0\\3x_1-2x_2+x_3+x_4=0\end{cases}$

(2) $\begin{cases}3x_1+4x_2+x_3+2x_4+3x_5=0\\5x_1+7x_2+x_3+3x_4+4x_5=0\\4x_1+5x_2+2x_3+x_4+5x_5=0\\7x_1+10x_2+x_3+6x_4+5x_5=0\end{cases}$

5. 设齐次线性方程组 $x_1-x_2=a_1$，$x_2-x_3=a_2$，$x_3-x_4=a_3$，$x_4-x_5=a_4$，$x_5-x_1=a_5$. 证明：该齐次线性方程组有解的充分必要条件是 $a_1+a_2+a_3+a_4+a_5=0$.

6. 设向量组 $\boldsymbol{\alpha}_1=(1\quad 1\quad 1)$，$\boldsymbol{\alpha}_2=(1\quad 2\quad 1)$，$\boldsymbol{\alpha}_3=(3\quad 6\quad x)$. 试求当 x 取何值时，向量组 $\boldsymbol{\alpha}_1$，$\boldsymbol{\alpha}_2$，$\boldsymbol{\alpha}_3$ 线性相关？当 $\boldsymbol{x}$ 取何值时，向量组 $\boldsymbol{\alpha}_1$，$\boldsymbol{\alpha}_2$，$\boldsymbol{\alpha}_3$ 线性无关？

7. 设向量组 $\boldsymbol{\alpha}_1=(0\quad 0\quad 0\quad 1)$，$\boldsymbol{\alpha}_2=(0\quad 0\quad 1\quad 1)$，$\boldsymbol{\alpha}_3=(0\quad 1\quad 1\quad 1)$，$\boldsymbol{\alpha}_4=(1\quad 1\quad 1\quad 1)$. 证明：任意 4 维向量 $\boldsymbol{\beta}=(b_1\quad b_2\quad b_3\quad b_4)$都可由向量组 $\boldsymbol{\alpha}_1$，$\boldsymbol{\alpha}_2$，$\boldsymbol{\alpha}_3$，$\boldsymbol{\alpha}_4$ 唯一地线性表示.

8. 设齐次线性方程组 $\boldsymbol{A}_{n\times n}\boldsymbol{X}=0$ 的系数矩阵为 $\boldsymbol{A}=(a_{ij})$，行列式$|\boldsymbol{A}|$的元素 a_{ij} 的代数余子式为 A_{ij}，若 $\boldsymbol{A}$ 的秩为 $n-1$，且 $\boldsymbol{A}_{i_0j_0}\neq\boldsymbol{0}$. 证明：齐次线性方程组 $\boldsymbol{A}_{n\times n}\boldsymbol{X}=\boldsymbol{0}$ 的全部解为 $k(A_{i_01}\quad A_{i_02}\quad\cdots\quad A_{i_0n})^{\mathrm{T}}$.

微课

算法与国之重器

9. 设四元一般线性方程组的系数矩阵的秩为 3，向量 $\boldsymbol{X}_1$，$\boldsymbol{X}_2$，$\boldsymbol{X}_3$ 是它的 3 个解，且

$$\boldsymbol{X}_1=(2\quad 3\quad 4\quad 5)^{\mathrm{T}},\quad \boldsymbol{X}_2+\boldsymbol{X}_3=(1\quad 2\quad 3\quad 4)^{\mathrm{T}}$$

求该方程组的全部解.

12 第 12 章　概率论

概率论与数理统计是研究自然界和人类社会中大量的随机现象中的规律性的科学，是近代数学的重要组成部分．它广泛应用于工业、农业和军事等诸多方面．

12.1　随机事件

12.1.1　随机现象

自然界和人类社会中普遍存在着两类现象：确定性现象和随机现象．

在一定条件下，必然发生或必然不发生的现象叫作**确定性现象**．例如，向上抛一枚硬币，必然会落下；在标准大气压下，纯水加热到 100℃时，必然会沸腾等，都是确定性现象．

在一定条件下，具有多种可能结果，事先不能确定哪一种结果将会发生的现象叫作**随机现象**．例如，在相同条件下，向上抛一枚均匀的硬币，落下后可能正面向上，也可能反面向上；将一粒种子进行发芽试验，它可能发芽，也可能不发芽等，都是随机现象．

12.1.2　随机事件

在概率论中，通常把对某随机现象的一次观测或实验叫作**一次试验**．如果试验具有以下特性：

(1) 试验可以在相同条件下重复进行(相同条件下的重复性)；

(2) 每次试验的可能结果不止一个，并且能在试验前明确试验的所有可能结果(可能结果的不单一性和所有可能结果的事先明确性)；

(3) 每次试验之前不能确定哪一个结果会出现(试验之前可能结果的不确定性)．

则把该试验叫作**随机试验**，简称**试验**．

实践证明，在相同条件下，大量重复地进行试验时，每一种可能结果的发生具有一定的规律性．把这种规律性叫作**统计规律性**．

在一个随机试验中，把每一个可能出现的结果叫作**基本事件**(或**样本点**)，常用 ω 表示．把所有基本事件的全体构成的集合叫作**基本事件空间**(或**样本空间**)，常用 Ω 表示．把由某些基本事件组成的集合叫作**随机事件**，简称**事件**．常用大写字母 A，B，C…表示．例如，掷骰子试验中，出现 1 点，出现 2 点，…，出现 6 点就是基本事件，分别用数 1，2，3，4，5，6 表示，那么，集合$\{1, 2, 3, 4, 5, 6\}$就表示基本事件空间，即 Ω，集合 $A=\{2, 4, 6\}$就表示“出现偶数点”这一事件．

在试验中，我们说“事件 A 发生”，就是指集合 A 中的元素(基本事件或样本点)，当且仅当“有一个出现”．那么，在每次试验中，样本空间 Ω 必然发生．为了方便，我们把某一试验中必然发生的事件，叫作**必然事件**，记为 Ω．例如，在标准大气压下，纯水加热到 100℃必然沸腾；抛一枚硬币落下后，正面向上或反面向上至少有一个发生；等等，都是必然事件．某一试验中，必然不发生的事件，叫作**不可能事件**，记为 Φ．例如，在标准大气压下，20℃的纯水结冰；抛一枚硬币落下后，正面向上和反面向上同时发生；等等，都是不可能事件．必然事件和不可能事件实质上都是确定性现象的表现，为了便于讨论，通常把它们当作随机事件的两种特殊情况来看待．

12.1.3 事件间的关系与事件的运算

在实际应用中，常常需要同时研究几个事件及它们之间的关系和运算．

1. 事件间的关系

(1) 包含关系．

事件 A 发生必然导致事件 B 发生，叫作**事件 B 包含事件 A**(或**事件 A 包含于事件 B**)，记为 $B\supset A$(或 $A\subset B$)．

以后，我们常用图示法直观地表示事件间的关系．用一个矩形表示必然事件 Ω，矩形内的一些封闭图形表示一些随机事件，图 12-1(a)就表示 $A\subset B$．

包含关系显然具有以下性质：

1) $A\subset A$；

2) $A\subset B$，且 $B\subset C$，则 $A\subset C$；

3) $\Phi\subset A\subset\Omega$．

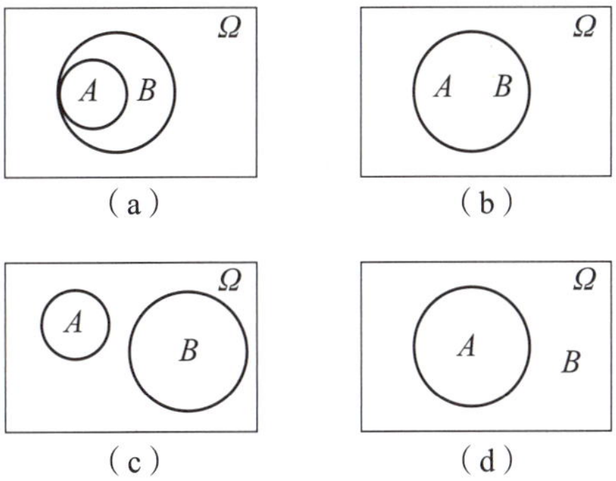

图 12－1

(2) 相等关系.

事件 B 包含事件 A，同时事件 A 包含事件 B，即 $A \subset B$ 与 $B \subset A$ 同时成立，叫作**事件 A 与事件 B 相等**，记为 $A=B$，如图 12－1(b)所示.

(3) 互斥事件

事件 A 与事件 B 不能同时发生，叫作事件 **A 与 B 互不相容或互斥**，如图 12－1(c)所示.

(4) 对立事件

事件 A 与 B 中必有一个发生，且只有一个发生，叫作事件 **A 与 B 互相对立或对立**，记为 $B=\overline{A}$ 或 $A=\overline{B}$. 对立是互斥的特殊情形，如图 12－1(d)所示.

对立事件具有如下性质：

1) $\overline{\Omega}=\Phi$，$\overline{\Phi}=\Omega$，$\overline{\overline{A}}=A$；

2) 对立事件一定是互斥事件，但互斥事件未必是对立事件.

2. 事件的运算

(1) 事件的并(或和).

事件 A 与 B 至少有一个发生的事件，叫作事件 A 与 B 的**并**(或**和**)，记为：$A \cup B$(或 $A+B$)，如图 12－2(a)所示.

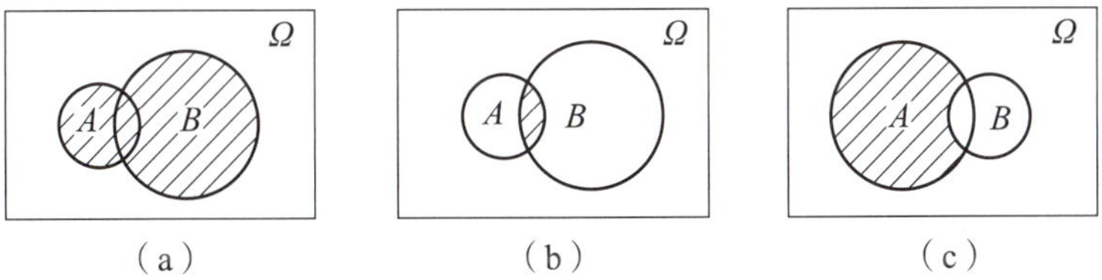

图 12－2

(2) 事件的交(或积).

事件 A 与 B 同时发生的事件，叫作事件 A 与 B 的交(或积)，记为 $A\cap B$(或 AB). 如图 12-2(b)所示.

(3) 事件的差.

事件 A 发生而事件 B 不发生的事件，叫作事件 A 与 B 的差，记为 $A-B$. 如图 12-2(c)所示.

12.1.4 事件的运算规律

事件的运算满足表 12-1 所列的规律.

表 12-1 事件的运算规律

	并或和	交或积
交换律	$A+B=B+A$	$AB=BA$
结合律	$(A+B)+C=A+(B+C)$	$(AB)C=A(BC)$
分配律	$A(B+C)=AB+AC$	$A+BC=(A+B)(A+C)$
蕴涵律	$A+B\supset A$ $A+B\supset B$	$AB\subset A$ $AB\subset B$
重叠律	$A+A=A$	$AA=A$
吸收律	$A+\Omega=\Omega$ $A+\Phi=A$	$A\Omega=A$ $A\Phi=\Phi$
对立律	$A+\overline{A}=\Omega$	$A\overline{A}=\Phi$
摩根律	$\overline{A+B}=\overline{A}\overline{B}$	$\overline{AB}=\overline{A}+\overline{B}$

例 1 掷一颗骰子，观察出现的点数，事件 A 表示“奇数点”，B 表示“点数小于 5”，C 表示“小于 5 的偶数点”. 用列举的方法表示下列事件：Ω，A，B，C，$A+B$，AB，$A+C$，AC，$C-A$，$A-B$，$\overline{A}+B$，$A\overline{B}$.

解 $\Omega=\{1, 2, 3, 4, 5, 6\}$，$A=\{1, 3, 5\}$，$B=\{1, 2, 3, 4\}$，$C=\{2, 4\}$，$A+B=\{1, 2, 3, 4, 5\}$，$AB=\{1, 3\}$，$A+C=\{1, 2, 3, 4, 5\}$，$AC=\Phi$；$C-A=\{2, 4\}$，$A-B=\{5\}$，$\overline{A}+B=\{1, 2, 3, 4, 6\}$，$A\overline{B}=\{5\}$.

例 2 试用事件 A，B，C 及其运算表示下列事件：

(1) A 发生；B，C 不发生.

(2) B，C 发生；A 不发生.

(3) A 发生；B 与 C 中任意一个发生，但不同时发生.

(4) A，B，C 至少有一个发生.

(5) A，B，C 恰有一个发生.

(6) A，B，C 恰有两个发生.

(7) A，B，C 都发生.

(8) A，B，C 一个也不发生.

解　(1) $A\overline{B}\,\overline{C}$　(2) $\overline{A}BC$　(3) $AB\overline{C}+A\overline{B}C$　(4) $A+B+C$

(5) $A\overline{B}\,\overline{C}+\overline{A}B\overline{C}+\overline{A}\,\overline{B}C$　(6) $\overline{A}BC+A\overline{B}C+AB\overline{C}$　(7) ABC

(8) $\overline{A+B+C}$ 或 $\overline{A}\,\overline{B}\,\overline{C}$

习题 12－1

1. 试分别举出一个随机事件、必然事件、不可能事件的实例.

2. 写出下列事件的对立事件：

(1) {5 件产品中至少有 1 件次品}；

(2) {5 件产品中至少有 2 件次品}；

(3) {5 件产品中全是合格品}.

3. 10 件产品中有 3 件次品、7 件合格品，每次从中任取 1 件，不放回地连取 3 次，设

$$A_k=\{\text{第 } k \text{ 次取到次品}\}(k=1,2,3)$$

试用 A_k 及它们的对立事件表示下例事件：

(1) {第一次取到次品，第二次、第三次都取到合格品}；

(2) {三次都取到次品}；

(3) {第三次才取到次品}；

(4) {取到 1 件次品}；

(5) {至少取到 1 件次品}.

4. 在某班学生中任选一位同学，以事件 A 表示选到的是男生，事件 B 表示选到的人不喜欢唱歌，事件 C 表示选到的人是运动员. (1) 表述事件 $AB\overline{C}$ 及 $A\overline{B}C$；(2) 什么条件下 $ABC=A$ 成立？(3) 何时 $\overline{C}\subset B$ 成立？(4) 何时 $A=B$ 及 $\overline{A}=C$ 同时成立？

5. 化简下列各式：

(1) $(A+B)\cdot(A+\overline{B})$

(2) $(A+B)\cdot(A+\overline{B})\cdot(\overline{A}+B)$

(3) $(A+B)\cdot(B+C)$

(4) $(AB)+(A\overline{B})+(\overline{A}B)+(\overline{A}\,\overline{B})$

6. 证明下列各式：

(1) $A+B=AB+(A-B)+(B-A)$

(2) $A-B=A-AB$

(3) $\overline{(A-B)+(B-A)}=AB+\overline{A}\,\overline{B}$

12.2 概率的定义与计算

12.2.1 概率的定义

一个随机试验有许多可能结果，我们常常希望知道某些结果出现的可能性有多大，这种可能性的大小就是通常我们所说的概率. 以下分别给出概率的几种定义.

1. 概率的统计定义

一般地，把随机事件 A 在 n 次重复试验中发生的次数 m 与试验次数 n 的比值 $\frac{m}{n}$，叫作事件 A 在这 n 次试验中发生的频率，记为

$$f_n(A)=\frac{m}{n} \tag{12-1}$$

历史上，有人做过抛掷硬币的试验，结果见表 12-2.

表 12-2

试验	投掷次数 n	“正面向上”的次数 m	“正面向上”的频率 $\frac{m}{n}$
试验 1	4 040	2 048	0.506 9
试验 2	12 000	6 019	0.501 6
试验 3	24 000	12 012	0.500 5
试验 4	30 000	14 994	0.499 8
试验 5	72 088	36 124	0.501 1

可以看出，随着试验次数的增加，不管试验由谁来做，尽管具体数字略有出入，但正面向上的频率$\frac{m}{n}$逐渐稳定于 0.5. 人们从不同的试验中发现，当试验次数较少时，事件 A 发生的频率摆动较大，随机性较大；当试验次数充分大时，事件 A 发生的频率就在一个确定的常数附近作较小的摆动，通常把这一规律性叫作频率的稳定性. 这种性质不断地为人类的实践活动所证实，它揭示了隐藏在随机现象中的规律性，说明了度量事件 A 发生的可能性大小的数量指标是客观存在的. 因此有下面定义：

在相同条件下，大量重复地进行同一试验，如果事件 A 发生的频率稳定在一个确定的常数 p 附近，常数 p 就叫作随机事件 A 发生的概率，记为

$$P(A)=p$$

以上定义是通过频率来描述事件发生的可能性大小的，所以叫作**概率的统计定义**.

频率是个试验值，具有偶然性，可能取多个不同值，它近似地反映了事件发生可能性的大小；概率是个理论值，只能取唯一值，只有概率，才精确地反映出事件发生可能性的大小.

由定义可知，概率具有以下性质：

(1) 对于任意事件 A，$0\leqslant P(A)\leqslant 1$；

(2) 必然事件的概率等于 1，即 $P(\Omega)=1$；

(3) 不可能事件的概率等于 0，即 $P(\Phi)-0$.

2. 概率的古典定义

概率的统计定义是用频率来估算概率的，但频率必须通过大量的重复试验才能得到，这是比较困难的. 在许多情况下，不需要进行大量的重复试验，只根据事件的特点对事件及其相互关系进行分析，就可以直接计算出它的概率.

例如，在投掷硬币试验中，每次试验的可能结果只有“正面向上”或“反面向上”两种，如果硬币是均匀的，投掷是任意的，那么出现这两种结果的可能性是相等的，即出现“正面向上”和出现“反面向上”的概率都是$\frac{1}{2}$，这种分析与大量重复试验的结果是一致的.

又如，抛掷一个均匀的骰子，向上的点数可能是 1，2，3，4，5，6 之一，即可能出现的结果有 6 种. 由于骰子是均匀的，可以认为出现每一种结果的概率都是$\frac{1}{6}$. 若用 A 表示“出现的点数是偶数”这一事件，那么“事件 A 发生”当且仅当“出现的点数

是 2，4，6 之一发生”，因此

$$P(A)=\frac{3}{6}=\frac{1}{2}$$

从以上例中，我们看到一种简单而又直观的计算概率的方法，但在应用这个方法时，要求随机试验具备以下两个特点：

(1) 所有的基本事件只有 n 个(n 为有限数)；

(2) 每个基本事件发生的概率为$\frac{1}{n}$.

一般地，具有上述两个特点的随机试验模型，叫作**古典概型**(或**等可能概型**). 在古典概型中，若事件 A 包含了 m 个基本事件，则事件 A 的概率为

$$P(A)=\frac{m}{n} \tag{12-2}$$

这就是概率的古典定义. 可以用这个定义计算的概率叫作**古典概率**.

3. 概率的公理化定义

从概率的统计定义知道，用频率的稳定值 $P(A)$来刻画事件发生的可能性的大小是恰当的，概率的古典定义给出了概率简单而直观的计算方法，但这两种定义都有一定的局限性. 在进行理论研究时，我们不可能对每一个事件都做大量的试验，从而得到频率的稳定值，况且有些试验是破坏性的(如测验灯泡的使用寿命)，或停留在古典概型上. 所以，我们采取抽象化的方法从以上的分析中吸取最本质的素材，给出以下度量事件发生可能性大小的概率的公理化定义.

一般地，设 E 是随机试验，Ω 是它的样本空间. 对于 E 的每一事件 A 赋予一实数，记为 $P(A)$，如果它满足下列条件：

(1) 对于每一事件 A 有 $0\leqslant P(A)\leqslant 1$(有界性)；

(2) $P(\Omega)=1$(完备性)；

(3) 对于两两互不相容的事件 $A_k(k=1，2，3，\cdots)$有

$$P(A_1+A_2+\cdots A_n+\cdots)=P(A_1)+P(A_2)+\cdots+P(A_n)+\cdots\text{(可列可加性)}$$

则把 $P(A)$叫作**事件 A 的概率**.

根据这个定义，可以推得概率的其他三条性质：

(1) $P(\overline{A})=1-P(A)$；

(2) 若 $A \subset B$，则 $P(A) \leqslant P(B)$；

(3) 对于两两互不相容的事件 $A_k(k=1, 2, 3, \cdots, n)$有

$$P(A_1+A_2+\cdots+A_n)=P(A_1)+P(A_2)+\cdots+P(A_n)\text{(有限可加性)}$$

4. 古典概率的计算

例 1　在 100 件产品中，有 95 件合格品、5 件次品. 从中任取 2 件，求：

(1) 2 件都是合格品的概率；

(2) 2 件都是次品的概率；

(3) 1 件是合格品，1 件是次品的概率.

解　从 100 件产品中任取 2 件，共有 C_{100}^2 种取法，即基本事件总数为 C_{100}^2.

(1) 设 $A=\{$取到 2 件都是合格品$\}$，则 A 包含的基本事件数为 C_{95}^2，所以

$$P(A)=\frac{C_{95}^2}{C_{100}^2}=\frac{893}{990}$$

(2) 设 $B=\{$取到 2 件都是次品$\}$，则 B 包含的基本事件数为 C_5^2，所以

$$P(B)=\frac{C_5^2}{C_{100}^2}=\frac{1}{495}$$

(3) 设 $C=\{$取到一件是合格品，另一件是次品$\}$，则 C 包含的基本事件数为 $C_{95}^1C_5^1$，所以

$$P(C)-\frac{C_{95}^1C_5^1}{C_{100}^2}-\frac{19}{198}$$

例 2　同时抛掷 2 枚均匀的骰子，求：

(1) 点数之和等于 7 点的概率；

(2) 出现两个 6 点的概率.

解　一枚骰子有 6 种不同的点数，则共有 $6\times6=36$ 种不同的结果，即基本事件总数为 36.

(1) 设 $A=\{$点数之和等于 7$\}$，则 A 包含的基本事件是(6, 1)，(5, 2)，(4, 3)，(3, 4)，(2, 5)，(1, 6)，共 6 个，所以

$$P(A)=\frac{6}{36}=\frac{1}{6}$$

(2) 设 B={出现两个 6 点}，则 B 包含的基本事件只有(6，6)1 个，所以

$$P(B)=\frac{1}{36}$$

例 3 设袋中有 10 个相同的球，上面依次编号为 1，2，…，10，每次从袋中任取一球，取后不放回，求第 5 次取到 1 号球的概率.

解 设 A={第 5 次取到 1 号球}.

前 5 次依次取到的球的号码对应一个基本事件，由于取后不放回，因而对应的基本事件总数为 A_{10}^{5}，而第 5 次取到 1 号球意味着取出的前 4 个球不是 1 号球，所以共有 A_9^4 种取法，而第 5 次必须取到 1 号球，只有 1 种取法，根据乘法原理，A 包含的基本事件数为 A_9^4，所以

$$P(A)=\frac{A_9^4}{A_{10}^5}=\frac{1}{10}$$

例 4 在一个装有 4 个红球、6 个黑球的袋子中，有放回地取球 3 次，求前两次取到黑球、第三次取到红球的概率.

解 设 A={前两次取到黑球、第三次取到红球的概率}.

由于取后可以放回，则基本事件的总数为 10^3，A 包含的基本事件数为 $6\times6\times4$，所以

$$P(A)=\frac{6\times6\times4}{10^3}=\frac{18}{125}$$

12.2.2 概率的运算公式

1. 概率的加法公式

如果事件 A，B 互不相容，由概率的有限可加性，有

$$P(A\cup B)=P(A)+P(B) \tag{12-3}$$

例 5 在一个盒子内放有 20 个大小相同的小球，其中有 15 个红球、5 个白球，从中任取 3 个球，求至少有 1 个白球的概率.

解 设 A={任取 3 个球，至少有 1 个白球}，A_i={任取 3 个球，其中恰有 i 个白球}(i=1，2，3)，则 $A=A_1\cup A_2\cup A_3$，且 A_1，A_2，A_3 彼此互不相容.

从 20 个球中任取 3 个，每种取法对应一个基本事件，于是基本事件总数为 C_{20}^3，

A_1，A_2，A_3 含有的基本事件数分别为

$$C_5^1C_{15}^2, C_5^2C_{15}^1, C_5^3$$

所以

$$P(A_1)=\frac{C_5^1C_{15}^2}{C_{20}^3}=\frac{105}{228},\quad P(A_2)=\frac{C_5^2C_{15}^1}{C_{20}^3}=\frac{30}{228},\quad P(A_3)=\frac{C_5^3}{C_{20}^3}=\frac{2}{228}$$

于是

$$P(A)=P(A_1\cup A_2\cup A_3)=P(A_1)+P(A_2)+P(A_3)$$
$$=\frac{105}{228}+\frac{30}{228}+\frac{2}{228}=\frac{137}{228}$$

有时我们直接计算事件的概率比较麻烦，转而去求它的对立事件的概率，往往可以简化计算，起到事半功倍的作用.

因为

$$P(\overline{A})=1-P(A)$$

本题中 $\overline{A}=\{3$ 个球都是红球$\}$，$\overline{A}$ 包含的基本事件数为 C_{15}^3，则

$$P(\overline{A})=\frac{C_{15}^3}{C_{20}^3}=\frac{455}{1\,140}=\frac{91}{228}$$

所以

$$P(A)=1-P(\overline{A})=1-\frac{91}{228}=\frac{137}{228}$$

再看下面的例子.

例 6 某班有 50 名学生，求至少有 1 名学生的生日在 1 月 1 日的概率.

解 设 $A=\{50$ 人中至少有一人的生日在 1 月 1 日$\}$，则 $\overline{A}=\{$所有人的生日都不在 1 月 1 日$\}$.

每个人的生日，有可能在 365 天中的任何一天，所以，基本事件总数为 365^{50}，$\overline{A}$ 包含的基本事件数为 364^{50}，于是

$$P(A)=1-P(\overline{A})=1-\frac{364^{50}}{365^{50}}$$

一般地，对于任意两个事件 A，B，有下面的加法公式

$$P(A\cup B)=P(A)+P(B)-P(AB)$$

事实上，由图 12－3 可知

$$A\cup B=A\cup(B-A),\quad B=AB\cup(B-A)$$

其中

$$A\cdot(B-A)=\Phi,\quad (AB)\cdot(B-A)=\Phi$$

所以

$$P(A\cup B)=P(A)+P(B-A), P(B)=P(AB)+P(B-A)$$

从第二式解出 $P(B-A)$代入第一式，就可得到加法公式.

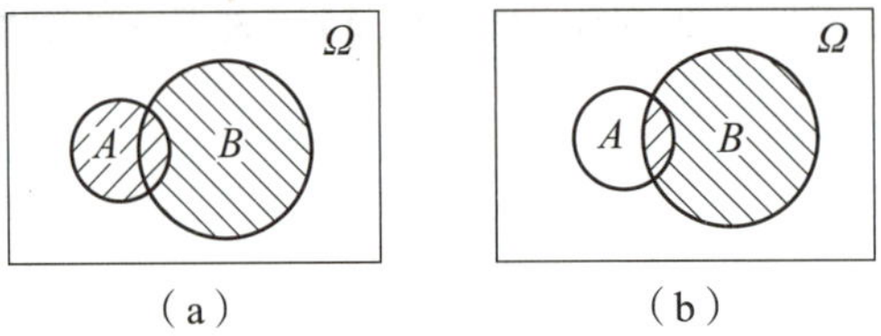

图 12－3

例 7 一个线路上装有甲、乙两根保险丝，当电流超过一定量时，甲、乙保险丝被烧断的概率分别为 0.85 和 0.74，两根同时烧断的概率为 0.63，求至少有一根被烧断的概率.

解 设 A={甲被烧断}，B={乙被烧断}，则

$$A\cup B=\{\text{至少有一根被烧断}\}$$

所以

$$P(A\cup B)=P(A)+P(B)-P(AB)=0.85+0.74-0.63=0.96$$

例 8 在 1，2，…，100 中任取一数，求它能被 2 整除，或能被 5 整除的概率.

解 设 A={能被 2 整除}，B={能被 5 整除}，则

$$A\cup B=\{\text{能被 2 整除或能被 5 整除}\}$$

$$AB=\{\text{同时能被 2 和 5 整除}\}$$

由于能被 2 整除的数有 50 个，能被 5 整除的数有 20 个，同时能被 2 和 5 整除的数就是能被 2 与 5 的最小公倍数 10 整除的数，有 10 个，因此

$$P(A)=\frac{50}{100},\quad P(B)=\frac{20}{100},\quad P(AB)=\frac{10}{100}$$

于是

$$P(A\cup B)=P(A)+P(B)-P(AB)=\frac{50}{100}+\frac{20}{100}-\frac{10}{100}=\frac{3}{5}$$

2. 条件概率和概率的乘法公式

前面我们讨论了在一定条件下，事件发生的概率. 但有些事件发生的概率，除具有一定的条件外，还附有其他的限制条件. 看一个简单的例子：

例 9　10 只产品中有 7 只正品、3 只次品，从中取 2 次，每次任取 1 只，取后不放回，问在第 1 次取得次品和第 1 次取得正品的条件下，第 2 次取得次品的概率分别是多少？

第 1 次取得 1 只次品后，只剩下 9 只产品，其中有 2 只是次品，这时第 2 次取得次品的概率为$\frac{2}{9}$；第 1 次取得 1 只正品后，只剩下 9 只产品，其中有 3 只是次品，这时第 2 次取得次品的概率为$\frac{3}{9}$.

可见，第 2 次取得次品的概率与第 1 次是否取得次品有关.

一般地，在事件 A 发生的条件下，事件 B 发生的概率叫作**事件 B 对事件 A 的条件概率**，记为 $P(B|A)$.

上例中，若 $A=\{$第 1 次取得次品$\}$，$B=\{$第 2 次取得次品$\}$，则 $P(B|A)=\frac{2}{9}$，$P(B|\overline{A})=\frac{3}{9}$.

以下来研究条件概率的计算.

设 A，B 是容量为 n 的样本空间 Ω 的随机事件，事件 A，AB 包含的基本事件数分别记为 m_A，m_{AB}，这时，在 A 发生的条件下 B 包含的基本事件数即为 m_{AB}，在 A 发生的条件下 B 发生的概率就是“空间 A”中 B 发生的概率，即

$$P(B|A)=\frac{m_{AB}}{m_A}=\frac{\frac{m_{AB}}{n}}{\frac{m_A}{n}}=\frac{P(AB)}{P(A)}$$

这个结论在一般情况下都成立[只要 $P(A)\neq 0$]. 于是我们有下面的条件概率公式

$$P(B|A)=\frac{P(AB)}{P(A)} \tag{12-4}$$

由以上讨论可知，计算条件概率 $P(B|A)$ 有以下两种方法：

(1) 在样本空间 Ω 的缩减样本空间 Ω_A 中计算 B 发生的概率，就得到 $P(B|A)$；

(2) 在样本空间 Ω 中，先计算 $P(AB)$，$P(A)$，再利用公式就得到 $P(B|A)$.

例 10 设在一只盒子中混有新旧两种乒乓球，在新球中有白色的 40 只、红色的 30 只；在旧乒乓球中有白色的 20 只、红色的 10 只，现在盒子中任取一球，发现是新的，问这个球是白色的概率是多少？

解 设 $A=\{$取到的球是新的$\}$，$B=\{$取到的球是白色的$\}$.

(1) 在缩减的样本空间 A 中计算 $P(B|A)$ 得

$$P(B|A)=\frac{40}{70}=\frac{4}{7}$$

(2) 应用公式得

$$P(B|A)=\frac{P(AB)}{P(A)}=\frac{\frac{40}{100}}{\frac{70}{100}}=\frac{4}{7}$$

由条件概率公式，得到**概率的乘法公式**

$$P(AB)=P(A)\cdot P(B|A)=P(B)\cdot P(A|B) \tag{12-5}$$

例 11 某人有 5 把钥匙，但忘了开房门的是哪一把，逐把试开，试求：

(1) 第 3 次才打开房门的概率；

(2) 3 次内打开门锁的概率；

(3) 如 5 把钥匙内 2 把是房门钥匙，3 次内打开房门的概率.

解 设 $A_i=\{$第 i 次打开房门$\}(i=1,2,3)$，则：

(1) 第 3 次才打开房门就是事件 $\overline{A}_1\overline{A}_2A_3$，由乘法公式，得

$$\begin{aligned}P(\overline{A}_1\overline{A}_2A_3)&=P(\overline{A}_1\overline{A}_2)\cdot P(A_3|\overline{A}_1\overline{A}_2)\\&=P(\overline{A}_1)\cdot P(\overline{A}_2|\overline{A}_1)\cdot P(A_3|\overline{A}_1\overline{A}_2)\\&=\frac{4}{5}\cdot\frac{3}{4}\cdot\frac{1}{3}=\frac{1}{5}=0.2\end{aligned}$$

(2) 3 次内打开房门就是事件 $A_1\cup\overline{A}_1A_2\cup\overline{A}_1\overline{A}_2A_3$，显然，它们互不相容，所以

$$P(A_1\cup\overline{A}_1A_2\cup\overline{A}_1\overline{A}_2A_3)=P(A_1)+P(\overline{A}_1)\cdot P(A_2|\overline{A}_1)+P(\overline{A}_1\overline{A}_2A_3)$$
$$=\frac{1}{5}+\frac{4}{5}\cdot\frac{1}{4}+\frac{1}{5}=\frac{3}{5}=0.6$$

(3) 5 把钥匙内 2 把是房门钥匙，则

$$P(A_1\cup\overline{A}_1A_2\cup\overline{A}_1\overline{A}_2A_3)=P(A_1)+P(\overline{A}_1)\cdot P(A_2|\overline{A}_1)+P(\overline{A}_1\overline{A}_2A_3)$$
$$=\frac{2}{5}+\frac{3}{5}\cdot\frac{2}{4}+\frac{3}{5}\cdot\frac{2}{4}\cdot\frac{2}{3}=\frac{9}{10}=0.9$$

3. 全概率公式和贝叶斯公式

先看一个例子.

例 12　例 9 中，求第 2 次取得次品的概率.

解　设 $A=\{$第 1 次取得次品$\}$，$B=\{$第 2 次取得次品$\}$，则

$$P(B)=P(AB\cup\overline{A}B)=P(AB)+P(\overline{A}B)$$
$$=P(A)\cdot P(B|A)+P(\overline{A})\cdot P(B|\overline{A})=\frac{3}{10}\cdot\frac{2}{9}+\frac{7}{10}\cdot\frac{3}{9}=\frac{3}{10}=0.3$$

这里 $A\cup\overline{A}=\Omega$，且 A 与 $\overline{A}$ 互不相容.

一般地，如果事件 A_1，A_2，…，A_n 两两互不相容，且 $\bigcup\limits_{i=1}^{n}A_i=\Omega$，$P(A_i)\neq 0(i=1，2，…，n)$，如图 12－4 所示，则对于任意事件 B，我们有：$B=B\Omega=B\bigcup\limits_{i=1}^{n}A_i=\bigcup\limits_{i=1}^{n}BA_i$，所以

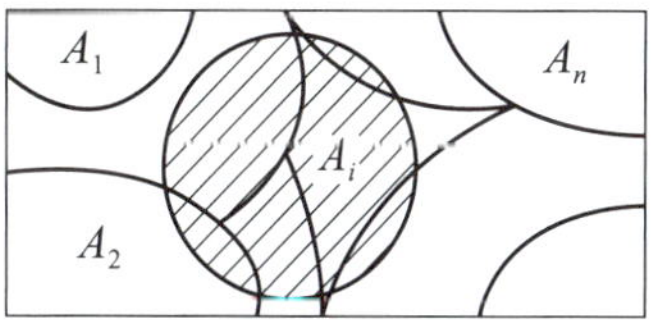

图 12－4

$$P(B)=\sum_{i=1}^{n}P(BA_i)$$

于是

$$P(B)=\sum_{i=1}^{n}P(A_i)\cdot P(B|A_i) \qquad (12-6)$$

这个公式叫作**全概率公式**.

例 13　市场供应的热水瓶中，1 厂产品占 50%，2 厂产品占 30%，3 厂产品占 20%，1 厂产品的合格率为 90%，2 厂产品的合格率为 85%，3 厂产品的合格率为 80%，求买到的热水瓶是合格品的概率.

解 设 A_i={买到的是第 i 厂的产品}($i=1, 2, 3$)，B={买到的是合格品}，由全概率公式

$$P(B)=\sum_{i=1}^{3}P(A_i)\cdot P(B|A_i)$$
$$=\frac{50}{100}\cdot\frac{90}{100}+\frac{30}{100}\cdot\frac{85}{100}+\frac{20}{100}\cdot\frac{80}{100}=0.865$$

例 14 上例中，若已知买到热水瓶是合格品，求这个合格品是 1 厂生产的概率.

解 沿用例 13 中的记号，所求的概率为 $P(A_1|B)$，则根据条件概率的计算公式

$$P(A_1|B)=\frac{P(A_1B)}{P(B)}$$

根据乘法公式

$$P(A_1B)=P(A_1)\cdot P(B|A_1)=\frac{50}{100}\cdot\frac{90}{100}=0.45$$

根据全概率公式

$$P(B)=\sum_{i=1}^{3}P(A_i)\cdot P(B|A_i)=0.865$$

于是

$$P(A_1|B)=\frac{P(A_1B)}{P(B)}=\frac{0.45}{0.865}\approx 0.52$$

一般地，如果事件 A_1，A_2，…，A_n 两两互不相容，且 $\bigcup_{i=1}^{n}A_i=\Omega$，$P(A_i)\neq 0(i=1, 2, \cdots, n)$，则对于任意事件 B，且 $P(B)>0$，有

$$P(A_i|B)=\frac{P(A_i)\cdot P(B|A_i)}{\sum_{i=1}^{n}P(A_i)\cdot P(B|A_i)}(i=1,2,\cdots,n) \tag{12-7}$$

这个公式叫作**贝叶斯公式**.

12.2.3 事件的独立性

从前面的讨论中，我们可以看出，一般情况下，事件 B 发生的概率受到事件 A 发生与否的影响，即 $P(B)\neq P(B|A)$. 但在某些特殊的情况下，这两者有可能相

等. 看下面的例子:

10 只产品中有 7 只正品、3 只次品,从中取 2 次,每次任取 1 只,取后放回,若 $A=\{$第 1 次取得次品$\}$,$B=\{$第 2 次取得次品$\}$,求 $P(B)$ 和 $P(B|A)$.

因为第 1 次取后仍放回,第 2 次取时产品总数及次品数并未改变,所以

$$P(B)=\frac{3}{10},P(B|A)=\frac{3}{10}$$

可见

$$P(B)=P(B|A)$$

一般地,对于任意两个事件 A,B,如果

$$P(B)=P(B|A)$$

叫作**事件 B 对事件 A 独立**,否则叫作不独立.

显然,如果事件 B 对事件 A 独立,则事件 A 对事件 B 也独立,即事件 A,B 是相互独立的.

可以证明:

(1) 如果事件 A,B 相互独立,则 A 与 $\overline{B}$,$\overline{A}$ 与 B,$\overline{A}$ 与 $\overline{B}$ 分别相互独立.

(2) 如果事件 A,B 相互独立,则 $P(AB)=P(A)\cdot P(B)$.

(3) 如果事件 A_1,A_2,…,A_n 相互独立,则

$$P(A_1A_2\cdots A_n)=P(A_1)P(A_2)\cdots P(A_n)$$

例 15　本节例 6 也可以用事件的独立性求解.

解　设 $A=\{50$ 人中至少有一人的生日在 1 月 1 日$\}$,$B_i=\{$第 i 个人生日在 1 月 1 日$\}(i=1, 2, \cdots, 50)$,显然 B_i 是相互独立的,所以

$$P(A)=1-P(\bigcap_{i=1}^{50}\overline{B}_i)=1-\prod_{i=1}^{50}P(\overline{B}_i)=1-\frac{364}{365}\times\frac{364}{365}\times\cdots\times\frac{364}{365}=1-(\frac{364}{365})^{50}$$

例 16　甲、乙两射手同时独立地向某一目标各射击一次,命中率分别为 0.6,0.7,求:

(1) 两人都命中的概率;

(2) 甲中、乙不中的概率;

(3) 恰有一人命中的概率;

(4) 至少有一人命中的概率.

解 用 A 表示"甲命中目标"，B 表示"乙命中目标"，由于 A，B 相互独立，则

(1) $P(AB)=P(A)\cdot P(B)=0.6\times 0.7=0.42$

(2) $P(A\overline{B})=P(A)\cdot P(\overline{B})=P(A)\cdot(1-P(B))=0.6\cdot(1-0.7)=0.18$

(3) $P(A\overline{B}\cup\overline{A}B)=P(A\overline{B})+P(\overline{A}B)=P(A)\cdot P(\overline{B})+P(\overline{A})\cdot P(B)$

$=0.6\times 0.3+0.4\times 0.7=0.46$

(4) $P(A\cup B)=P(A)+P(B)-P(AB)=0.6+0.7-0.6\times 0.7=0.88$

注意： A，B 相互独立与 A，B 互不相容，是两个不同的概念，切不可将其混淆起来，所谓 A，B 相互独立，其实质是事件 A 发生的概率与事件 B 是否发生毫无关系；所谓 A，B 互不相容，其实质是事件 B 的发生，必然导致事件 A 的不发生，从而事件 A 发生的概率与事件 B 是否发生密切相关.

12.2.4 贝努利概型

在一定条件下，重复地做 n 次试验，如果每一次试验的结果都不依赖于其他各次试验的结果，那么把这 n 次试验叫作 **n 次独立试验**.

例如，某射手的射击试验、种子的发芽试验、一批产品次品率的检验等，都是独立试验.

如果在相同的条件下进行 n 次重复独立试验，每次试验只有两种结果：A 和 $\overline{A}$，则把这样的 n 次独立试验叫作 **n 重贝努利试验或贝努利概型**.

贝努利概型是很重要的数学模型，有非常广泛的应用，是被研究得最多的模型之一.

以下来确定在 n 重贝努利试验中，事件 A 恰好发生 k 次的概率，记为 $P_n(k)$.

设 $P(A)=p$，$P(\overline{A})=1-p=q$. 由于试验是独立的，根据乘法公式，在 n 次试验中，事件 A 在指定的 k 次试验中发生的概率为 $p^k q^{n-k}$，但我们并不知道它究竟在哪 k 次发生，根据排列组合原理，在 n 次试验中，事件 A 恰好发生 k 次，共有 C_n^k 种方式发生. 显然，事件 A 在所指定的某 k 次发生与另一种某 k 次发生是互斥的，于是，由加法公式，得

$$P_n(k)=C_n^k p^k q^{n-k}(k=0,1,2,\cdots,n) \qquad (12-8)$$

显然

$$\sum_{k=0}^{n} P_n(k) = \sum_{k=0}^{n} C_n^k p^k q^{n-k} = (p+q)^n = 1$$

可见，$P_n(k)$恰好是二项式$(p+q)^n$ 的展开式中的第 $k+1$ 项，所以上述公式又叫二项概率公式.

例 17　一批玉米种子，出苗率为 0.8，现每穴种 5 粒，求(结果保留两个有效数字)：

(1) 5 粒中恰有 4 粒出苗的概率；

(2) 5 粒中至少有 4 粒出苗的概率.

解　设 $A=\{$种子出苗$\}$，$\overline{A}=\{$种子不出苗$\}$，则

$$P(A)=p=0.8, P(\overline{A})=q=1-0.8=0.2$$

于是

(1) 5 粒中恰有 4 粒出苗的概率为

$$P_5(4)=C_5^4\times0.8^4\times0.2=5\times0.8^4\times0.2\approx0.41$$

(2) 5 粒中至少有 4 粒出苗的概率，就是 5 粒中恰有 4 粒出苗的概率与 5 粒都出苗的概率的和，即

$$\begin{aligned}P&=P_5(4)+P_5(5)=C_5^4\times0.8^4\times0.2+C_5^5 0.8^5 0.2^0\\&=5\times0.8^4\times0.2+0.8^5\approx0.410+0.328\approx0.74\end{aligned}$$

例 18　一批电子元件的次品率是 0.2，现任取 8 件检验，求其中至少有两件正品的概率.

解　可以认为这批电子元件的总数很大. 由于抽取的元件的数量相对于元件总数较少，这种不放回抽样可作为放回抽样处理(即试验是独立的)，造成的误差不大. 所以，此题可看成 8 重贝努利概型.

设 $A=\{$至少有两件正品$\}$，则

$$\begin{aligned}P(A)&=1-P(\overline{A})=1-P\{\text{无一件正品}\}-P\{\text{恰有一件正品}\}\\&=1-(0.2)^8-C_8^1\cdot(0.8)^1\cdot(0.2)^7\approx0.9999\end{aligned}$$

习题 12－2

1. 袋中有白球 5 只、黑球 6 只，陆续取出 3 只球，求顺序为黑、白、黑的概率.

2. 现有 100 张软件光盘，其中混有 2 张盗版的，若从中任抽 50 张，计算无盗版的概率.

3. 有 5 张卡片，编号分别为 1，2，3，4，5，任取其三自左至右排成一个 3 位数，求所得数是偶数的概率.

4. 从 52(不含大小王)张扑克牌中任取 13 张，求：

(1) 各点彼此不同的概率；

(2) 有 5 张黑桃、3 张红心、3 张方块、2 张草花的概率.

5. 甲袋中有 3 只白球、7 只红球、15 只黑球，乙袋中有 10 只白球、6 只红球、9 只黑球，现从两袋中各取一球，求两球颜色相同的概率.

6. 一部五册的文集，按任意次序放到书架上去，试求下列概率：

(1) 第一卷出现在旁边；

(2) 第一卷及第五卷出现在旁边；

(3) 第一卷或第五卷出现在旁边；

(4) 第一卷及第五卷都不出现在旁边；

(5) 第三卷正好在正中.

7. 全班有 50 个同学，求至少有 2 人有相同生日的概率.

8. 设方程 $x^2+Bx+C=0$ 中的 B，C 分别是一枚骰子连掷两次所得的点数，求此方程有实根的概率和有重根的概率.

9. (De Mere 问题)一颗骰子投 4 次至少得到一个六点，与两颗骰子投 24 次至少得到一个双六这两件事，哪一个有更多的机会遇到?

10. 一批产品中，有 10 件正品、2 件次品，从中任取 2 次，每次取 1 件，不放回，求第二次取出是次品的概率.

11. 袋中装有 50 个乒乓球，其中 10 个黄的、40 个白的. 现有 2 人依次随机地从袋中各取 1 球，取后不放回，求第 2 人取得黄球的概率；又若已知第 2 人取得黄球，求第 1 人也取得黄球的概率.

12. n 个人用摸彩的方式决定谁得 1 张电影票，他们依次摸彩.

(1) 已知前 $k(k\leqslant n-1)$个人都没有摸到，求第 $k+1$ 个人摸到的概率；

(2) 求第 $k(k\leqslant n)$个人摸到的概率.

13. 甲、乙、丙三台机器生产同一种产品，它们的产量各占 25%，35%，40%，并在各自的产品里，废品率各占 5%，4%，2%，现从产品中任取一只，求：

(1) 取到废品的概率；

(2) 若已知取到的产品是废品，求它是由机器甲、乙、丙生产的概率.

14. 某射击小组共有 20 名射手，其中一级射手 4 人，二级射手 8 人，三级射手 7 人，四级射手 1 人，一、二、三、四级射手能通过选拔进入决赛的概率分别是 0.9，0.7，0.5，0.2. 求在小组内任选一名射手，该射手能通过选拔进入决赛的概率.

15. 盒子里有 12 个乒乓球，其中有 9 个是新的，第 1 次比赛时从其中任取 3 个来用，比赛后放回盒子，第二次比赛时再从盒子中任取 3 个.

(1) 求第二次取出的球都是新球的概率；

(2) 若已知第二次取出的球都是新球，求第一次取出的球都是新球的概率.

16. 设玻璃杯整箱出售，每箱 20 只，各箱含 0，1，2 只残次品的概率分别为 0.8，0.12，0.08. 一顾客欲购买 1 箱玻璃杯，由售货员任取 1 箱，经顾客开箱随机察看 4 只，若无残次品，则买此箱玻璃杯，否则不买. 求：

(1) 顾客买此箱玻璃杯的概率；

(2) 在顾客买的此箱玻璃杯中，确实没有残次品的概率.

17. 在射击室里有 9 支枪，其中经试射的有 2 支，试射过的枪的命中率是 0.8，未试射过的枪的命中率是 0.1. 今从射击室里任取一支枪，发射一次结果命中了，求“所取枪是已经试射过”的概率.

18. 设事件 A_1，A_2，…，A_n 相互独立，且 $P(A_i)=p_i$，$\sum\limits_{i=1}^{n}p_i=1(i=1,2,\cdots,n)$，试求：

(1) 这些事件至少有一件不发生的概率；

(2) 这些事件均不发生的概率；

(3) 这些事件恰好发生一件的概率.

19. 设有两门高射炮，每一门击中飞机的概率都是 0.6，求：

(1) 同时发射一发炮弹而击中飞机的概率；

(2) 若有一架敌机入侵领空，欲以 99%以上的概率击中它，至少需要多少门高射炮？

20. 甲、乙、丙三人同时向一飞机射击，设他们的命中率分别为 0.4，0.5，0.7. 三人中若只有一人射中，飞机坠毁的概率为 0.2；若二人射中，飞机坠毁的概率为 0.6；若三人射中，飞机必坠毁. 求飞机坠毁的概率.

21. 设事件 A 在每一次试验中发生的概率为 0.3，当 A 发生不少于 3 次时，指示灯发出信号. 进行 5 次独立试验，求指示灯发出信号的概率.

22. 有甲、乙两种味道和颜色都极为相似的名酒各 4 杯，如果从中挑 4 杯，能把甲种酒全部挑出来，算作成功一次.

（1）某人随机地去猜，问他试验一次就成功的概率是多少?

（2）某人声称他通过品尝能区分两种酒，他进行了 10 次独立的试验，成功 3 次. 试推断他是猜对的，还是他确有区分能力.

12.3 随机变量及其分布

前面讨论了随机事件及其概率，为了以后讨论方便，我们引入随机变量.

12.3.1 随机变量的概念

在随机试验中，每一个出现的结果可以用一个数来表示. 有些试验的结果本身就是数量，例如，在掷骰子试验中，用数字 1，2，…，6 分别表示“出现的点数是 1，2，…，6”；有些试验的结果本身虽然不是数量，但可以用数量来表示，例如，在掷硬币试验中，用数字 1，0 分别表示“正面向上”和“正面向下”等. 这样的量随着试验的重复，可以取不同的值，并且在每次试验中究竟取什么值事先无法知道，是具有随机性的，变量取不同的值就表示不同的事件发生.

一般地，把表示随机事件结果的变量叫作**随机变量**. 随机变量一般用希腊字母 ξ，η，ζ 或大写拉丁字母 X，Y，Z 等表示.

例 1 20 只灯管中有 4 只次品，从中任取 3 件，则取出的次品数可以用随机变量 ξ 表示，即

$$\{\xi=k\}=\{\text{取到 } k \text{ 件次品}\}(k=0,1,2,3)$$

例 2 某射手连续向某一目标射击，直到命中为止，则射击次数可以用随机变量 ξ 表示，即

$$\{\xi=k\}=\{\text{射击了 } k \text{ 次命中}\}(k=0,1,2,\cdots,)$$

例 3 对灯泡的使用寿命进行检测，则灯泡的使用寿命可以用随机变量 ξ 表示，

此时 ξ 可能取$[0, +\infty)$内的任一值.

随机变量按其取值情况可分为两类：

在随机试验中，如果随机变量的所有可能取值是有限个或是可列无限多个，这种随机变量叫作离散型随机变量，否则就叫作非离散型随机变量.

对一个随机变量 ξ 不仅要了解它取哪些值，还要了解它取这些值的规律，即取各个值的概率. 通常把随机变量 ξ 取值的规律叫作随机变量 ξ 的概率分布. 以下分类进行讨论.

12.3.2 离散型随机变量的概率分布

1. 离散型随机变量的分布

设离散型随机变量 ξ 的所有可能取值为 $x_i(i=1, 2, \cdots)$，则把

$$P\{\xi=x_i\}=p_i(i=1,2,\cdots)$$

或按 ξ 取值大小顺序及其对应的概率列成的表格

ξ	x_1	x_2	$\cdots$	x_n	$\cdots$
p	p_1	p_2	$\cdots$	p_n	$\cdots$

叫作离散型随机变量的概率分布，简称分布.

由概率的性质可知，离散型随机变量的分布具有以下性质：

(1) $p_i \geqslant 0 \quad (i=1, 2, \cdots)$

(2) $\sum\limits_{i=1}^{\infty} p_i=1$

可以看出，离散型随机变量的概率分布完整地描述了一个试验，它不仅告诉我们试验的所有可能结果，而且还告诉我们每个事件发生的概率.

例 4 20 只灯管中有 4 只次品，从中任取 3 件，若用随机变量 ξ 表示取出的次品数，求随机变量 ξ 的分布.

解 随机变量 ξ 的所有可能取值是 0，1，2，3，则

$$P\{\xi=0\}=\frac{C_{16}^3}{C_{20}^3}=\frac{84}{171}\approx 0.491\,2, \quad P\{\xi=1\}=\frac{C_4^1 \cdot C_{16}^2}{C_{20}^3}=\frac{8}{19}\approx 0.421\,1$$

$$P\{\xi=2\}=\frac{C_4^2 \cdot C_{16}^1}{C_{20}^3}=\frac{8}{95}\approx 0.084\,2, \quad P\{\xi=3\}=\frac{C_4^3}{C_{20}^3}=\frac{1}{285}\approx 0.003\,5$$

于是，可得随机变量 ξ 的分布为

ξ	0	1	2	3
p	0.491 2	0.421 1	0.084 2	0.003 5

2. 几种常用的离散型分布

(1) **两点分布**.

如果随机变量 ξ 只可能取 0 和 1 两个值，它的分布是

$$P\{\xi=1\}=p,\quad P\{\xi=0\}=1-p\quad (0<p<1)$$

则称 ξ 服从参数为 p 的**两点分布**(或 **0－1 分布**).

当一个试验的样本空间只有两个元素时，我们总能确定一个服从两点分布的随机变量 ξ，描述试验的结果. 例如，检查产品的质量是否合格；对新生儿的性别进行登记；某电路是“通路”还是“断路”；掷硬币试验中哪面向上等. 可见，两点分布虽然简单，但很有用.

(2) **二项分布**.

对贝努利概型引入随机变量 ξ，即用 ξ 表示事件 A 发生的次数，则

$$P\{\xi=k\}=P_n(k)=C_n^k p^k q^{n-k}(k=0,1,2,\cdots,n) \tag{12-9}$$

显然，$P\{\xi=k\}\geqslant 0(k=0,\ 1,\ 2,\ \cdots,\ n)$.

一般地，如果随机变量 ξ 的分布是

$$P\{\xi=k\}=P_n(k)=C_n^k p^k q^{n-k}(k=0,1,2,\cdots,n)$$

则称随机变量 ξ 服从参数为 n，p 的**二项分布**，记为 $\xi\sim B(n,\ p)$.

特别地，当 $n=1$ 时，二项分布 $B(1,\ p)$就是

$$P\{\xi=1\}=p,\quad P\{\xi=0\}=1-p$$

即为 0－1 分布.

例 5 袋中有 4 个白球和 6 个黑球，现在有放回地取 3 次，每次取 1 个，设 3 次中取到白球的次数为随机变量 ξ，求 ξ 的分布.

解 设 $A=\{$一次试验中取到的是白球$\}$，则 $P(A)=0.4$，于是 ξ 的分布为

$$P\{\xi=k\}=C_3^k(0.4)^k(0.6)^{3-k}(k=0,1,2,3)$$

即 $\xi \sim B(3, 0.4)$,

(3) 泊松分布.

二项分布的应用虽然广泛，但我们看到，当 n 较大时，计算较繁. 1837 年法国数学家泊松(Poisson)给出了二项分布的近似计算方法，即在实际计算中，当 $n \geqslant 100$，$p \leqslant 0.1$ 时，就可以用$\frac{\lambda^k e^{-\lambda}}{k!}$来近似代替 $C_n^k p^k q^{n-k}$，其中 $\lambda = np$.

一般地，如果随机变量 ξ 的分布是

$$P\{\xi = k\} = \frac{\lambda^k}{k!} e^{-\lambda} (k = 0, 1, 2, \cdots; \lambda > 0) \tag{12-10}$$

则称随机变量 ξ 服从参数为 λ 的泊松分布，记为 $\xi \sim P(\lambda)$.

易知 $P(\xi = k) \geqslant 0 (k = 0, 1, 2, \cdots; \lambda > 0)$，且

$$\sum_{k=0}^{\infty} P\{\xi = k\} = \sum_{k=0}^{\infty} \frac{\lambda^k}{k!} e^{-\lambda} = e^{-\lambda} e^{\lambda} = 1$$

泊松分布是一个常见分布. 例如：一段时间内到某商店的顾客数；一页书上印刷的错误数；玻璃上的气泡数；确定时间内，电话交换台的电话交换数；耕地上单位面积的杂草数；等等，都服从泊松分布.

我们看到，$\frac{\lambda^k e^{-\lambda}}{k!}$的计算比较麻烦，在实际应用中，为了方便，人们编制了泊松分布表(附表 1)，供使用时查阅.

例 6 某射手每次射击的命中率为 0.02，现独立射击 400 次，试求命中次数不小于 2 的概率.

解 将每次射击看成一次试验，设 ξ 表示命中次数，则 $\xi \sim B(400, 0.02)$，但由于试验次数较大，且概率又较小，故用泊松分布作近似计算.

由于

$$\lambda = np = 400 \times 0.02 = 8$$

于是

$$P\{\xi = 0\} \approx \frac{8^0}{0!} e^{-8} = e^{-8}, P\{\xi = 1\} \approx \frac{8^1}{1!} e^{-8} = 8e^{-8}$$

因此

$$P\{\xi\geqslant 2\}\approx 1-e^{-8}-8e^{-8}=1-9e^{-8}=0.997$$

例 7 电话交换台每分钟接到的呼唤数 ξ 为随机变量，设 $\xi\sim P(4.5)$，求在一分钟内呼唤次数不超过 5 次的概率.

解 因为 $\xi\sim P(4.5)$，所以，一分钟内呼叫次数不超过 5 次的概率为

$$P\{\xi\leqslant 5\}=\sum_{k=0}^{5}P\{\xi=k\}=\sum_{k=0}^{5}\frac{4.5^k}{k!}e^{-4.5}=0.702\,9$$

或查表得

$$P\{\xi\leqslant 5\}=1-P\{\xi\geqslant 6\}=1-0.297\,07=0.702\,93$$

12.3.3 连续型随机变量及其分布

对于非离散型随机变量 ξ，由于其可能取的值不能一一列出，因此不能像离散型随机变量那样用分布来描述它. 况且非离散型随机变量 ξ，可以取某一区间内的所有值，这时求 ξ 取某个特定值的概率意义不大，因此我们转而研究 ξ 落在某个区间内的概率，即 $P\{a\leqslant\xi\leqslant b\}$.

非离散型的随机变量，我们主要研究连续型随机变量.

1. 连续型随机变量及其密度函数

一般地，对于随机变量 ξ，若存在一个定义在$(-\infty, +\infty)$内的非负函数 $p(x)$，使 ξ 在任意区间$(-\infty, x]$上取值的概率为

$$P\{\xi\leqslant x\}=\int_{-\infty}^{x}p(t)\mathrm{d}t$$

则把 ξ 叫作**连续型随机变量**，把 $p(x)$叫作 ξ 的**概率密度函数**，简称**密度函数**或**概率密度**.

而把函数

$$F(x)=P\{\xi\leqslant x\}=\int_{-\infty}^{x}p(t)\mathrm{d}t$$

叫作随机变量 ξ 的**分布函数**. 显然 $F(x)$是关于 x 的连续函数.

根据定义，容易证明：

(1) 连续型随机变量 ξ 取区间内任一值 C 的概率为零，即 $P(\xi=C)=0$.

这一性质说明，概率等于 0 的事件不一定是不可能事件，同样地，概率等于 1 的

事件也不一定是必然事件.

(2) 连续型随机变量 ξ 在任一区间上取值的概率与是否包含区间端点无关，即

$$p\{a<\xi<b\}=P\{a\leqslant\xi<b\}=P\{a<\xi\leqslant b\}=P\{a\leqslant\xi\leqslant b\}=\int_a^b p(x)\mathrm{d}x$$

(3) $P\{a\leqslant\xi\leqslant b\}=\int_a^b p(x)\mathrm{d}x=\int_{-\infty}^b p(x)\mathrm{d}x-\int_{-\infty}^a p(x)\mathrm{d}x=F(b)-F(a)$

值得注意的是，密度函数 $p(x)$ 在某一点 x 处的函数值，并不表示随机变量 ξ 在此点处的概率，而表示 ξ 在此点处概率分布的密集程度. 分布函数 $F(x)$ 在某一点 x 处的函数值，表示随机变量 ξ 落在区间 $(-\infty, x]$ 上的概率.

密度函数具有以下性质：

(1) $p(x)\geqslant 0$，$x\in(-\infty, +\infty)$

(2) $\int_{-\infty}^{+\infty} p(x)\mathrm{d}x=1$

反之，如果一个函数 $p(x)$ 具有上述两个性质，则可以把它看成是某个连续型随机变量的密度函数.

由以上所述可知，若已知连续型随机变量 ξ 的密度函数，则 ξ 在任一区间内取值的概率都可通过定积分求出. 因此可以说，密度函数全面地描述了连续型随机变量的统计规律. 以后，我们说求某个连续型随机变量 ξ 的概率分布，指的就是求它的密度函数.

例 8 设连续型随机变量 ξ 的密度函数为 $p(x)=A\mathrm{e}^{-|x|}$，$x\in(-\infty, +\infty)$.

(1) 试确定常数 A 的值；

(2) 求 ξ 的分布函数；

(3) 求 $P\left\{-\frac{1}{2}\leqslant\xi\leqslant\frac{1}{2}\right\}$.

解 (1) 由 $\int_{-\infty}^{+\infty} p(x)\mathrm{d}x=1$，得 $2\int_0^{+\infty} A\mathrm{e}^{-x}\mathrm{d}x=2A=1$，所以 $A=\frac{1}{2}$

(2) 当 $x<0$ 时

$$F(x)=\int_{-\infty}^{x} p(t)\mathrm{d}t=\int_{-\infty}^{x}\frac{1}{2}\mathrm{e}^{t}\mathrm{d}t=\frac{1}{2}\mathrm{e}^{x}$$

当 $x\geqslant 0$ 时

$$F(x)=\int_{-\infty}^{x} p(t)\mathrm{d}t=\int_{-\infty}^{0}\frac{1}{2}\mathrm{e}^{t}\mathrm{d}t+\int_{0}^{x}\frac{1}{2}\mathrm{e}^{-t}\mathrm{d}t=1-\frac{1}{2}\mathrm{e}^{-x}$$

所以

$$F(x)=\begin{cases}\frac{1}{2}\mathrm{e}^{x}, & x<0\\ 1-\frac{1}{2}\mathrm{e}^{x}, & x\geqslant 0\end{cases}$$

(3) $P\left\{-\frac{1}{2}\leqslant\xi\leqslant\frac{1}{2}\right\}=F(\frac{1}{2})-F(-\frac{1}{2})=1-\mathrm{e}^{-\frac{1}{2}}$

可见，如果知道随机变量的分布函数，求它落在某区间内(上)的概率就非常方便.

2. 连续型随机变量的分布——正态分布

连续型随机变量的分布有均匀分布、指数分布、正态分布等，限于本书的范围，我们只介绍正态分布，它是概率论和数理统计中最重要的分布. 在实际中，有许多随机变量都服从或近似服从正态分布. 例如，人的身高、测量零件长度的误差等都服从正态分布.

一般地，如果连续型随机变量 ξ 的密度函数为

$$p(x)=\frac{1}{\sigma\sqrt{2\pi}}\mathrm{e}^{-\frac{(x-\mu)^2}{2\sigma^2}},x\in(-\infty,+\infty) \tag{12-11}$$

其中，μ，σ 为常数，且 $\sigma>0$. 则称 ξ 服从参数为 μ，σ^2 的正态分布，记为 $\xi\sim N(\mu,\sigma^2)$. 其分布函数为

$$F(x)=\frac{1}{\sigma\sqrt{2\pi}}\int_{-\infty}^{x}\mathrm{e}^{-\frac{(t-\mu)^2}{2\sigma^2}}\mathrm{d}t \tag{12-12}$$

$p(x)$的图形如图 12-5 所示.

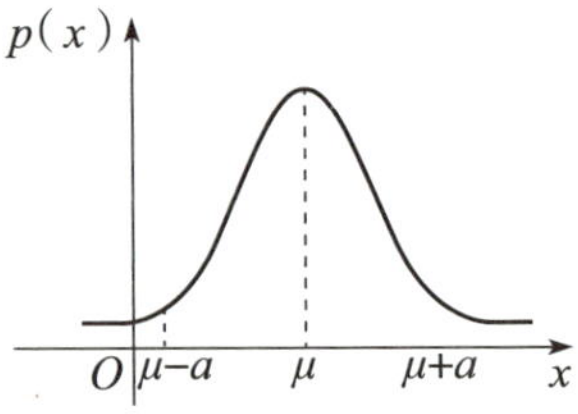

图 12-5

从图中可以看出 $p(x)$具有以下性质：

(1) $p(x)$的图形关于 $x=\mu$ 对称. 这表明对于任意 $a>0$ 有

$$P\{\mu-a\leqslant\xi\leqslant\mu\}=P\{\mu\leqslant\xi\leqslant\mu+a\}$$

(2) $p(x)$当 $x<\mu$ 时单调增加，当 $x>\mu$ 时单调减少，且在 $x=\mu$ 处有最大值

$\frac{1}{\sqrt{2\pi}\sigma}$. 这表明对于同样长度的区间，当区间离 μ 越远，落在这个区间的概率越小，如图 12 - 6 所示.

(3) 若 σ 不变，改变 μ 的值，则 $p(x)$ 的图形沿 Ox 轴平移而不改变形状. 这表明 $p(x)$ 的位置完全由 μ 确定.

(4) 若 μ 不变，改变 σ 的值，由于最大值为 $p(\mu)=\frac{1}{\sqrt{2\pi}\sigma}$，可见 σ 越小，分布越集中在 $x=\mu$ 附近；而 σ 越大，密度曲线越平坦，分布越分散. 这表明 σ 越小，ξ 落在 μ 附近的概率就越大，如图 12 - 7 所示.

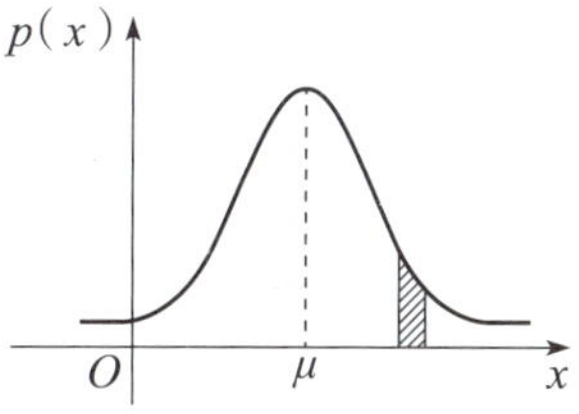

图 12 - 6

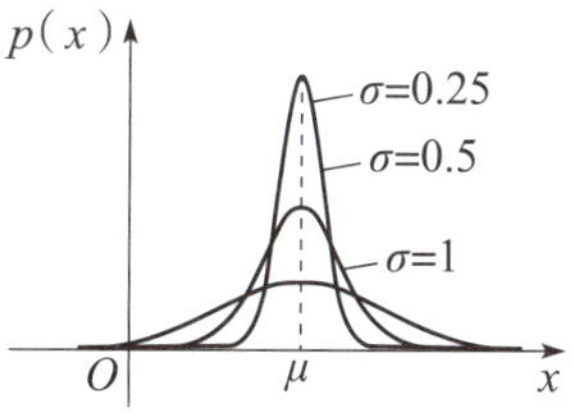

图 12 - 7

特别地，当 $\mu=0$，$\sigma=1$ 时，则称 ξ 服从标准正态分布，记为 $\xi\sim N(0,1)$. 其密度函数为

$$\varphi(x)=\frac{1}{\sqrt{2\pi}}e^{-\frac{x^2}{2}},x\in(-\infty,+\infty)$$

分布函数为

$$\Phi(x)=\frac{1}{\sqrt{2\pi}}\int_{-\infty}^{x}e^{-\frac{t^2}{2}}dt\,(x\in(-\infty,+\infty))$$

在数据处理与误差分析中，经常会用到 $\Phi(x)$ 的函数值，为了便于计算，人们编制了 $\Phi(x)$ 的数值表，叫作标准正态分布表(附表 2)，供使用时查阅.

对于一般正态分布 $N(\mu,\sigma^2)$ 的计算，可以通过代换将它化为标准正态分布进行计算.

事实上

$$F(x)=\frac{1}{\sigma\sqrt{2\pi}}\int_{-\infty}^{x}e^{-\frac{(t-\mu)^2}{2\sigma^2}}dt=\frac{1}{\sqrt{2\pi}}\int_{-\infty}^{\frac{x-\mu}{\sigma}}e^{-\frac{y^2}{2}}dy=\Phi(\frac{x-\mu}{\sigma})$$

例 9 设 $\xi\sim N(1,4)$，求(1) $P\{1<\xi\leqslant1.6\}$；(2) $P\{\xi\leqslant-1.6\}$.

解 (1) $P\{1<\xi\leqslant 1.6\}=F(1.6)-F(1)$

$$=\Phi\left(\frac{1.6-1}{2}\right)-\Phi\left(\frac{1-1}{2}\right)=0.6179-0.5000=0.1179$$

(2) $P\{\xi\leqslant -1.6\}=\Phi\left(\frac{-1.6-1}{2}\right)$

$$=\Phi(-1.3)=1-\Phi(1.3)=1-0.9032=0.0968$$

例 10 设$\xi\sim N(\mu,\sigma^2)$，求$P\{|\xi-\mu|\leqslant k\sigma\}(k=1,2,3)$的值.

解 $P\{|\xi-\mu|\leqslant k\sigma\}=P\{\mu-k\sigma\leqslant\xi\leqslant\mu+k\sigma\}=F(\mu+k\sigma)-F(\mu-k\sigma)$

$$=\Phi(k)-\Phi(-k)=2\Phi(k)-1$$

对$k=1,2,3$分别查标准正态分布表得

$$P\{|\xi-\mu|\leqslant\sigma\}=2\Phi(1)-1=0.6826$$

$$P\{|\xi-\mu|\leqslant 2\sigma\}=2\Phi(2)-1=0.9544$$

$$P\{|\xi-\mu|\leqslant 3\sigma\}=2\Phi(3)-1=0.9974$$

可见，正态分布的随机变量ξ落在区间$[\mu-3\sigma,\mu+3\sigma]$上几乎是必然的，因此，我们可以认为$\xi$几乎不在该区间之外取值，这就是在数据处理中常用的$3\sigma$规则.

12.3.4 随机变量的函数及其分布

利用随机变量ξ的分布，对于求某事件的概率非常方便，它可以帮助人们解决许多实际问题. 但我们经常也会遇到用随机变量的函数的分布才能解决的问题. 为此，我们引进随机变量的函数及其分布.

1. 随机变量的函数的概念

设ξ是一个随机变量，$f(x)$是一个连续函数，则$f(\xi)$也是一个随机变量，记为$\eta=f(\xi)$，此时称**随机变量η为随机变量ξ的函数**.

2. 随机变量函数的分布

若ξ是离散型随机变量，分布为$P\{\xi=x_i\}=p_i(i=1,2,\cdots,)$，则$\eta$也是离散型随机变量，其可能取值为$y_i=f(x_i)(i=1,2,\cdots,)$，其中$y_i$中的值可能有相等的. 如果$y_i$中的值全不相等，则$\eta$的分布为

$$P\{\eta=y_i\}=P\{\xi=x_i\}=p_i(i=1,2,\cdots,)$$

即

η	y_1	y_2	…	y_n	…
p	p_1	p_2	…	p_n	…

如果 y_i 中有相等的值，则把相等的 y 值只取一次，并根据概率的加法公式，把相应的概率相加，其他与 y_i 全不相等的情况一致.

例 11　已知 ξ 的分布为

ξ	0	1	2	3	4	5
p	0.08	0.16	0.34	0.08	0.22	0.12

求 $\xi-3$，$(\xi-3)^2$ 的分布.

解　设 $\eta=\xi-3$，则 η 的所有可能取值为 -3，-2，-1，0，1，2，各不相等，所以 η 的分布为

η	-3	-2	-1	0	1	2
p	0.08	0.16	0.34	0.08	0.22	0.12

又设 $\zeta=(\xi-3)^2$，则 ζ 的所有可能取值为 0，1，4，9，所以 ζ 的分布为

ζ	0	1	4	9
p	0.08	0.34+0.22	0.16+0.12	0.08

若 ξ 是连续型随机变量，其密度函数为 $p(x)$，则 $\eta=f(\xi)$ 也是连续型随机变量，其密度函数采用所谓的“分布函数法”来确定，即先通过 ξ 的密度函数 $p(x)$ 求出 η 的分布函数 $F_\eta(y)$，再求 $F_\eta(y)$ 关于 y 的导数，可得 η 的密度函数.

例 12　已知 $\xi\sim N(\mu,\sigma^2)$，求 $\eta=\dfrac{\xi-\mu}{\sigma}$ 的密度函数.

解　设 η 的分布函数为 $F_\eta(y)$，则

$$F_\eta(y)=P\{\eta<y\}=P\left\{\frac{\xi-\mu}{\sigma}<y\right\}=P\{\xi<\sigma y+\mu\}=F_\xi(\sigma y+\mu)$$

由分布函数的定义

$$f_\eta(y)=F_\eta'(y)=F_\xi'(\sigma y+\mu)=p_\xi(\sigma y+\mu)\sigma$$

因为 $p_{\xi}(x)=\frac{1}{\sigma\sqrt{2\pi}}e^{-\frac{(x-\mu)^2}{2\sigma^2}}$，所以

$$f_{\eta}(y)=\frac{1}{\sqrt{2\pi}}e^{-\frac{y^2}{2}}$$

可见，η 服从标准正态分布.

习题 12－3

1. 袋中有 2 只红球、13 只白球，每次从中任取 1 只，连续取 3 次：

(1) 取后不放回；

(2) 取后放回.

试分别写出 3 次中取出红球个数的分布，并验证是否满足分布的性质.

2. 设

ξ	-2	-1	0	1
p	α	$\frac{3}{8}$	$\frac{1}{8}$	α

为某个离散型随机变量 ξ 的概率分布，求：

(1) 常数 α；

(2) $P\{-2\leqslant\xi<0\}$.

3. 已知随机变量 ξ 的分布为

ξ	0	2	4	6	8
p	0.1	0.3	0.2	0.3	0.1

试求：(1) $P\{\xi=4\}$　(2) $P\{\xi<4\}$　(3) $P\{\xi\geqslant4\}$

(4) $P\{\xi<3\}$　(5) $p\{3<\xi<7\}$　(6) $P\{2\leqslant\xi\leqslant8\}$

4. 设随机变量 ξ 的可能取值为 1，2，…，n. 已知概率 $P\{\xi=m\}$ 与 m 成正比，求 ξ 的分布.

5. 已知随机变量 $\xi\sim B(2,p)$，$\eta\sim B(4,p)$，且 $P\{\xi\geqslant1\}=\frac{5}{9}$，求 $P\{\eta\geqslant1\}$.

6. 甲、乙两人投篮，投中的概率分别为 0.6 和 0.7，今各投 3 次，求：(1) 两人投中次数相等的概率；(2) 甲比乙投中次数多的概率.

7. 设随机变量 $\xi \sim P(2)$，求方程 $x^2+\xi x+1=0$ 有实根的概率.

8. 设随机变量 ξ 服从泊松分布，且 $P\{\xi=1\}=P\{\xi=2\}$，求 $P\{\xi=4\}$.

9. 设随机变量 ξ 服从参数为 λ 的泊松分布，且 $P\{\xi=0\}=0.5$，求：(1) λ；(2) $P\{\xi>1\}$.

10. 运送灯泡 1 000 只，在途中灯泡被打破的概率为 0.003，设 ξ 为到达时被打破的灯泡数，试求：(1) $P\{\xi=2\}$；(2) $P\{\xi<2\}$；(3) $P\{\xi>2\}$；(4) $P\{\xi\geqslant 1\}$.

11. 设随机变量 ξ 的密度函数为：

$$p(x)=\begin{cases} Cx & 0\leqslant x\leqslant 1 \\ 0 & \text{其他} \end{cases}$$

求：(1) 常数 C；(2) $P\{0.3\leqslant\xi\leqslant 0.7\}$；(3) $P\{-0.5\leqslant\xi<0.5\}$.

12. 某仪器装有 3 只独立工作的同型号电子元件，其寿命(单位：小时)都服从同一分布，其密度为：

$$p(x)=\begin{cases} \dfrac{1}{600}e^{-\frac{x}{600}} & x>0 \\ 0 & x\leqslant 0 \end{cases}$$

求在仪器使用的最初 200 小时内，至少有 1 只电子元件损坏的概率.

13. 设随机变量 ξ 的密度函数 $p(x)$在[0，1]上与 x^2 成正比，在[0，1]之外的值恒为 0，试求 ξ 的分布函数.

14. 设 $\xi\sim N(10,\ 2^2)$，求(1) $P\{\xi<9\}$；(2) $P\{7<\xi<12\}$；(3) $P\{\xi>13\}$.

15. 某校二年级的数学成绩近似服从正态分布 $N(75,\ 10^2)$，如果 85 分以上为优秀(满分为 100 分)，问数学成绩优秀的学生占二年级总学生数的百分之几?

16. 某厂生产的电子元件的寿命 ξ(小时)服从正态分布 $N(1\,600,\ \sigma^2)$，如果要求元件的寿命在 1 200 小时以上的概率不小于 0.96，试估计常数 σ 的值.

17. 某地抽样调查，考生的英语成绩(百分制)近似服从正态分布，平均成绩为 72 分，96 分以上的占考生总数的 2.3%，试求考生的英语成绩在 60～84 分之间的概率.

18. 设随机变量 ξ 服从正态分布 $N(60,\ 3^2)$，求分点 x_1，x_2，使 ξ 分别落在

$(-\infty, x_1)$，(x_1, x_2)，$(x_2, +\infty)$的概率之比为 3∶4∶5.

19. 某市数学统考成绩 ξ 服从正态分布 $N(42, 6^2)$，一考生得 48 分，问有多少考生名列该考生之后？

20. 已知随机变量 ξ 的分布为

ξ	-1	0	1	2	5/2
p	0.2	0.1	0.1	0.3	0.3

试求：(1) 2ξ 的分布；(2) ξ^2 的分布.

21. 设 ξ 的分布为 $P\{\xi=i\}=1/3$，$(i=1, 2, 3)$，求：

(1) $\eta=\xi^2-1$ 的分布；

(2) $\eta=\sin\left(\frac{\pi}{4}\xi\right)$ 的分布.

22. 设随机变量 ξ 的密度函数为 $p(x)=\frac{1}{\pi(1+x^2)}$，求随机变量 $\eta=1-\sqrt[3]{\xi}$ 的密度函数 $f(y)$.

12.4 随机变量的数字特征

随机变量的概率分布完整地描述了随机变量的统计特性，为更好地安排生产及管理提供了比较可靠的依据. 但在实际应用中，确定一个随机变量的概率分布并不是一件容易的事. 一方面，确定其分布要做大量的重复试验，况且有些试验是破坏性的，如检查灯泡的使用寿命等；另一方面，在许多情况下，我们并不需要完全确定它的分布，而只需知道随机变量的某些统计特征. 例如，在评定某地区粮食产量的水平时，在许多场合，只需知道该地区的平均亩产量；在评定种子的质量时，需要知道种子的平均千粒重量；在考查教学质量时，需要知道学生的平均成绩和学生成绩对这个平均成绩的偏离程度等. 综上所述，随机变量的某些数值，虽然不能完整地描述随机变量，但能说明随机变量在某些方面的重要特征. 这些能够表示随机变量某些方面特征的数值，叫作**随机变量的数字特征**. 常用的数字特征有：表示随机变量平均状况和分散程度的数学期望和方差.

12.4.1 随机变量的数学期望

1. 离散型随机变量的数学期望

设离散型随机变量 ξ 的分布为

$$P\{\xi=x_i\}=p_i,(i=1,2,\cdots)$$

如果级数 $\sum_{i=1}^{\infty} x_i p_i$ 绝对收敛，则称该级数的值为随机变量 ξ 的**数学期望**，记为 $E(\xi)$，即

$$E(\xi)=\sum_{i=1}^{\infty} x_i p_i \tag{12-13}$$

如果级数 $\sum_{i=1}^{\infty} |x_i| p_i$ 发散，则称 ξ 的数学期望不存在.

例 1 试分别求出服从：(1) 两点分布；(2) 二项分布；(3) 泊松分布的随机变量的数学期望.

解 (1) 两点分布为

ξ	0	1
p	q	p

则 ξ 的数学期望为

$$E(\xi)=0\cdot q+1\cdot p=p$$

(2) 二项分布为

$$P\{\xi=i\}=C_n^i p^i q^{n-i},(i=0,1,2,\cdots,n)$$

则 ξ 的数学期望为

$$\begin{aligned}E(\xi)&=\sum_{i=0}^{n} i\cdot p_i=\sum_{i=1}^{n} i\cdot C_n^i p^i q^{n-i}\\&=\sum_{i=1}^{n}\frac{i\cdot n!}{i!\cdot(n-i)!}p^i q^{n-i}\\&=np\sum_{i=1}^{n}\frac{(n-1)!}{(i-1)!\ (n-i)!}p^{i-1}q^{n-i}\end{aligned}$$

$$=np\sum_{i=1}^{n}C_{n-1}^{i-1}p^{i-1}q^{(n-1)-(i-1)}$$
$$=np(p+q)^{n-1}=np$$

（3）泊松分布的分布律为

$$P\{\xi=i\}=\frac{\lambda^{i}}{i!}e^{-\lambda},(i=0,1,2,\cdots,\lambda>0)$$

则 ξ 的数学期望为

$$E(\xi)=\sum_{i=0}^{\infty}i\cdot\frac{\lambda^{i}}{i!}e^{-\lambda}=\lambda e^{-\lambda}\sum_{i=1}^{\infty}\frac{\lambda^{i-1}}{(i-1)!}=\lambda e^{-\lambda}e^{\lambda}=\lambda$$

2. 连续型随机变量的数学期望

设连续型随机变量 ξ 的密度函数为 $p(x)$，如果积分

$$\int_{-\infty}^{+\infty}x\cdot p(x)\mathrm{d}x$$

绝对收敛，则称该积分值为随机变量 ξ 的**数学期望**，即

$$E(\xi)=\int_{-\infty}^{+\infty}x\cdot p(x)\mathrm{d}x \tag{12-14}$$

如果积分 $\int_{-\infty}^{+\infty}|x|p(x)\mathrm{d}x$ 发散，则称 ξ 的数学期望不存在.

例 2 求服从正态分布的随机变量的数学期望.

解 正态分布的密度函数为

$$p(x)=\frac{1}{\sigma\sqrt{2\pi}}e^{-\frac{(x-\mu)^2}{2\sigma^2}},x\in(-\infty,+\infty)$$

则 ξ 的数学期望为

$$E(\xi)=\int_{-\infty}^{+\infty}x\frac{1}{\sigma\sqrt{2\pi}}e^{-\frac{(x-\mu)^2}{2\sigma^2}}\mathrm{d}x$$

作代换 $t=\frac{x-\mu}{\sigma}$，得

$$E(\xi)=\frac{1}{\sqrt{2\pi}}\int_{-\infty}^{+\infty}(t\sigma+\mu)e^{-\frac{t^2}{2}}\mathrm{d}t=\frac{\sigma}{\sqrt{2\pi}}\int_{-\infty}^{+\infty}te^{-\frac{t^2}{2}}\mathrm{d}t+\frac{\mu}{\sqrt{2\pi}}\int_{-\infty}^{+\infty}e^{-\frac{t^2}{2}}\mathrm{d}t$$

$$=\frac{\mu}{\sqrt{2\pi}}\sqrt{2\pi}=\mu$$

3. 数学期望的性质

可以证明，数学期望具有以下性质：

(1) $E(C)=C$，(C 是任意常数)；

(2) $E(C\xi)=CE(\xi)$，(C 是任意常数)；

(3) 对任意两个随机变量 ξ，η，有 $E(\xi+\eta)=E(\xi)+E(\eta)$；

(4) 对任意两个相互独立的随机变量 ξ，η，有 $E(\xi\eta)=E(\xi)E(\eta)$.

12.4.2 随机变量的方差

1. 离散型随机变量的方差

设离散型随机变量 ξ 的分布为

$$P\{\xi=x_i\}=p_i,(i=1,2,\cdots)$$

如果级数

$$\sum_{i=1}^{\infty}(x_i-E(\xi))^2p_i$$

收敛，则称该级数的值为随机变量 ξ 的**方差**，记为 $D(\xi)$，即

$$D(\xi)=\sum_{i=1}^{\infty}(x_i-E(\xi))^2p_i \tag{12-15}$$

2. 连续型随机变量的方差

设连续型随机变量 ξ 的密度函数为 $p(x)$，如果积分

$$\int_{-\infty}^{+\infty}(x-E(\xi))^2p(x)\mathrm{d}x$$

收敛，则称该积分值为随机变量 ξ 的**方差**，记为

$$D(\xi)=\int_{-\infty}^{+\infty}(x-E(\xi))^2p(x)\mathrm{d}x$$

由定义可以看出，随机变量 ξ 的方差，实际上就是随机变量函数 $g(\xi)=[\xi-E(\xi)]^2$ 的数学期望. 于是，我们有以下计算方差的公式

$$D(\xi)=E(\xi^2)-E^2(\xi) \tag{12-16}$$

证 由方差的定义和数学期望的性质，得

$$D(\xi)=E\{[\xi-E(\xi)]^2\}=E\{\xi^2-2\xi E(\xi)+E^2(\xi)\}$$
$$=E(\xi^2)-2E(\xi)E(\xi)+E^2(\xi)$$
$$=E(\xi^2)-E^2(\xi)$$

例 3 试分别求出服从：(1) 两点分布；(2) 二项分布；(3) 泊松分布的随机变量的方差.

解 (1) 两点分布：

由于 $E(\xi^2)=0^2\cdot q+1^2\cdot p=p$，于是，$\xi$ 的方差为

$$D(\xi)=E(\xi^2)-E^2(\xi)=p-p^2=p(1-p)=pq$$

(2) 二项分布：

由于

$$E(\xi^2)=E[\xi(\xi-1)+\xi]=E[\xi(\xi-1)]+E(\xi)$$
$$=\sum_{i=0}^{n}i(i-1)\frac{n!}{i!\ (n-i)!}p^iq^{n-i}+np$$
$$=n(n-1)p^2\sum_{i=2}^{n}\frac{(n-2)!}{(i-2)!\ [n-2-(i-2)]!}p^{i-2}q^{(n-2)-(i-2)}+np$$
$$=n(n-1)p^2(p+q)^{n-2}+np=n(n-1)p^2+np$$

于是 ξ 的方差为

$$D(\xi)=E(\xi^2)-E^2(\xi)=n(n-1)p^2+np-(np)^2=np(1-p)=npq$$

(3) 泊松分布：

由于 $E(\xi^2)=E[\xi(\xi-1)+\xi]=E[\xi(\xi-1)]+E(\xi)=\sum_{i=0}^{\infty}i(i-1)\frac{\lambda^i}{i!}\mathrm{e}^{-\lambda}+\lambda$

$$=\lambda^2\sum_{i=2}^{\infty}\frac{\lambda^{i-2}}{(i-2)!}\mathrm{e}^{-\lambda}+\lambda=\lambda^2+\lambda$$

于是 ξ 的方差为

$$D(\xi)=E(\xi^2)-E^2(\xi)=\lambda^2+\lambda-\lambda^2=\lambda$$

例 4 求服从正态分布的随机变量的方差.

解 由方差定义

$$D(\xi)=\int_{-\infty}^{+\infty}(x-\mu)^2\frac{1}{\sigma\sqrt{2\pi}}e^{-\frac{(x-\mu)^2}{2\sigma^2}}dx$$

作代换 $t=\frac{x-\mu}{\sigma}$，得

$$D(\xi)=\frac{\sigma^2}{\sqrt{2\pi}}\int_{-\infty}^{+\infty}t^2e^{-\frac{t^2}{2}}dt=\frac{\sigma^2}{\sqrt{2\pi}}\left[-te^{-\frac{t^2}{2}}\Big|_{-\infty}^{+\infty}+\int_{-\infty}^{+\infty}e^{-\frac{t^2}{2}}dt\right]=\frac{\sigma^2}{\sqrt{2\pi}}\sqrt{2\pi}=\sigma^2$$

在实际应用中，还会用到$\sqrt{D(\xi)}$，称为随机变量 ξ 的标准差或均方差.

3. 方差的性质

可以证明，随机变量的方差具有以下性质：

(1) $D(C)=0$(C 是任意常数)；

(2) $D(C\xi)=C^2D(\xi)$(C 是任意常数)；

(3) 对任意两个相互独立的随机变量 ξ，η，有 $D(\xi+\eta)=D(\xi)+D(\eta)$.

12.4.3 数学期望和方差的综合举例

例 5 10 件产品中有 2 件次品，任取 1 件，取后不放回，设 ξ 为取得正品之前取出的次品数，试求 $E(\xi)$和 $D(\xi)$.

解 ξ 的可能取值为 0，1，2，设 $A_i(i-1, 2, 3)$表示第 i 次取得正品，则 ξ 的分布为

$$P\{\xi=0\}-P(A_1)=\frac{8}{10}=\frac{4}{5}$$

$$P\{\xi=1\}=P(\overline{A}_1A_2)-\frac{2}{10}\times\frac{8}{9}=\frac{8}{45}$$

$$P\{\xi=2\}=P(\overline{A}_1\overline{A}_2A_3)=\frac{2}{10}\times\frac{1}{9}\times\frac{8}{8}=\frac{1}{45}$$

所以

$$E(\xi)=0\times\frac{4}{5}+1\times\frac{8}{45}+2\times\frac{1}{45}=\frac{2}{9}$$

$$E(\xi^2)=0^2\times\frac{4}{5}+1^2\times\frac{8}{45}+2^2\times\frac{1}{45}=\frac{4}{15}$$

$$D(\xi)=E(\xi^2)-[E(\xi)]^2=\frac{4}{15}-\left(\frac{2}{9}\right)^2=\frac{88}{405}$$

例 6 设袋中有 2 只红球和 3 只白球，n 个人轮流摸球，每人摸出 2 只球，然后放回袋中由下一个人摸，求 n 个人总共摸到红球数的数学期望和方差.

解 设 n 个人总共摸到的红球数为 ξ，第 i 个人摸到的红球数为 $X_i(i=1, 2, \cdots, n)$，且 $X_i(i=1, 2, \cdots, n)$相互独立，则 $\xi=\sum_{i=1}^{n} X_i$，由

$$P\{X_i=0\}=\frac{C_3^2}{C_5^2}=\frac{3}{10}, P\{X_i=1\}=\frac{C_2^1 C_3^1}{C_5^2}=\frac{3}{5}, P\{X_i=2\}=\frac{C_2^2}{C_5^2}=\frac{1}{10}$$

得

$$E(X_i)=0\times\frac{3}{10}+1\times\frac{3}{5}+2\times\frac{1}{10}=\frac{4}{5}$$

$$D(X_i)=E(X_i^2)-[E(X_i)]^2=0\times\frac{3}{10}+1\times\frac{3}{5}+2^2\times\frac{1}{10}-\left(\frac{4}{5}\right)^2=\frac{9}{25}$$

所以

$$E(\xi)=E\left(\sum_{1}^{n} X_i\right)=\sum_{i=1}^{n} E(X_i)=\frac{4}{5}n$$

$$D(\xi)=D\left(\sum_{i=1}^{n} X_i\right)=\sum_{i=1}^{n} D(X_i)=\frac{9}{25}n$$

例 7 设连续型随机变量 ξ 的密度函数为

$$p(x)=\begin{cases} ax, & 0<x<2 \\ cx+b, & 2\leqslant x<4 \\ 0, & \text{其他} \end{cases}$$

已知 $E(\xi)=2$，$P\{1<\xi<3\}=\frac{3}{4}$，求：

(1) a，b，c 的值；

(2) 随机变量 $\eta=\mathrm{e}^{\xi}$ 的数学期望和方差.

解 (1) 由密度函数的性质 $\int_{-\infty}^{+\infty} p(x)\mathrm{d}x=1$ 得

$$1=\int_0^2 ax\,\mathrm{d}x+\int_2^4 (cx+b)\mathrm{d}x=2a+6c+2b$$

又有数学期望的定义知

$$2=\int_0^2 ax^2\mathrm{d}x+\int_2^4(cx^2+bx)\mathrm{d}x=\frac{8}{3}a+\frac{56}{3}c+6b$$

再由 $P\{1<\xi<3\}=\frac{3}{4}$得

$$\frac{3}{4}=\int_1^2 ax\mathrm{d}x+\int_2^3(cx+b)\mathrm{d}x=\frac{3}{2}a+\frac{5}{2}c+b$$

解方程组

$$\begin{cases}2a+6c+2b=1\\ \frac{8}{3}a+\frac{56}{3}c+6b=2\\ \frac{3}{2}a+\frac{5}{2}c+b=\frac{3}{4}\end{cases}$$

得

$$a=\frac{1}{4},b=1,c=-\frac{1}{4}$$

(2) $E(\eta)=E(\mathrm{e}^{\xi})=\int_0^2\frac{1}{4}x\mathrm{e}^x\mathrm{d}x+\int_2^4\left(-\frac{1}{4}x+1\right)\mathrm{e}^x\mathrm{d}x=\frac{1}{4}(\mathrm{e}^2-1)^2$

$$E(\eta^2)=E(\mathrm{e}^{2\xi})=\int_0^2\frac{1}{4}x\mathrm{e}^{2x}\mathrm{d}x+\int_2^4\left(-\frac{1}{4}x+1\right)\mathrm{e}^{2x}\mathrm{d}x=\frac{1}{16}(\mathrm{e}^4-1)^2$$

所以

$$D(\eta)=E(\eta^2)-[E(\eta)]^2=\frac{1}{4}\mathrm{e}^2(\mathrm{e}^2-1)^2$$

习题 12 - 4

1. 设随机变量 ξ 的分布为

ξ	-1	0	1/2	1	2
p	1/3	1/6	1/6	1/12	1/4

求 $E(\xi)$，$E(-\xi+1)$，$E(\xi^2)$.

2. 设随机变量 ξ 的分布密度为 $p(x)=\begin{cases}\dfrac{3x^2}{A^3}, & 0<x<A \\ 0, & 其他\end{cases}$，

(1) 若 $P\{\xi>1\}=\dfrac{7}{8}$，求 A 的值；

(2) 假定 A 仍为参数，求 $E(\xi)$.

3. 某人有 n 把钥匙，其中只有一把能打开门，从中任取一把试开，试过的不再重复，直到把门打开为止，求试开次数的数学期望与方差.

4. 若 ξ 表示 10 次独立重复射击命中目标的次数，且每次命中率为 0.4，求 $E(\xi^2)$.

5. 设随机变量 ξ 服从二项分布 $B(n, p)$，且 $E(\xi)=1.6$，$D(\xi)=1.28$，求 n 和 p.

6. 设随机变量 ξ 服从二项分布 $B(n, p)$，且 $E(\xi)=3$，$D(\xi)=1.2$，求 ξ 的概率分布.

7. 掷一颗骰子 1 620 次，求出现“六点”的次数 ξ 的数学期望和方差.

8. 设随机变量 ξ 服从参数为 λ 的泊松分布，且已知 $E[(\xi-1)(\xi-2)]=1$，求 λ.

9. 设 $\xi\sim N(\mu, \sigma^2)$，且概率密度为 $p(x)=\dfrac{1}{\sqrt{6\pi}}\mathrm{e}^{-\frac{x^2-4x+4}{6}}(-\infty<x<+\infty)$，

(1) 求 μ，σ^2；

(2) 若已知 $\int_c^{-\infty}p(x)\mathrm{d}x=\int_{+\infty}^{c}p(x)\mathrm{d}x$，求 c 的值.

10. 设随机变量 ξ 的分布密度为 $f(x)=\dfrac{1}{\sqrt{\pi}}\mathrm{e}^{-x^2+2x-1}$，求 $E(\xi)$，$D(\xi)$.

复习题十二

一、填空题

1. 设 A 和 B 为随机事件，$P(A)=0.4$，$P(A\cup B)=0.7$，则当 A 与 B 互不相容时，$P(B)=$________，当 A 与 B 相互独立时，$P(B)=$________.

2. 设事件 A 和 B 相互独立，且 $P(A)=0.5$，$P(A\cup B)=0.8$，则 $P(\overline{A}\cup\overline{B})=$________.

3. 设 A 和 B 为随机事件，$P(A)=0.5$，$P(B)=0.6$，$P(B|A)=0.8$，则 $P(A\cup B)=$________.

4. 设袋中有黑、白两种球，从袋中任取一球是黑球的概率是 0.25，若不放回地依次取球，则第 k 次取到白球的概率为________.

5. 若

$$F(x)=\begin{cases}0, & x\leqslant -a\\ A+B\arcsin\dfrac{x}{a}, & |x|<a\\ 1, & x\geqslant a\end{cases}$$

其中，$a>0$ 是常数，则当 $F(x)$ 是分布函数时，A，B 分别等于________，________，对应的概率密度函数 $f(x)=$________________.

6. 设 $\xi\sim B(2, p)$，$\eta\sim B(3, p)$，且 $P(\xi\geqslant 1)=\dfrac{5}{9}$，则 $P(\eta\geqslant 1)=$________.

7. 设连续型随机变量 ξ 的密度函数为

$$f(x)=\begin{cases}ax+b, & 0<x<1\\ 0, & \text{其他}\end{cases}$$

其中，a，b 为常数，且 $E(\xi)=\dfrac{1}{3}$，则 $a=$________________，$b=$________________.

8. 设 $\xi\sim N(\mu, \sigma^2)$，其密度函数 $p(x)$ 的最大值为________________.

二、选择题

1. 设 A 和 B 为任意两个随机事件，则下列关系式成立的是(　　).

A. $(A\cup B)-A\supset B$　　B. $(A\cup B)-A\subset B$

C. $(A\cup B)-A=B$　　D. $(B-A)\cup A=B$

2. 设 A 和 B 是任意两个互不相容的事件，且 $P(A)>0$，$P(B)>0$，则下列结论中必定正确的是(　　).

A. $\overline{A}$ 与 $\overline{B}$ 是相容的　　B. $\overline{A}$ 与 $\overline{B}$ 是不相容的

C. $P(AB)=P(A)P(B)$　　D. $P(A-B)=P(A)$

3. 设 A 和 B 是任意两个随机事件，且 $P(A)>0$，$P(B)>0$，$P(A|\overline{B})=P(\overline{A}|B)$，则必有(　　).

A. $P(AB)=P(A)P(B)$　　B. $P(AB)\neq P(A)P(B)$

C. $P(\overline{B}|A)=P(B|A)$　　D. $P(\overline{B}|A)\neq P(B|A)$

4. 设随机变量 $\xi\sim B(n,\ p)$，$E(\xi)=2.4$，$D(\xi)=1.44$，则(　　).

A. $n=4$，$p=0.6$　　B. $n=6$，$p=0.4$

C. $n=8$，$p=0.3$　　D. $n=24$，$p=0.1$

5. 设 ξ 是随机变量，且 $E(\xi)=\mu$，$D(\xi)=\sigma^2$(μ，$\sigma^2>0$ 均为常数)，则对任意常数 C，必有(　　).

A. $E[(\xi-C)^2]=E(\xi^2)-C^2$　　B. $E[(\xi-C)^2]=E[(\xi-\mu)^2]$

C. $E[(\xi-C)^2]<E[(\xi-\mu)^2]$　　D. $E[(\xi-C)^2]\geqslant E[(\xi-\mu)^2]$

三、计算题

1. 已知 $(A+\overline{B})(\overline{A}+B)+\overline{A+B}+\overline{\overline{A}+B}=C$，求 B.

2. 已知 $P(A)=0.4$，$P(B)=0.3$，$P(A\cup B)=0.6$，求 $P(A\overline{B})$.

3. 已知 $P(AB)=P(\overline{A}\,\overline{B})$，且 $P(A)=p$，求 $P(B)$.

4. 已知 $P(A)=0.7$，$P(A-B)=0.3$，求 $P(\overline{AB})$.

5. 设 A 与 B 互斥，且 $P(A)=\dfrac{1}{3}$，$P(B)=\dfrac{1}{2}$，求 $P(AB)$，$P(A\overline{B})$，$P(A\cup\overline{B})$.

6. 设 A 和 B 为随机事件，$P(A)=0.7$，$P(A-B)=0.3$，求 $P(\overline{A}\cup\overline{B})$.

7. 设 A 和 B 为随机事件，$P(A)=0.92$，$P(B)=0.93$，$P(B|\overline{A})=0.85$，求 $P(A|\overline{B})$，$P(A\cup B)$.

8. 设 $P(A)=P(B)=P(C)=\dfrac{1}{4}$，$P(AB)=P(AC)=P(BC)=\dfrac{1}{8}$，$P(ABC)=\dfrac{1}{16}$，求 $P(A\cup B\cup C)$，$P(\overline{A}\,\overline{B}\,\overline{C})$，$P(A|A\cup B\cup C)$.

四、解答题

1. 任意将 10 本书放在书架上，其中有两套书，一套 3 卷，另一套 4 卷，求下列事件的概率：

(1) 3 卷一套的放在一起；

(2) 4 卷一套的放在一起；

(3) 两套各自放在一起；

(4) 两套中至少有一套放在一起；

(5) 两套各自放在一起，还按卷次序排好.

2. 假设一批产品中有一、二、三等品各占 60%、30%、10%，从中任意取出一件，结果不是三等品，求取到的是一等品的概率.

3. 有两个箱子，第 1 个箱子有 3 个白球、2 个红球，第 2 个箱子有 4 个白球、4 个红球，现从第 1 个箱子中随机取出 1 球放到第 2 个箱子里，再从第 2 个箱子中取出 1 球.

(1) 求此球是白球的概率；

(2) 已知从第 2 个箱子里取出的是白球，问从第 1 个箱子里取出的球是白球的概率是多少？

4. 在某种考试中设 A、B、C 三人考中的概率分别是 $\frac{2}{5}$、$\frac{3}{4}$、$\frac{1}{3}$，且各自考中的事件是相互独立的，求：

(1) 3 人都考中的概率；

(2) 只有 2 人考中的概率；

(3) 几人考中的事件最容易发生？

5. 设甲、乙、丙独立地向同一敌机射击，击中敌机的概率分别是 0.4、0.5、0.7，若只有一人击中，飞机坠毁的概率为 0.2；若只有二人击中，飞机坠毁的概率为 0.6；若三人均击中，飞机坠毁的概率为 0.9.

(1) 求飞机坠毁的概率；

(2) 若已知飞机坠毁，求二人击中的概率.

6. 设某批电子元件的正品率为 $\frac{4}{5}$，次品率为 $\frac{1}{5}$，现对这批元件进行测试，只要测得一个正品就停止测试工作，求测试次数 ξ 的分布.

7. 设离散型随机变量的分布为 $P\{\xi=k\}=p^k$，$k=1, 2, \cdots$，求常数 p.

8. 设某河流每年的最高洪水位 ξ 具有概率密度：

$$f(x)=\begin{cases}\frac{2}{x^3}, & x\geqslant 1\\ 1, & x<1\end{cases}$$

今要修建的河堤能防御百年一遇的洪水(即遇到的概率不超过 0.01)，河堤至少要修多高(计算河堤与水位的起点相同)？

9. 设 $\xi \sim N(2, 1)$，试求：

(1) $P\{0<\xi<2\}$；

（2）$P\{|\xi|<1\}$；

（3）确定常数 C，使 $P\{\xi\leqslant C\}=39P\{\xi>C\}$.

10. 轮船横向摇摆的随机振幅 ξ 的分布密度为：

$$f(x)=\begin{cases} Axe^{\frac{x^2}{2\sigma^2}}, & x>0 \\ 0, & \text{其他} \end{cases}$$

求：（1）A；

（2）$E(\xi)$；

（3）遇到大于其振幅均值的概率；

（4）$D(\xi)$.

11. 设随机变量 ξ 的分布密度为：

$$f(x)=\begin{cases} x, & 0\leqslant x<1 \\ 2-x, & 1<x<2 \\ 0, & \text{其他} \end{cases}$$

求 $E(\xi^n)$（n 为自然数）.

13 第 13 章　数理统计

本章介绍数理统计的有关基本知识．数理统计以概率论为理论基础，根据试验或观察得到的数据来研究随机现象，对研究对象的客观规律性做出各种合理的估计和判断，具有广泛的应用性．

13.1　样本的数字特征　统计量及其分布

13.1.1　总体和样本

1. 总体

在数理统计中，通常把研究对象的全体称为总体．组成总体的每个基本元素称为个体．例如，一批灯泡就是一个总体，而每个灯泡则是一个个体；某班学生是一个总体，而该班的每个学生则是一个个体．

总体中含有有限个元素，称为有限总体，含有无限个元素的称为无限总体．

在实际问题中，人们常常关心的只是总体的某个数量指标，如灯泡的使用寿命、学生的身高等，这个数量指标就是一个随机变量．因此，我们约定，以后所说的总体，就是指表示研究对象某个数量指标的随机变量 ξ 可能取值的集合．总体的概率分布就是指该随机变量 ξ 的概率分布，总体的数字特征就是指该随机变量 ξ 的数字特征．

2. 样本

对总体的研究(分布、数字特征等)，最准确的办法是对每个个体进行观察或试验，但在实际中显然是不现实的．第一，总体可能是无限的；第二，虽然总体是有限的，但有些试验是破坏性的，例如，检测一批灯泡的使用寿命，可以逐一进行测试，测试完了，灯泡也报废了；第三，尽管试验不是破坏性的，如果总体的个体太多，对每个个体进行测试，要花费大量的人力、物力、时间，例如，检测 10 万只电子元件是否合格，就是这种情况.

综上所述，对总体的研究，只能从总体中抽取一部分个体进行观察或试验，然后根据所得数据来推断总体的性质，通常把抽出的 n 个个体，称为总体的一个**样本**，n 称为**样本容量**.

为了保证所抽取的个体在总体中具有代表性，一般要求：

(1) 抽取的个体要具有随机性，且每一个个体在总体中被抽到的可能性是均等的；

(2) 抽取个体时要具有独立性，即抽取一个个体后，总体的成分不会改变，每次抽取互不影响.

满足以上两个要求的抽样法，称为**简单随机抽样**.

抽样，就方法而言，有放回抽样和不放回抽样. 对于有限总体，用放回抽样；对于无限总体，用不放回抽样. 不过，在实际中，即是总体个数 N 有限，但只要被抽取的个数 n 与 N 之比小于 0.1，仍然采取不放回抽样.

从总体中抽取一个容量为 n 的样本，可看成是对总体作了 n 次试验，得到的一组数值$(x_1, x_2, \cdots, x_n)$，称为一组样本观察值. 由于样本是随机地重复抽取的，因此，我们可以把容量为 n 的样本看成 n 个随机变量$(\xi_1, \xi_2, \cdots, \xi_n)$，这 n 个随机变量与总体 ξ 具有相同的分布.

一般地，如果随机变量 $\xi_1, \xi_2, \cdots, \xi_n$ 相互独立，且每个 $\xi_i(i=1, 2, \cdots, n)$ 与总体 ξ 具有相同的分布，则称 n 维随机变量$(\xi_1, \xi_2, \cdots, \xi_n)$为来自总体 ξ 的容量为 n 的简单随机样本，简称**样本**.

$(\xi_1, \xi_2, \cdots, \xi_n)$可能取值的全体，称为**样本空间**，而样本观察值$(x_1, x_2, \cdots, x_n)$称为样本空间的一个**样本点**.

13.1.2 样本的数字特征

设$(\xi_1, \xi_2, \cdots, \xi_n)$是来自总体 ξ 的容量为 n 的样本，则称

$$\bar{\xi}=\frac{1}{n}\sum_{i=1}^{n}\xi_i \tag{13-1}$$

为**样本均值**；

称

$$S^2=\frac{1}{n-1}\sum_{i=1}^{n}(\xi_i-\bar{\xi})^2 \tag{13-2}$$

为样本方差，并称$\sqrt{S^2}$为样本标准差，即

$$S=\sqrt{\frac{1}{n-1}\sum_{i=1}^{n}(\xi_i-\bar{\xi})^2}$$

一般，为了简化计算，我们有如下样本方差的简化公式

$$S^2=\frac{1}{n-1}\left(\sum_{i=1}^{n}\xi_i^2-n\bar{\xi}^2\right)$$

13.1.3　统计量

样本是总体的代表与反映，但在抽样之后，并不是直接利用样本的 n 个观察值推断总体的性质，而是根据不同的问题，构造一个被称为统计量的函数进行推断.

一般地，设 ξ_1，ξ_2，…，ξ_n 为总体 ξ 的一个样本，$g(\xi_1, \xi_2, \cdots, \xi_n)$为 ξ_1，ξ_2，…，ξ_n 的连续函数，如果 g 中不含有任何未知参数，则称函数 $g(\xi_1, \xi_2, \cdots, \xi_n)$为一个统计量.

例如，$\xi_1+\xi_2+\cdots+\xi_n$ 和 $\xi_1^2+\xi_2{}^2+\cdots+\xi_n^2$、$\bar{\xi}$、$S^2$ 等都是统计量.

13.1.4　统计量的分布

概率统计中，我们经常会用到如下统计量的分布：

1. 样本均值的分布

设随机变量 ξ_1，ξ_2，…，ξ_n 是来自正态总体 $N(\mu, \sigma^2)$的样本，对于样本均值 $\bar{\xi}$ 有

$$\bar{\xi}\sim N\left(\mu,\frac{\sigma^2}{n}\right)$$

将 $\bar{\xi}$ 标准化就有

$$U=\frac{\bar{\xi}-\mu}{\sigma/\sqrt{n}}\sim N(0,1)$$

例 1　设总体 $\xi\sim N(60, 15^2)$，从总体 ξ 中抽取一个容量为 100 的样本，求样本均值与总体均值之差的绝对值大于 3 的概率.

解 设 ξ_1，ξ_2，…，ξ_{100} 是来自总体 ξ 的一个样本，则样本均值

$$\bar{\xi}=\frac{1}{100}\sum_{i=1}^{100}\xi_i \sim N\left(60,\frac{15^2}{100}\right)$$

所以

$$P\{|\bar{\xi}-60|>3\}=P\left\{\frac{|\bar{\xi}-60|}{1.5}>\frac{3}{1.5}\right\}$$

$$=1-P\left\{\frac{|\bar{\xi}-60|}{1.5}\leqslant 2\right\}=2-2\Phi(2)=0.0456$$

2. χ^2 分布

设随机变量 ξ_1，ξ_2，…，ξ_n 是来自标准正态总体 $N(0，1)$的样本，且相互独立，则称统计量

$$\chi^2=\xi_1^2+\xi_2{}^2+\cdots+\xi_n^2$$

所服从的分布为自由度是 n 的 χ^2 分布，记为 $\chi^2\sim\chi^2(n)$.

可以证明，对于来自正态总体 $N(\mu，\sigma^2)$的样本$(\xi_1，\xi_2，\cdots，\xi_n)$，当 σ^2 已知时，统计量$\frac{(n-1)S^2}{\sigma^2}$服从自由度为 $n-1$ 的 χ^2 分布，即

$$\chi^2=\frac{(n-1)S^2}{\sigma^2}\sim\chi^2(n-1)$$

当 σ^2 和 μ 都为已知时，统计量 $\frac{1}{\sigma^2}\sum_{i=1}^{n}(\xi_i-\mu)^2$ 服从自由度为 n 的 χ^2 分布，即

$$\chi^2=\frac{1}{\sigma^2}\sum_{i=1}^{n}(\xi_i-\mu)^2\sim\chi^2(n)$$

为了方便，人们编制了 $P\{\chi^2(n)>\chi^2_\alpha(n)\}=\alpha$ 的分布表，称为 χ^2 分布的上侧临界值表(附表 3)，供使用时查阅.

例 2 设总体 $\xi\sim N(\mu，4^2)$，ξ_1，ξ_2，…，ξ_{10} 是来自总体 ξ 的一个容量为 10 的简单随机样本，S^2 为其样本方差，且 $P\{S^2>a\}=0.1$，求 a 的值.

解 依题意，统计量 $\chi^2=\frac{(n-1)S^2}{\sigma^2}=\frac{(10-1)S^2}{4^2}=\frac{9S^2}{16}\sim\chi^2(9)$，所以

$$P\{S^2>a\}=P\left\{\frac{9S^2}{16}>\frac{9a}{16}\right\}=0.1$$

查表得

$$\frac{9a}{16}=\chi^2_{0.1}(9)=14.684$$

于是

$$a=\frac{14.684\times 16}{9}\approx 26.105$$

3. t 分布

设 $\xi\sim N(0, 1)$，$\eta\sim\chi^2(n)$，且 ξ，η 相互独立，则称统计量

$$T=\frac{\xi}{\sqrt{\eta/n}}$$

服从的分布为自由度为 n 的 t 分布，记为 $T\sim t(n)$.

可以证明，对于来自正态总体 $N(\mu, \sigma^2)$的样本$(\xi_1, \xi_2, \cdots, \xi_n)$，当 μ 已知而 σ^2 未知时，有

$$T=\frac{\bar{\xi}-\mu}{S}\sqrt{n}\sim t(n-1)$$

为了方便，人们也编制了 $P\{t(n)>t_\alpha(n)\}=\alpha$ 的分布表，称为 t 分布的上侧临界值表(附表 4)，供使用时查阅.

例 3　某种灯泡的使用寿命 $\xi\sim N(1\,000, \sigma^2)$(单位：h)，随机抽取一容量为 9 的样本，并测得了样本均值和样本方差，但由于工作上的失误，丢失了该试验结果，只记得样本方差 $S^2=100^2$，求 $P\{\bar{\xi}>1\,062\}$.

解　由于 σ^2 未知，依题意，统计量 $T=\frac{\bar{\xi}-\mu}{S}\sqrt{n}\sim t(n-1)$，即

$$T=\frac{\bar{\xi}-1\,000}{100}\sqrt{9}\sim t(9-1)$$

于是

$$P\{\bar{\xi}>1\,062\}=P\left\{\frac{\bar{\xi}-1\,000}{100}\cdot 3>\frac{1\,062-1\,000}{100}\cdot 3\right\}=P\left\{\frac{\bar{\xi}-1\,000}{100}\cdot 3>1.86\right\}$$

查 t 分布表得 $t_{0.05}(8)=1.859\,5\approx 1.86$，所以

$$P\{\bar{\xi}>1\,062\}=0.05$$

习题 13-1

1. 设 $\xi \sim N(0, 1)$，查表求 $P\{|\xi|<\lambda\}=0.01$ 中的 λ 值.

2. 在总体 $N(52, 6.3^2)$ 中，随机抽取一容量为 36 的样本，求样本的均值 $\bar{\xi}$ 落在 50.8～53.8 之间的概率.

3. 在总体 $N(80, 20^2)$ 中，随机抽取一容量为 100 的样本，求样本均值 $\bar{\xi}$ 与总体均值之差的绝对值大于 3 的概率.

4. 从一正态总体中抽取容量为 10 的样本，假定有 2%的样本均值与总体均值之差的绝对值在 4 以上，求总体的标准差.

5. 从正态总体 $\xi \sim N(4.2, 5^2)$ 中抽取容量为 n 的样本，若要求其样本均值位于区间 $(2.2, 6.2)$ 内的概率不小于 0.95，则样本容量 n 至少应取多大？

6. 设正态总体 $\xi \sim N(62, 100)$，为使样本均值大于 60 的概率不小于 0.95，则样本容量 n 至少应取多大？

7. 查表求：(1) $P\{\chi^2(6)>\lambda\}=0.975$；(2) $P\{\chi^2(8)<\lambda\}=0.99$ 中的 λ 值.

8. 设 $\xi_1, \xi_2, \cdots, \xi_{10}$ 是来自正态总体 $N(\mu, \sigma^2)$ 的一个简单随机样本，S^2 为样本方差，求使 $P\{S^2<\lambda\sigma^2\}=0.95$ 的 λ 值.

9. 从正态总体 $N(\mu, \sigma^2)$ 中抽取一个容量为 16 的样本，其中 μ，σ^2 均未知，设样本方差为 S^2，求 $P\left\{\frac{S^2}{\sigma^2}\leqslant 2.0385\right\}$.

10. 设 $\xi_1, \xi_2, \cdots, \xi_n$ 是来自正态总体 $N(\mu, \sigma^2)$ 的一个简单随机样本，S^2 为样本方差，且 $P\left\{\frac{S^2}{\sigma^2}\leqslant 1.5\right\}\geqslant 0.95$，若样本容量 n 满足 $\chi_\alpha^2(n-1)\geqslant 38.9$，求满足上述条件的 n 的最小值.

11. 查表求：(1) $P\{|t(5)|<\lambda\}=0.95$；(2) $P\{t(5)<\lambda\}=0.05$ 中的 λ 值.

12. 设 $\xi_1, \xi_2, \cdots, \xi_{10}$ 是来自正态总体 $N(\mu, \sigma^2)$ 的一个简单随机样本，S^2 为样本方差，求使 $P\{\mu-\lambda S<\bar{\xi}<\mu+\lambda S\}=0.9$ 的 λ 值.

13. 从正态总体 $N(\mu, \sigma^2)$ 中抽取一个容量为 25 的样本，如果(1) 已知 $\mu=12$，$\sigma=2$；(2) 已知 $\mu=12$，σ 未知，样本方差 $S^2=3.599$. 分别求样本均值 $\bar{\xi}$ 小于 12.5 的概率.

13.2 参数估计

我们利用抽样的方法，获得了总体的部分信息，现在要通过这些信息对总体作出尽可能准确可靠的推断，这就是统计推断问题.

根据问题的要求不同，统计推断可分为两大类，一类是参数估计问题，另一类是假设检验问题.

13.2.1 参数的点估计

所谓参数的点估计，就是对总体分布中的未知参数 θ，利用样本 ξ_1，ξ_2，…，ξ_n，构造适当的统计量 $\hat{\theta}(\xi_1, \xi_2, \cdots, \xi_n)$来估计未知参数 θ，这时称统计量 $\hat{\theta}(\xi_1, \xi_2, \cdots, \xi_n)$为参数 θ 的估计量.

1. 估计量的评价标准

由于样本的随机性，估计量 $\hat{\theta}(\xi_1, \xi_2, \cdots, \xi_n)$作为样本的函数，本身就是一个随机变量，用不同的样本观察值就会得到参数的不同估计值，这样就产生了估计的优良效果的问题. 以下介绍评价估计量优良性的三个标准.

(1) 无偏性.

设 $\hat{\theta}(x_1, x_2, \cdots, x_n)$是未知参数 θ 的一个估计量，如果

$$E(\hat{\theta})=\theta$$

则称 $\hat{\theta}$ 为参数 θ 的无偏估计量.

无偏估计量的直观意义是：如果相互独立地重复多次用无偏估计量 $\hat{\theta}$ 进行实际估计，所得的各估计值的算术平均值与 θ 的真值基本相同.

(2) 有效性.

一个参数的无偏估计量可能不是唯一的，有的估计虽然是无偏的，但是取偏离 θ 很远的值的概率很大，这种无偏估计显然是不理想的. 为了使估计有较大的优良性，对于多个无偏估计量以方差小者为最好.

一般地，设 $\hat{\theta}_1(x_1, x_2, \cdots, x_n)$和 $\hat{\theta}_2(x_1, x_2, \cdots, x_n)$是 θ 的两个无偏估计量，如果对任何固定的 n 都有

$$D(\hat{\theta}_1)<D(\hat{\theta}_2)$$

则称 $\hat{\theta}_1$ 为比 $\hat{\theta}_2$ 更有效的估计量. 如果 θ 的所有无偏估计量中，$\hat{\theta}$ 的方差最小，则称 $\hat{\theta}$ 为 θ 的最有效的估计量.

(3) 一致性.

无偏性与有效性的讨论都是针对固定的样本容量而言的. 当样本无限增大时，我们用概率来刻画估计的优良性.

设 $\hat{\theta}_n(\xi_1, \xi_2, \cdots, \xi_n)$为未知参数的估计量，如果 $\hat{\theta}_n$ 依概率收敛于θ，即对任意 $\varepsilon>0$，有

$$\lim_{n\to\infty}P\{|\hat{\theta}_n-\theta|>\varepsilon\}=0$$

则称 $\hat{\theta}_n$ 为θ 一致估计量.

在具体问题中，我们自然希望估计量同时满足无偏性、有效性和一致性，但实际上往往不能同时满足，尤其是一致性，它要求样本容量要充分大，这在实际问题中不易做到，而无偏性和有效性比较合理，也较易实现，故应用的场合也比较多.

2. 总体期望和方差的点估计

由于总体期望和方差分别表示随机变量取值的平均状况和它与期望的偏离程度，因此，可以用样本均值

$$\bar{\xi}=\frac{1}{n}\sum_{i=1}^{n}\xi_i$$

作为总体期望 μ 的估计值，常用 $\hat{\mu}$ 表示，即

$$\hat{\mu}=\bar{\xi}=\frac{1}{n}\sum_{i=1}^{n}\xi_i$$

用样本方差

$$S^2=\frac{1}{n-1}\sum_{i=1}^{n}(\xi_i-\bar{\xi})^2$$

作为总体方差 σ^2 的估计值，常用 $\hat{\sigma}^2$ 表示，即

$$\hat{\sigma}^2=S^2=\frac{1}{n-1}\sum_{i=1}^{n}(\xi_i-\bar{\xi})^2$$

这种用样本的数字特征来估计与之相应的总体的数字特征的方法是最为常用的一

种估计法，称为数字特征法. 这种方法得到的估计值一般是无偏估计.

值得注意的是，对于样本的不同的观察值，其估计值也是不同的.

13.2.2　参数的区间估计

1. 置信区间的概念

很多时候，不仅需要得到未知参数 θ 的估计值 $\hat{\theta}$，还需要知道估计的精度. 点估计量的方差是精度的一种表示方法，除此之外，一种更为直接的方法是估计出一个范围，并要求这个范围以一定的可信度包含参数 θ 的真值. 这种估计形式称为**参数的区间估计**，这样的区间称为**置信区间**.

一般地，设总体 ξ 的分布中含有未知参数 θ，对给定的 $\alpha(0<\alpha<1)$，如果由样本 ξ_1，ξ_2，…，ξ_n 确定的两个统计量设 $\theta_1(x_1, x_2, \cdots, x_n)$ 和 $\theta_2(x_1, x_2, \cdots, x_n)$ 满足

$$P\{\theta_1(\xi_1,\xi_2,\cdots,\xi_n)<\theta<\theta_2(\xi_1,\xi_2,\cdots,\xi_n)\}=1-\alpha$$

则称随机区间(θ_1, θ_2)为参数 θ 的置信度为 $1-\alpha$ 的置信区间，θ_1 和 θ_2 分别称为置信度为 $1-\alpha$ 的双侧置信区间的下限和上限，$1-\alpha$ 称为置信度(或置信水平).

2. 正态总体期望 μ 的置信区间

(1) 当方差 σ^2 已知时，由于$\dfrac{\bar{\xi}-\mu}{\sigma/\sqrt{n}}\sim N(0, 1)$，对指定的置信度 $1-\alpha$，由

$$P\left\{\left|\frac{\bar{\xi}-\mu}{\sigma/\sqrt{n}}\right|<u_{\alpha/2}\right\}=1-\alpha$$

即

$$P\left\{\bar{\xi}-\frac{\sigma}{\sqrt{n}}u_{\alpha/2}<\mu<\bar{\xi}+\frac{\sigma}{\sqrt{n}}u_{\alpha/2}\right\}=1-\alpha$$

查标准正态分布表，得到数学期望 μ 的置信度为 $1-\alpha$ 的置信区间

$$\left(\bar{\xi}-\frac{\sigma}{\sqrt{n}}u_{\alpha/2}, \bar{\xi}+\frac{\sigma}{\sqrt{n}}u_{\alpha/2}\right) \tag{13-3}$$

如图 13-1 所示.

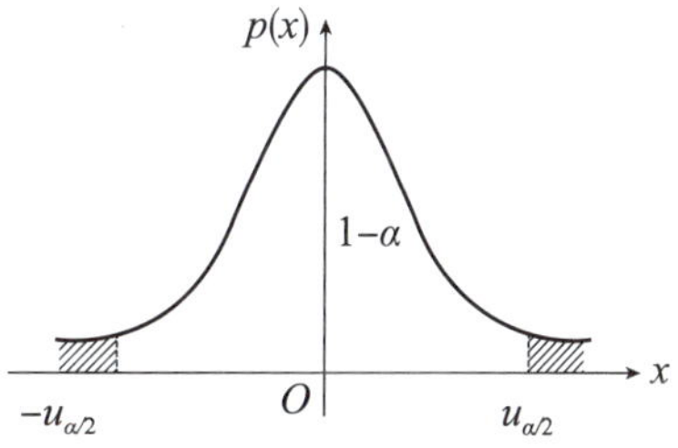

图 13-1

例 1　设总体 $\xi\sim N(\mu, 0.09)$，若有一组样

本观察值为

$$12.6, 13.4, 12.8, 13.2$$

求总体均值 μ 的 95%的置信区间.

解 已知 $\alpha=1-0.95=0.05$，样本容量 $n=4$，$\sigma=\sqrt{0.09}=0.3$，查表得 $u_{0.025}=1.96$，则

$$\bar{\xi}=\frac{1}{4}(12.6+13.4+12.8+13.2)=13$$

$$\frac{\sigma}{\sqrt{n}}u_{0.025}=\frac{0.3}{2}\times 1.96=0.294$$

所以 μ 的 95%的置信区间为

$$(12.706, 13.294)$$

(2) 当方差 σ^2 未知时，由于 S^2 是 σ^2 的无偏估计，自然用 S^2 代替 σ^2，且由第一节知

$$\frac{(\bar{\xi}-\mu)\sqrt{n}}{S}\sim t(n-1)$$

对指定的置信度 $1-\alpha$，由

$$P\left\{\left|\frac{\bar{\xi}-\mu}{S/\sqrt{n}}\right|<t_{\alpha/2}(n-1)\right\}=1-\alpha$$

即

$$P\left\{\bar{\xi}-\frac{S}{\sqrt{n}}t_{\alpha/2}(n-1)<\mu<\bar{\xi}+\frac{S}{\sqrt{n}}t_{\alpha/2}(n-1)\right\}=1-\alpha$$

查 t 分布表，得到数学期望 μ 的置信度为 $1-\alpha$ 的置信区间

$$\left(\bar{\xi}-\frac{S}{\sqrt{n}}t_{\alpha/2}(n-1), \bar{\xi}+\frac{S}{\sqrt{n}}t_{\alpha/2}(n-1)\right)$$

如图 13－2 所示.

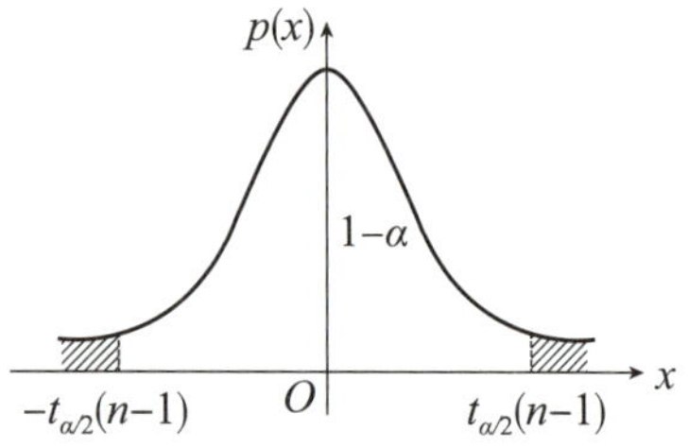

图 13－2

例 2 有一批电子元件为了估计其平均寿命，

从中抽取 9 个元件测试，得到 $\bar{\xi}=1\,500(\mathrm{h})$，$S=20(\mathrm{h})$，设元件的寿命服从正态分布，求 μ 的 95%置信区间.

解　已知 $\alpha=1-0.95=0.05$，样本容量 $n=9$，查表得 $t_{\alpha/2}(8)=2.306$，则

$$\frac{S}{\sqrt{n}}t_{\alpha/2}(n-1)=\frac{20}{3}\cdot 2.306\approx 15.37$$

所以 μ 的 95%的置信区间为

$$(1484.63,1515.37)$$

3. 正态总体方差 σ^2 的置信区间

由 13.1 知

$$\frac{(n-1)S^2}{\sigma^2}\sim\chi^2(n-1)$$

对给定的置信度 $1-\alpha$，确定两个参数 $\lambda_1=\chi^2_{1-\alpha/2}(n-1)$和 $\lambda_2=\chi^2_{\alpha/2}(n-1)$，使

$$P\left\{\lambda_1<\frac{(n-1)S^2}{\sigma^2}<\lambda_2\right\}=1-\alpha$$

即

$$P\left\{\frac{(n-1)S^2}{\lambda_2}<\sigma^2<\frac{(n-1)S^2}{\lambda_1}\right\}=1-\alpha$$

查 χ^2 分布表，得到总体方差 σ^2 的置信度为 $1-\alpha$ 的置信区间

$$\left(\frac{(n-1)S^2}{\lambda_2},\frac{(n-1)S^2}{\lambda_1}\right)\tag{13-4}$$

如图 13-3 所示.

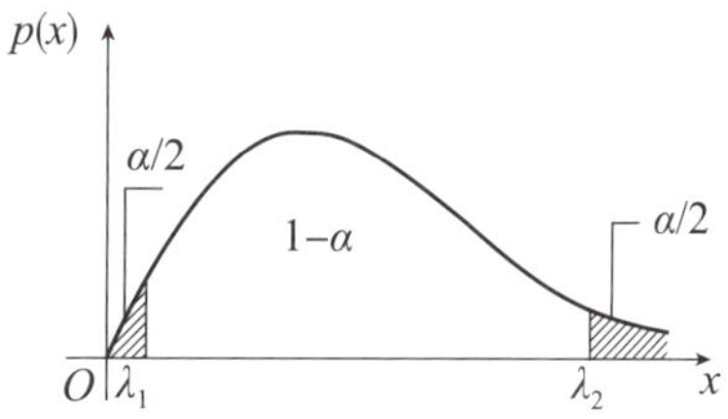

图 13-3

例 3　求例 2 中 σ^2 和 σ 的 95%的置信区间.

解　已知 $\alpha=1-0.95=0.05$，样本容量 $n=9$，查表得

$$\lambda_1=\chi^2_{0.975}(8)=2.180$$

$$\lambda_2=\chi^2_{0.025}(8)=17.535$$

所以 σ^2 的 95%置信区间为

$$\left(\frac{8\times400}{17.535},\frac{8\times400}{2.180}\right)=(182.49,1\ 467.89)$$

σ 的 95%置信区间为

$$(13.51,38.31)$$

习题 13－2

1. 某工厂生产的一批滚珠，其直径服从正态分布，并且方差 $\sigma^2=0.05$，今从中抽取 8 个，测得其直径分别为(单位：mm)：

$$14.7,15.1,14.8,14.9,15.2,14.2,14.6,15.1$$

求直径均值的 95%的置信区间.

2. 设电子管的寿命服从正态分布，已知均方差 $\sigma=40$(h)，现从中随机抽取 100 只，测得其平均寿命为 1 000 h，求电子管平均寿命的置信度为 0.95 的置信区间.

3. 设总体 ξ 服从正态分布 $N(\mu,\ \sigma^2)$，已知 $\sigma^2=\sigma_0^2$，要使总体均值 μ 对应于置信水平 $1-\alpha$ 的置信区间的长度不大于 l，问应抽取多大容量的样本？

4. 某厂生产的一种手表，它的走时误差(单位：s/h)服从正态分布，检验员从装配线上随机地抽取 9 只进行检验，结果如下：

$$-4.0,3.1,2.5,-2.9,0.9,1.1,2.0,-3.0,2.8$$

设置信水平为 0.95，求该手表的走时误差的均值 μ 的置信区间.

5. 设总体 ξ 服从正态分布 $N(\mu,\ \sigma^2)$，μ，σ^2 均为未知参数，ξ_1，ξ_2，…，ξ_n 为来自总体的一个随机样本，求关于 μ 的置信水平为 $1-\alpha$ 的置信区间的长度 l 的平方的数学期望.

6. 求第 4 题中方差 σ^2 置信区间.

7. 从一批零件中随机地抽取 16 个零件，测得它们的直径(mm)如下：

$$12.15,12.12,12.01,12.08,12.09,12.16,12.03,12.01$$

$$12.06,12.13,12.07,12.11,12.08,12.01,12.03,12.06$$

设这批零件的直径服从正态分布 $N(\mu,\ \sigma^2)$，求：

(1) 零件直径的均值 μ 的置信度为 0.95 及 0.99 的置信区间；

(2) 零件直径的方差 σ^2 的置信度为 0.98 及 0.99 的置信区间.

13.3　假设检验

假设检验是统计推断中另一个基本内容. 其基本思想是：对总体分布或总体的某些参数作出某些可能的假设，然后根据所得的样本数据，对假设的正确性作出判断. 本节只对正态总体中的参数进行假设检验，称这一类检验为参数假设检验.

13.3.1　基本原理

从下面的实例说起.

有一台奶粉自动包装机，其定额标准为每袋净重 0.5 kg，设包装机称得的奶粉重量服从正态分布，且长期的经验知其标准差 $\sigma=0.015$ kg. 某天开工后，为检验包装机的工作是否正常，随机抽取它包装的奶粉 9 袋，称得净重为

$$0.497, 0.506, 0.518, 0.524, 0.488, 0.511, 0.510, 0.515, 0.512$$

问这天包装机是否产生系统误差?

显然，奶粉的重量是随机变量，记为 ξ，由已知 $\xi\sim N(\mu, \sigma^2)$，且 $\sigma=0.015$，额定标准用 μ_0 表示，即 $\mu_0=0.5$，为了判断包装机是否产生系统误差，我们假设

$$H_0: \mu=\mu_0=0.5$$

表示包装机没有产生系统误差.

由于判断的是总体均值是否等于 μ_0，因此，用样本均值 $\bar{\xi}$ 作为估计量来判断.

我们知道，即使机器工作正常，波动性总是存在的，即实际包装的净重与 μ_0 总有些差异，从而样本观察值 $\bar{\xi}$ 也不见得恰好等于 μ_0. 但差异有大有小，即如果 $|\bar{\xi}-\mu_0|$ 相当大时，则认为机器工作不正常，这就是差异显著性的说法.

我们希望能够确定这种差异的大小，即如果 $|\bar{\xi}-\mu_0|>k$(k 是某一适当的常数，它的确定在后面介绍)时，则认为 $\bar{\xi}$ 与 μ_0 的差异是显著的，从而拒绝假设 H_0；反之，如果 $|\bar{\xi}-\mu_0|<k$，则认为 $\bar{\xi}$ 与 μ_0 的差异并不显著，从而不能拒绝假设 H_0. 由此确定的区间 (μ_0-k, μ_0+k) 叫作**接受域**，而把区间 $(-\infty, \mu_0-k)\cup(\mu_0+k, +\infty)$ 叫作**拒绝域**. 可见 k 就是检验假设 H_0 的一个标准.

应该知道，我们的假设 H_0 是根据一次样本数据作出的，那么如何根据一次样本数据作出对 H_0 的取舍呢？实际中我们用“小概率原理”，即：一个概率非常小的事件（常把概率小于 0.05 的事件叫作小概率事件）在一次试验中是不可能发生的．如果 H_0 为真，则 $|\bar{\xi}-\mu_0|>k$ 就是一个小概率事件，即 $|\bar{\xi}-\mu_0|>k$ 几乎是不可能的．为此我们取接近于零的正数 α，如 0.05，0.01 等，且让

$$P\{|\bar{\xi}-\mu_0|>k\}=\alpha$$

对于一个样本观察值 $\bar{\xi}$，如果 $|\bar{\xi}-\mu_0|>k$ 真的发生了，这与小概率原理相违背，则表明原来的假设 H_0 有问题，我们有理由怀疑假设 H_0 的真实性，即认为 $\mu\neq\mu_0$，从而拒绝 H_0．这里 $\mu\neq\mu_0$ 与 $\mu=\mu_0$ 是对立的．

在概率统计中，常把 H_0 称为基本假设，而把与 H_0 对立的假设称为备择假设，记为 H_1，即 H_1：$\mu\neq\mu_0$．把 α 称为差异水平或显著性水平．对于数值 k，称为临界值，根据上面的概率式子，查相应统计量的概率分布表即可得到，因此，上面的检验就是

$$P\{\text{接受 } H_1 \mid H_0 \text{ 为真}\}=\alpha$$

现在让我们再回到实例的计算中：

由于 $\xi\sim N(\mu,\sigma^2)$，由 13.1 知 $\bar{\xi}\sim N\left(\mu,\frac{\sigma^2}{n}\right)$，$\frac{\bar{\xi}-\mu}{\sigma/\sqrt{n}}\sim N(0,1)$，则

$$P\{|\bar{\xi}-\mu_0|>k \mid H_0 \text{ 为真}\}=P\left\{\frac{|\bar{\xi}-\mu_0|}{\sigma/\sqrt{n}}>\frac{k}{\sigma/\sqrt{n}} \,\middle|\, H_0 \text{ 为真}\right\}=\alpha$$

其中，$n=9$，$\sigma=0.015$，若取 $\alpha=0.05$，查标准正态分布表得

$$\frac{k}{\sigma/\sqrt{n}}=u_{\alpha/2}=u_{0.025}=1.96$$

即

$$k=\frac{\sigma}{\sqrt{n}}u_{\alpha/2}=\frac{0.015}{\sqrt{9}}\times 1.96=0.0098$$

由样本得 $\bar{\xi}=0.509$，于是 $|\bar{\xi}-\mu_0|=|0.509-0.5|=0.009<0.0098$（在实际计算中，往往采用 $|U|=\frac{|\bar{\xi}-\mu_0|}{\sigma}\cdot\sqrt{n}$ 与 $u_{\alpha/2}$ 较为简便．即 $\frac{|0.509-0.5|}{0.015}\times\sqrt{9}=1.8<$

1.96)。所以我们认为假设 H_0 符合实际情况，从而接受 H_0，即认为这天包装机没有产生系统误差.

一般地，对于一个基本假设 H_0(一般为：① $\theta\leqslant\theta_0$；② $\theta\geqslant\theta_0$；③ $\theta=\theta_0$ 三种之一，其中①、②叫作单侧检验，③叫作双侧检验. 本节主要介绍双侧检验)，和一个备择假设 H_1(对应 H_0 有：① $\theta>\theta_0$；② $\theta<\theta_0$；③ $\theta\neq\theta_0$)，确定了一个统计量 $\varphi(\xi)$ 和统计量 $\varphi(\xi)$ 服从的分布，在规定的显著性水平 α 下，由 $P\{$接受 $H_1 \mid H_0$ 为真$\}=\alpha$，查出统计量 $\varphi(\xi)$ 的临界值，求出拒绝域 W，如果 $\varphi(\xi)\in W$，则拒绝 H_0 而接受 H_1，否则接受 H_0 而拒绝 H_1，这就是假设检验的基本原理.

这种假设检验问题，通常称为在显著性水平 α 下，检验假设 H_0.

综上所述，假设检验的一般步骤是：

(1) 根据实际情况提出基本假设 H_0 和备择假设 H_1；

(2) 选取适当的显著性水平 α；

(3) 确定检验用的统计量和统计量服从的分布；

(4) 求出拒绝域 W；

(5) 根据样本观察值确定拒绝假设 H_0 或接受假设 H_0.

13.3.2　正态总体期望和方差的假设检验

1. 正态总体期望 μ 的 U-检验

在方差 σ^2 已知的情况下，检验假设 H_0：$\mu=\mu_0$，H_1：$\mu\neq\mu_0$. 使用统计量 $U=\dfrac{\bar{\xi}-\mu}{\sigma/\sqrt{n}}$，称为 U-检验，对于给定的显著性水平 α，其拒绝域为

$$|U|>u_{\alpha/2}$$

如图 13-4 所示.

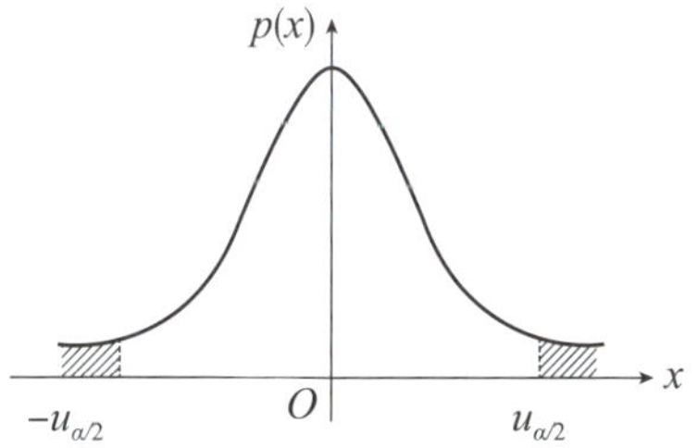

图 13-4

例 1　在本节开始的实例中，若取 $\alpha=0.1$，检验假设 H_0：$\mu=\mu_0=0.5$，H_1：$\mu\neq\mu_0$.

解　查正态分布表得 $u_{\alpha/2}=u_{0.05}=1.64$，则

$$|U|=\frac{|\bar{\xi}-\mu_0|}{\sigma}\cdot\sqrt{n}=\frac{|0.509-0.5|}{0.015}\times\sqrt{9}=1.8>u_{0.05}=1.64$$

从而拒绝 H_0，即认为包装机工作不正常.

可见，对于同一个假设，采用不同的显著性水平 α，其检验的结果也是不同的.

2. 正态总体期望 μ 的 T -检验

在方差 σ^2 未知的情况下，检验假设 H_0：$\mu=\mu_0$，H_1：$\mu\neq\mu_0$. 此时，由于 σ 未知，使用统计量 $\dfrac{\bar{\xi}-\mu}{\sigma/\sqrt{n}}$ 已不可能，为此，我们用 σ 的估计值 S 代替 σ，而使用统计量 $T=\dfrac{\bar{\xi}-\mu}{S/\sqrt{n}}$，由于 $T\sim t(n-1)$，所以称之为 T -检验. 对于给定的显著性水平 α，其拒绝域为

$$|T|>t_{\alpha/2}(n-1)$$

如图 13-5 所示.

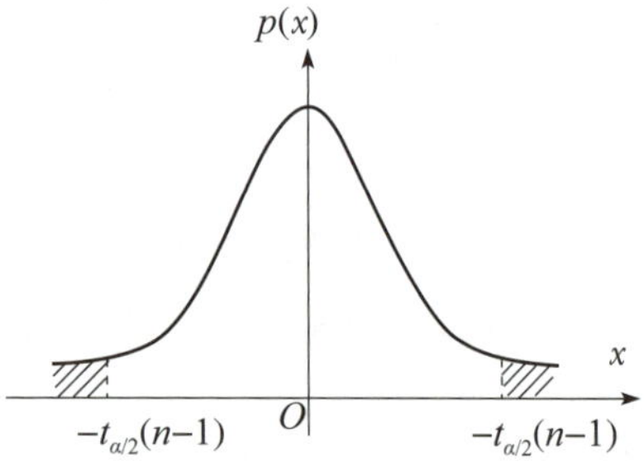

图 13-5

例 2 有一种电子元件，其平均使用寿命 $\xi\sim N(\mu,\sigma^2)$，现从中抽取 20 个元件，计算得 $\bar{\xi}=18\,320$，$S=5\,230$(单位：h). 问这种元件的平均使用寿命为 20 000 h，这一结论是否可信？(取 $\alpha=0.05$)

解 假设 H_0：$\mu=20\,000$，H_1：$\mu\neq20\,000$，

使用统计量 $T=\dfrac{\bar{\xi}-\mu}{S/\sqrt{n}}$，此时 $T\sim t(19)$，对于 $\alpha=0.05$，查 t 分布表得 $t_{\alpha/2}(19)=t_{0.025}(19)=2.093$；而

$$|T|=\frac{|\bar{\xi}-\mu_0|}{S}\cdot\sqrt{n}=\frac{|18\,320-20\,000|}{5\,230}\times\sqrt{20}=1.437<2.093$$

所以接受 H_0，即认为这种电子元件的平均使用寿命为 20 000 小时这一结论可信.

有时，我们只关心总体均值是否增大或是否减小.

例 3 某厂生产一种乐器用的弦线，长期以来，其抗拉强度的总体均值为 $10\,560(\mathrm{kg/cm^2})$. 今用新建的生产线生产了一批弦线，为了检验其抗拉强度，随机抽取了 9 根作抗拉试验，并算得 $\bar{\xi}=10\,631$，$S=81.00$. 设弦线的抗拉强度服从正态分布，在显著性水平 $\alpha=0.05$ 下，检验这批弦线的抗拉强度是否较以往的弦线抗拉强度高.

解 这是一个单侧检验问题.

设 H_0：$\mu=\mu_0=10\,560$，H_1：$\mu>\mu_0$，使用统计量 $T=\dfrac{\bar{\xi}-\mu}{S/\sqrt{n}}$，此时 $T\sim t(n-1)$，其拒绝域为

$$T=\frac{\bar{\xi}-\mu_0}{S/\sqrt{n}}>t_\alpha(n-1)$$

本题中 $n=9$，$\alpha=0.05$，查 t 分布表得

$$t_\alpha(n-1)=t_{0.05}(8)=1.859\,5$$

而

$$\frac{\bar{\xi}-\mu_0}{S/\sqrt{n}}=\frac{10\,631-10\,560}{81/\sqrt{9}}=2.629\,6>1.859\,5$$

于是拒绝假设 H_0 而接受 H_1，从而认为这批弦线较以往生产的弦线的抗拉强度有显著提高.

3. 正态总体方差 σ^2 的 χ^2 -检验

当 μ 已知时，检验假设

$$H_0:\sigma^2=\sigma_0^2, H_1:\sigma^2\neq\sigma_0^2$$

此时，由于

$$\chi^2=\frac{1}{\sigma_0^2}\sum_{i=1}^{n}(\xi_i-\mu)^2\sim\chi^2(n)$$

所以称为 χ^2 -检验. 在显著性水平 α 下，其拒绝域为

$$\chi^2<\chi^2_{1-\alpha/2}(n) \quad 或 \quad \chi^2>\chi^2_{\alpha/2}(n)$$

当 μ 未知时，检验假设

$$H_0:\sigma^2=\sigma_0^2,\quad H_1:\sigma^2\neq\sigma_0^2$$

此时，由于

$$\chi^2=\frac{(n-1)S^2}{\sigma_0^2}\sim\chi^2(n-1)$$

称为 χ^2 -检验. 在显著性水平 α 下，其拒绝域为

$$\chi^2<\chi^2_{1-\alpha/2}(n-1)\quad 或 \quad \chi^2>\chi^2_{\alpha/2}(n-1)$$

如图 13－6 所示.

例 4 某自动车床生产的产品尺寸服从正态分布 $N(\mu,\sigma^2)$. 按规定这类产品尺寸的方差 σ^2 不得超过 0.1，为检验该自动车床的工作精度，随机抽取 25 件产品，算得 $S^2=0.197\,5$，问在显著性水平 $\alpha=0.05$ 下，该车床生产的产品是否达到所要求的精度？

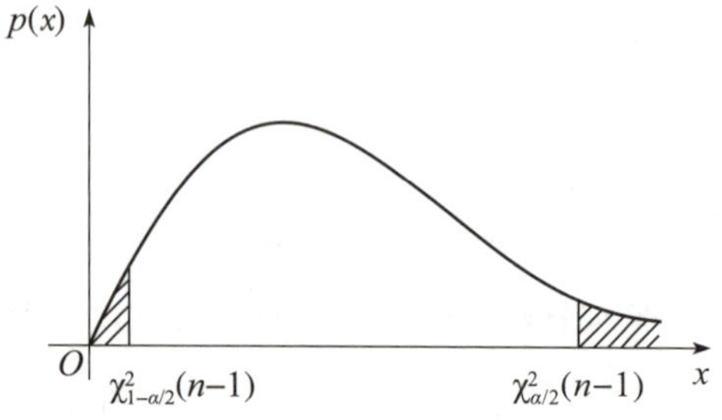

图 13－6

解 这是一个单侧检验问题. 设 H_0：$\sigma^2\leqslant\sigma_0^2$，$H_1$：$\sigma^2>\sigma_0^2$.

对于 $\alpha=0.05$，$n=25$，查 χ^2 分布表得

$$\chi^2_\alpha(n-1)=\chi^2_{0.05}(24)=36.415$$

因为

$$\chi^2=\frac{(n-1)S^2}{\sigma_0^2}=\frac{24\times0.1975}{0.1}=47.4>36.415$$

所以拒绝假设 H_0 而接受 H_1，即认为该车床生产的产品没有达到所要求的精度.

例 5 在本节开始的实例中，检查包装机的工作是否正常(取 $\alpha=0.05$).

解 为了检查包装机的工作是否正常，除了检验假设 H_0：$\mu=\mu_0=0.5$，H_1：$\mu\neq\mu_0$(系统是否产生误差)以外，还需要检验假设 H_0：$\sigma^2\leqslant\sigma_0^2=0.015^2$，$H_1$：$\sigma^2>\sigma_0^2=0.015^2$(系统是否具有较好的稳定性，即方差是否偏大).

本题中 μ，σ^2 均已知，故使用统计量 $\chi^2=\dfrac{1}{\sigma_0^2}\sum\limits_{i=1}^{n}(\xi_i-\mu)^2\sim\chi^2(n)$.

由于 $n=9$，$\alpha=0.05$，查表得 $\chi^2_{0.05}(9)=16.919$，而

$$\chi^2=\frac{1}{\sigma_0^2}\sum_{i=1}^{n}(\xi_i-\mu)^2=7.46<\chi^2_{0.05}(9)=16.919$$

故接受假设 H_0，结合实例的计算，包装机没有产生系统误差，生产也是稳定的. 因此，可以认为该包装机在这天的工作是正常的.

为方便，我们将单正态总体的假设检验列成表格，供大家查阅.

表 13-1　正态总体均值 μ 的检验表

类型	基本假设 H_0	备择假设 H_1	H_0 成立时的统计量及分布	拒绝域
方差 σ^2 已知	$\mu=\mu_0$	$\mu\neq\mu_0$	$U=\dfrac{\bar{\xi}-\mu}{\sigma/\sqrt{n}}\sim N(0,1)$	$\lvert U\rvert>u_{\alpha/2}$
		$\mu>\mu_0$		$U>u_\alpha$
		$\mu<\mu_0$		$U<-u_\alpha$
方差 σ^2 未知	$\mu=\mu_0$	$\mu\neq\mu_0$	$T=\dfrac{\bar{\xi}-\mu}{S/\sqrt{n}}\sim t(n-1)$	$\lvert T\rvert>t_{\alpha/2}(n-1)$
		$\mu>\mu_0$		$T>t_\alpha(n-1)$
		$\mu<\mu_0$		$T<-t_\alpha(n-1)$

表 13-2　正态总体方差 σ^2 的检验表

类型	基本假设 H_0	备择假设 H_1	H_0 成立时的统计量及分布	拒绝域
均值 μ 已知	$\sigma^2=\sigma_0^2$	$\sigma^2\neq\sigma_0^2$	$\chi^2=\dfrac{1}{\sigma_0^2}\sum\limits_{i=1}^{n}(\xi_i-\mu)^2\sim\chi^2(n)$	$\chi^2<\chi^2_{1-\alpha/2}(n)$ 或 $\chi^2>\chi^2_{\alpha/2}(n)$
		$\sigma^2>\sigma_0^2$		$\chi^2>\chi^2_\alpha(n)$
		$\sigma^2<\sigma_0^2$		$\chi^2<\chi^2_{1-\alpha}(n)$
均值 μ 未知	$\sigma^2=\sigma_0^2$	$\sigma^2\neq\sigma_0^2$	$\chi^2=\dfrac{(n-1)S^2}{\sigma_0^2}\sim\chi^2(n-1)$	$\chi^2<\chi^2_{1-\alpha/2}(n-1)$ 或 $\chi^2>\chi^2_{\alpha/2}(n-1)$
		$\sigma^2>\sigma_0^2$		$\chi^2>\chi^2_\alpha(n-1)$
		$\sigma^2<\sigma_0^2$		$\chi^2<\chi^2_{1-\alpha}(n-1)$

13.3.3　假设检验的两类错误

我们利用“小概率原理”，给出了假设检验的基本原理，熟悉了假设检验的方法. “小概率原理”同时也告诉我们，小概率事件不是不发生. 由于人们作出判断的依据是一个样本，也就是由部分来推断总体，因而假设检验也不可能绝对准确，是有可能犯错误的. 这就是说 H_0 为真时，我们仍有可能拒绝它；H_0 不真时，我们也有可能接受它. 这就是我们通常所说的假设检验的两类错误.

第一类错误：假设 H_0 是符合实际的，而由于样本的随机性，检验结果把它否定了，这是一种弃真错误，称为第一类错误.

第二错误：假设 H_0 是不符合实际的，而由于样本的随机性，检验结果却把它肯定了，这是一种取伪错误，称为第二类错误.

检验中，人们自然希望犯两类错误的概率都很小. 但事实上这是不可能的，并且当样本容量固定时，犯这两类错误的概率也不会同时减小. 一般做法是先固定犯第一类错误的概率(就是上面所说的显著性水平 α)，再考虑如何减小犯第二类错误的概率. 这类问题已超出本书的范围，在此不再赘述.

习题 13 - 3

1. 已知某钢铁厂铁水的含碳量 $\xi \sim N(3.75, 0.128^2)$，现测定了 16 炉铁水，其平均含碳量为 3.802，如果估计方差没有变化，可否认为现在生产的铁水平均含碳量为 3.75($\alpha=0.05$)?

2. 某年级学生中抽测 9 名跳远成绩，得样本均值为 4.38(m). 假设跳远成绩服从正态分布，且标准差为 0.3，问是否可以认为该年级学生跳远的平均成绩为 4.40(m)($\alpha=0.10$)?

3. 使用单位要求某种电子元件的寿命不得低于 1 000(h)，现从一批产品中随机地抽取 25 件，测得其寿命的平均值为 950(h). 若已知这种电子元件的寿命服从标准差为 100(h)的正态分布，问在 0.05 的显著性水平下这批电子元件是否合格?

4. 设考生的某次考试成绩服从正态分布，从中任取 36 位考生的成绩，其平均成绩为 66.5 分，标准差为 15 分，问在 0.05 的显著性水平下，可否认为全体考生这次的平均成绩为 70 分?

5. 一个矩形的宽与长之比为 0.618，会给人一个美好的感觉. 某厂生产的矩形工艺品，其框架的宽与长之比 ξ 服从正态分布 $N(\mu, \sigma^2)$，现从中随机地抽取 20 个产品测量其比值，并算得 $\sum_{i=1}^{20} x_i = 13.466$，$\sum_{i=1}^{20} x_i^2 = 9.267$，能否认为 ξ 的均值 $\mu=0.618$(取 $\alpha=0.05$)?

6. 某厂生产的铜丝，质量一向比较稳定，现从中随机地抽出 10 根检查其折断力(kg)，测得数据如下：

575,576,570,569,572,582,577,580,571,585

设铜丝的折断力服从正态分布，问在 0.05 的显著性水平下，是否可以相信该厂生产的铜丝的折断力的方差为 64?

7. 某厂生产的一种电池，其寿命长期以来服从方差 $\sigma^2=5\ 000(\mathrm{h}^2)$ 的正态分布，有一批这种电池，从生产情况看，寿命的波动性有所改变. 现随机地取 26 只，测得寿命的样本方差 $S^2=9\ 200(\mathrm{h}^2)$，问这批电池的寿命的波动性较以往是否有显著的变化(取 $\alpha=0.05$)?

8. 对一种保险丝的熔化时间进行测量，并规定其熔化时间的方差不得超过 400(h^2). 现从中抽取 25 个产品作为样本，并测得熔化时间的方差为 388.58，试检验这批产品的方差是否符合要求($\alpha=0.05$)?

9. 机器自动包装食盐，设每袋盐的净重服从正态分布，每袋额定净重为 500(g)，标准差不能超过 10(g). 某天开工以后，为了检查机器的工作是否正常，从已包装好的食盐中随机地抽取 9 袋测得其净重(g)为：

497,507,510,475,484,488,524,491,515

问这天包装机的工作是否正常($\alpha=0.05$)?

13.4　一元线性回归

由于一切运动着的事物都是相互联系、相互制约的，因此描述事物运动的变量之间也是相互联系、相互制约的. 变量之间的相互关系可以分为两类：一类是一个变量随着其他变量的确定而确定，这种关系叫作确定性关系，也就是常说的函数关系，例如，圆的面积 s 与半径 r 之间的关系 $s=\pi r^2$. 另一类是两变量之间存在一定关系，但很难准确地用等式表示出来，具有某种不确定性，这种关系叫作相关关系，例如，人的身高和体重之间有一定的关系，但是根据身高不能准确地计算出体重，根据体重也不能准确地计算出身高；又如，人的年龄与血压之间的关系；农业上的施肥量与亩产量之间的关系；等等.

然而，确定性关系与相关关系之间并不是不可逾越的，由于试验误差等原因，确定性关系在实际问题中往往通过相关关系来表示. 另一方面，当认识了事物的内部规律之后，相关关系也有可能转化为确定性关系.

应用数理统计方法，为寻求一个近似数学表达式来描述变量之间的相关关系所进行的统计分析叫作回归分析，所求出的数学表达式通常称为回归方程(或经验公式)，只有两个变量的回归方程叫作一元回归方程，如果两个变量的回归方程是一次方程，我们称这两个变量的关系是线性关系，或者称这两个变量是线性相关的，相应的回归分析叫作一元线性回归分析，一元线性回归分析是回归分析中最简单、最常见的一种.

利用数理统计基础知识进行分析讨论，能帮助实际工作者判明所建立的回归方程是否有效，然后利用得到的有效回归方程去解决预测、控制生产、优化生产工艺等问题. 它在工农业生产和科学研究等领域中均有着广泛的应用.

13.4.1 建立一元线性回归方程

先看下面的例子：

随机地抽取生产同类产品的 11 家企业，调查了它们的产量 x(单位：t)和生产费用 Y(单位：万元)的情况，得到如表 13－3 的数据.

表 13－3 产品数据

x	5	10	15	20	30	40	50	60	70	90	120
Y	6	10	10	13	16	17	19	23	25	29	46

试分析生产费用 Y 与产量 x 之间的关系是否能用线性方程近似表示.

因为对于相同的产量，11 家企业的生产费用未必相同，故 x 是一般的变量，而 Y 是随机变量. 判断 Y 和 x 之间是否存在近似线性关系，通常采用作图的方法. 我们以变量 x 的取值作为横坐标，把 Y 的相应取值作为纵坐标，在平面直角坐标系中描出各点$(x_i, y_i)(i=1, 2, \cdots, 11)$，所得到的图叫作散点图，如图 13－7 所示.

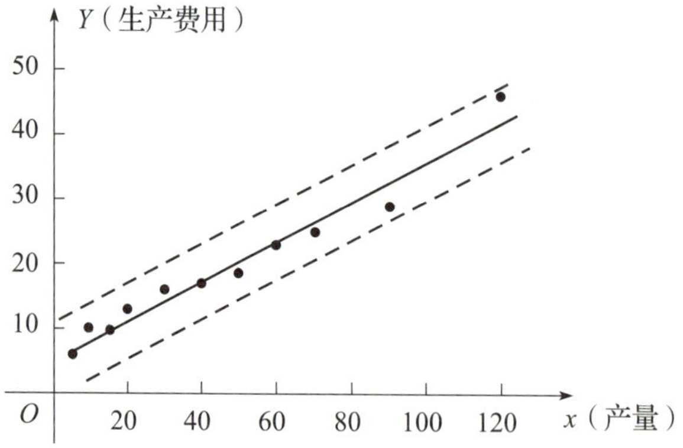

图 13－7

从图 13－7 上可以看出，这些点大致分布在一个狭窄的直线带内，变量 Y 与 x 之间的关系可以近似地看作是线性关系. 由此，我们得到启示，可以在散点图中找到一条直线，使得它能最好地反映 x 与 Y 之间的关系，并把这条直线的方程记为

$$\hat{y}=a+bx \tag{13-1}$$

这里在 y 的上方加“ˆ”是为了区别于 Y 的实际观测值 y，当 x 取值 $x_i(i=1,2,\cdots,11)$时，Y 相应的观测值为 y_i，而直线上对应于 x_i 的纵坐标是 $\hat{y}_i=a+bx_i$.

式(13－1)叫作 Y 对 x 的回归直线方程，这条直线叫作回归直线. a，b 叫作回归系数. 要确定回归直线方程式(13－1)，只要确定回归系数 a，b 即可.

下面我们来研究回归直线方程的求法. 设 x，Y 的一组观测值为$(x_i, y_i)(i=1,2,\cdots,n)$，且回归直线方程为 $\hat{y}=a+bx$. 当 $x=x_i(i=1,2,\cdots,n)$时，Y 的观测值 y_i 对应回归直线上的 $\hat{y}$ 取 $\hat{y}_i=a+bx_i$. 差 $y_i-\hat{y}_i(i=1,2,\cdots,n)$反映了实际观测值 y_i 与回归直线上相应纵坐标 $\hat{y}_i$ 之间的偏离程度(见图 13－8).

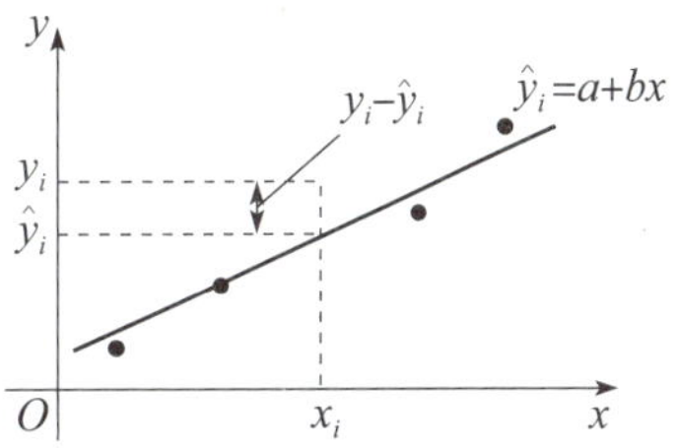

图 13－8

我们希望 y_i 与 $\hat{y}_i$ 的 n 个偏差构成的总偏差越小越好，这才能说明所找的直线是最理想的. 通常用偏差的平方和

$$Q=\sum_{i=1}^{n}(y_i-\hat{y}_i)^2=\sum_{i=1}^{n}[y_i-(a+bx_i)]^2$$

作为总偏差，并使之达到最小. 这样回归直线就是直线带内 Q 取最小值的那一条. 这种使偏差平方和 $Q=\sum\limits_{i=1}^{n}[y_i-(a+bx_i)]^2$ 最小的方法叫作**最小二乘法**.

为使偏差平方和达到最小，我们将偏差平方和展开，得

$$\begin{aligned}Q&=\sum_{i=1}^{n}[y_i-(a+bx_i)]^2\\&=\sum_{i=1}^{n}y_i^2-2a\sum_{i=1}^{n}y_i+na^2-2b\sum_{i=1}^{n}x_iy_i+2ab\sum_{i=1}^{n}x_i+b^2\sum_{i=1}^{n}x_i^2\\&=na^2+2a\left(b\sum_{i=1}^{n}x_i\sum_{i=1}^{n}y_i\right)+b^2\sum_{i=1}^{n}x_i^2-2b\sum_{i=1}^{n}x_iy_i+\sum_{i=1}^{n}y_i^2\end{aligned}$$

把上式看成关于 a，b 的二元函数，根据多元函数极值的求法知，当

$$b=\frac{\sum\limits_{i=1}^{n}x_iy_i-n\overline{x}\,\overline{y}}{\sum\limits_{i=1}^{n}x_i^2-n\overline{x}^2},\quad a=\overline{y}-b\overline{x} \tag{13-2}$$

时，Q 取最小值. 其中 $\overline{x}=\frac{1}{n}\sum_{i=1}^{n}x_i$，$\overline{y}=\frac{1}{n}\sum_{i=1}^{n}y_i$.

这样，回归直线方程就建立起来了.

例 1 利用式(13-2)求引例中生产费用 Y 对产量 x 的回归直线方程.

解 为了简单起见，列表 13-4 计算如下：

由表 13-4 算得，$\overline{x}=\frac{510}{11}$，$\overline{y}=\frac{214}{11}$，代入式(13-2)得

$$b=\frac{13\,910-11\times\frac{510}{11}\times\frac{214}{11}}{36\,750-11\times\left(\frac{510}{11}\right)^2}=0.304,\quad a=\frac{214}{11}-0.304\times\frac{510}{11}=5.36$$

所以，生产费用 Y 对产量的回归直线方程为

$$\hat{y}=5.36+0.304x$$

这里的回归系数 $b=0.304$，其意义为产量 x 每增加一个单位，生产费用 Y 平均增加 0.304 个单位.

表 13-4 产量费用关系

序号	x_i	y_i	x_i^2	y_i^2	x_iy_i
1	5	6	25	36	30
2	10	10	100	100	100
3	15	10	225	100	150
4	20	13	400	169	260
5	30	16	900	256	480
6	40	17	1 600	289	680
7	50	19	2 500	361	950
8	60	23	3 600	529	1 380
9	70	25	4 900	625	1 750
10	90	29	8 100	841	2 610
11	120	46	14 400	2 116	5 520
合计	510	214	36 750	5 422	13 910

13.4.2 一元线性回归的相关性检验

从上述求回归直线方程的过程看，对任取一组数据$(x_i, y_i)(i=1, 2, \cdots, n)$，不管是否是线性关系，都可以用最小二乘法求得 Y 对 x 的回归直线方程. 显然，只

有当 Y 与 x 之间大致成线性关系时得到的回归直线方程才有意义，如果 Y 与 x 之间根本不存在线性关系，所得到的回归直线方程就毫无意义了. 因此，我们必须对求得的回归直线方程进行检验，判断 Y 与 x 之间是否是线性关系.

我们把

$$r=\frac{\sum_{i=1}^{n}(x_i-\overline{x})(y_i-\overline{y})}{\sqrt{\sum_{i=1}^{n}(x_i-\overline{x})^2\sum_{i=1}^{n}(y_i-\overline{y})^2}} \tag{13-3}$$

所确定的值叫作 Y 对 x 的相关系数，它反映的是 Y 和 x 之间线性关系的密切程度.

把 $b=\dfrac{\sum_{i=1}^{n}x_iy_i-n\overline{x}\overline{y}}{\sum_{i=1}^{n}x_i^2-n\overline{x}^2}$，$a=\overline{y}-b\overline{x}$ 代入 $Q=\sum_{i=1}^{n}[y_i-(a+bx_i)]^2$，整理可得

$$Q=\sum_{i=1}^{n}[y_i-(a+bx_i)]^2=(1-r)^2\sum_{i=1}^{n}(y_i-\overline{y})^2$$

所以，$1-r^2\geqslant 0$，即 $|r|\leqslant 1$.

下面我们根据 r 的取值范围来讨论 Y 与 x 之间的线性关系的密切程度.

若 $r=0$，即 $\sum_{i=1}^{n}(x_i-\overline{x})(y_i-\overline{y})=0$，由于

$$b=\frac{\sum_{i=1}^{n}x_iy_i-n\overline{x}\overline{y}}{\sum_{i=1}^{n}x_i^2-n\overline{x}^2}=\frac{\sum_{i=1}^{n}(x_i-\overline{x})(y_i-\overline{y})}{\sum_{i=1}^{n}(x_i-\overline{x})^2}$$

则 $b=0$，此时回归直线 $\hat{y}=a+bx$ 与 x 轴平行，Y 与 x 无关(见图 13－9(a)、(b))；若 $|r|=1$，即 $Q=(1-r)^2\sum_{i=1}^{n}(y_i-\overline{y})^2=0$，则 $y_i=\hat{y}_i$，此时所有的散点均在回归直线 $\hat{y}=a+bx$ 上，Y 与 x 是线性关系(见图 13－9(c)、(d))；若 $0<|r|<1$，Y 与 x 存在一定的线性关系(见图 13－9(e)、(f))，根据前两种情形，我们可以推测，r 的绝对值越接近于 1，散点就越靠近回归直线.

$\hat{y}=a+bx$，这时 Y 与 x 的线性关系越密切. 这就是说，当 r 的绝对值大到一定程度时，才可认为 Y 与 x 线性关系密切，这时的相关系数 r 称为显著的，所求的回归直线方程才有意义，否则，就可认为相关系数是不显著的，所求的回归直线方程没有意义.

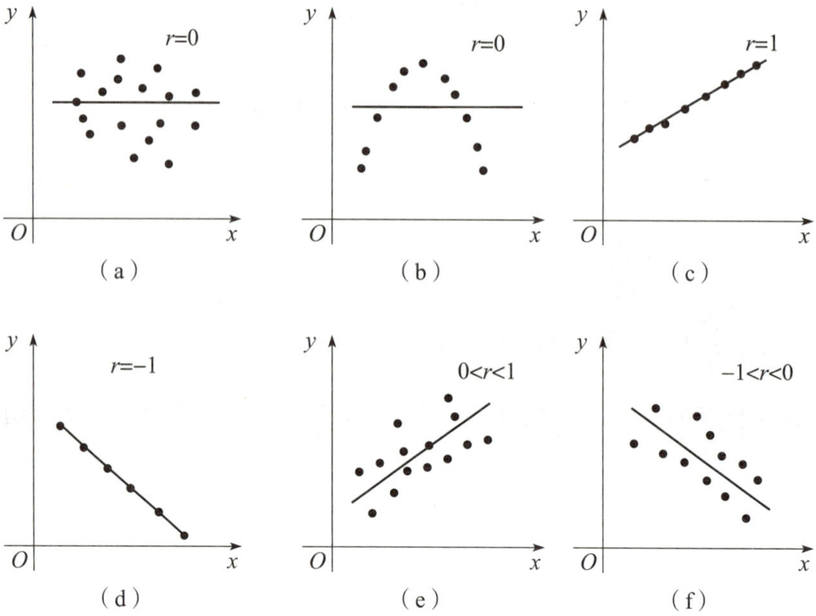

图 13－9

但$|r|$大到何种程度，Y与x的线性关系才算是显著呢？也就是说，需要找到一个数值，当$|r|$大于这个数值时，就认为相关系数r是显著的(即Y与x的线性关系是显著的)．这个数值称为相关系数的临界值.

在计算相关系数r的过程中发现，临界值r与样本容量n及显著性水平有关．相关系数的临界值可按照样本容量n及显著性水平α查附表5得到.

判断Y与x线性相关的步骤如下：

(1) 选定显著性水平α；

(2) 由附表5，查得临界值r_α；

(3) 由式(13－3)计算r；

(4) 判断结果：

若$r>r_\alpha$，则认为Y与x的相关系数显著；

若$r\leqslant r_\alpha$，则认为Y与x的相关系数不显著.

对例1中生产费用Y与产量x的相关系数r的显著性检验如下：

(1) 选定显著性水平$\alpha=0.01$；

(2) 查显著性水平$\alpha=0.01$和$n-2=9$的相关系数临界值，得$r_{0.01}=0.735$；

(3) 由式(13－3)求得$r=0.98$；

(4) 由于 $r=0.98>r_{0.01}=0.735$，所以生产费用 Y 与产量 x 的相关系数 r 是显著的. 因而所求得的回归直线方程确实可以表达 Y 与 x 的线性关系.

当然，我们可以通过样本的相关系数来估计总体的相关系数，从而对总体的线性关系进行检验.

习题 13－4

1. 有 10 个同类企业的生产性固定资产年平均价值和工业总产值资料如下：

固定资产价值(万元)	318	910	200	409	415	502	314	1 210	1 022	1 225
企业总产值(万元)	524	1 019	638	815	913	928	605	1 516	1 219	1 624

试根据上述资料：

(1) 求出直线回归方程；

(2) 检验回归效果是否显著($\alpha=0.05$).

2. 某些大企业为取得更大利润，不惜拨巨款用于新产品的研制和市场调研等项工作. 为考查“研究和发展费”与企业“利润”的关系，有人对 100 家大企业进行了抽样调查. 被调查的 11 家大企业有关资料如下(单位：千万元)：

研究和发展费 x	44	35	13	3	4	41	26	22	1	7	9
利润 y	649	432	120	103	117	367	285	156	35	100	141

(1) 建立 y 与 x 的回归方程；

(2) 检验回归效果是否显著($\alpha=0.05$)；

(3) 当 $x=30$ 千万元时，y 的置信度为 95%的预测区间.

复习题十三

一、填空题

1. 设 ξ_1，ξ_2，$\cdots\xi_n$ 是来自正态总体 $N(\mu，\sigma^2)$的一个简单随机样本，$\bar{\xi}$ 为样本均值，则 $\bar{\xi}$ 服从期望为________方差为________的________.

2. 设 ξ_1，ξ_2，$\cdots\xi_{10}$ 是来自正态总体 $N(\mu，4^2)$的容量为 10 的一个简单随机样本，S^2 为样本方差，已知 $P\{S^2>a\}=0.1$，则 $a=$________.

3. 设总体ξ服从正态分布$N(\mu, \sigma^2)$，已知方差$\sigma^2=\sigma_0^2$，要使总体均值μ对应于置信度为$1-\alpha$的置信区间的长度不大于l，则应抽取容量为________的样本.

4. 设一批产品的某一指标$\xi \sim N(\mu, \sigma^2)$，从中随机抽取容量为25的样本，测得样本方差$S^2=100$，则总体方差$\sigma^2$的95%的置信区间为________.

5. 设制造某种产品所需工时(h)服从正态分布，为了估计制造这种产品所需的单件平均工时，现制造5件，其每件所需工时分别为11.2，10.5，11，12.8，12.5，若给定置信度为0.95，则平均工时的单侧置信区间的上限为________________.

6. 方差σ^2未知，假设H_0：$\mu=\mu_0$，应选取统计量________，在________条件下，统计量服从自由度为________的________分布.

7. 均值μ已知，假设H_0：$\sigma^2=\sigma_0^2$，应选取统计量________，在________条件下，统计量服从自由度为________的________分布.

二、选择题

1. 设ξ_1，ξ_2，…，ξ_n是正态总体$\xi \sim N(1, 2^2)$的一个简单随机样本，则（　）.

A. $\dfrac{\bar{\xi}-1}{2} \sim N(0, 1)$　　B. $\dfrac{\bar{\xi}-1}{4} \sim N(0, 1)$

C. $\dfrac{\bar{\xi}-1}{2/\sqrt{n}} \sim N(0, 1)$　　D. $\dfrac{\bar{\xi}-1}{\sqrt{2}} \sim N(0, 1)$

2. 设ξ_1，ξ_2，…，ξ_n是正态总体$\xi \sim N(0, 1)$的一个简单随机样本，$\bar{\xi}$与S^2分别为样本均值和样本方差，则（　）.

A. $\bar{\xi} \sim N(0, 1)$　　B. $\overline{n\xi} \sim N(0, 1)$

C. $\sum\limits_{i=1}^{n} \xi_i^2 \sim \chi^2(n-1)$　　D. $\dfrac{\bar{\xi}}{S/\sqrt{n}} \sim t(n-1)$

3. 设ξ_1，ξ_2，…，ξ_n是来自总体ξ的一个简单随机样本，$E(\xi)=\mu$，$D(\xi)=\sigma^2$，则（　）.

A. $\bar{\xi}$是μ的无偏估计量　　B. ξ_i^2是σ^2的无偏估计量

C. $\bar{\xi}_i^2$是σ^2的无偏估计量　　D. $\sum\limits_{i=1}^{n} \xi_i^2 (1 \leqslant i \leqslant n)$是$\mu$的无偏估计量

4. 设θ是总体ξ的未知参数，θ_1，$\theta_2(\theta_1<\theta_2)$为样本统计量，随机区间$(\theta_1, \theta_2)$是$\theta$的置信度为$1-\alpha(0<\alpha<1)$的置信区间，则（　）.

A. $P\{\theta_1<\theta<\theta_2\}=\alpha$　　B. $P\{\theta<\theta_2\}=1-\alpha$

C. $P\{\theta_1<\theta<\theta_2\}=1-\alpha$　　D. $P\{\theta<\theta_1\}=\alpha$

5. 在假设检验中，检验的显著性水平 α 的意义是(　　).

A. 假设 H_0 成立，经检验被拒绝的概率

B. 假设 H_0 成立，经检验不能拒绝的概率

C. 假设 H_0 不成立，经检验被拒绝的概率

D. 假设 H_0 不成立，经检验不能拒绝的概率

6. 在假设检验中，记 H_1 为备择假设，则称(　　)为犯第Ⅰ类错误.

A. 若 H_1 为真，接受 H_1　　B. 若 H_1 不真，接受 H_1

C. 若 H_1 为真，拒绝 H_1　　D. 若 H_1 不真，拒绝 H_1

三、计算题

1. 假定 $P\{|\xi-E(\xi)|<\varepsilon\}\geqslant 0.9$，$D(\xi)=0.009$，试估计 ε 的最小值.

2. 设 $\xi\sim N(\mu, 4)$，问至少应抽取多大的样本，才能使样本均值与总体数学期望的误差小于 0.4 的概率为 0.95?

3. 总体 ξ 服从正态分布 $N(60, 4)$，ξ_1，ξ_2，$\cdots\xi_{40}$ 是总体的一个样本，试求：

(1) $P\left\{|\bar{\xi}-60|>\dfrac{1}{2}\right\}$

(2) $P\left\{\sum\limits_{i=1}^{40}(\xi_i-60)^2<80.66\right\}$

4. 设总体 ξ 服从正态分布 $N(\mu, \sigma^2)$，ξ_1，ξ_2，$\cdots\xi_{16}$ 是总体的一个样本，样本均值为 $\bar{\xi}$，方差为 S^2，要使 $P\{\bar{\xi}>\mu+kS\}=0.95$，则 k 应为何值?

5. 灯泡厂从某天生产的一批灯泡中随机地抽取 10 只进行寿命(单位：h)测试，测得数据如下：

1 050,1 100,1 080,1 120,1 200,1 250,1 040,1 130,1 200,1 300

长期实践表明灯泡寿命服从正态分布，试给出该日生产的整批灯泡平均寿命的置信区间($\alpha=0.05$).

6. 设总体 ξ 服从正态分布 $N(\mu, \sigma^2)$，如果样本观测值为：

6.54,8.20,6.88,9.02,7.56

(1) 已知 $\sigma=1.2$；

(2) σ 为未知.

求总体均值 μ 的置信度为 0.95 的置信区间.

7. 设切割机切割每段碳棒的长度服从正态分布，在切割机工作正常时，每段碳

棒的平均长度为6.5(cm). 由长期经验知其方差为$\sigma_0^2=0.08^2(\text{cm}^2)$，为了检验该天切割机工作是否正常，随机地抽取15段进行测量，其结果如下：

6.4，6.6，6.1，6.4，6.5，6.3，6.3，6.2，6.9，6.6，6.8，6.5，6.7，6.2，6.7

如果其方差不变，问该机工作是否正常($\alpha=0.05$)？

14 第 14 章 积分变换

积分变换是对连续时间函数进行的变换，通过特定形式的积分建立了函数之间的对应关系，它既能简化计算(如求解微分方程、化卷积为乘积等)，又具有明确的物理意义(从频谱的角度来描述函数的特征)，因而在电力工程、通信控制以及其他许多如数学、物理和工程技术等领域被广泛地应用. 本章只介绍积分变换中最重要的拉普拉斯变换.

14.1 拉普拉斯变换的概念

定义 1 设函数 $f(t)$在 $t\geqslant 0$ 上有定义，且 $F(s)=\int_0^{+\infty} f(t)e^{-st}dt$ 在 s 的某一取值范围内收敛，则由这个积分确定的函数

$$F(s)=\int_0^{+\infty} f(t)e^{-st}dt \tag{14-1}$$

称为函数 $f(t)$的**拉普拉斯变换**，简称为**拉氏变换**，记为 $\mathcal{L}[f(t)]$，即

$$\mathcal{L}[f(t)]=F(s)=\int_0^{+\infty} f(t)e^{-st}dt$$

$F(s)$称为 $f(t)$的**象函数**，$f(t)$称为 $F(s)$的**象原函数**.

若 $F(s)$是 $f(t)$的拉普拉斯变换，则称 $f(t)$为 $F(s)$的**拉普拉斯逆变换**[或称为 $F(s)$的**象原函数**]，记为

$$f(t)=\mathcal{L}^{-1}[F(s)] \tag{14-2}$$

关于拉普拉斯变换的定义，作如下补充说明：

(1) 在定义中，只要求 $f(t)$在 $t\geqslant 0$ 时有定义. 为方便研究拉普拉斯变换的性质，以后总假定在 $t<0$ 时，$f(t)\equiv 0$.

(2) 在拉普拉斯变换的一般理论中，参变量 s 在复数范围内取值. 但是，这里只

讨论参变量 s 取实数值的情形，因为它对于许多实际应用的问题已经足够了.

(3) 拉普拉斯变换是将给定的函数通过无穷区间$[0,+\infty)$内的广义积分转化成一个新的函数，是一种积分变换. 一般来说，在工程技术中遇到的函数，它的拉普拉斯变换总是存在的.

例 1 求出单位阶梯函数 $u(t)=\begin{cases}0, & t<0\\ 1, & t>0\end{cases}$ 的拉普拉斯积分变换.

解 根据拉普拉斯变换的定义，有

$$\mathcal{L}[u(t)]=\int_0^{+\infty}u(t)\mathrm{e}^{-st}\mathrm{d}t=\int_0^{+\infty}\mathrm{e}^{-st}\mathrm{d}t=-\frac{1}{s}[\mathrm{e}^{-st}]_0^{+\infty}=\frac{1}{s}(\mathrm{Re}\,s>0)$$

例 2 求一次函数 $f(t)=at$ 的拉普拉斯变换.

解 $$\mathcal{L}[at]=\int_0^{+\infty}at\mathrm{e}^{-st}\mathrm{d}t=-\frac{a}{s}\int_0^{+\infty}t\mathrm{e}^{-st}\mathrm{d}(-st)$$

$$=-\frac{a}{s}[t\mathrm{e}^{-st}]_0^{+\infty}+\frac{a}{s}\int_0^{+\infty}\mathrm{e}^{-st}\mathrm{d}t$$

$$=0-\frac{a}{s^2}[\mathrm{e}^{-st}]_0^{+\infty}=\frac{a}{s^2}\qquad(\mathrm{Re}\,s>0)$$

例 3 求指数函数 $f(t)=\mathrm{e}^{kt}$ 的拉普拉斯变换(k 为实数).

解 $$\mathcal{L}[f(t)]=\int_0^{+\infty}\mathrm{e}^{kt}\mathrm{e}^{-st}\mathrm{d}t=\int_0^{+\infty}\mathrm{e}^{-(s-k)t}\mathrm{d}t$$

$$=-\frac{1}{s-k}\mathrm{e}^{-(s-k)t}\Big|_0^{+\infty}=\frac{1}{s-k}$$

所以

$$\mathcal{L}[\mathrm{e}^{kt}]=\frac{1}{s-k}\quad(\mathrm{Re}(s-k)>0)$$

习题 14-1

由定义求下列函数的拉普拉斯变换：

(1) $f(t)=2t$

(2) $f(t)=t^2+2t+3$

(3) $f(t)=\mathrm{e}^{-t}$

(4) $f(t)=2\mathrm{e}^{-t}-3\mathrm{e}^{2t}$

14.2 拉普拉斯变换的性质

虽然由拉普拉斯变换的定义可以求得一些常用函数的拉普拉斯变换，但是，直接用定义来求函数的拉普拉斯变换有时比较困难，下面介绍拉普拉斯变换的几个主要性质，以便于求一些较复杂的函数的拉普拉斯变换.

为了叙述方便，在下面的性质中，均假设所涉及的拉普拉斯变换都存在.

14.2.1 线性性质

设 α，β 为常数，且有 $\mathcal{L}[f(t)]=F(s)$，$\mathcal{L}[g(t)]=G(s)$，则有

$$\mathcal{L}[\alpha f(t)\pm\beta g(t)]=\alpha\mathcal{L}[f(t)]\pm\beta\mathcal{L}[g(t)]=\alpha F(s)\pm\beta G(s) \tag{14-3}$$

$$\mathcal{L}^{-1}[\alpha F(s)\pm\beta G(s)]=\alpha\mathcal{L}^{-1}[F(s)]\pm\beta\mathcal{L}^{-1}[G(s)]=\alpha f(t)\pm\beta g(t) \tag{14-4}$$

例 1 求 $\cos\omega t$ 的拉普拉斯变换.

解 由 $\cos\omega t=\frac{1}{2}(e^{i\omega t}+e^{-i\omega t})$ 及 $\mathcal{L}[e^{i\omega t}]=\frac{1}{s-i\omega}$，有

$$\mathcal{L}[\cos\omega t]=\mathcal{L}\left[\frac{1}{2}(e^{i\omega t}+e^{-i\omega t})\right]=\frac{1}{2}(\mathcal{L}[e^{i\omega t}]+\mathcal{L}[e^{-i\omega t}])$$

$$=\frac{1}{2}\left(\frac{1}{s-i\omega}+\frac{1}{s+i\omega}\right)=\frac{s}{s^2+\omega^2}\quad(\mathrm{Re}\ s>0)$$

同理可得

$$\mathcal{L}[\sin\omega t]=\frac{\omega}{s^2+\omega^2}\quad(\mathrm{Re}\ s>0)$$

例 2 已知 $F(s)=\frac{5s-1}{(s+1)(s-2)}$，求 $\mathcal{L}^{-1}[F(s)]$.

解 由 $\mathcal{L}[e^{kt}]=\frac{1}{s-k}$有

$$\mathcal{L}^{-1}[F(s)]=\mathcal{L}^{-1}\left[\frac{5s-1}{(s+1)(s-2)}\right]=\mathcal{L}^{-1}\left[\frac{2}{s+1}+\frac{3}{s-2)}\right]$$

$$=2\mathcal{L}^{-1}\left[\frac{1}{s+1}\right]+3\mathcal{L}^{-1}\left[\frac{1}{s-2}\right]=2e^{-t}+3e^{2t}$$

14.2.2 微分性质

1. 导数的象函数

设 $\mathcal{L}[f(t)]=F(s)$，$f(t)$在$(0, +\infty)$内可微，而 $f'(t)$在 $t>0$ 的任何区间内的有限个第一类间断点外连续，则有

$$\mathcal{L}[f'(t)]=sF(s)-f(0) \tag{14-5}$$

一般地，有

$$\mathcal{L}[f^{(n)}(t)]=s^nF(s)-s^{n-1}f(0)-s^{n-2}f'(0)-\cdots-f^{(n-1)}(0) \tag{14-6}$$

证明 利用分部积分方法和拉普拉斯积分变换的定义，得

$$\mathcal{L}[f'(t)]=\int_0^{+\infty}f'(t)e^{-st}dt=f(t)e^{-st}\Big|_0^{+\infty}+s\int_0^{+\infty}f(t)e^{-st}dt=sF(s)-f(0)$$

用数学归纳法可以得到

$$\mathcal{L}[f^{(n)}(t)]=s^nF(s)-s^{n-1}f(0)-s^{n-2}f'(0)-\cdots-f^{(n-1)}(0)$$

特别地，当初始值 $f(0)=f'(0)=\cdots=f^{(n-1)}(0)=0$ 时，式(14－6)有更简单的形式

$$\mathcal{L}[f^{(n)}(t)]=s^nF(s) \quad (n=1,2,\cdots) \tag{14-7}$$

利用微分性质，可以将函数的微分运算化为代数运算，这为求解微分方程(组)的初值问题提供了一种简便方法.

例 3 求解微分方程 $y''(t)+\omega^2y(t)=0$，$y(0)=0$，$y'(0)=\omega$.

解 对方程的两边取拉普拉斯变换，可以得到

$$s^2Y(s)-sy(0)-y'(0)+\omega^2Y(s)=0$$

其中，$Y(s)=\mathcal{L}[y(t)]$. 代入初值即得

$$Y(s)=\frac{\omega}{s^2+\omega^2}$$

$$y(t)=\mathcal{L}^{-1}[Y(s)]=\mathcal{L}^{-1}\left[\frac{\omega}{s^2+\omega^2}\right]=\sin\omega t$$

例 4 求 $f(t)=t^m$ 的拉普拉斯变换(m 为正整数).

解 设 $f(t)=t^m$，则 $f^{(m)}(t)=m!$，且

$$f(0)=f'(0)=\cdots=f^{(m-1)}(0)=0$$

由式(14－7)有

$$\mathcal{L}[f^{(m)}(t)]=s^m\mathcal{L}[f(t)]$$

即

$$\mathcal{L}[t^m]=\frac{1}{s^m}\mathcal{L}[m!]=\frac{m!}{s^{m+1}}(\mathrm{Re}\ s>0)$$

2. 象函数的导数

设 $\mathcal{L}[f(t)]=F(s)$，则有

$$F'(s)=-\mathcal{L}[tf(t)] \tag{14-8}$$

一般地，有

$$F^{(n)}(s)=(-1)^n\mathcal{L}[t^nf(t)] \tag{14-9}$$

证明　$F'(s)=\int_0^{+\infty}f(t)(\mathrm{e}^{-st})'\mathrm{d}t=-\int_0^{+\infty}tf(t)\mathrm{e}^{-st}\mathrm{d}t=-\mathcal{L}[tf(t)]$

用数学归纳法可以得到

$$F^{(n)}(s)=(-1)^n\mathcal{L}[t^nf(t)]$$

例 5　求函数 $f(t)=t\sin\omega t$ 的拉普拉斯变换.

解　$\mathcal{L}[f(t)]=\mathcal{L}[t\sin\omega t]=-\{\mathcal{L}[\sin\omega t]\}'=-\left(\frac{\omega}{s^2+\omega^2}\right)'=\frac{2\omega s}{(s^2+\omega^2)^2}$

例 6　求函数 $f(t)=t^2\cos^2t$ 的拉普拉斯变换.

解　$\mathcal{L}[f(t)]=\mathcal{L}[t^2\cos^2t]=\frac{1}{2}\mathcal{L}[t^2(1+\cos2t)]$

$$=\frac{1}{2}\frac{\mathrm{d}^2}{\mathrm{d}s^2}\mathcal{L}[1+\cos2t]=\frac{1}{2}\frac{\mathrm{d}^2}{\mathrm{d}s^2}\left(\frac{1}{s}+\frac{s}{s^2+4}\right)$$

$$=\frac{2(s^6+24s^2+32)}{s^3(s^2+4)^3}$$

14.2.3　积分性质

1. 积分的象函数

设 $\mathcal{L}[f(t)]=F(s)$，则有

$$\mathcal{L}\left[\int_0^t f(t)\mathrm{d}t\right]=\frac{1}{s}F(s) \tag{14-10}$$

一般地，有

$$\mathcal{L}[\underbrace{\int_0^t \mathrm{d}t\int_0^t \mathrm{d}t\cdots\int_0^t \mathrm{d}t\int_0^t f(t)\mathrm{d}t}_{n\text{次}}]=\frac{1}{s^n}F(s) \tag{14-11}$$

证明 设 $g(t)=\int_0^t f(t)\mathrm{d}t$，则 $g'(t)=f(t)$，且 $g(0)=0$，利用微分性质可以得到

$$\mathcal{L}[f(t)]=\mathcal{L}[g'(t)]=s\mathcal{L}[g(t)]-g(0)=s\mathcal{L}[g(t)]$$

所以

$$\mathcal{L}\left[\int_0^t f(t)\mathrm{d}t\right]=\frac{1}{s}F(s)$$

用数学归纳法可以得到

$$\mathcal{L}[\underbrace{\int_0^t \mathrm{d}t\int_0^t \mathrm{d}t\cdots\int_0^t \mathrm{d}t\int_0^t f(t)\mathrm{d}t}_{n\text{次}}]=\frac{1}{s^n}F(s)$$

2. 象函数的积分

设 $\mathcal{L}[f(t)]=F(s)$，则有

$$\int_s^{+\infty} F(s)\mathrm{d}s=\mathcal{L}\left[\frac{f(t)}{t}\right] \tag{14-12}$$

一般地，有

$$\underbrace{\int_s^{+\infty}\mathrm{d}s\int_s^{+\infty}\mathrm{d}s\int_s^{+\infty}\mathrm{d}s\cdots\int_s^{+\infty} F(s)\mathrm{d}s}_{n\text{次}}=\mathcal{L}\left[\frac{f(t)}{t^n}\right] \tag{14-13}$$

证明

$$\begin{aligned}\int_s^{+\infty} F(s)\mathrm{d}s&=\int_s^{+\infty}\left(\int_0^{+\infty} f(t)\mathrm{e}^{-st}\mathrm{d}t\right)\mathrm{d}s\\&=\int_0^{+\infty} f(t)\left(\int_s^{+\infty}\mathrm{e}^{-st}\mathrm{d}s\right)\mathrm{d}t\\&=\int_0^{+\infty} f(t)\left(-\frac{\mathrm{e}^{-st}}{t}\Big|_s^{+\infty}\right)\mathrm{d}t\\&=\int_0^{+\infty} f(t)\left(\frac{\mathrm{e}^{-st}}{t}\right)\mathrm{d}t\end{aligned}$$

$$=\mathcal{L}\left[\frac{f(t)}{t}\right]$$

反复利用上式可以得到

$$\underbrace{\int_s^{+\infty}\mathrm{d}s\int_s^{+\infty}\mathrm{d}s\int_s^{+\infty}\mathrm{d}s\cdots\int_s^{+\infty}F(s)\mathrm{d}s}_{n\text{次}}=\mathcal{L}\left[\frac{f(t)}{t^n}\right]$$

例 7 求函数 $f(t)=\dfrac{\sin t}{t}$ 的拉普拉斯变换.

解 由于 $\mathcal{L}[\sin t]=\dfrac{1}{s^2+1}$，有

$$\mathcal{L}\left[\frac{\sin t}{t}\right]=\int_s^{+\infty}\frac{1}{s^2+1}\mathrm{d}s=\operatorname{arccot}s$$

令 $s=0$，有

$$\int_0^{+\infty}\frac{\sin t}{t}\mathrm{d}t=\frac{\pi}{2}$$

由此可以知道利用拉普拉斯变换，可以计算一些反常积分.

例 8 计算下列积分：

(1) $\displaystyle\int_0^{+\infty}\mathrm{e}^{-3t}\cos 2t\,\mathrm{d}t$

(2) $\displaystyle\int_0^{+\infty}\frac{1-\cos t}{t}\mathrm{e}^{-t}\,\mathrm{d}t$

解 (1) $\mathcal{L}[\cos 2t]=\dfrac{s}{s^2+4}$，$\displaystyle\int_0^{+\infty}\mathrm{e}^{-3t}\cos 2t\,\mathrm{d}t=\frac{s}{s^2+4}\Big|_{s=3}=\frac{3}{13}$

(2) $\displaystyle\mathcal{L}\left[\frac{1-\cos t}{t}\right]=\int_s^{+\infty}\mathcal{L}[1-\cos t]\mathrm{d}s=\int_s^{+\infty}\frac{1}{s(s^2+1)}\mathrm{d}s=\frac{1}{2}\ln\frac{s^2+1}{s^2}$

令 $s=1$，得

$$\int_0^{+\infty}\frac{1-\cos t}{t}\mathrm{e}^{-t}\,\mathrm{d}t=\frac{1}{2}\ln 2$$

14.2.4 延滞性质与位移性质

1. 延滞性质

设 $\mathcal{L}[f(t)]=F(s)$，当 $t<0$ 时 $f(t)=0$，则对任一非负实数 τ 有

$$\mathcal{L}[f(t-\tau)]=e^{-s\tau}\mathcal{L}[f(t)]=e^{-s\tau}F(s) \tag{14-14}$$

证明 令 $t_1=t-\tau$，则

$$\mathcal{L}[f(t-\tau)]=\int_0^{+\infty} f(t_1)e^{-s(t_1+\tau)}dt_1=e^{-s\tau}\mathcal{L}[f(t)]=e^{-s\tau}F(s)$$

必须注意的是本性质中对 $f(t)$ 的要求，即当 $t<0$ 时，$f(t)\equiv 0$. 此时 $f(t-\tau)$ 在 $t<\tau$ 时为零，故 $f(t-\tau)$ 应理解为 $f(t-\tau)u(t-\tau)$，而不是 $f(t-\tau)u(t)$.

因此，式(14-14)完整的写法应为

$$\mathcal{L}[f(t-\tau)u(t-\tau)]=e^{-s\tau}F(s)$$

相应地就有

$$\mathcal{L}^{-1}[e^{-s\tau}F(s)]=f(t-\tau)u(t-\tau)$$

在这个性质中，函数 $f(t-\tau)$ 表示函数 $f(t)$ 在时间上滞后 τ 个单位，所以这个性质称为**延滞性质**.

例 9 设 $f(t)=\sin t$，求 $\mathcal{L}\left[f\left(t-\frac{\pi}{2}\right)\right]$.

解 $\mathcal{L}\left[f\left(t-\frac{\pi}{2}\right)\right]=\mathcal{L}\left[\sin\left(t-\frac{\pi}{2}\right)\right]=\frac{1}{s^2+1}e^{-\frac{\pi}{2}s}$

例 10 求 $\mathcal{L}^{-1}\left[\frac{1}{s-1}e^{-s}\right]$.

解 因为 $\mathcal{L}^{-1}\left[\frac{1}{s-1}\right]=e^t u(t)$

所以 $\mathcal{L}^{-1}\left[\frac{1}{s-1}e^{-s}\right]=e^{t-1}u(t-1)=\begin{cases} e^{t-1}, & t>1 \\ 0, & t<1 \end{cases}$

2. 位移性质

设 $\mathcal{L}[f(t)]=F(s)$，则有

$$\mathcal{L}[e^{\alpha t}f(t)]=F(s-\alpha),\alpha \text{ 为常数} \tag{14-15}$$

证明

$$\mathcal{L}[e^{\alpha t}f(t)]=\int_0^{+\infty} e^{\alpha t}f(t)e^{-st}dt=\int_0^{+\infty} f(t)e^{-(s-\alpha)t}dt=F(s-\alpha)$$

例 11 求 $\mathcal{L}[e^{-at}\sin kt]$.

解 已知 $\mathcal{L}[\sin kt]=\dfrac{k}{s^2+k^2}$，由式(14-15)有

$$\mathcal{L}[e^{-at}\sin kt]=\frac{k}{(s+a)^2+k^2}$$

14.2.5 周期函数的象函数

设 $f(t)$是$[0,+\infty)$内以 T 为周期的函数，且 $f(t)$在一个周期内逐段光滑，则

$$\mathcal{L}[f(t)]=\frac{1}{1-e^{-sT}}\int_0^T f(t)e^{-st}\,dt \tag{14-16}$$

证明 由定义，有

$$\mathcal{L}[f(t)]=\int_0^{+\infty} f(t)e^{-st}\,dt=\int_0^T f(t)e^{-st}\,dt+\int_T^{+\infty} f(t)e^{-st}\,dt$$

对上式右端第二个积分作变量代换 $t_1=t-T$，且由 $f(t)$的周期性，有

$$\begin{aligned}\mathcal{L}[f(t)]&=\int_0^T f(t)e^{-st}\,dt+\int_0^{+\infty} f(t_1)e^{-st_1}e^{-sT}\,dt_1\\&=\int_0^T f(t)e^{-st}\,dt+e^{-sT}\mathcal{L}[f(t)]\end{aligned}$$

故有

$$\mathcal{L}[f(t)]=\frac{1}{1-e^{-sT}}\int_0^T f(t)e^{-st}\,dt$$

例 12 求全波整流后的正弦波 $f(t)=|\sin\omega t|$ 的象函数.

解 $f(t)$的周期为 $T=\dfrac{\pi}{\omega}$，由式(14-16)得

$$\begin{aligned}\mathcal{L}[f(t)]&=\frac{1}{1-e^{-sT}}\int_0^T e^{-st}\sin\omega t\,dt\\&=\frac{1}{1-e^{-sT}}\cdot\frac{e^{-st}(-s\sin\omega t-\omega\cos\omega t)}{s^2+\omega^2}\Bigg|_0^T\\&=\frac{\omega}{s^2+\omega^2}\cdot\frac{1+e^{-sT}}{1-e^{-sT}}=\frac{\omega}{s^2+\omega^2}\operatorname{cth}\frac{s\pi}{2\omega}\end{aligned}$$

习题 14－2

利用拉普拉斯变换的性质求下列函数的拉普拉斯变换：

(1) $f(t)=2\sin 3t+3\cos 2t$

(2) $f(t)=\cos\left(2t+\frac{\pi}{3}\right)$

(3) $f(t)=2\sin t\cos t$

(4) $f(t)=t^2e^{-t}$

(5) $f(t)=e^{2t}\cos 3t$

(6) $f(t)=t\cos 2t$

14.3 拉普拉斯逆变换及其性质

前面讨论了由已知函数 $f(t)$求它的象函数 $F(s)$的问题，但在实际应用中常会遇到与此相反的问题，即已知象函数 $F(s)$，求它的原函数 $f(t)$，这就是拉普拉斯逆变换．求 $F(s)$的逆变换，可以借助一些代数运算将 $F(s)$的表达式分解成几个简单函数的形式，再通过查拉普拉斯变换公式以及拉普拉斯变换的性质求出象原函数．为了方便求函数的拉普拉斯逆变换，现把拉普拉斯逆变换中常用的性质一一列出．

性质 1(线性性质)　若 a_1，a_2 为常数，且 $\mathcal{L}[f_1(t)]=F_1(s)$，$\mathcal{L}[f_2(t)]=F_2(s)$，则

$$\begin{aligned}\mathcal{L}^{-1}[a_1F_1(s)+a_2F_2(s)]&=a_1\mathcal{L}^{-1}[F_1(s)]+a_2\mathcal{L}^{-1}[F_2(s)]\\&=a_1f_1(t)+a_2f_2(t)\end{aligned}$$

性质 2(平移性质)　若 $\mathcal{L}[f(t)]=F(s)$，则

$$\mathcal{L}^{-1}[F(s-a)]=e^{at}\mathcal{L}^{-1}[F(s)]=e^{at}f(t)\quad(a\text{ 为常数})$$

性质 3(延滞性质)　若 $\mathcal{L}[f(t)]=F(s)$，则

$$\mathcal{L}^{-1}[e^{-as}F(s)]=f(t-a)u(t-a)$$

例 1　求下列象函数的拉普拉斯逆变换：

(1) $F(s)=\dfrac{1}{s+3}$

(2) $F(s)=\dfrac{1}{(s-2)^3}$

(3) $F(s)=\dfrac{4s+3}{s^2}$

(4) $F(s)=\dfrac{3s+5}{s^2+4}$

解　(1) 因为 $\mathcal{L}[e^{-3t}]=\frac{1}{s+3}$，所以

$$f(t)=\mathcal{L}^{-1}\left[\frac{1}{s+3}\right]=e^{-3t}$$

(2) 由拉普拉斯逆变换的平移性质有

$$f(t)=\mathcal{L}^{-1}\left[\frac{1}{(s-2)^3}\right]=e^{2t}\mathcal{L}^{-1}\left[\frac{1}{s^3}\right]=\frac{e^{2t}}{2}\mathcal{L}^{-1}\left[\frac{2!}{s^3}\right]=\frac{1}{2}t^2e^{2t}$$

(3) 因为 $\frac{4s+3}{s^2}=4\frac{1}{s}+3\frac{1}{s^2}$，所以由拉普拉斯逆变换的线性性质有

$$f(t)=\mathcal{L}^{-1}\left[\frac{4s+3}{s^2}\right]=4\mathcal{L}^{-1}\left[\frac{1}{s}\right]+3\mathcal{L}^{-1}\left[\frac{1}{s^2}\right]=4+3t$$

(4) 因为 $\frac{3s+5}{s^2+4}=3\frac{s}{s^2+4}+\frac{5}{2}\frac{2}{s^2+4}$，所以由拉普拉斯逆变换的线性性质有

$$f(t)=\mathcal{L}^{-1}\left[\frac{3s+5}{s^2+4}\right]=3\mathcal{L}^{-1}\left[\frac{s}{s^2+4}\right]+\frac{5}{2}\mathcal{L}^{-1}\left[\frac{2}{s^2+4}\right]=3\cos 2t+\frac{5}{2}\sin 2t$$

例 2　求 $F(s)=\frac{2s+3}{s^2-2s+5}$ 的拉普拉斯逆变换.

解　$$f(t)=\mathcal{L}^{-1}\left[\frac{2s+3}{s^2-2s+5}\right]=\mathcal{L}^{-1}\left[\frac{2(s-1)+5}{(s-1)^2+4}\right]$$
$$=2\mathcal{L}^{-1}\left[\frac{s-1}{(s-1)^2+4}\right]+\frac{5}{2}\mathcal{L}^{-1}\left[\frac{2}{(s-1)^2+4}\right]$$
$$=2e^t\mathcal{L}^{-1}\left[\frac{s}{s^2+4}\right]+\frac{5}{2}e^t\mathcal{L}^{-1}\left[\frac{2}{s^2+4}\right]$$
$$=2e^t\cos 2t+\frac{5}{2}e^t\sin 2t$$
$$=e^t\left(2\cos 2t+\frac{5}{2}\sin 2t\right)$$

如果象函数 $F(s)$ 是有理分式，一般可用待定系数法将它分解为较简单的分式之和，然后再利用拉普拉斯逆变换表示出象原函数 $f(t)$.

例 3　求 $F(s)=\frac{s+9}{s^2+5s+6}$ 的拉普拉斯逆变换.

解 先将 $F(s)$ 分解成部分分式之和

$$\frac{s+9}{s^2+5s+6}=\frac{s+9}{(s+2)(s+3)}=\frac{A}{s+2}-\frac{B}{s+3}$$

用待定系数法求得

$$\frac{s+9}{(s+2)(s+3)}=\frac{7}{s+2}-\frac{6}{s+3}$$

所以

$$\begin{aligned}f(t)=\mathcal{L}^{-1}[F(s)]=\mathcal{L}^{-1}\left[\frac{7}{s+2}-\frac{6}{s+3}\right]\\=7\mathcal{L}^{-1}\left[\frac{1}{s+2}\right]-6\mathcal{L}^{-1}\left[\frac{1}{s+3}\right]\\=7e^{-2t}-6e^{-3t}\end{aligned}$$

例 4 求 $F(s)=\dfrac{s^2}{(s+2)(s^2+2s+2)}$ 的拉普拉斯逆变换.

解 先将 $F(s)$ 分解成部分分式之和

$$F(s)=\frac{s^2}{(s+2)(s^2+2s+2)}=\frac{A}{s+2}-\frac{Bs+C}{s^2+2s+2}$$

用待定系数法求得

$$\begin{aligned}F(s)&=\frac{s^2}{(s+2)(s^2+2s+2)}=\frac{2}{s+2}-\frac{s+2}{s^2+2s+2}\\&=\frac{2}{s+2}-\frac{s+1}{(s+1)^2+1}-\frac{1}{(s+1)^2+1}\end{aligned}$$

所以

$$\begin{aligned}f(t)&=\mathcal{L}^{-1}[F(s)]=\mathcal{L}^{-1}\left[\frac{2}{s+2}-\frac{s+1}{(s+1)^2+1}-\frac{1}{(s+1)^2+1}\right]\\&=\mathcal{L}^{-1}\left[\frac{2}{s+2}\right]-\mathcal{L}^{-1}\left[\frac{s+1}{(s+1)^2+1}\right]-\mathcal{L}^{-1}\left[\frac{1}{(s+1)^2+1}\right]\\&=2e^{-2t}-e^{-t}\cos t-e^{-t}\sin t\\&=2e^{-2t}-e^{-t}(\cos t+\sin t)\end{aligned}$$

习题 14－3

求下列函数的拉普拉斯逆变换：

(1) $F(s)=\dfrac{2}{s-3}$ (2) $F(s)=\dfrac{4s}{s^2+16}$

(3) $F(s)=\dfrac{s}{s+2}$ (4) $F(s)=\dfrac{s}{(s+5)(s+7)}$

(5) $F(s)=\dfrac{s+2}{s^3+6s^2+9s}$ (6) $F(s)=\dfrac{s^2+2}{(s^2+10)(s^2+20)}$

14.4 卷积

下面介绍积分变换的一个重要性质——卷积和卷积定理，它们在分析线性系统和计算拉普拉斯逆变换时是很有用的工具.

14.4.1 卷积的概念

定义 1 两个函数的卷积是指

$$f_1(t)*f_2(t)=\int_{-\infty}^{+\infty}f_1(\tau)f_2(t-\tau)\mathrm{d}\tau \tag{14-17}$$

如果 $f_1(t)$ 与 $f_2(t)$ 都满足条件：当 $t<0$ 时，$f_1(t)=f_2(t)=0$，则式(14－17)可以写成

$$\begin{aligned}f_1(t)*f_2(t)&=\int_{-\infty}^{0}f_1(\tau)f_2(t-\tau)\mathrm{d}\tau+\int_0^t f_1(\tau)f_2(t-\tau)\mathrm{d}\tau+\\&\quad\int_t^{+\infty}f_1(\tau)f_2(t-\tau)\mathrm{d}\tau\\&=\int_0^t f_1(\tau)f_2(t-\tau)\mathrm{d}\tau\end{aligned} \tag{14-18}$$

根据卷积的定义可以证明卷积满足交换律、结合律和对加法的分配律：

(1) $f_1(t)*f_2(t)=f_2(t)*f_1(t)$

(2) $f_1(t)*[f_2(t)*f_3(t)]=[f_1(t)*f_2(t)]*f_3(t)$

(3) $f_1(t)*[f_2(t)+f_3(t)]=f_1(t)*f_2(t)+f_1(t)*f_3(t)$

例 1 求 $t*\mathrm{e}^{at}$.

解 $$t*\mathrm{e}^{at}=\int_0^t \tau\mathrm{e}^{a(t-\tau)}\mathrm{d}\tau=\mathrm{e}^{at}\int_0^t \tau\mathrm{e}^{-a\tau}\mathrm{d}\tau$$

$$=-\frac{1}{a}\mathrm{e}^{at}\int_0^t \tau\mathrm{d}\mathrm{e}^{-a\tau}=\frac{-\mathrm{e}^{at}}{a}\left[\tau\mathrm{e}^{-a\tau}\Big|_0^t-\int_0^t \mathrm{e}^{-a\tau}\mathrm{d}\tau\right]$$

$$=\frac{-\mathrm{e}^{at}}{a}\left[t\mathrm{e}^{-at}+\frac{1}{a}\mathrm{e}^{-a\tau}\Big|_0^t\right]=\frac{-\mathrm{e}^{at}}{a}\left[t\mathrm{e}^{-at}+\frac{1}{a}(\mathrm{e}^{-at}-1)\right]$$

$$=-\frac{t}{a}+\frac{1}{a^2}(\mathrm{e}^{at}-1)$$

14.4.2 卷积定理

定理 1(卷积定理) 设 $f_1(t)$，$f_2(t)$都满足拉普拉斯变换存在定理的条件，且

$$\mathcal{L}[f_1(t)]=F_1(s),\quad \mathcal{L}[f_2(t)]=F_2(s)$$

则

$$\left.\begin{aligned}&\mathcal{L}[f_1(t)*f_2(t)]=\mathcal{L}[f_1(t)\cdot\mathcal{L}[f_2(t)]=F_1(s)\cdot F_2(s)\\&\mathcal{L}^{-1}=[F_1(s)\cdot F_2(s)]=f_1(t)^*f_2(t)\end{aligned}\right\}\qquad(14-19)$$

证明 由定义

$$\mathcal{L}[f_1(t)*f_2(t)]=\int_0^{+\infty}[f_1(t)*f_2(t)]\mathrm{e}^{-st}\mathrm{d}t=\int_0^{+\infty}\left[\int_0^t f_1(\tau)f_2(t-\tau)\mathrm{d}\tau\right]\mathrm{e}^{-st}\mathrm{d}t$$

然后交换二重积分的次序，令 $t_1=t-\tau$，则

$$\mathcal{L}[f_1(t)*f_2(t)]=\int_0^{+\infty}f_1(\tau)\left[\int_0^t f_2(t-\tau)\mathrm{e}^{-st}\mathrm{d}t\right]\mathrm{d}\tau$$

$$=\int_0^{+\infty}f_1(\tau)\left[\int_0^{+\infty}f_2(t_1)\mathrm{e}^{-s\tau}\mathrm{e}^{-st_1}\mathrm{d}t_1\right]\mathrm{d}\tau$$

$$=F_2(s)\int_0^{+\infty}f_1(\tau)\mathrm{e}^{-s\tau}\mathrm{d}\tau=F_1(s)\cdot F_2(s)$$

例 2 求函数 $f_1(t)=t$ 与 $f_2(t)=\sin t$ 的卷积.

解 $$f_1(t)*f_2(t)=\int_0^t f_1(\tau)f_2(t-\tau)\mathrm{d}\tau$$

$$=\int_0^t \tau\sin(t-\tau)\mathrm{d}\tau=\tau\cos(t-\tau)\Big|_0^t-\int_0^t\cos(t-\tau)\mathrm{d}\tau=t-\sin t$$

例 3 已知 $F(s)=\dfrac{s^2}{(s^2+1)^2}$，求 $f(t)=\mathcal{L}^{-1}[F(s)]$.

解　由于

$$F(s)=\frac{s^2}{(s^2+1)^2}=\frac{s}{s^2+1}\cdot\frac{s}{s^2+1},\quad \mathcal{L}^{-1}\left[\frac{s}{s^2+1}\right]=\cos t$$

因此

$$f(t)=\mathcal{L}^{-1}[F(s)]=\cos t*\cos t=\int_0^t\cos\tau\cos(t-\tau)\mathrm{d}\tau$$

$$=\frac{1}{2}\int_0^t[\cos t+\cos(2\tau-t)]\mathrm{d}\tau=\frac{1}{2}(t\cos t+\sin t)$$

例 4　已知 $F(s)=\dfrac{1}{s^3+s^2+s+1}$，求 $f(t)=\mathcal{L}^{-1}[F(s)]$.

解　因为

$$F(s)=\frac{1}{s^3+s^2+s+1}=\frac{1}{s^2+1}\cdot\frac{1}{s+1}$$

且

$$\mathcal{L}^{-1}\left[\frac{1}{s^2+1}\right]=\sin t,\qquad \mathcal{L}^{-1}\left[\frac{1}{s+1}\right]=\mathrm{e}^{-t}$$

所以，由式(14-19)得

$$\mathcal{L}^{-1}[F(s)]=\mathcal{L}^{-1}\left[\frac{1}{s^2+1}\right]*\mathcal{L}^{-1}\left[\frac{1}{s+1}\right]=\sin t*\mathrm{e}^{-t}$$

$$=\int_0^t\sin\tau\cdot\mathrm{e}^{-(t-\tau)}\mathrm{d}\tau$$

$$=\mathrm{e}^{-t}\int_0^t\sin\tau\cdot\mathrm{e}^{\tau}\mathrm{d}\tau$$

$$=\frac{1}{2}(\sin t-\cos t+\mathrm{e}^{-t})$$

习题 14-4

1. 求下列卷积：

(1) $t*\mathrm{e}^t$　　　　(2) $\sin t*\cos t$

2. 利用卷积定理求下列函数的拉普拉斯逆变换：

(1) $F(s)=\dfrac{1}{(s^2+a^2)^2}$　　　　(2) $F(s)=\dfrac{s^2}{(s^2+a^2)^2}$

14.5 拉普拉斯变换的应用举例

拉普拉斯变换在线性系统的分析和研究中起着重要的作用. 在物理、力学以及工程等许多场合可以用线性常微分方程来描述线性系统. 这类系统在电路原理和自动控制理论中都占据着重要地位. 下面通过举例介绍利用拉普拉斯变换求解线性常微分方程和电路问题.

14.5.1 利用拉普拉斯变换求解微分方程

借助于拉普拉斯变换可以把常系数线性微分方程(组)转换成复变数的代数方程(组)，根据代数方程(组)求出象函数，然后再取逆变换，即可求出原微分方程(组)的解. 此方法简洁、方便，为工程技术人员所普遍采用. 下面通过例题来说明该方法的应用.

例 1 求方程 $x'(t)+2x(t)=0$ 满足初始条件 $x(0)=3$ 的解.

解 设 $\mathcal{L}[x(t)]=X(s)$，对方程两边取拉普拉斯变换，则有

$$\mathcal{L}[x'(t)+2x(t)]=\mathcal{L}[0]$$

$$\mathcal{L}[x'(t)]+2\mathcal{L}[x(t)]=0$$

$$sX(s)-x(0)+2X(s)=0$$

将初始条件 $x(0)=3$ 代入，得

$$X(s)(s+2)=3$$

这样，原来的微分方程经过拉普拉斯变换后，就得到一个象函数的代数方程. 解这个代数方程，得

$$X(s)=\frac{3}{s+2}$$

所以，由拉普拉斯逆变换的求法，得

$$x(t)=\mathcal{L}^{-1}[X(s)]=\mathcal{L}^{-1}\left[\frac{3}{s+2}\right]=3e^{-2t}$$

这样，就得到了微分方程的解为

$$x(t)=3e^{-2t}$$

用拉普拉斯变换还可以解常系数线性微分方程组.

例 2 求微分方程组 $\begin{cases} x''-2y'-x=0 \\ x'-y=0 \end{cases}$ 满足初始条件 $x(0)=0$，$x'(0)=1$，$y(0)=1$ 的解.

解 设 $\mathcal{L}[x(t)]=X(s)=X$，$\mathcal{L}[y(t)]=Y(s)=Y$，对方程组中每个方程的两边取拉普拉斯变换，得到

$$\begin{cases} s^2X-sx(0)-x'(0)-2[sY-y(0)]-X=0 \\ sX-x(0)-Y=0 \end{cases}$$

将初始条件 $x(0)=0$，$x'(0)=1$，$y(0)=1$ 代入，整理后得

$$\begin{cases} (s^2-1)X-2sY+1=0 \\ sX-Y=0 \end{cases}$$

解此方程组得

$$\begin{cases} X(s)=\dfrac{1}{s^2+1} \\ Y(s)=\dfrac{s}{s^2+1} \end{cases}$$

取逆变换，得到原方程组满足初始条件的解为

$$\begin{cases} x(t)=\sin t \\ y(t)=\cos t \end{cases}$$

14.5.2 利用拉普拉斯变换分析电路

一些电路问题可以用拉普拉斯变换求解.

例 3 如图 14-1 所示，电路在 $t=0$ 时开关 S 闭合，求输出电压信号 $u_C(t)$.

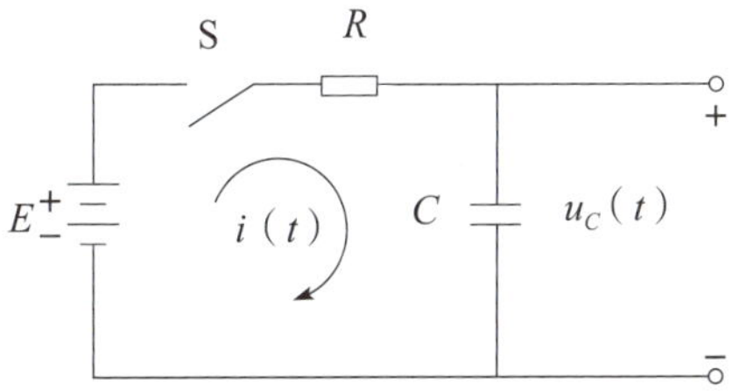

图 14-1

解 列出微分方程

$$\begin{cases} Ri(t)+u_C(t)=Eu(t) \\ u_C(t)\big|_{t=0}=0 \end{cases}$$

将此式改写为只含有一个未知函数 $u_C(t)$ 的形式

$$RC\frac{\mathrm{d}u_C(t)}{\mathrm{d}t}+u_C(t)=Eu(t)$$

将上式中各项取拉普拉斯变换得到

$$RCsU_C(s)+U_C(s)=\frac{E}{s}$$

解此代数方程，求得

$$U_C(s)=\frac{E}{s(1+RCs)}=\frac{E}{RCs\left(s+\frac{1}{RC}\right)}$$

将 $U_C(s)$ 的表达式分解为以下形式

$$U_C(s)=E\left[\frac{1}{s}-\frac{1}{s+\frac{1}{RC}}\right]$$

求拉普拉斯逆变换得

$$u_C(t)=\mathcal{L}^{-1}[U_C(s)]=E\left(1-\mathrm{e}^{-\frac{t}{RC}}\right)\qquad (t\geqslant 0)$$

习题 14-5

用拉普拉斯变换解下列微分方程(组)：

(1) $\frac{\mathrm{d}^2y}{\mathrm{d}t^2}+\bar{\omega}^2y=0$，$y(0)=0$，$y'(0)=\bar{\omega}$

(2) $x''(t)+2x'(t)+5x(t)=0$，$x(0)=1$，$x'(0)=5$

(3) $\begin{cases}x'+x+y=0,\\ x''+2y=0,\end{cases}\quad x(0)=0$，$x'(0)=1$，$y(0)=1$

复习题十四

1. 求下列函数的拉普拉斯变换：

(1) $f(t)=t^3-2\mathrm{e}^{-t}$ (2) $f(t)=\mathrm{e}^{-2t}\cos t$

(3) $f(t)=\begin{cases}8, & 0\leqslant t<2\\ 0, & t\geqslant 2\end{cases}$

2. 求下列函数的象原函数：

(1) $F(s)=\dfrac{3}{(s-1)(s-2)}$　　(2) $F(s)=\dfrac{1}{s^2+2s+1}$

3. 用拉普拉斯变换解下列微分方程：

(1) $y''+2y'+2y=\mathrm{e}^{-x}$，$y(0)=y'(0)=0$

(2) $y''+9y=\cos 3t$，$y(0)=y'(0)=0$

附表 1 泊松分布表

$$P\{\xi \geqslant x\}=\sum_{k=x}^{\infty} \frac{\lambda^{k}}{k!} \mathrm{e}^{-\lambda}$$

x	$\lambda=0.2$	$\lambda=0.3$	$\lambda=0.4$	$\lambda=0.5$	$\lambda=0.6$	$\lambda=0.7$	$\lambda=0.8$	$\lambda=0.9$
0	1.000 000 0	1.000 000 0	1.000 000 0	1.000 000	1.000 000	1.000 000	1.000 000	1.000 000
1	0.181 269 2	0.259 181 8	0.329 680 0	0.393 469	0.451 188	0.503 415	0.550 671	0.593 430
2	0.017 523 1	0.036 936 3	0.061 551 9	0.090 204	0.121 901	0.155 805	0.191 208	0.227 518
3	0.001 148 5	0.003 599 5	0.007 926 3	0.014 388	0.023 115	0.034 142	0.047 423	0.062 857
4	0.000 056 8	0.000 265 8	0.000 776 3	0.001 752	0.003 358	0.005 753	0.009 080	0.013 459
5	0.000 002 3	0.000 015 8	0.000 061 2	0.000 172	0.000 394	0.000 786	0.001 411	0.002 344
6	0.000 000 1	0.000 000 8	0.000 004 0	0.000 014	0.000 039	0.000 090	0.000 184	0.000 343
7			0.000 000 2	0.000 001	0.000 003	0.000 009	0.000 021	0.000 043
8						0.000 001	0.000 002	0.000 005

x	$\lambda=1.0$	$\lambda=1.2$	$\lambda=1.4$	$\lambda=1.6$	$\lambda=1.8$	$\lambda=2.5$	$\lambda=3.0$	$\lambda=3.5$
0	1.000 000	1.000 000	1.000 000	1.000 000	1.000 000	1.000 000	1.000 000	1.000 000
1	0.632 121	0.698 806	0.753 403	0.798 103	0.834 701	0.917 915	0.950 213	0.969 803
2	0.264 241	0.337 373	0.408 167	0.475 069	0.537 163	0.712 703	0.800 852	0.864 112
3	0.080 301	0.120 513	0.166 502	0.216 642	0.269 379	0.456 187	0.576 810	0.679 153
4	0.018 988	0.033 769	0.053 725	0.078 813	0.108 708	0.242 424	0.352 768	0.463 367
5	0.003 660	0.007 746	0.014 253	0.023 682	0.036 407	0.108 822	0.184 737	0.274 555
6	0.000 594	0.001 500	0.003 201	0.006 040	0.010 378	0.042 021	0.083 918	0.142 386
7	0.000 083	0.000 251	0.000 622	0.001 336	0.002 569	0.014 187	0.033 509	0.065 288
8	0.000 010	0.000 037	0.000 107	0.000 260	0.000 562	0.004 247	0.011 905	0.026 739
9	0.000 001	0.000 005	0.000 016	0.000 045	0.000 110	0.001 104	0.003 803	0.009 874
10		0.000 001	0.000 002	0.000 007	0.000 019	0.000 277	0.001 102	0.003 315
11				0.000 001	0.000 003	0.000 062	0.000 292	0.001 019
12						0.000 013	0.000 071	0.000 289
13						0.000 002	0.000 016	0.000 076
14							0.000 003	0.000 019
15							0.000 001	0.000 004
16								0.000 001

续表

x	$\lambda=4.0$	$\lambda=4.5$	$\lambda=5.0$	x	$\lambda=4.0$	$\lambda=4.5$	$\lambda=5.0$	
0	1.000 000	1.000 000	1.000 000	10	0.008 132	0.017 093	0.031 828	
1	0.981 684	0.988 891	0.993 262	11	0.002 840	0.006 669	0.013 695	
2	0.908 422	0.938 901	0.959 572	12	0.000 915	0.002 404	0.005 453	
3	0.761 897	0.826 422	0.875 348	13	0.000 274	0.000 805	0.002 019	
4	0.566 530	0.657 704	0.734 974	14	0.000 076	0.000 252	0.000 698	
5	0.371 163	0.467 896	0.559 507	15	0.000 020	0.000 074	0.000 226	
6	0.214 870	0.029 707	0.384 039	16	0.000 005	0.000 020	0.000 069	
7	0.110 674	0.168 949	0.237 817	17	0.000 001	0.000 005	0.000 020	
8	0.051 134	0.086 586	0.133 372	18		0.000 001	0.000 005	
9	0.0213 63	0.040 257	0.068 094	19			0.000 001	

附表 2　标准正态分布表

$$\Phi(x)=\int_{-\infty}^{x}\frac{1}{\sqrt{2\pi}}e^{-\frac{t^2}{2}}dt$$

x	0	1	2	3	4	5	6	7	8	9
0.0	0.500 0	0.504 0	0.508 0	0.512 0	0.516 0	0.519 9	0.523 9	0.527 9	0.531 9	0.535 9
0.1	0.539 8	0.543 8	0.547 8	0.551 7	0.555 7	0.559 6	0.563 6	0.567 5	0.571 4	0.575 3
0.2	0.579 3	0.583 2	0.587 1	0.591 0	0.594 8	0.598 7	0.602 6	0.606 4	0.610 3	0.614 1
0.3	0.617 9	0.621 7	0.625 5	0.629 3	0.633 1	0.636 8	0.640 6	0.644 3	0.648 0	0.651 7
0.4	0.655 4	0.659 1	0.662 8	0.666 4	0.670 0	0.673 6	0.677 2	0.680 8	0.684 4	0.687 9
0.5	0.691 5	0.69 5	0.698 5	0.701 9	0.705 4	0.708 8	0.712 3	0.715 7	0.719 0	0.722 4
0.6	0.725 7	0.729 1	0.732 4	0.735 7	0.738 9	0.742 2	0.745 4	0.748 6	0.751 7	0.754 9
0.7	0.758 0	0.761 1	0.764 2	0.767 3	0.770 3	0.773 4	0.776 4	0.779 4	0.782 3	0.785 2
0.8	0.788 1	0.791 0	0.793 9	0.796 7	0.799 5	0.802 3	0.805 1	0.807 8	0.810 6	0.813 3
0.9	0.815 9	0.818 6	0.821 2	0.823 8	0.826 4	0.828 9	0.831 5	0.83 4	0.836 5	0.838 9
1.0	0.841 3	0.843 8	0.846 1	0.848 5	0.850 8	0.853 1	0.855 4	0.857 7	0.859 9	0.862 1
1.1	0.864 3	0.866 5	0.868 6	0.870 8	0.872 9	0.874 9	0.877 0	0.870 9	0.881 0	0.883 0
1.2	0.884 9	0.886 9	0.888 8	0.890 7	0.892 5	0.894 4	0.896 2	0.898 0	0.899 7	0.901 5
1.3	0.903 2	0.904 9	0.906 6	0.908 2	0.909 9	0.911 5	0.913 1	0.914 7	0.916 2	0.917 7
1.4	0.919 2	0.920 7	0.922 2	0.923 6	0.925 1	0.926 5	0.927 8	0.929 2	0.930 6	0.931 9
1.5	0.933 2	0.934 5	0.935 7	0.937 0	0.938 2	0.939 4	0.940 6	0.941 8	0.943 0	0.944 1
1.6	0.945 2	0.946 3	0.947 4	0.948 4	0.949 5	0.950 5	0.951 5	0.952 5	0.953 5	0.954 5
1.7	0.955 4	0.956 4	0.957 3	0.958 2	0.959 1	0.959 9	0.960 8	0.961 6	0.962 5	0.963 3
1.8	0.964 1	0.964 8	0.965 6	0.966 4	0.967 1	0.967 8	0.968 6	0.969 3	0.970 0	0.970 6
1.9	0.971 3	0.971 9	0.972 6	0.973 2	0.973 8	0.974 4	0.975 0	0.975 6	0.976 2	0.976 7
2.0	0.977 2	0.977 8	0.978 3	0.978 8	0.979 3	0.979 8	0.980 3	0.980 8	0.981 2	0.981 7
2.1	0.982 1	0.982 6	0.983 0	0.983 4	0.983 8	0.984 2	0.984 6	0.985 0	0.985 4	0.985 7
2.2	0.986 1	0.986 4	0.986 8	0.987 1	0.987 4	0.987 8	0.988 1	0.988 4	0.988 7	0.989 0
2.3	0.989 3	0.989 6	0.989 8	0.990 1	0.990 4	0.990 6	0.990 9	0.991 1	0.991 3	0.991 6
2.4	0.991 8	0.992 0	0.992 2	0.992 5	0.992 7	0.992 9	0.993 1	0.993 2	0.993 4	0.993 6
2.5	0.993 8	0.994 0	0.994 1	0.994 3	0.994 5	0.994 6	0.994 8	0.994 9	0.995 1	0.995 2
2.6	0.995 3	0.995 5	0.995 6	0.995 7	0.995 9	0.996 0	0.996 1	0.996 2	0.996 3	0.996 4
2.7	0.996 5	0.996 6	0.996 7	0.996 8	0.996 9	0.997 0	0.997 1	0.997 2	0.997 3	0.997 4
2.8	0.997 4	0.997 5	0.997 6	0.997 7	0.997 7	0.997 8	0.997 9	0.997 9	0.998 0	0.998 1
2.9	0.998 1	0.998 2	0.998 2	0.998 3	0.998 4	0.998 4	0.998 5	0.998 5	0.998 6	0.998 6
3.0	0.998 7	0.999 0	0.999 3	0.999 5	0.999 7	0.999 8	0.999 8	0.999 9	0.999 9	1.000 0

注：表中最后一行为 $\Phi(3.0)$，$\Phi(3.1)$，…，$\Phi(3.9)$.

附表3　χ^2 分布表

$$P\{\chi^2(n) > \chi^2_\alpha(n)\} = \alpha$$

n	0.995	0.990	0.975	0.950	0.900	0.750	0.250	0.100	0.050	0.025	0.010	0.005
1	—	—	0.001	0.004	0.016	0.102	1.323	2.706	3.841	5.024	6.635	7.879
2	0.010	0.020	0.051	0.103	0.211	0.575	2.773	4.605	5.991	7.378	9.210	10.597
3	0.072	0.115	0.216	0.352	0.584	1.213	4.108	6.251	7.815	9.348	11.345	12.838
4	0.207	0.297	0.484	0.711	1.064	1.923	5.385	7.779	9.488	11.143	13.277	14.860
5	0.412	0.554	0.831	1.145	1.610	2.675	6.626	9.236	11.071	12.833	15.086	16.750
6	0.676	0.872	1.237	1.635	2.204	3.455	7.841	10.645	12.952	14.449	16.812	18.548
7	0.989	1.239	1.690	2.167	2.833	4.255	9.037	12.017	14.067	16.013	18.475	20.278
8	1.344	1.646	2.180	2.733	3.490	5.071	10.219	13.362	15.507	17.535	20.090	21.955
9	1.735	2.088	2.700	3.325	4.168	5.899	11.389	14.684	16.919	19.023	21.666	23.589
10	2.156	2.558	3.247	3.940	4.865	6.737	12.549	15.987	18.307	20.483	23.209	25.188
11	2.603	3.053	3.816	4.575	5.578	7.584	13.701	17.275	19.675	21.92	24.725	26.757
12	3.074	3.571	4.404	5.226	6.304	8.438	14.845	18.549	21.026	23.337	26.217	28.299
13	3.565	4.107	5.009	5.892	7.042	9.299	15.984	19.812	22.362	24.736	27.688	29.819
14	4.075	4.660	5.629	6.571	7.790	10.165	17.117	21.064	23.685	26.119	29.141	31.319
15	4.601	5.229	6.262	7.261	8.547	11.037	18.245	22.307	24.996	27.488	30.578	32.801
16	5.142	5.812	6.908	7.962	9.312	11.912	19.369	23.542	26.296	28.845	32.000	34.267
17	5.697	6.408	7.564	8.672	10.085	12.792	20.489	24.769	27.587	30.191	33.409	35.718
18	6.265	7.015	8.231	9.390	10.865	13.675	21.605	25.989	28.869	31.526	34.805	37.156
19	6.844	7.633	8.907	10.117	11.651	14.562	22.718	27.204	30.144	32.852	36.191	38.582
20	7.434	8.260	9.591	10.851	12.443	15.452	23.828	28.412	31.410	34.170	37.566	39.997
21	8.034	8.897	10.283	11.591	13.240	16.344	24.935	29.615	32.671	35.479	38.932	41.401
22	8.643	9.542	10.982	12.338	14.042	17.240	26.039	30.813	33.924	36.781	40.289	42.796
23	9.260	10.196	11.689	13.091	14.848	18.137	27.141	32.007	35.172	38.076	41.638	44.181
24	9.886	10.856	12.401	13.848	15.659	19.037	28.241	33.196	36.415	39.364	42.980	45.559
25	10.520	11.524	13.12	14.611	16.473	19.939	29.339	34.382	37.652	40.646	44.314	46.928
26	11.160	12.198	13.844	15.379	17.292	20.843	30.435	35.563	38.885	41.923	45.642	48.290
27	11.808	12.897	14.575	16.151	18.114	21.749	31.528	36.741	40.113	43.194	46.963	49.645
28	12.461	13.565	15.308	16.928	18.939	22.657	32.620	37.916	41.337	44.461	48.278	50.993
29	13.121	14.257	16.047	17.708	19.768	23.567	33.711	39.087	42.557	45.722	49.588	52.336
30	13.787	14.954	16.791	18.493	20.599	24.478	34.800	40.256	43.773	46.979	50.892	53.672

续表

n	0.995	0.990	0.975	0.950	0.900	0.750	0.250	0.100	0.050	0.025	0.010	0.005
31	14.458	15.655	17.539	19.281	21.434	25.390	35.887	41.422	44.985	48.232	52.191	55.003
32	15.134	16.362	18.291	20.072	22.271	26.304	36.973	42.585	46.194	49.480	53.486	56.328
33	15.815	17.074	19.047	20.867	23.110	27.219	38.058	43.745	47.400	50.725	54.776	57.648
34	16.501	17.789	19.806	21.664	23.952	28.136	39.141	44.903	48.602	51.966	56.061	58.964
35	17.192	18.509	20.569	22.465	24.797	29.054	40.223	46.059	49.802	53.203	57.342	60.275
36	17.887	19.233	21.336	23.269	25.643	29.973	41.304	47.212	50.998	54.437	58.619	61.581
37	18.586	19.960	22.106	24.075	26.492	30.893	42.383	48.363	52.192	55.668	59.892	62.883
38	19.289	20.691	22.878	24.884	27.343	31.815	43.462	49.513	53.384	56.896	61.162	64.181
39	19.996	21.426	23.654	25.695	28.196	32.737	44.539	50.66	54.572	58.12	62.428	65.476
40	20.707	22.164	24.433	26.509	29.051	33.66	45.616	51.805	55.758	59.342	63.691	66.766
41	21.421	22.906	25.215	27.326	29.907	34.585	46.692	52.949	56.942	60.561	64.950	68.053
42	22.138	23.65	25.999	28.144	30.765	35.51	47.766	54.090	58.124	61.777	66.206	69.336
43	22.859	24.398	26.785	28.965	31.625	36.436	48.840	55.230	59.304	62.99	67.459	70.616
44	23.584	25.148	27.575	29.787	32.487	37.363	49.913	56.369	60.481	64.201	68.710	71.893
45	24.311	25.901	28.366	30.612	33.35	38.291	50.985	57.505	61.656	65.41	69.957	73.166

附表 4　t 分布表

$$P\{t(n)>t_{\alpha}(n)\}=\alpha$$

n	0.25	0.10	0.05	0.025	0.01	0.005
1	1.000 0	3.077 7	6.313 8	12.706 2	31.820 7	63.657 4
2	0.816 5	1.885 6	2.92	4.302 7	6.964 6	9.924 8
3	0.764 9	1.637 7	2.353 4	3.182 4	4.540 7	5.840 9
4	0.740 7	1.533 2	2.131 8	2.776 4	3.746 9	4.604 1
5	0.726 7	1.475 9	2.015	2.570 6	3.364 9	4.032 2
6	0.717 6	1.439 8	1.943 2	2.446 9	3.142 7	3.707 4
7	0.711 1	1.414 9	1.894 6	2.364 6	2.998	3.499 5
8	0.706 4	1.396 8	1.859 5	2.306 0	2.896 5	3.355 4
9	0.702 7	1.383	1.833 1	2.262 2	2.821 4	3.249 8
10	0.699 8	1.372 2	1.812 5	2.228 1	2.763 8	3.169 3
11	0.697 4	1.363 4	1.795 9	2.201	2.718 1	3.105 8
12	0.695 5	1.356 2	1.782 3	2.178 8	2.681	3.054 5
13	0.693 8	1.350 2	1.770 9	2.160 4	2.650 3	3.012 3
14	0.692 4	1.345	1.761 3	2.144 8	2.624 5	2.976 8
15	0.691 2	1.340 6	1.753 1	2.131 5	2.602 5	2.946 7
16	0.690 1	1.336 8	1.745 9	2.119 9	2.583 5	2.920 8
17	0.689 2	1.333 4	1.739 6	2.109 8	2.566 9	2.898 2
18	0.688 4	1.330 4	1.734 1	2.100 9	2.552 4	2.878 4
19	0.687 6	1.327 7	1.729 1	2.093	2.539 5	2.860 9
20	0.687	1.3253	1.7247	2.086	2.528	2.845 3
21	0.686 4	1.323 2	1.720 7	2.079 6	2.517 7	2.831 4
22	0.685 8	1.321 2	1.717 1	2.073 9	2.508 3	2.818 8
23	0.685 3	1.319 5	1.713 9	2.068 7	2.499 9	2.807 3
24	0.684 8	1.317 8	1.710 9	2.063 9	2.492 2	2.796 9
25	0.684 4	1.316 3	1.708 1	2.059 5	2.485 1	2.787 4

续表

n	0. 25	0. 10	0. 05	0. 025	0. 01	0. 005
26	0. 684	1. 315	1. 705 6	2. 055 5	2. 478 6	2. 778 7
27	0. 683 7	1. 313 7	1. 703 3	2. 051 8	2. 472 7	2. 770 7
28	0. 683 4	1. 312 5	1. 701 1	2. 048 4	2. 467 1	2. 763 3
29	0. 683	1. 311 4	1. 699 1	2. 045 2	2. 462	2. 756 4
30	0. 682 8	1. 310 4	1. 697 3	2. 042 3	2. 457 3	2. 75
31	0. 682 5	1. 309 5	1. 695 5	2. 039 5	2. 452 8	2. 744
32	0. 682 2	1. 308 6	1. 693 9	2. 036 9	2. 448 7	2. 738 5
33	0. 682	1. 307 7	1. 692 4	2. 0345	2. 444 8	2. 733 3
34	0. 681 8	1. 307	1. 690 9	2. 032 2	2. 441 1	2. 728 4
35	0. 681 6	1. 306 2	1. 689 6	2. 030 1	2. 437 7	2. 723 8
36	0. 681 4	1. 305 5	1. 688 3	2. 028 1	2. 434 5	2. 719 5
37	0. 681 2	1. 304 9	1. 687 1	2. 026 2	2. 431 4	2. 715 4
38	0. 681	1. 304 2	1. 686	2. 024 4	2. 428 6	2. 711 6
39	0. 680 8	1. 303 6	1. 684 9	2. 022 7	2. 425 8	2. 707 9
40	0. 680 7	1. 303 1	1. 683 9	2. 021 1	2. 423 3	2. 704 5
41	0. 680 5	1. 302 5	1. 682 9	2. 0195	2. 420 8	2. 701 2
42	0. 680 4	1. 302	1. 682	2. 018 1	2. 418 5	2. 698 1
43	0. 680 2	1. 301 6	1. 681 1	2. 0167	2. 416 3	2. 695 1
44	0. 680 1	1. 301 1	1. 680 2	2. 015 4	2. 414 1	2. 692 3
45	0. 68	1. 300 6	1. 679 4	2. 014 1	2. 412 1	2. 689 6

附表 5　相关系数检验表

$n-2$	0.05	0.01	$n-2$	0.05	0.01	$n-2$	0.05	0.01
1	0.997	1.000	16	0.468	0.59	35	0.325	0.418
2	0.950	0.990	17	0.456	0.575	40	0.304	0.393
3	0.878	0.959	18	0.444	0.561	45	0.288	0.372
4	0.811	0.917	19	0.433	0.549	50	0.273	0.354
5	0.754	0.874	20	0.423	0.537	60	0.25	0.325
6	0.707	0.834	21	0.413	0.526	70	0.232	0.302
7	0.666	0.798	22	0.404	0.515	80	0.217	0.283
8	0.632	0.765	23	0.396	0.505	90	0.205	0.267
9	0.602	0.735	24	0.388	0.496	100	0.195	0.254
10	0.576	0.708	25	0.381	0.487	125	0.174	0.228
11	0.553	0.684	26	0.374	0.478	150	0.159	0.208
12	0.532	0.661	27	0.367	0.47	200	0.138	0.181
13	0.514	0.641	28	0.361	0.463	300	0.113	0.148
14	0.497	0.623	29	0.355	0.456	400	0.098	0.128
15	0.482	0.606	30	0.349	0.449	500	0.088	0.115